50가지 게임으로 수학을 즐기는

다함께 수학 게임 1

이동화 김세희 김용민 박미희 박은진
박희영 엄민정 오은영 정유재 지음

KM 경문사

추천사

다함께 수학게임을 읽고

반성하고, 죄송하고, 신기하고, 감사합니다.

처음에 "다함께 수학게임"의 대표 저자인 이동화 선생님에게서 메일을 받았을 때, 이 책이 그저 게임 방법 몇 가지를 소개하는 책인 줄 알았습니다. 이렇게 멋지고 대단한 책일 줄은 예상도 못했습니다. 반성합니다.

세상에는 수많은 게임이 존재합니다. 요즘이야 게임이라고 하면 컴퓨터 게임을 떠올리지만, 인간은 원시 시대부터 게임을 개발하고 즐겨왔습니다. 우연에 기대거나 심리적 요소가 중요한 게임도 있지만, 서로에게 정보가 공개된 상태로 최선의 전략을 탐구하는 게임, 예를 들어 바둑 같은 게임은 수학적인 요소가 대단히 많습니다. 이런 수학게임의 특성을 분석하고 필승법을 탐구하는 것은 수학의 중요 주제 가운데 하나입니다.

수학적인 게임을 소개하는 글이나 책은 많지만, 대부분 게임 방법을 모아 놓은 정도였습니다. 흥미롭기는 하지만 수학적인 분석 같은 깊이 있는 내용은 찾아보기가 어려웠습니다. 이 책도 그런 책인 줄 알았다가, 메일에 첨부된 PDF 파일을 열어보고 깜짝 놀랐습니다. 수학 교사들이 학생을 가르치는 기술에는 전문가지만 수학게임에는 전문가가 아니라는 선입견이 있었나 봅니다. 이 책을 쓰신 선생님들께 죄송합니다.

이 책은 50개의 다양한 게임을 여덟 가지 범주로 나누어 체계적으로 분석하고 있습니다. 저 스스로 수학게임 꽤 많이 안다고 생각했는데, 이 책에는 처음 보는 게임도 적지 않았고, 제가 잘 몰랐던 수준까지 깊이 있게 분석한 게임도 많았습니다. 어떻게 이런 책을 쓸 수 있었는지 신기하기만 합니다. 심지어 예쁜 그림까지 가득합니다.

수학게임을 분석하는 분야인 조합론적 게임 이론(Combinatorial Game Theory, 이하 CGT)에서 가장 유명한 책은 가이(Guy), 벌리캄프(Berlekamp), 콘웨이(Conway)가 공저한 《Winning Ways for Your Mathematical Plays》라 할 수 있습니다. 총 네 권으로 이루어진 이 저작은 온갖 수학 게임을 분석하면서 새로운 개념과 수학적 도구를 창안하여 CGT 분야의 바이블이라 할 만합니다. 이 책이 나오면서 CGT가 수학의 한 분야로 자리 잡았다고 해도 과언이 아니겠습니다.

너무나 복잡해서 필승법을 찾기가 어려운 게임을, 게임값을 계산하는 수학 문제로 바꾸어 필승법을 찾는 것도 이 책에서 본격적으로 다루기 시작했습니다. 2014년 서울에서 개최된 세계수학자대회(ICM)에서 벌리캄프 교수의 제자였던 김용환 박사님이 대중 강연에서 도미니어링(7장 네 번째 게임)으로 청중과 내결하면서 상대를 들었다 놨다 하던 장면이 생각납니다. 또, 그전에, CGT의 기법 없이는 해결하기 어려운 바둑의 끝내기 문제를 개발했던 일화도 생각납니다. 당시 바둑 세계 일인자였던 이창호 9단도 풀기 어렵다고 했던 끝내기 문제를 수학 계산으로 해결하는 것은 정말 놀라웠습니다.

CGT는 정말 신기한 분야이고 *Winning Ways*는 진짜 멋진 책이지만, 이 분야의 수학은 너무 심오하고 이 책은 수식이 난무하여, 수학게임을 분석하려고 *Winning Ways*를 펼쳐 CGT를 공부하는 것은 너무나 어려운 일입니다. 그런데 "다함께 수학게임"은 단순한 게임 소개를 넘어서면서도 너무 심오한 수학까지는 동원하지 않는, 일반인이 보기에도 적절하고 흥미를 느낄 만한 수준에서 쓴 책입니다.

컴퓨터가 필요 없는 게임 활동을 찾고 있는 분이라면, 또, 게임을 수학적으로 분석하는 데 관심 있는 분이라면, "다함께 수학게임"은 그야말로 딱 맞는 책이 될 것 같습니다. 멋진 책 써 주신 저자들에게 감사하다는 말씀 전합니다.

경남대학교 수학교육과 교수 박부성

감수자의 글

책의 감수를 마치며

우리가 서점에서 접할 수 있는 수학게임 관련 책은 내용이 너무 어렵거나 수학적 의미의 전달 없이 간단한 설명으로 구성된 경우가 대부분이어서 아쉽게 생각한 경우가 많았습니다.

몇 년 전, 대표 저자인 이동화 선생님이 책에 대한 구성 방안을 논의하러 왔습니다. 계획대로 수학게임과 관련된 책이 나온다면, 기존에 없던 것이기 때문에 매우 기쁠 것이지만, 정말 계획한 대로 완성이 될까 하는 걱정을 전달하기도 하였습니다. 기존의 수학게임 책처럼 하나의 게임에 대하여 규칙 위주로 간단히 소개하는 것이 아니라 관련 논문과 원서, 인터넷 자료를 읽고, 그 내용을 이해하여 쉽게 전달이 가능하도록 내용을 구성하고 수학적 결과까지 구체적으로 제시한다면 기존의 수학게임 책들과 차별화되고 정말 좋을 것이라는 생각이 들었습니다. 하지만 엄청난 노력과 열정이 필요해서 정말 계획처럼 잘될까 하는 우려도 분명히 있었습니다.

책의 감수를 부탁받고 3개월 넘게 검토하면서 집필진 선생님들께서 정말 열정을 갖고 노력을 많이 하셨구나라는 생각을 갖게 되었습니다. 수학책 특유의 어색한 표현, 다수 집필진으로 인한 표현의 일관성 문제 등 수정과 개선이 필요한 부분이 있었지만, 수학 선생님이나 수학을 좋아하는 학생들에게 게임을 통해서 수학에 대한 깊은 생각을 갖게 해 주는 좋은 책이 될 것이라는 확신을 갖게 되었습니다.

다만, 이 책은 소설처럼 한 번 읽어서는 내용을 완벽하게 이해하기 쉽지 않을 것으로 생각됩니다. 대신, 수학게임을 직접 해보고 전략을 고민하면서 반복적으로 읽어보면 대부분 이해가 될 것입니다. 이 책을 통해 수학에 대한 새로운 안목을 갖게 될 것이라는 확신을 가지며, 집필진 선생님들께 감사의 말씀을 전합니다.

인천대학교 수학과 교수 함남우

시작하는 글

다함께 수학게임을 시작하며

이 책은 다함께 수학 시리즈의 두 번째 책으로 첫 번째 주제였던 체험수학에 이어 수학게임을 주제로 하고 있습니다. 수학게임은 그 자체로 흥미로울 뿐 아니라 잘 활용하면 학습 효과는 물론 수학에 대한 긍정적인 인식도 심어줄 수 있기에 수학교육의 난골 소재로 사용됩니다. 저 역시 비슷한 이유로 동아리 활동이나 수업에서 수학게임을 종종 다루곤 했습니다.

이런 수학게임에 대한 이야기를 하려면 먼저 수학게임이 무엇인지에 대해 말해야 할 것 같습니다. 사실 어떤 게임이 수학게임인지 수학게임이 아닌지에 대한 명확한 기준은 없습니다. 그리고 게임 대부분은 어느 정도 수학적 성질을 갖고 있습니다. 하지만 여기서 다루려는 게임은 수학적인 성질이 특별히 도드라지거나 수학적으로 탐구할 만한 요소를 강하게 가진 게임입니다. 그런 게임의 대표적인 경우가 추상 전략 게임과 조합 게임입니다. 이런 게임의 특징은 게임에서의 행동이 우연에 의해 결정되지 않고 모든 정보가 서로에게 공개되어 있다는 것입니다. 또한 보통 두 사람이 게임에 참여하며 교대로 게임을 진행합니다. 게임에서 어떤 행동을 할지 선택할 때는 많은 경우의 수를 고려하여 최선의 행동이 무엇인지를 판단해야 합니다. 그러다 보니 게임에 능숙한 숙련자와 초보자의 실력 차가 큰 경우가 많습니다. 대표적인 예로 바둑과 체스가 있습니다. 이런 게임은 게임을 하는 과정에서도 많은 수학적 사고가 필요하지만, 게임의 전략과 관련해서도 수학적 분석이 활용됩니다. 이 책에서 다루려는 게임은 주로 이런 종류의 게임입니다.

추상 전략 게임 또는 조합 게임의 종류는 수백 가지 이상이라고 할 정도로 상당히 많습니다. 하지만 학교 현장이나 수학교육에 알려진 게임은 많지 않습니다. 대표적으로 알려진 게임으로 틱택토, 님, 헥스, 페그 솔리테어, 피그, 만칼라 등이 있지만 딱 그 정도까지입니다. 더구나 이런 게임의 수학적 성질이나 전략과 관련하여 알려진 내용은 더욱더 없습니다. 아직 국내에 관련 수학 이론이나 수학적 전략이 잘 정리된 책은 없는 것 같습니다. 이 책은 이런 점에서 출발했습니다. 아직 잘 알려지지 않았지만, 수학교육에서 활용할 만한 수학게임을 선별해 소개했고 이 게임의 수학적 성질이나 전략을 가능한 한 쉬운 언어로 설명하려고 노력했습니다.

게임 선정에 대한 고민이 많았습니다. 고민 끝에 정한 기준은 두 가지입니다. 한 가지는 간단한 도구만으로 할 수 있는 게임이라는 점입니다. 여기서 간단한 도구는 바둑돌, 주사위, 펜, 종이, 게임판 정도를 말합니다. 즉, 여기서 소개하는 게임은 대부분 시중에서 어떤 게임 세트를 사야 할 수 있는 게임이 아니라 어디서든 간단한 재료로 쉽게 할 수 있는 게임입니다. 다른 한 가지는 수학적 분석이나 전략이 어느 정도 알려진 게임입니다. 어떤 게임은 연구자 사이에서도 많이 알려지지 않아 아직 알려진 전략이나 분석이 없습니다. 이런 게임은 거의 다루지 않았습니다. 게임 선별과 관련해 한 가지 더 이야기할 것은 여기서 다루는 게임을 꼭 추상 전략 게임이나 조합 게임으로만 한정하지는 않았다는 것입니다. 수학적으로 다뤄볼 만한 의미가 있는 게임이라면 추상 전략 게임이나 조합 게임이 아니어도 추가했습니다. 대표적으로는 주사위 게임을 들 수 있습니다.

대표적인 추상 전략 게임이라 할 수 있는 바둑, 체스, 체커는 다루지 않았습니다. 이 게임들은 관련 이론이 너무나 방대하여 십여 쪽의 글로 충분히 설명할 수 없습니다. 나중에 기회가 된다면 따로 자세히 설명하는 기회가 있을 것입니다.

이번 책은 첫 번째 책과 달리 여러 저자가 공동으로 작업했습니다. 총 아홉 명의 저자가 함께 했는데 저자분들께서 정말 고생을 많이 하셨습니다. 일단 자료 조사부터 쉽지 않았습니다. 그나마 찾은 자료들은 대부분 영문이었고 이론은 어려웠기에 모두 같이 고군분투해야 했습니다. 때론 정리 하나를 이해하기 위해 며칠을 보내기도 했고, 논문이나 전문 기술지에 나와 있는 증명이 틀려 당황하기도 했습니다. 어떤 경우는 증명 과정이 정확하게 기록되어 있지 않아 직접 증명을 하기도 했습니다. 게임을 조사하고 글을 작성하다가 도저히 책에 실을 만한 내용이 아니어서 글을 폐기한 적도 있습니다. 이런 우여곡절에도 책이 완성될 수 있었던 건 전적으로 저자분들의 열정이 있었기에 가능했습니다. 진심으로 감사의 말을 전합니다.

책이 완성되기까지 도움을 주신 분이 많습니다. 무엇보다 항상 조언을 아끼지 않는 함남우 교수님께 감사드립니다. 교수님의 도움으로 지금까지 많은 일을 잘 해낼 수 있었습니다. 특히, 교수님은 좋은 어른의 모습이 어떤 것인지 행동으로 보여주시는 분이기도 합니다. 이 책에서도 감수로 참여하셔서 책의 완성도를 높이는 데 많은 도움을 주셨습니다. 추천서를 써주신 박부성 교수님께도 감사드립니다. 박부성 교수님께서는 추천서뿐 아니라 날카로운 분석력으로 많은 오류를 고쳐 주셨습니다. 사실 박부성 교수님의 여러 저서를 너무 좋아했는데 이렇게 연락을 주고받게 되어 영광이었습니다.

피그와 파클의 논문 이미지 사용을 허락해 주신 토드 W. 넬러(Todd W. Neller)와 클리프턴 G.M. 프레서(Clifton G.M. Presser) 교수님, 컴퓨터 과학자 매슈 부시(Matthew Busche)께도 감사드립니다. 또한 아홉 남자의 모리스의 논문 이미지 사용을 허락해 주신 컴퓨터 과학자 랄프 개서(Ralph Gasser)께도 감사드립니다. 덕분에 더 생생하게 이론을 전할 수 있었습니다. 특히, 매슈 부시는 책의 오류를 교정해 주기도 했습니다.

도부츠쇼기를 만든 쇼기 기사 기타오 마도카(きたお まどか)와 도부츠쇼기의 캐릭터를 디자인한 쇼기 기사 후지타 마이코(ふじた まいこ)께도 감사드립니다. 도부츠쇼기의 소개와 캐릭터 이미지 사용을 허락해 주셨기에 도부츠쇼기만의 귀엽고 깜찍한 느낌을 잘 살려 소개할 수 있었습니다.

책의 교정을 봐주신 정선옥 선생님께도 감사드립니다. 정선옥 선생님께서는 다함께 수학게임뿐 아니라 이전에 출간한 다함께 체험수학도 교정을 봐주셨고 덕분에 책의 많은 오류를 고칠 수 있었습니다. 책 출판에 힘써주신 경문사의 모든 관계자 분과 성윤조 과장님께 감사드립니다. 특히, 성윤조 과장님의 꼼꼼함과 정확한 업무 처리는 책의 완성도를 높이는 데 많은 도움이 되었고, 좋은 책을 위한 진심을 느낄 수 있었습니다. 다시 한번 감사드립니다.

마지막으로 수학게임의 필승 전략을 분석한 많은 수학자 및 연구자께 감사드립니다. 수학게임에 대한 흥미롭고 창의적인 수학 이론을 알아가는 것은 큰 기쁨이자 즐거움이었습니다. 이 책을 보는 분께서도 이런 즐거움을 느끼길 바랍니다.

이 책도 첫 번째 책과 마찬가지로 그림 대부분을 직접 그렸습니다. 디자인도 직접 했습니다. 그러다 보니 시간이 오래 걸렸지만 좀 더 좋은 책을 위한 과정이었기에 고되기보다는 즐거운 시간이었습니다. 그리고 그렇게까지 작업할 수 있었던 것은 제 아내 현미와 선균이, 현균이의 도움이 있었기 때문입니다. 진심으로 고마운 마음을 전합니다. 이 책은 시리즈의 두 번째 책이지만 이제 시작입니다. 다양한 주제의 더 많은 책을 기획하고 있습니다. 기대해 주시기 바랍니다. 모쪼록 책의 내용이 독자에게 도움이 되길 바랍니다. 고맙습니다.

2023년 대표 저자 이동화

저자 인사말

다함께 수학게임은 현직에서 수학을 가르치는 여러 수학 교사의 노력으로 완성된 책입니다. 방대한 자료를 정리하고 요약하며 새롭게 풀어가는 작업은 결코 쉽지 않았습니다. 여러 수학 교사가 뜻을 모아 좋은 책을 위해 함께 했기에 책이 완성될 수 있었습니다.

수학 교사로서 수학의 즐거움을 어떻게 아이들에게 알려줄 수 있을까 하는 것은 항상 저의 고민거리였습니다. 그 고민 가운데서 만난 수학게임은 소재 그 자체가 흥미로워 수학에 대한 저의 애정도 한층 더 커졌을 뿐만 아니라 아이들과 함께 나눌 수 있는 지점이 많아 저의 고민 해결에도 큰 도움이 되었습니다. 이러한 내용들을 한 권의 책으로 독자 여러분과 나눌 수 있어 매우 기쁘게 생각합니다.

처음 이 책의 저자로 제안받았을 때, 제가 잘할 수 있을지 걱정이 많았습니다. 하지만 여러 선생님의 도움으로 즐겁게 작업할 수 있었습니다. 특히, 대표 저자로서 대부분의 작업을 도와주시고 모든 단계에서 애써주신 이동화 선생님께 수학 교사로서 깊은 존경과 감사의 말씀을 전하고 싶습니다. 또한 언제나 저를 응원해 주는 부모님과 가족들, 그리고 항상 저의 커다란 그늘이 되어주는 대혁에게도 고맙다는 말을 전하고 싶습니다.

수학을 공부하고 가르치는 교사로서 저의 작품이 하나 탄생했다는 것이 이루 말할 수 없이 뿌듯합니다. 게임 하나하나가 모두 흥미롭고 수학적 분석이나 전략 또한 재미있는 부분이 많습니다. 제가 책을 쓰며 느꼈던 즐거움이 독자 여러분께도 전해질 수 있었으면 좋겠습니다. 감사합니다.

오은영

“다함께 수학게임” 집필 계획을 함께 의논하였던 게 엊그제 같은데 이렇게 출간하게 되어 정말 기쁩니다. 이 책을 통해 많은 사람이 재미있게 수학게임을 경험할 수 있기를 바라며, 게임 속에 담긴 수학적 이론과 승리 전략을 알아가는 즐거움을 느낄 수 있었으면 좋겠습니다. 선생들과의 공동 작업은 많은 것을 배우고 경험할 수 있었던 뜻깊고 소중한 시간이었습니다. 이동화 선생님을 비롯한 공동 저자 선생님들께 깊이 감사드립니다.

박은진

작년 가을 우연히 이동화 선생님과 이야기 몇 마디 나누다 집필진에 제일 마지막으로 참여하게 되어 거의 다 차려진 밥상에 숟갈 하나 얹은 기분입니다. 학교에서 수학 교사로서 아이들을 지도하다 보면 실생활과 관련된 수학을 소개할 일은 많은데, 막상 그게 왜 수학과 관련되는지 배우는 아이들도 가르치는 교사도 수박 겉핥기일 때가 대부분입니다. 축구 경기로 비유한다면 FIFA 랭킹이 높은 팀이 이길 가능성을 쉽게 점치지만, FIFA 랭킹이 어떻게 산출되는지 궁금해하는 사람은 많지 않습니다. 보드게임에 대해서도 게임의 진행 규칙에 대해서는 궁금해하는 사람들이 많지만, 이게 수학적으로 어떠한 의미가 있는지 궁금해하지도 않고, 궁금할 필요도 없는 것과 비슷합니다. 저도 이 책을 집필하는 팀에 참여하며, 제가 맡은 보드게임에 대해 글을 쓰기 위해 자료조사 및 관련된 공부를 하다 보니 여긴 또 다른 수학의 세계가 있었습니다. 단순히 누가 유리하고, 승률을 따지는 것만이 아니라 수학적인 원리와 이론을 이용하여 그것을 계산해 낸다는 것이 참으로 신기하고, 어려운 작업이었습니다. 자료들도 대부분 영어인 경우가 많아 자료 자체를 이해하는 것만으로도 시간이 많이 소비되었던 기억이 머릿속을 지나갑니다. 아무도 걷지 않는 길에 첫발을 내딛는 일은 힘이 듭니다. 물론, 시행착오도 많으리라 생각합니다. 작은 발자국이 모여 수학으로 향하는 이들에게 이 책이 지도가 되길 바랍니다.

김용민

다함께 수학게임으로 보드게임을 재탐색해 보자!

친구들과 시간을 재미있게 보내기 위해서 보드게임을 하는 사람들은 많지만, 보드게임 속에 숨겨진 수학 원리를 생각하면서 보드게임을 즐기는 사람은 많지 않을 것입니다. 보드게임을 단순히 즐길 뿐만 아니라 보드게임의 역사, 변형게임, 그리고 숨겨진 수학적 원리를 배워본 후 보드게임을 해본다면 재미뿐만 아니라 사고력, 논리력, 수학적 실력도 배가 될 것입니다. 보드게임과 수학을 좋아하신다면 자신 있게 이 책을 추천해 드릴 만큼 이 책은 보드게임 속에 숨겨진 수학에 대해 알찬 내용으로 구성되어 있습니다. 그동안 재미로만 해보았던 보드게임을 "다함께 수학게임"으로 재탐색해 보면서 수학의 심미성과 가치도 함께 느껴보셨으면 좋겠습니다. 독자분들에게 보드게임을 재탐색하고, 보드게임 속에 숨겨진 수학적인 원리까지 발견할 수 있게 하는 의미 있는 책이 되길 바랍니다. 책을 집필할 수 있도록 도움을 주신 여러 선생님께 진심으로 감사드립니다.

김세희

수학게임에 관한 책을 써야겠다고 생각했던 적은 없었습니다. 아니, 수학과 관계 깊은 게임에 대해 진지하게 생각해 본 적도 없었는데 우연한 기회에 책을 쓰는 기회가 왔고 그것을 흔쾌히 받아들여 책을 썼다..라고 하면 너무나 단순하게 들리겠지요. 하지만 책을 써 내려가는 동안은 정말이지 고통스러웠습니다. 이론들은 어려웠고 자료들은 영어였으며 저의 영어 실력은 한참 부족했고 시간은 언제나 모자랐습니다. 그럼에도 불구하고 결과물을 완성할 수 있었던 데에는 이동화 선생님의 도움이 컸습니다. 그리고 시도 때도 없이 게임 상대를 해 준 저의 두 자녀 민서, 누리에게도 고마움을 표합니다.

원고를 교차 검토하면서 글을 읽는 것은 너무 즐거웠습니다. 인류는 오래전부터 게임을 진심으로 즐겨왔고, 수백 년 전 우연히 시작된 게임은 여전히 우리를 설레게 합니다. 서로 관련 없어 보이는 게임들이 하나의 이론으로 설명될 때는 소름이 끼쳤습니다. 이 책을 읽는 분들도 저와 비슷한 즐거움을 느끼시길 바랍니다. 새로운 게임에 대해 알게 되고 반복해서 하다 보면 필승 전략을 어렴풋이 짐작할 수 있을 텐데, 그때 이 책을 펼쳐 보면 너무나 명쾌한 나머지 감동이 밀려오는 순간이 있으리라 확신합니다.

박미희

'뭐지? 왜 이렇게 비싸?'

수학 수업 또는 수학 동아리 활동에 이용하는 보드게임과 교구의 가격은 상당히 비쌉니다.

'간단하면서 저렴한 재료로 학생들과 재미있게 할 수 있는 게임이 있으면 좋겠다.'

갈증은 15년째 계속되고 있었습니다. 그러는 도중 이 책을 함께 쓰는 소중한 기회를 얻었습니다. 저를 비롯한 저자 모두는 게임 하나에 대한 글을 쓰기까지 수십편의 국외 논문과 책을 읽고 분석했습니다. 관련된 국내 자료가 별로 없어서 각종 외국어와 싸워야 했습니다. 누구나 쉽게 읽을 수 있도록 고민하고 다듬는 과정을 반복하면서 열심히 썼습니다.

처음에는 게임을 하면서 가볍게 읽고 다음에는 수학적 이론에 집중하면서 여러 번 읽어보시길 추천합니다. 간단한 재료로 할 수 있는 재미있는 게임을 소개하고 관련된 수학적 이론까지 담은 국내 유일의 책이라고 자부합니다. 마지막으로 책을 쓸 수 있도록 지원해 준 봉철, 호준, 윤호에게 고맙고 사랑한다는 말을 전하고 싶습니다.

엄민정

2021년 8월 어느 날의 첫 번째 집필진 회의로부터 많은 시간이 지났네요. 교과 내용과 관련된 수학에 대해 고민하며 지내던 저에게 새로운 주제에 대한 집필은 그 자체로 도전이었습니다. 선배님들의 조언에 힘입어 영문 자료들을 찾아가며 글을 쓰며 주제를 완성해 나갔습니다. 독자들의 관점에 대해 고민해 보았고, 글을 쓰기 힘들 땐 여러 동료 선생님의 완성된 글을 참고해 보며 다시 또 힘을 냈던 기억이 생생합니다. 드디어 책이 출간되네요.

동화샘! 이 메시지로 충분하지 않겠지만 정말 감사드려요. 전체적인 작업을 조율하시고, 디자인까지 직접 하시느라 그 누구보다 바쁘셨을 텐데도 힘든 기색 없이 묵묵히 집필 과정을 이끌어 주시느라 정말 수고 많으셨어요. 중간중간 개인적인 일들로 포기하고 싶은 마음이 들 때도 있었지만 동화샘 덕분에 마지막까지 함께 할 수 있었네요.

그리고 집필진 선생님들! 코로나로 자주 만나진 못했지만, 두 번의 오프 모임과 여러 차례의 온라인 회의에서 의견을 나눈 덕분에 내적 친밀감이 가득합니다.^^ 좋은 계기로 만나 뵐 수 있어서 영광이었습니다.

독자 여러분! 이 책은 교과서 속의 수학을 넘어 게임과 관련된 다양한 수학 모델을 소개하고, 그 안에서 배움을 찾게 해주는 좋은 책입니다. 많은 수학 선생님의 노력이 깃든 만큼 여러분께 의미 있는 책이 되었으면 합니다.

정유재

"다함께 수학게임"이라는 책은 수학적 원리가 있는 다양한 수학게임을 알려주고 싶은 수학 선생님들의 열정으로 만들게 된 책입니다. 게임이 만들어진 역사를 소개하고 게임의 전략을 수학적으로 이해하기 쉽게 풀어놓은 이 책을 통해 수학의 참 매력을 느끼실 수 있기를 바라고, 수학적 원리를 기반으로 한 이 책에 수록된 많은 게임을 재미있게 즐기실 수 있었으면 합니다. 책을 쓰는 동안 이동화 선생님을 비롯한 여러 선생님과 함께하면서 유익한 시간을 보낼 수 있어서 행복하고 감사했습니다. 또한, 책이 출간될 때까지 응원을 아끼지 않고 지켜봐 주신 가족에게도 감사드립니다.

박희영

베타리더 선생님의 한 마디

더 좋은 책을 위해 먼저 읽어 봤습니다!

출간하기 전에 책에 부족한 점은 없는지 확인하기 위해 현재 학교에서 수학을 가르치고 있는 선생님들과 함께 베타리더 활동을 진행했습니다. 바쁘신 와중에도 베타리더 활동에 기꺼이 참여해 주신 선생님들께 이 자리를 통해 감사의 인사를 전합니다.

수학동아리 활동 주제를 무엇으로 할까 고민하며 탐색하던 중 페그 솔리테어를 알게 되었습니다. 페그가 다른 페그를 뛰어넘고 그 페그가 삭제되며 마지막에 한 페그를 남기는 게임에 숨겨진 무언가를 발견하는 것이 의미 있을 것 같아 탐구 주제로 선정하였습니다. 그러나 생각보다 관련 자료를 찾는 것이 쉽지 않았고 게임을 이해하는 것, 필승전략을 찾고 관련 수학 개념을 알아가는 것에 어려움이 많았습니다. 그런 의미에서 50가지 수학 퍼즐에 대해 게임 방법부터 수학 내용, 역사 등을 모아 정리해 준 이 책이 만들어지고 있다는 소식이 더없이 반갑게 여겨졌습니다. 배스킨라빈스31이 님 게임의 한 종류라는 것을 알았으며 펜과 종이만으로 할 수 있는 게임이 많다는 것, 그리고 간단한 게임이지만 깊이 있는 수학 개념이 숨겨져 있다는 것이 참으로 흥미롭게 다가왔습니다. 수학퍼즐을 좋아하고 동아리 활동이나 수업 중 활용할 수학퍼즐을 탐구하는 이들에게는 보물과 같은 책이 나온 것 같습니다. 단숨에 읽히는 책은 아니지만 초콜릿처럼 하나씩 꺼내보는 맛이 있는, 그래서 소장만으로도 든든함이 느껴지는 그런 책입니다. 좋은 책 써주셔서 감사드립니다.

명신여자고등학교 송혜미 선생님

내가 일반적으로 하는 게임에 심오한 수학적 원리가 있다는 것이 재미있고 놀랍다. 책을 읽다 보면 어느새 게임속에 있는 나를 느끼게 되고 전략을 짜고 있는 자신을 보게 될 것이다. 그리고 전에는 고민하지 않았던 게임의 순서와 첫수를 어디에 둘까 고민하는 자신을 발견할 것이다. 또한 종이와 펜만으로 게임을 만들 수 있고 그 안에 수많은 전략과 수학 개념이 있다는 것에 흥미를 느끼게 되고 자신도 게임을 만들 수 있지 않을까 생각하게 된다. 어렵지만 재밌는, 재밌지만 어려움을 동시에 느끼게 해주는 책이다.

경안고등학교 윤영현 선생님

우선 책을 접하고 페이지를 넘겼을 때의 느낌은 '경이롭다'였습니다. 수학교사로서 수학동아리 활동을 하며 다양한 게임을 접해봤다고 자신했지만, 이 책 앞에서는 한없이 부끄러워졌습니다. 수많은 수학게임에 놀라고 일목요연한 규칙 정리, 변형게임, 전략을 뒷받침하는 이론 등 그 내용의 양과 깊이에 경이로움을 느낄 수밖에 없었습니다. 또한, '게임'이라는 요소로 문턱을 낮춰 학생들에게 쉽게 접근하고 그 안의 천장을 올라가 볼 수 있도록 안내하는 책이라 생각됩니다. 수학을 무서워하는 학생부터 수학에 대한 탐구를 즐기는 학생까지 폭넓게 활용할 수 있고 그 학생들과 함께하고픈 수많은 수학교사에게도 하나의 지침서가 되기에 충분한 책이라 판단되어 수학과의 거리감을 좁히고자 하는 모든 분에게 추천합니다.

인천과학고등학교 지문선 선생님

이 책은 여러 가지 게임을 소개하고 뒷부분에 게임 속에 남긴 수학적인 원리가 설명되어 있어서 재미있게 수학에 접근할 수 있는 좋은 책이 될 수 있습니다. 학생들과 함께 탐구할 수 있는 수학적 내용을 담은 게임부터 도전적인 수학적 내용을 담은 게임까지 수학적인 내용의 스펙트럼이 넓은 것이 이 책의 장점입니다. 모든 장에 적절한 삽화를 사용하여 게임 방법과 수학적 원리를 설명했으며 이는 독자의 이해를 높이는 데 큰 도움이 됩니다. 교사들이 이 책을 사용한다면 확률과 통계 수업을 할 때 재미있는 도입부 주제로 사용할 수 있으며 수학동아리 시간에 다양한 게임을 해 보고 그 원리를 탐구해 보도록 하는 교재로 사용할 수 있습니다. 또한, 교사 모임에서 한두 장을 정하고 게임을 해 보며 수학 연구를 해 보는 것도 좋을 듯싶습니다. 긴 시간 동안 자료를 수집하고 집필 한 저자의 노력에 박수를 보냅니다.

한국교원대학교 파견 김동완 선생님

펜과 종이만으로 이루어지는 수학게임에 대해 자세한 설명과 필승전략이 제시되어 있어서, 동아리를 운영할 때나 수학적인 사고를 하도록 동기유발을 하는 데에 실제적인 도움을 줄 수 있는 도서이다. 더불어 헥사폰(3칸 3칸 체스)처럼 인공지능 수학과 연결되어 컴퓨터가 학습하듯이 수학을 즐기면서 학습하는 것을 경험할 수 있게 해준다.

백석고등학교 박정임 선생님

1권 목차

다함께 수학게임을 시작하며

Chapter

01 일렬로 세우기 한 줄 만들기 게임

Chapter

02 말이 끊어지지 않게 **연결 게임**

Chapter

03 우연과 확률을 이용하는 **주사위 게임**

2권 목차

게임판을 무료로 제공해요!

다함께 수학게임은 책에서 소개하는 수학게임의 게임판을 저자가 직접 제작하여 무료로 제공하고 있습니다. **저작권 허락이 필요 없는 공개 자료**이므로 어떤 용도로도 편하게 사용할 수 있으며 자료를 변형하여 사용하셔도 됩니다. 따로 출처를 밝히지 않아도 됩니다. 단, 상업적 용도는 제외입니다. 게임판은 아래와 같은 방법으로 **다운로드**할 수 있습니다. 제공한 파일에는 단원별 폴더가 있으며 각 폴더에는 게임별 게임판 파일이 있습니다. 게임판을 제공하는 게임의 경우 각 게임 소개 첫 페이지 오른쪽 하단에 경로가 작성되어 있습니다.

경문사에서 다운로드

1. 경문사(http://www.kyungmoon.com) 접속
2. 화면 상단 검색창에 <다함께 수학게임> 입력
3. 검색 결과로 나온 <다함께 수학게임> 클릭
4. 하단에서 <학습 자료> 클릭해 다운로드

파일 주소 입력해 바로 다운로드

인터넷 주소창에

bit.ly/다함께수학게임

을 입력하면 바로 파일 다운로드 가능

간단한 도구로 수학게임을 즐겨요!

다함께 수학게임은 간단한 도구만으로 할 수 있는 다양한 수학게임을 소개하고 있습니다. 여기서 간단한 도구란 **게임판(무료 제공)**, **바둑돌**, **연필(또는 볼펜)**, **주사위**입니다. 대부분의 게임은 이 도구만 있으면 쉽게 게임을 해볼 수 있습니다.

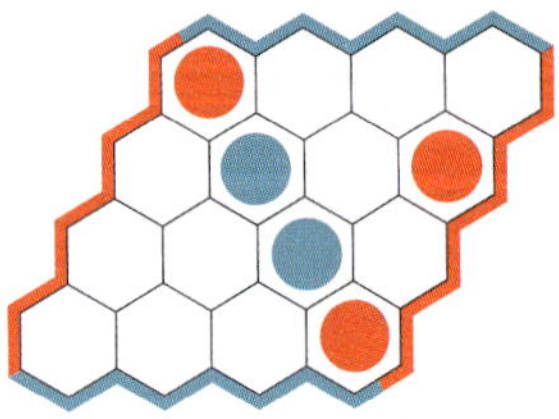

게임판

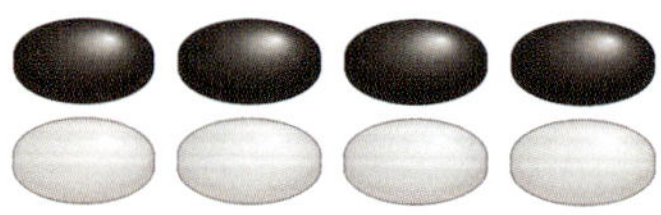

바둑돌

연필

주사위

50가지 게임, 119가지 변형 게임을 알아봐요!

다함께 수학게임은 게임을 통해 수학을 즐기고 학습할 수 있는 책입니다. 이 책에서는 50가지 수학게임 외에도 119가지 변형 게임을 소개하고 있어, 총 **169가지 게임을 소개**하고 있습니다. 이 게임은 어린아이부터 어른까지 누구나 쉽게 즐길 수 있는 게임으로 게임을 통해 논리적 사고와 문제해결력을 향상할 수 있습니다. 또한, 각 게임 규칙을 상세히 설명하고 있어, 처음 게임을 접하는 사람도 쉽게 이해하고 즐길 수 있습니다.

게임을 즐기고 필승전략을 알아봐요!

다함께 수학게임을 통해 수학게임의 규칙, 역사, 변형 게임 외에도 게임의 필승전략과 수학적 성질을 알아볼 수 있습니다. 그러나 게임의 필승전략을 알아보기 전에 먼저 게임을 충분히 해보고 스스로 전략을 탐구해 본 다음에 필승전략을 알아보기를 바랍니다. 게임을 해보지 않고 필승전략을 보는 것은 문제를 풀어보지 않고 답지를 보는 것과 같습니다. 게임을 충분히 즐기고 전략을 알아보는 것이 수학적 사고를 높이는 데 더 효과적입니다. 필승전략이 알려지지 않은 경우엔 관련 수학 이론을 알아보았습니다. 수학게임을 통해 또 다른 수학의 세계를 느껴보기를 바랍니다.

관심있는 게임부터 봐요! (2권 6, 7장 제외)

다함께 수학게임에서는 50가지 수학게임을 각각 **독립적으로 소개**하려 노력하였습니다. 그래서 어떤 개념은 게임마다 반복적으로 설명하기도 합니다. 따라서 순서대로 보는 것이 아니라 원하는 주제의 게임부터 순서 없이 보셔도 됩니다. 다만 어떤 게임은 분석 이론이 어렵고 복잡하여 다른 게임에서 소개한 이론을 먼저 봐야 하는 게임도 있습니다. 대표적으로 2권이 6장(공정 게임)과 7장(당파 게임)의 게임이 그렇습니다. 이에 대해서는 뒤에 있는 〈수학게임 개념 마인드맵〉에서 자세히 알아보니 확인하기를 바랍니다.

수학게임 용어 소개

다함께 수학게임에서는 게임을 수학적으로 분석해 보기 때문에 여러 수학 개념이 등장합니다. 특히, 몇몇 개념은 여러 게임에 걸쳐 자주 등장합니다. 따라서 본격적인 게임 소개에 앞서 이런 개념을 중심으로 대표적인 용어들을 알아보겠습니다. 반드시 읽어야 하는 내용은 아니지만 사전에 알아두면 게임의 빠른 이해에 도움이 될 수 있습니다.

말(Piece)

수학게임에서 말이란 게임의 규칙에 따라 이동하거나 배치하는 조각을 말한다. 게임에 따라 말에 특별한 이름이 붙여지기도 한다. 바둑돌을 말로 사용하는 경우 간단히 돌이라고도 한다.

게임판(Game Board)

게임판은 말 그대로 게임을 하기 위한 판을 말한다. 보통 직사각형이나 정사각형 형태이며 게임에 따라 특별한 형태를 띠기도 한다.

턴(Turn)

수학게임에서 턴이란 게임의 규칙에 따라 한 사람이 연속적으로 행동하는 일련의 과정을 나타내는 단위이다. 예를 들어 바둑이라면 한 명의 사람이 말을 하나 놓을 때까지가 하나의 턴이다. 한 사람이 말을 놓으면 하나의 턴이 종료되고 새로운 턴이 시작되며 다음 사람 차례가 된다. 만약 바둑돌을 놓아 상대 말을 잡는다면 말을 잡을 때까지가 하나의 턴이다. 게임에 따라 한 사람이 한 턴에 여러 행동을 하기도 한다. 점과 상자에서는 선을 그어 작은 정사각형을 완성하면 추가 선을 그릴 수 있다. 따라서 한 사람이 연속해서 많은 선을 그릴 수 있고 더 이상 선을 그릴 수 없을 때까지 한 행동이 한 턴이 된다.

게임 상태(Game State)

게임이 진행되다가 특정 턴이 종료된 시점에서 게임 진행 상황을 게임 상태라 한다. 게임판과 말이 있는 게임이라면 게임판에 여러 말이 배치된 상황이고 게임판이 없이 말로만 하는 게임이라면 여러 말이 배치된 상황이다. 그림을 그리는 게임이라면 턴이 종료된 상황에서 그려진 그림을 말하며, 점수를 얻는 게임이라면 턴이 종료된 상황에서 여러 게임 참가자의 점수가 게임 상태가 된다. 일반적으로 가능한 게임 상태가 많은 게임이라면 고도의 사고력과 전략이 필요할 가능성이 크다. 대표적으로 바둑이나 체스, 체커 등이 이에 해당한다고 할 수 있다.

수(Move)

수학게임에서 수란 게임의 규칙에 따라 한 사람이 연속적으로 행동하는 일련의 동작을 말한다. 바둑에서 대표적으로 많이 사용하는 용어이며 관련 용어로 묘수, 승부수, 꼼수 등이 있다. 일상생활에서도 많이 사용한다.

필승전략(Winning Strategy)

필승전략이란 반드시 상대에게 승리할 수 있는 전략을 말한다. 따라서 필승전략에 따라 게임을 진행하면 상대가 어떠한 수를 두든지 게임에서 승리하게 된다. 게임에 따라 필승전략은 존재할 수도 있고 존재하지 않을 수도 있다. 예를 들어 님 게임이나 헥스 등의 게임에는 필승전략이 존재한다. 필승전략이 존재하지 않는 대표적인 게임은 틱택토이다. 틱택토는 두 사람이 최선의 수를 두면 무승부로 끝난다. 주사위 게임의 경우도 우연에 의해 행동이 결정되므로 필승전략이 존재하지 않는다. 필승전략이 존재하지만 이를 알기 어려운 게임도 있다. 주로 게임 상태의 경우의 수가 큰 게임으로 바둑, 체스 등이 대표적인 예이다. 따라서 이런 게임의 경우 필승전략에 대한 연구보다는 특정 게임 상태에 대한 연구나 확률적으로 좋은 수를 두는 인공지능 봇에 대한 연구가 주를 이룬다.

파이 규칙(Pie Rule)

파이 규칙은 먼저 시작하는 사람이 첫수를 두고 나서 두 번째로 시작한 사람이 먼저 시작한 사람과 바꿔서 게임을 진행할지를 결정하는 규칙이다. 예를 들어 먼저 시작한 사람이 검은색 말, 두 번째로 시작한 사람이 흰색 말로 게임을 한다고 하자. 먼저 시작한 사람이 검은색 말로 첫수를 둔 후, 두 번째로 시작하는 사람이 먼저 시작한 사람과 바꾸기로 결정하면 두 번째로 시작한 사람은 먼저 시작한 사람이 둔 검은색 말로 이어서 게임을 하고 먼저 시작한 사람은 흰색 말로 게임을 진행하는 것이다. 물론 바꾸지 않고 그대로 게임을 진행해도 된다. 보통 먼저 시작하는 사람이 게임에서 유리한 경우가 많으므로 좀 더 공정한 게임을 위해 파이 규칙이 적용된다.

이 규칙은 두 사람이 파이를 나누어 먹을 때 공정하게 먹는 방법에서 이름을 따왔다. 한 사람이 파이를 반으로 자르고, 다른 사람이 그중 어떤 것을 먹을지 선택하는 것이다. 파이를 자르는 사람은 상대방이 더 큰 조각을 고를 것을 알기 때문에 가능한 한 비슷한 크기로 자를 것이다. 다른 말로 교환 규칙(Swap Rule)이라고도 하며 주로 헥스, 하바나 등의 연결 게임에서 많이 적용된다.

오프닝 동작(Opening Move)

오프닝 동작은 게임을 할 때 먼저 시작하는 사람의 첫수를 말한다. 첫수의 위치에 따라 먼저 시작하는 사람에게 필승전략이 존재할 수도 있고 나중에 시작하는 사람에게 필승전략이 존재할 수 있으며 무승부로 끝나는 상황일 수도 있다. 오프닝 동작이 승패에 절대적인 영향을 미치는 경우가 많기 때문에 많은 게임에서 오프닝 동작은 중요한 탐구 문제이다.

수학게임 용어 소개

정규 게임(Normal Game)

정규 게임은 게임에서 마지막 행동을 하는 사람이 승리하는 게임을 말한다. 예를 들어 배스킨라빈스 31 게임이라면 마지막 숫자인 31을 말한 사람이 승리하는 것이다.

불행형 게임(Misère Game)

불행형 게임은 게임에서 마지막 행동을 하는 사람이 패배하는 게임을 말한다. 예를 들어 배스킨라빈스 31 게임이라면 마지막 숫자인 31을 말한 사람이 패배하는 것이다.

공정 게임(Impartial Game)

공정 게임은 게임에 참여하는 두 사람이 선택할 수 있는 행동이 같은 게임이다. 대표적으로 님 게임을 들 수 있다. 님 게임은 순서만 다를 뿐 게임에 참여하는 두 사람 모두 돌을 가져가는 같은 행동만 할 수 있다. 바둑의 경우 한 사람은 검은색 돌만 놓을 수 있고, 다른 한 사람은 흰색 돌만 놓을 수 있으므로 공정 게임이 아니다. 게임의 수학적 성질을 탐구하는 조합 게임 이론에서 말하는 공정 게임은 단순히 할 수 있는 행동이 같은 것을 넘어 더 엄격한 조건을 만족하는 게임이다. 그 조건은 아래와 같다.

1) 게임 참가자는 게임의 진행 상황이나 변화와 관련된 정보를 언제든 알 수 있다.
2) 두 사람이 교대로 게임을 진행한다.
3) 한 사람이 더는 게임을 진행하지 못할 때 게임의 승자가 결정된다.
4) 두 사람이 게임에서 선택할 수 있는 행동이 같다.
5) 가능한 게임의 상태는 유한하며, 유한 회 안에 게임이 종료된다.
6) 게임의 어떤 행동도 우연에 의해 결정되지 않는다.

당파 게임(Partizan Game)

당파 게임은 한 사람은 할 수 있고 다른 사람은 할 수 없는 행동이 있는 게임을 말한다. 예를 들어 바둑의 경우 한 사람은 검은색 돌만 놓을 수 있고, 다른 한 사람은 흰색 돌만 놓을 수 있으므로 두 사람이 할 수 있는 행동이 다르다. 따라서 당파 게임에 해당한다.

게임의 수학적 성질을 탐구하는 조합 게임 이론의 핵심 연구 주제는 바로 당파 게임이다. 공정 게임의 경우 1930년대에 완전히 문제가 해결되었기 때문에 이후 연구는 주로 당파 게임에 대해 이루어졌다. 현재도 다양한 당파 게임에 대한 연구가 활발히 진행 중이다.

P-포지션(P-position)

게임이 진행되다 어떤 게임 상태가 됐을 때 그 상태 이전에 게임을 한 사람(Previous Player)이 승리할 수 있는 상태이면 이 상태를 P-포지션(P-position)이라 한다. 그 상태 이전에 게임을 한 사람(Previous Player)이 승리할 수 있는 상태라는 것은 이 사람에게 필승전략이 존재하는 상태임을 의미한다.

N-포지션(N-position)

게임이 진행되다 어떤 게임 상태가 됐을 때 이번 차례에 게임을 해야 하는 사람(Next Player)이 승리할 수 있는 상태이면 이 상태를 N-포지션(N-position)이라 한다. 이번 차례에 게임을 해야 하는 사람(Next Player)이 승리할 수 있는 상태라는 것은 이 사람에게 필승전략이 존재하는 상태임을 의미한다.

터미널 포지션(Terminal Position)

게임이 진행되다가 더는 게임을 진행할 수 없는 상태이면 이 상태를 터미널 포지션이라고 한다. 더 이상 게임을 진행할 수 없다는 것은 게임을 할 차례인 사람이 할 수 있는 행동이 더이상 없다는 것을 말한다. 정규 게임에서 터미널 포지션은 P-포지션이다. 터미널 포지션이 되면 게임을 할 차례인 사람이 할 수 있는 행동이 없어 더는 게임이 진행되지 않으므로 정규 게임에서는 이전에 게임을 한 사람이 마지막 행동을 한 사람으로 승자가 되기 때문이다.

후진 귀납법(Backwards Induction)

후진 귀납법은 각 게임 상태가 P-포지션인지 또는 N-포지션인지 판단하는 알고리즘이다. 그런디 게임이나 케일스 등 게임 상태의 경우의 수가 적은 게임은 이 알고리즘을 이용해 직접 손으로 각 게임 상태를 분석할 수 있지만 게임 상태의 경우의 수가 많은 경우에는 컴퓨터 프로그래밍을 통해 게임 상태를 분석할 수 있다. 실제 아홉 남자의 모리스, 지전거 고누, 도부츠쇼기 등 많은 게임이 프로그래밍으로 후진 귀납법을 구현해 게임의 필승전략을 분석했다. 체스에서는 후진 귀납법을 역행 해석(Retrograde Analysis)이라 부르기도 한다. 후진 귀납법은 다음과 같고, 이를 이용해 각 게임 상태가 P-포지션인지 또는 N-포지션인지 판단할 수 있다.

1) 모든 터미널 포지션은 P-포지션이다.
2) 어떤 게임 상태에서 한 번의 행동으로 P-포지션인 게임 상태로 갈 수 있다면 이 상태는 N-포지션이다.
3) 어떤 게임 상태에서 한 번의 행동으로 갈 수 있는 게임 상태가 N-포지션밖에 없다면 이 상태는 P-포지션이다.

수학게임 개념 마인드맵

다함께 수학게임에서는 50가지 수학게임을 각각 독립적으로 소개하려 노력하였습니다. 따라서 보통의 경우 순서에 상관없이 원하는 게임을 보면 됩니다. 하지만 일부 게임은 여러 가지 이유로 서로 관련이 되어 순서대로 보는 것이 좋습니다. 이때 반드시 순서대로 봐야 하는 경우가 있고 반드시 순서대로 봐야 하는 것은 아니지만 순서대로 보는 것을 추천하는 경우가 있습니다. 이 두 경우를 구별하기 위해 아래와 같이 다른 색의 화살표로 마인드맵을 표시하였습니다. 각 게임에 대해 알아볼 때 이 마인드맵을 참고하길 바랍니다.

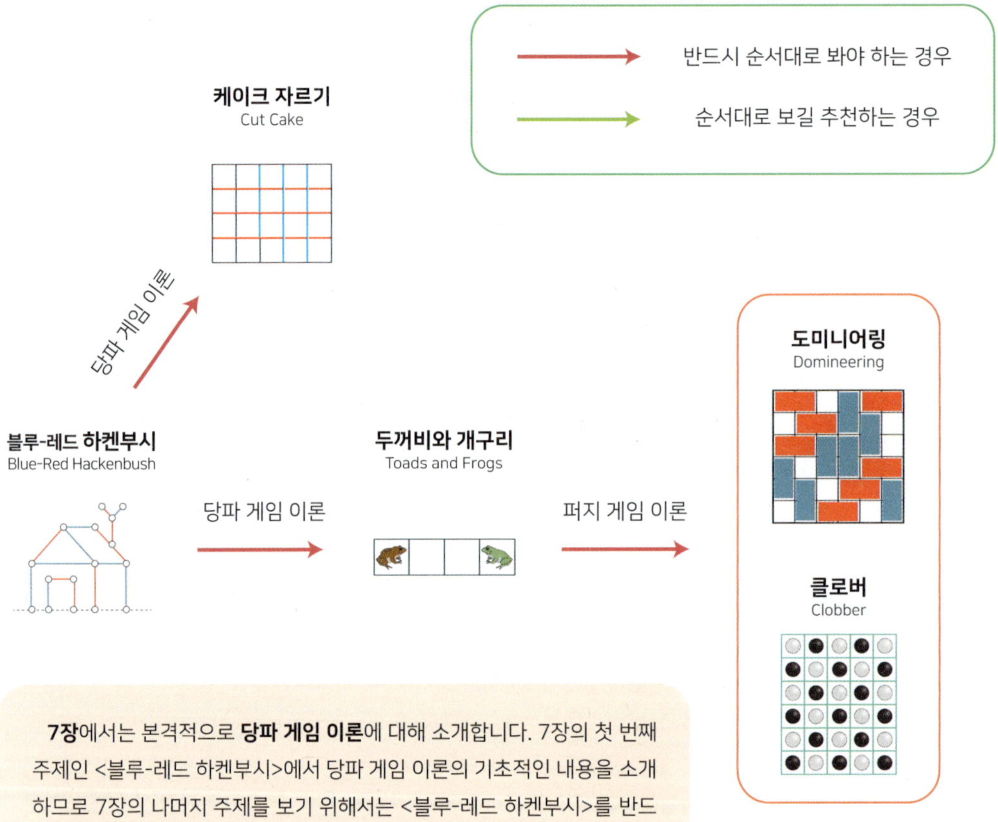

7장에서는 본격적으로 **당파 게임 이론**에 대해 소개합니다. 7장의 첫 번째 주제인 <블루-레드 하켄부시>에서 당파 게임 이론의 기초적인 내용을 소개하므로 7장의 나머지 주제를 보기 위해서는 <블루-레드 하켄부시>를 반드시 읽어야 합니다. 또한 <두꺼비와 개구리>에서 당파 게임 중 퍼지 게임에 대한 이론을 소개하고 있고 <도미니어링>과 <클로버>에서 퍼지 게임 이론을 이용해 게임 상태를 분석하기 때문에 <두꺼비와 개구리>를 읽어야 <도미니어링>과 <클로버>를 볼 수 있습니다.

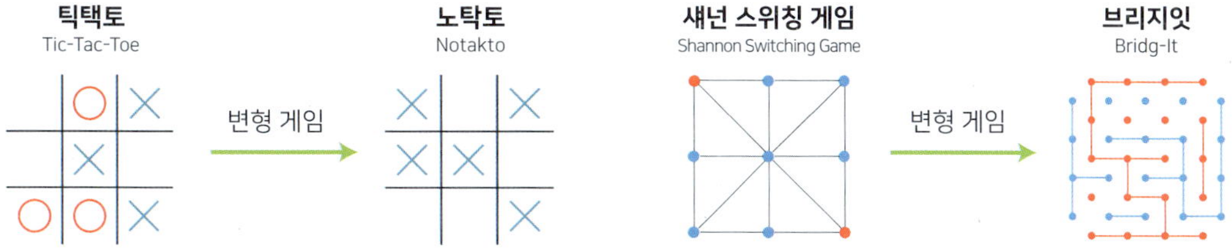

6장에서는 본격적으로 **공정 게임 이론**에 대해 소개합니다. 공정 게임 이론의 핵심은 스프라그-그런디 정리로 모든 공정 게임의 필승전략은 님 게임의 필승전략과 같다는 내용입니다. 따라서 <님>에서 소개하는 필승전략에 대한 이해가 필요합니다. 또한 <그런디 게임>에서 스프라그-그런디 정리를 소개하고 있으므로 이 내용을 이해해야 <케일스>나 <라스커의 님> 등 나머지 공정 게임에 대한 분석을 이해할 수 있습니다. <그런디 게임>에서 소개하는 후진 귀납법을 <아홉 남자의 모리스> 등에서 컴퓨터를 활용한 연구에 사용하는 경우가 있는데 반드시는 아니지만 <그런디 게임>을 먼저 읽으면 좋습니다.

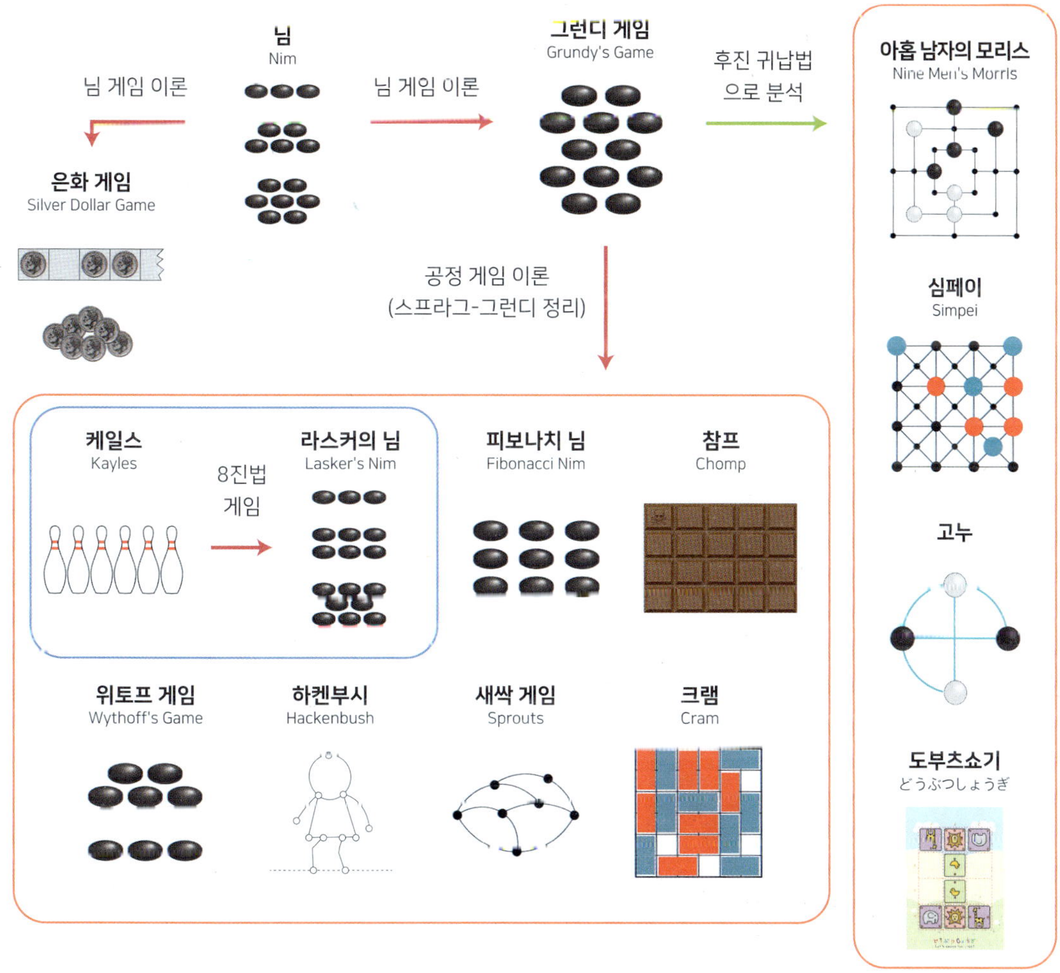

Chapter 01

일렬로 세우기
한 줄 만들기 게임

어떤 게임을 할까요?

1 **틱택토(Tic-Tac-Toe)**

2 **노탁토(Notakto)**

3 **아홉 남자의 모리스(Nine Men's Morris)**

4 **피카리아(Picaria)**

5 **모르피온 솔리테어(Morpion Solitaire)**

6 **심페이(Simpei)**

7 **티코(Teeko)**

8 **커넥트 포(Connect Four)**

일렬로 세우기 **한 줄 만들기 게임**

틱택토 Tic-Tac-Toe

틱택토(Tic-Tac-Toe)는 사람들에게 가장 많이 알려진 수학게임인 동시에 가장 오래된 수학게임 중 하나로 그 기원은 이집트까지 올라간다. 다양한 변형 게임이 존재하며 영과 십자가(Noughts and Crosses) 또는 X와 O(Xs and Os)라고도 불린다.

게임에 필요한 도구

3X3 게임판, 연필

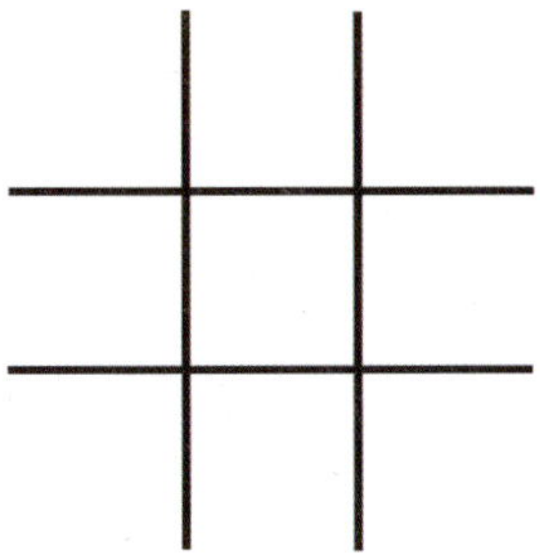

3 × 3 게임판

연필

틱택토는 3 × 3 게임판이 그려진 종이와 연필만 있으면 할 수 있다. 게임판이 단순해 연필만 있어도 빈 종이에 격자 형태의 게임판을 그리고 바로 시작할 수 있다.

게임판 받기

01_한 줄 만들기 게임/틱택토.pdf

게임 규칙

3 × 3 게임판 위에서 두 명이 교대로 X와 O를 표시하면서 가로, 세로, 대각선 중 하나에 자신의 문자 3개가 한 줄이 되게 표시하면 승리한다. 보통 X를 표시하는 사람이 먼저 시작한다.

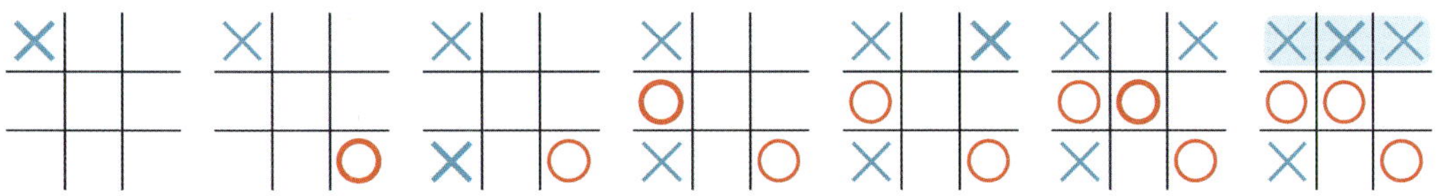

틱택토 게임 진행 예시(X의 승리)

게임 Tip

틱택토에서 **포크(Fork)** 전략이란 승리하는 방법이 동시에 두 가지가 존재하도록 문자를 표시하는 전략이다. 아래 그림에서 X는 포크 전략을 사용하였고, O를 표시하는 사람이 다음 차례에 어디에 표시하든지 X를 표시하는 사람이 승리하게 된다.

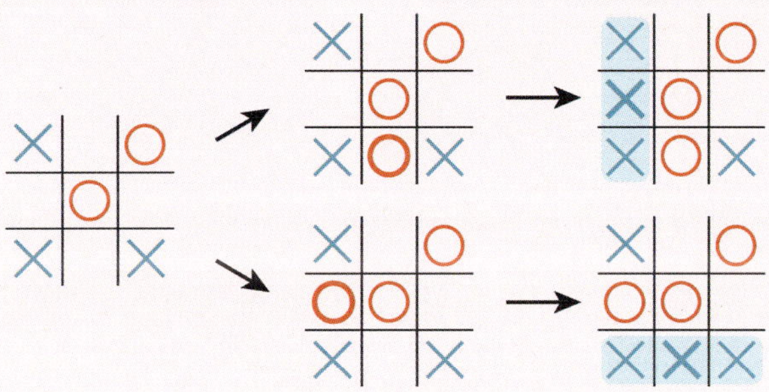

게임의 역사

틱택토의 기원은 명확하지는 않지만, 기원전 1300년경 고대 이집트 기와 조각에서 틱택토 게임판과 같은 형태의 흔적이 발견되어 그때를 기원으로 보기도 한다. 반면 로마 시대를 기원으로 보기도 하는데 기원전 1세기경 로마제국에 있었던 테르니 라필리(Terni Lapilli, 한 번에 세 개의 조약돌)라는 게임이 틱택토와 매우 유사한 형태이기 때문이다. 테르니 라필리는 틱택토와 달리 세 개의 조약돌만을 가지고 게임을 한다. 세 개의 조약돌을 다 쓰고 난 뒤에는 조약돌의 위치를 옮겨가면서 계속 게임을 진행한다.

변형 게임

틱택토에는 다양한 변형 게임이 있다. 그중 대표적인 몇 가지를 알아보자.

궁극의 틱택토(Ultimate Tic-Tac-Toe)

궁극의 틱택토(또는 슈퍼 틱택토, 나인 보드 틱택토)는 3 × 3 틱택토 보드 9개가 모여 있는 게임판에서 진행되는 게임이다. 큰 3 × 3 보드를 **글로벌 보드**라고 하고, 각각의 작은 3 × 3 보드를 **로컬 보드**라고 하며 다음과 같은 규칙에 따라 게임을 진행한다.

글로벌 보드(왼쪽)와 로컬 보드(오른쪽)

1) 두 사람은 X와 O를 교대로 표시하고, 먼저 시작한 사람은 X를 81개의 칸 중 원하는 위치에 표시한다. 다음부터는 전 사람이 표시한 위치에 따라 다음 사람이 표시할 곳이 정해진다.

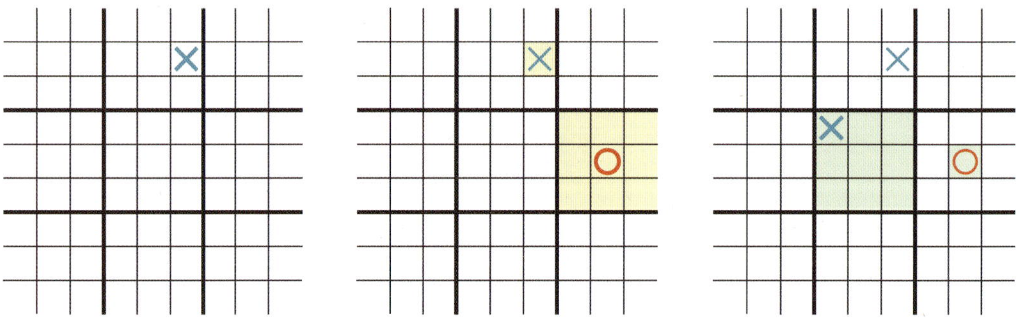

예를 들어 위의 그림처럼 X가 두 번째 로컬 보드의 여섯 번째 칸에 표시하는 것으로 시작했다면 다음에 O는 여섯 번째 로컬 보드(노란색으로 색칠한 보드)에 표시해야 한다. O는 여섯 번째 로컬 보드의 다섯 번째 칸에 표시했고, 이로 인해 다음에 X가 표시할 로컬 보드는 다섯 번

째 보드(연두색으로 색칠한 보드)가 된다.

2) 각 로컬보드에서 승리 규칙은 틱택토와 마찬가지로 가로나 세로 또는 대각선에 3개의 문자가 한 줄이 되게 표시하는 것이다.

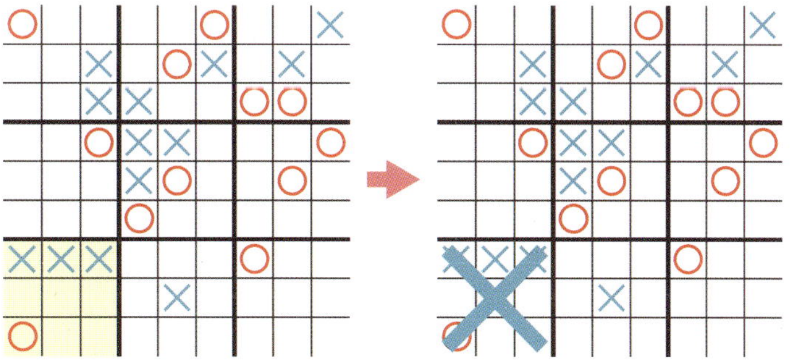

게임이 위 그림과 같이 진행되었다고 한다면, 일곱 번째 로컬 보드(노란색으로 색칠한 보드)는 X가 승리한 보드가 된다.

3) 승패가 결정되거나 빈칸 없이 완전히 채워진 로컬 보드에는 X나 O를 표시할 수 없다. 따라서 이러한 로컬 보드에 보내진다면, 남은 다른 로컬 보드 중 원하는 로컬 보드를 선택해 표시해야 한다.

4) 글로벌 보드에서 가로나 세로 또는 대각선에 승리한 로컬 보드가 한 줄이 되면 승리한다. 로컬 보드가 한 줄이 되지 않았지만 더는 표시할 수 있는 곳이 없을 때 게임은 종료되며, 이 경우 경기는 무승부다.

궁극의 틱택토 게임 진행 예시(X의 승리)

궁극의 틱택토의 변형 게임으로는 승패가 결정된 로컬 보드에 빈칸이 있을 때 이곳에 표시하는 것을 허용하는 버전이 있다.

3D 틱택토(3D Tic-Tac-Toe)

3D 틱택토는 4 × 4 틱택토 보드 4개를 공간에 수평으로 나란히 놓고 게임을 진행한다. 두 사람은 입체 보드의 빈칸에 X 또는 O를 교대로 표시한다. 자신의 문자 4개를 한 줄로 만들면 승리한다. 일반 틱택토처럼 단일 보드에서 가로, 세로 또는 대각선에 한 줄을 만들어도 되고, 4개의 보드를 수직으로 통과하거나 대각선으로 통과해 한 줄을 만들어도 된다. 먼저 시작하는 사람이 최선의 수를 두면 승리한다고 알려져 있다.

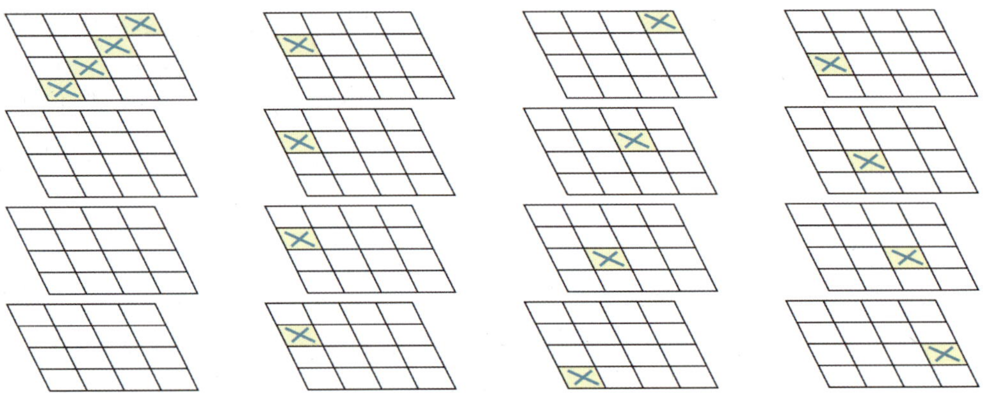

3D 틱택토에서 승리하는 경우 예시

와일드 틱택토(Wild Tic-Tac-Toe)

3 × 3 보드에서 두 명이 교대로 게임을 하며 자신의 차례에 X 또는 O 중 하나를 선택해 표시한다. 가로나 세로 또는 대각선에 한 줄이 되도록 X 또는 O를 표시한 사람이 승리한다.

게임 전략

틱택토는 두 사람이 최선의 수를 두면 무승부가 된다. 그리고 게임의 경우의 수도 다른 게임에 비해 간단해 이를 파악하는 것이 어렵지 않다. (직접 생각해 보자.) 하지만 틱택토의 규칙을 막 배운 두 사람이라면 이를 알 리 없다. 먼저 시작하는 사람은 첫수를 어디에 두는 것이 좋을까? 이에 대해 생각해 보자.

처음 시작하는 사람이 X를 둘 수 있는 위치는 아홉 가지다. 하지만 보드를 회전이동하여 대칭인 위치를 생각하면 사실상 시작 위치로 가능한 경우는 아래 그림처럼 모서리, 측면, 중앙으로 총 세 가지이다.

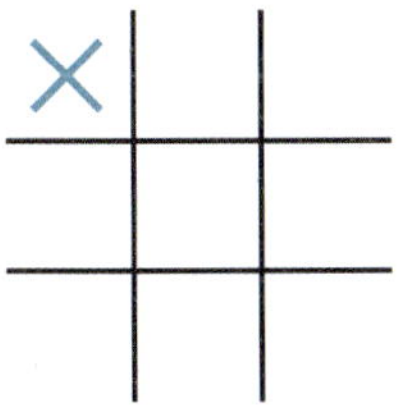
모서리에서 시작

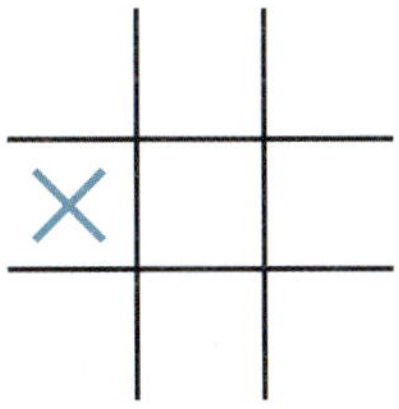
측면에서 시작

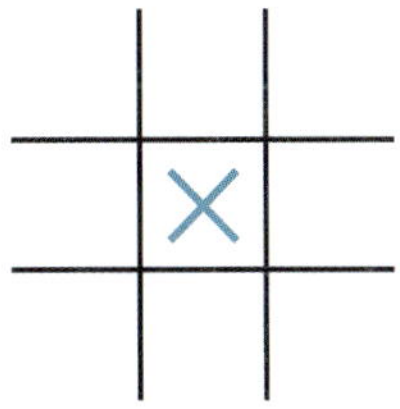
중앙에서 시작

모서리에서 시작

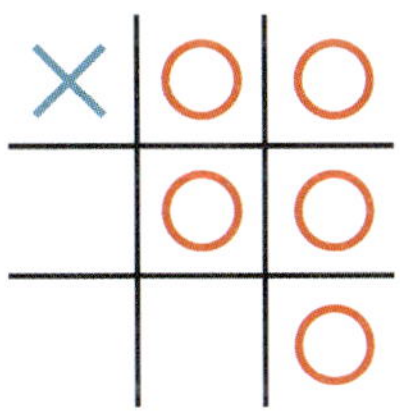

X를 모서리에서 시작하면 대칭을 생각했을 때 다음에 O를 둘 수 있는 곳은 위의 그림처럼 다섯 곳 중 하나이다. 먼저 이 중 네 곳에 대해 X가 승리하는 법을 알아보자. 첨자는 두는 순서를 나타낸다.

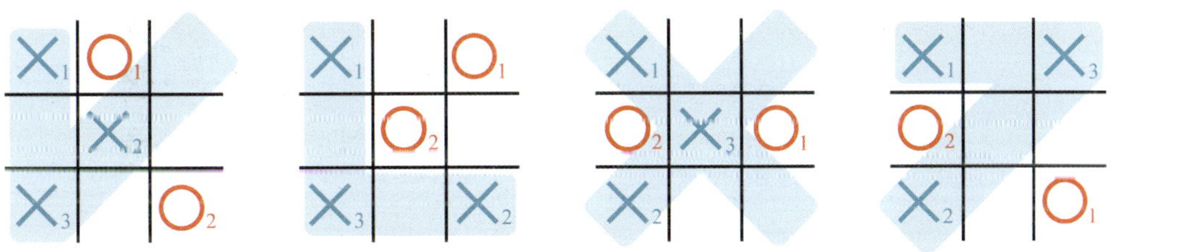

다섯 가지 중 네 가지는 위의 그림에서 보이는 것처럼 O_3를 어디에 두든 X가 포크 전략을 사용하여 승리할 수 있다.

다섯 가지 중 나머지 한 가지인 X_1을 모서리에서 시작하고 다음에 O_1을 가운데 두는 경우에 대해 좀 더 알아보자. 먼저 X_2를 X_1의 맞은편 모서리에 두는 경우를 살펴보면, 위의 네 경우와는 다르게 O_2의 위치에 따라 승패가 결정된다는 것을 알 수 있다. 아래 왼쪽 그림처럼 O_2를 모서리에 두면 X는 쉽게 승리할 수 있다. 하지만 아래 오른쪽 그림처럼 O_2를 측면에 두면 게임은 무승부가 된다.

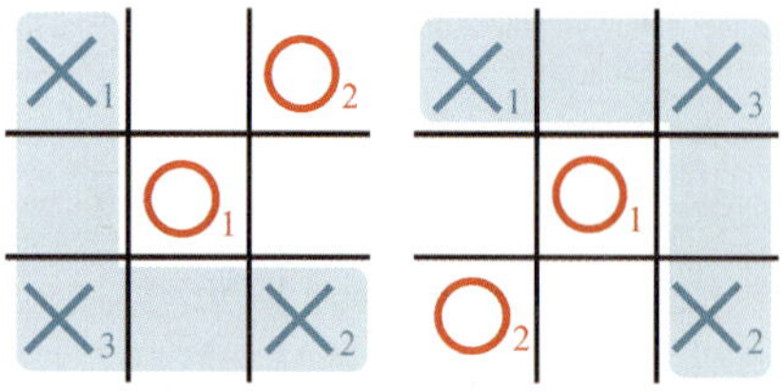

O_2를 모서리에 두는 경우

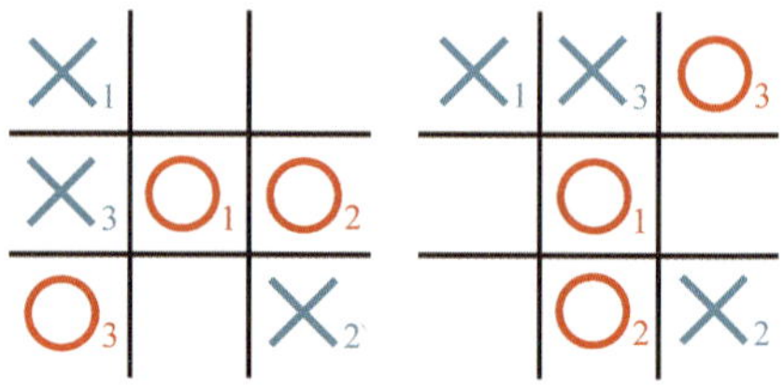

O_2를 측면에 두는 경우

또는 아래 왼쪽 그림과 같이 X_2를 표시된 위치에 뒀을 때 상대가 O_2를 반대쪽 모서리에 두면 X가 승리할 수 있다. 하지만 O_2를 아래 오른쪽 그림처럼 두면 무승부가 된다.

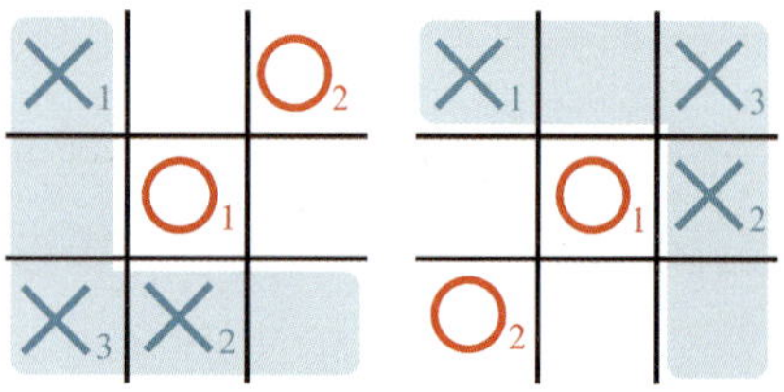

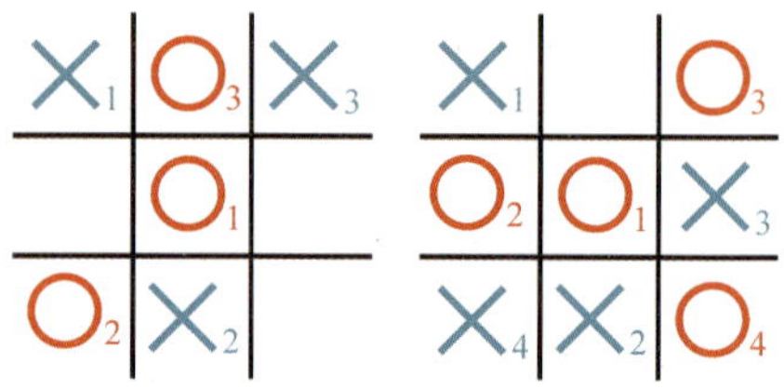

사실 모서리에 있는 X_1에 대해 O_1을 가운데에 두는 경우 X_2를 어떻게 둔다 해도 O는 최소 무승부를 유도할 수 있다. (X_2를 잘못 두면 O가 승리할 수도 있다. 직접 생각해 보자.) 따라서 틱택토를 하는 두 사람이 각각 한 수를 두고 이후 최선의 전략을 사용하여 게임을 한다고 가정하면 X를 모서리에서 시작할 때 O가 다음 수를 가운데 자리에 두지 않는다면 X는 승리할 수 있다. 즉, O_1을 둘 수 있는 위치 8가지 중 7가지에서 승리하므로 승률은 87.5%이다.

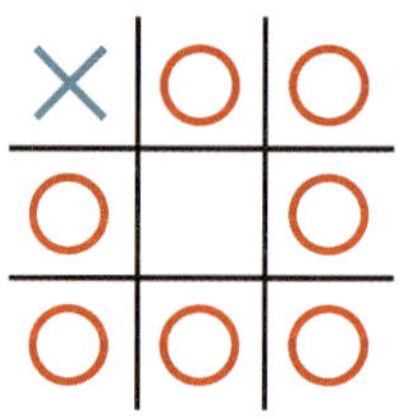

X가 승리하는 O의 두 번째 수의 위치

측면에서 시작

측면에서 시작하는 것은 모서리에서 시작하는 것보다 승리 확률이 줄어든다.

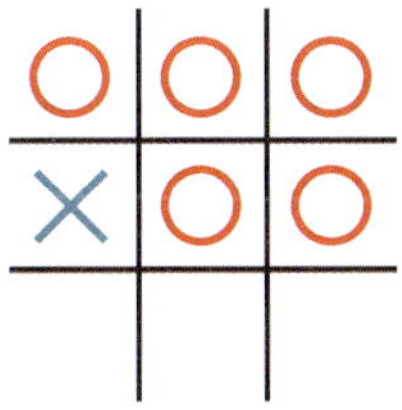

X를 측면에서 시작하면 다음 O를 둘 수 있는 곳은 대칭을 생각했을 때 위의 그림처럼 다섯 곳이다. 각각의 경우에 대해 X가 승리하는 방법을 알아보자.

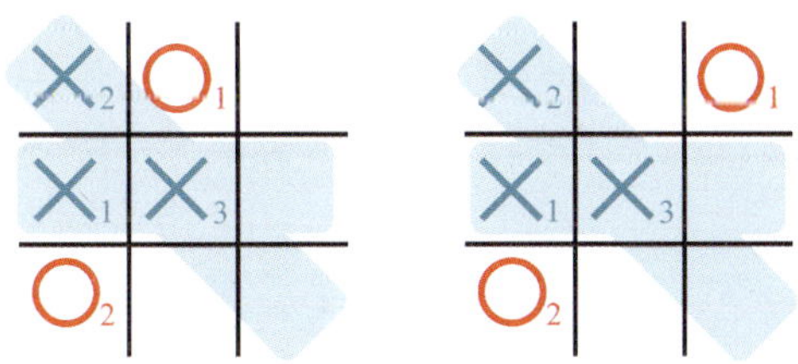

위 그림처럼 O_1을 X_1과 가까운 측면에 두거나 X_1과 멀리 떨어진 모서리에 두면 X는 포크 전략을 이용하여 쉽게 승리할 수 있다. 하지만 다른 곳에 O_1을 두게 되면 X가 승리하기 위해 몇 가지 고려해야 할 상황이 생긴다.

먼저 O_1을 중앙에 둘 경우에 대해 알아보자. 이 경우 X가 X_2를 X_1과 가까운 측면 중 한 곳에 두면 위 경우와 다르게 O_2의 위치에 따라 승패가 결정된다. O_2를 아래 왼쪽 그림처럼 두면 X는 승리한다. 하지만 O_2를 아래 오른쪽 그림처럼 둔다면 게임은 무승부로 끝나게 된다.

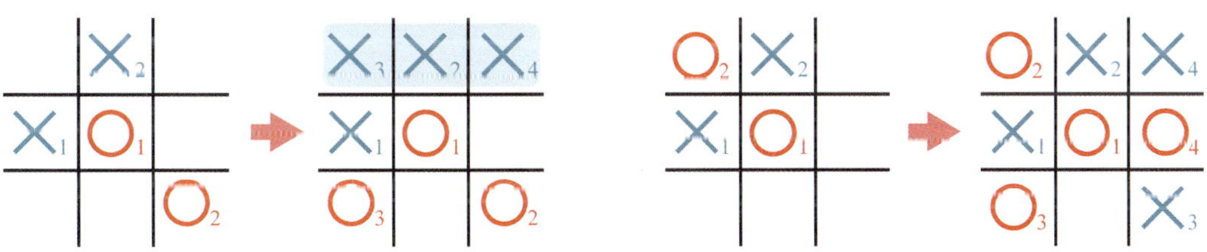

또는 O_1을 중앙에 둘 때, X_2는 X_1의 맞은편 모서리에 두자. 다음에 O_2를 아래 왼쪽 그림처럼 둔다면 X는 승리한다. 하지만 O_2를 아래 오른쪽 그림처럼 둔다면 게임은 무승부로 끝나게 된다.

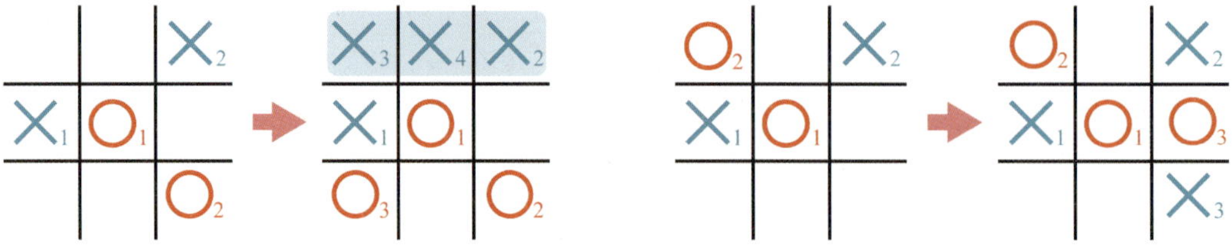

다음으로 O_1을 X_1과 가까운 모서리에 두는 경우를 보자. X_2를 O_1과 같은 가로줄에 위치한 모서리에 둔 후 O_2를 아래 그림에서 색칠된 곳 중 한 곳에 두길 기다리면 X는 포크 전략을 사용하여 승리할 수 있다.

물론 이 경우 역시 O는 아래와 같은 진행으로 쉽게 무승부를 유도할 수 있다.

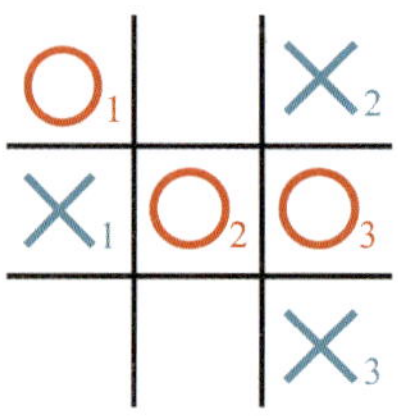

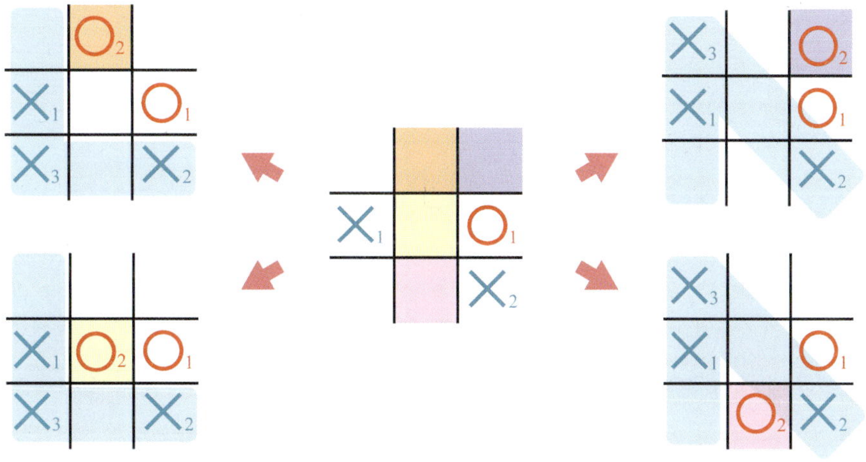

마지막으로 O_1을 X_1의 맞은편 측면에 둘 때 X_2를 O_1과 가까운 모서리에 두자. 그 후 O_2를 위 그림에서 색칠된 곳 중 한 곳에 두면 X는 포크 전략을 사용하여 승리할 수 있다. 물론 아래와 같이 O_2를 두면 X는 포크를 만들 수 없고 게임은 무승부로 끝나게 된다.

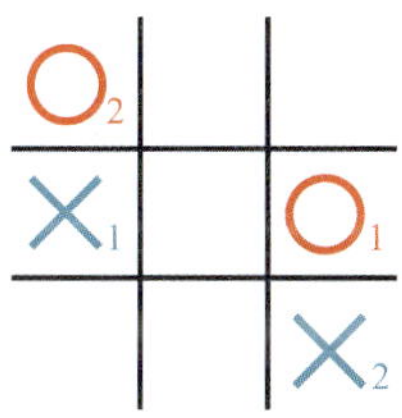

사실 측면의 X_1에 대해 O_1을 중앙이나 가까운 모서리 또는 맞은편 측면에 두는 경우 X_2를 어떻게 둔다 해도 O는 최소 무승부를 유도할 수 있다. 따라서 틱택토 게임을 하는 두 사람이 각각 한 수를 두고 이후 최선의 전략을 사용하여 게임을 한다고 가정하면 X가 측면에서 시작할 때 최종 승리할 수 있는 O의 위치는 아래 그림과 같다. X가 X_1을 측면에서 놓을 때 O가 O_1을 놓을 수 있는 8개의 자리 중 4개의 자리에서 X가 승리하므로 승률은 50%이다.

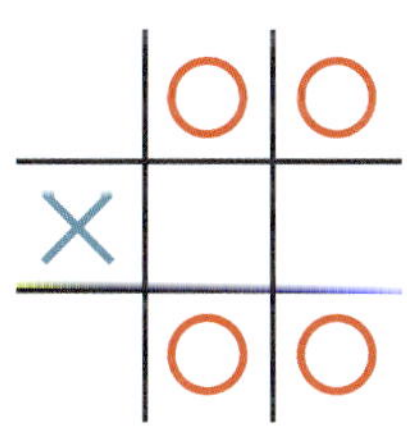

중앙에서 시작

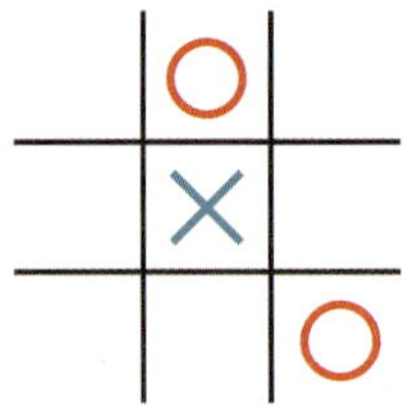

X가 중앙에서 시작하면 대칭을 생각했을 때 다음 O가 취할 수 있는 곳은 위의 그림처럼 두 곳이다. 각각의 경우에 대해 X가 승리하는 방법을 알아보자. 먼저 X가 중앙에서 시작하고 다음 O가 측면에 두면 X는 포크 전략으로 승리할 수 있다. 몇 가지 예를 알아보자.

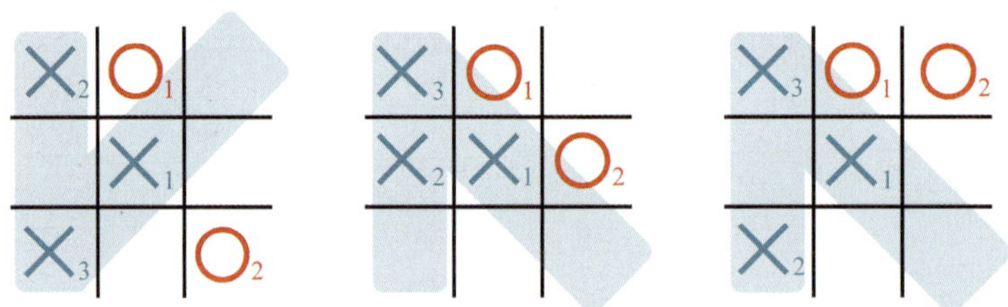

하지만 X가 중앙에서 시작하고 다음 O_1를 모서리에 두면 두 번째 X_2는 포크 전략을 사용하기 위해 반대쪽 모서리에 두는 것이 좋다. 그리고 O_2를 아래 그림에서 색칠된 곳 중 한 곳에 두면 X는 승리할 수 있다.

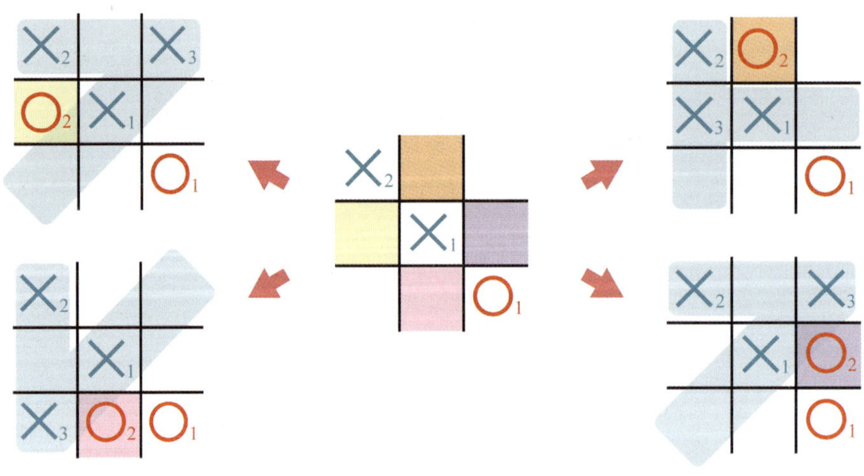

물론 O는 아래와 같은 진행으로 쉽게 무승부를 유도할 수 있다.

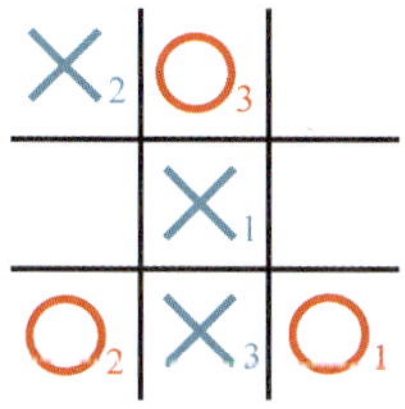

사실 중앙의 X_1에 대해 O_1을 모서리에 두는 경우 X_2를 어떻게 둔다 해도 O는 최소 무승부를 유도할 수 있다. 따라서 틱택토 게임을 하는 두 사람이 각각 한 수를 두고 이후 최선의 전략을 사용하여 게임을 한다고 가정하면 X가 중앙에서 시작할 때 최종 승리할 수 있는 O의 위치는 아래 그림과 같다. 승률은 측면에서 시작할 때와 마찬가지로 50%이다.

이런 관점에서 먼저 시작하는 사람이 첫수로 시작하기 가장 좋은 위치는 모서리라 할 수 있다. 하지만 다른 관점에서 이 문제를 생각한 연구도 있다. 이를 알아보자.

가장 좋은 첫수에 대한 다른 연구

소프트웨어 엔지니어인 안트 쿠체라(Ant Kutschera)는 다른 관점에서 틱택토의 가장 좋은 첫수에 대해 연구하였다. 완벽한 게임이 아닌 틱택토를 생각해 보자. 우선, 3 × 3 게임판 각각의 칸에 다음과 같이 번호를 붙인다.

1	2	3
4	5	6
7	8	9

이때 말을 1395784의 순서로 놓는다면 그 과정은 다음 쪽의 그림과 같다. 숫자는 X나 O가 표시되는 순서와 정확히 일치한다.

따라서 고유한 틱택토 게임의 숫자 조합은 123456789부터 987654321까지에서 찾을 수 있는데, 각 칸은 한 번씩만 표시될 수 있으므로 222222222 같은 숫자는 유효하지 않으므로 버린다.

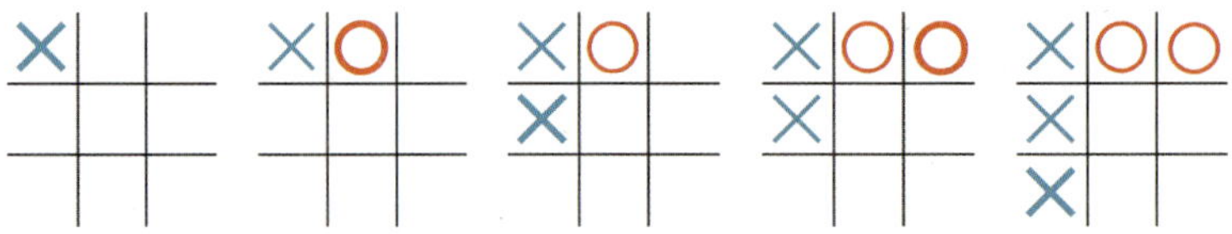

또한 위의 그림처럼 12437까지 표시하면 9자리 모두 표시할 필요 없이 게임은 종료되므로 12437로 시작하는 9자리의 숫자 조합 또한 한 번만 세고 나머지는 버린다. 이런 과정을 거치면 틱택토의 가능한 게임은 모두 255168개가 되고 각각의 위치에서 시작했을 때 승리할 수 있는 게임의 경우의 수는 아래 표와 같다.

14652	14232	14652
14232	15648	14232
14652	14232	14652

모서리에서 시작하면 전체 경우 중 14652개의 게임에서 승리하고, 측면에서 시작하면 14232개의 게임에서 승리하며, 중앙에서 시작하면 15648개의 게임에서 승리한다. 즉, 중앙에서 시작했을 때 승리하는 게임의 수가 가장 많다. 또한 각각의 위치에서 시작했을 때 패배하는 경우의 수는 아래 표와 같다.

7896	10176	7896
10176	5616	10176
7896	10176	7896

모서리에서 시작하면 전체 경우 중 7896개의 게임에서 패배하게 되고, 측면에서 시작하면 10176개의 게임에서 패배하며, 중앙에서 시작하면 5616개의 게임에서 패배한다. 즉, 중앙에서 시작했을 때 패배하는 게임의 수가 가장 적다. 또한 각각의 위치에서 시작했을 때 비기게 되는 경우의 수는 아래 표와 같다.

5184	5184	5184
5184	4608	5184
5184	5184	5184

중앙을 제외한 모든 곳에서 5184번의 경우의 수로 비기게 되고 중앙에서 시작했을 때 4608개의 게임에서 비긴다. 이를 정리하면 아래 표와 같다.

	모서리	중앙	측면
승리하는 경우	14652	15648	14232
패배하는 경우	7896	5616	10176
비기는 경우	5184	4608	5184

이러한 관점에서 승리하고, 패배하고, 비기는 경우를 모두 종합해 보면 첫수로 시작하기 가장 좋은 위치는 중앙임을 알 수 있다.

일렬로 세우기 **한 줄 만들기 게임**

노탁토 Notakto

2010년 대학교수이자 백개먼(Backgammon) 선수였던 밥 코카(Bob Koca)는 그의 조카와 틱택토를 하던 중 조카의 제안으로 두 명 모두 X로 표시하는 새로운 게임을 하게 된다. 이 게임이 바로 노탁토(Notakto)이다. 두 명 모두 X를 표시하기 때문에 게임에서 할 수 있는 행동이 같다고 할 수 있고 이런 점에서 노탁토를 공정한 틱택토라 부르기도 한다.

게임에 필요한 도구

3X3 게임판, 연필

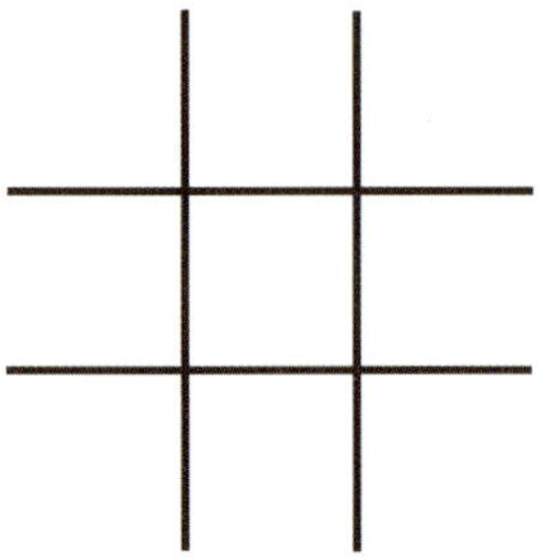

3 × 3 게임판

연필

노탁토는 게임판에 교대로 X를 표시하기 때문에 3 × 3 게임판이 그려진 종이와 연필만 있으면 할 수 있다. 그리고 사실 꼭 X 표시를 하지 않아도 서로 같은 표시만 하면 되기 때문에 연필이 없다면 같은 색의 바둑돌이나 동전 같은 것을 이용해 게임을 할 수 있다.

게임판 받기

01_한 줄 만들기 게임/노탁토.pdf

게임 규칙

노탁토는 한 개의 게임판에서 할 수도 있고 그 이상의 게임판에서 할 수도 있다. 게임판 수에 따른 규칙은 다음과 같다.

한 개의 게임판에서 하는 노탁토

아래 그림과 같이 게임판 하나를 준비하고 다음과 같은 규칙에 따라 진행한다.

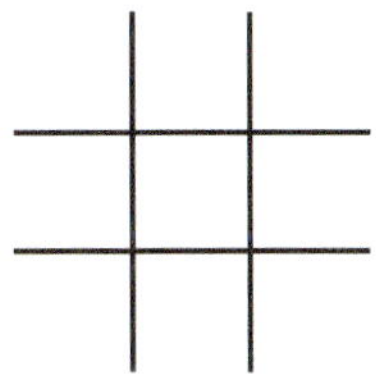

1) 두 사람은 교대로 빈칸에 X를 표시한다.
2) 가로, 세로, 대각선 중 한 곳에 X 표시 3개가 한 줄이 되도록 표시한 사람이 패배한다.

둘 이상의 게임판에서 하는 노탁토

아래 그림과 같이 여러 개의 게임판을 준비하고 다음과 같은 규칙에 따라 진행한다.

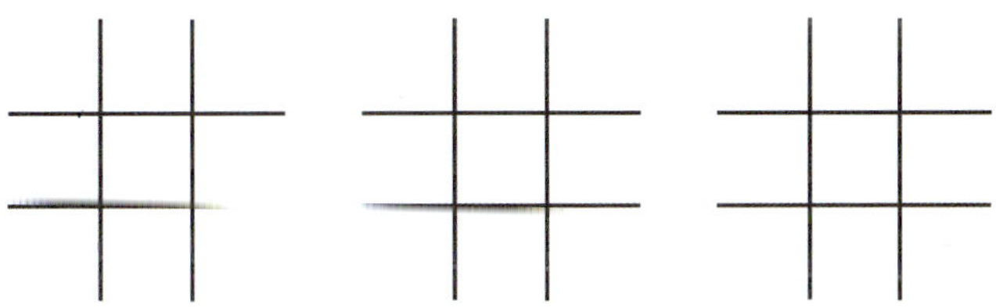

1) 두 사람은 교대로 빈칸에 X를 표시한다.
2) 한 게임판에서 가로, 세로, 대각선 중 한 곳에 X 표시 3개가 한 줄이 되면 더는 그 게임판은 사용할 수 없으며 남은 게임판에서 이어서 진행한다.
3) 마지막으로 남은 게임판의 가로, 세로, 대각선 중 한 곳에 X 표시 3개가 한 줄이 되도록 표시한 사람이 패배한다.

보통 노탁토는 세 개의 게임판에서 진행한다. 이런 노탁토는 두 명이 모두 X 표시를 한다는 점에서 순서만 다를 뿐 할 수 있는 행동이 같다. 이런 게임을 공정 게임(Impartial Game)이라 하며 할 수 있는 행동이 다른 경우 당파 게임(Patisan Game)이라 한다. 틱택토의 경우 한 명은 O를 다른 한 명은 X를 표시하므로 두 명이 하는 행동이 다르고 따라서 당파 게임에 해당한다. 당파 게임인 틱택토의 변형 게임이 공정 게임인 노탁토이므로 노탁토를 공정한 틱택토라 부르기도 한다.

게임 전략

노탁토의 전략을 알아보자. 한 개나 두 개의 게임판에서 하는 전략을 알아본 후 세 개의 게임판에서의 전략을 알아볼 것이다. 한 가지 알아야 할 것은 한 개나 두 개의 게임판에서의 전략이 세 개의 게임판에서도 적용된다는 것이다. 따라서 세 개의 게임판에서의 전략을 알려면 한 개나 두 개의 게임판에서의 전략을 이해해야 한다.

한 개의 게임판에서 하는 노탁토의 전략

한 개의 게임판에서는 먼저 시작한 사람이 최선의 전략으로 수를 두면 게임에서 승리하게 된다. 먼저 시작한 사람이 처음에 해야 할 것은 아래 그림1의 왼쪽 그림처럼 가운데에 X 표시를 하는 것이다. 첨자는 두는 순서를 나타낸다.

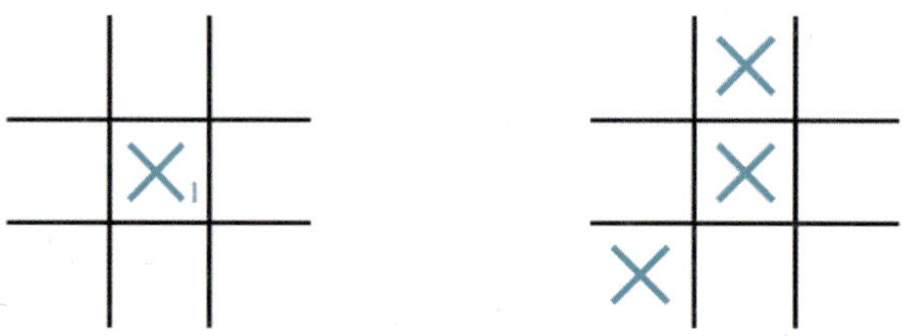

그림 1 한 개의 게임판에서 하는 노탁토에서 먼저 시작하는 사람의 첫수(왼쪽)와 부트 트랩(오른쪽)

이후에는 상대방의 다음 수에 대해 **부트 트랩(Boot Trap)**이라고 불리는 그림1의 오른쪽 그림과 같은 형태를 만들도록 한다. 물론 이 부트 트랩은 회전 이동이나 반사를 해서 나올 수 있는 모든 형태를 말한다. 상대방의 어떠한 수에든 부트 트랩을 잘 만들려면 체스의 기물 중 하나인 나이트의 이동을 떠올리면 된다.

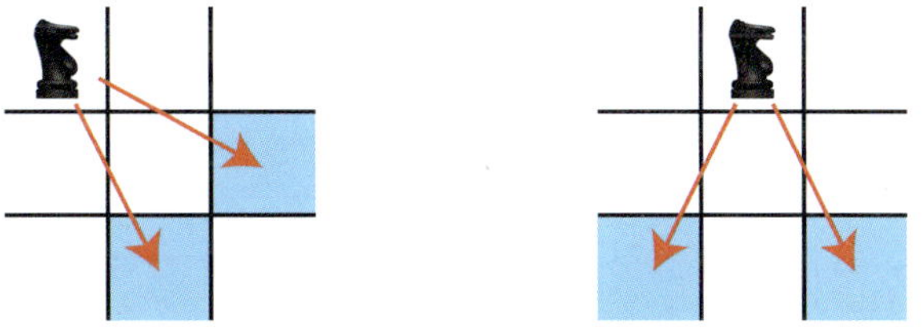

그림2 체스에서 나이트의 이동

체스에서 나이트는 그림2처럼 움직이는데, 이러한 움직임을 서양에서는 L자 형태로 이동한다고 말하거나 직선으로 두 칸 이동 후 옆으로 한 칸 이동한다고 말한다. 우리나라식으로 표현하면 장기의 마(馬)처럼 날 일(日)자와 같은 형태로 이동한다고 말할 수 있다.

상대방이 X 표시를 했을 때, 그 표시한 위치에 나이트가 있다고 하자. 부트 트랩을 만든다는 것은 이 나이트가 이동할 수 있는 위치에 내 X를 표시를 하는 것으로 생각할 수 있다. 다르게 표현하면 상대방이 X 표시한 곳에서 L자가 되는 위치에 내 X를 표시하는 것이다. 그림3은 상대의 수에 대해 부트 트랩을 만든 다양한 예이다. X_2와 X_3을 보자.

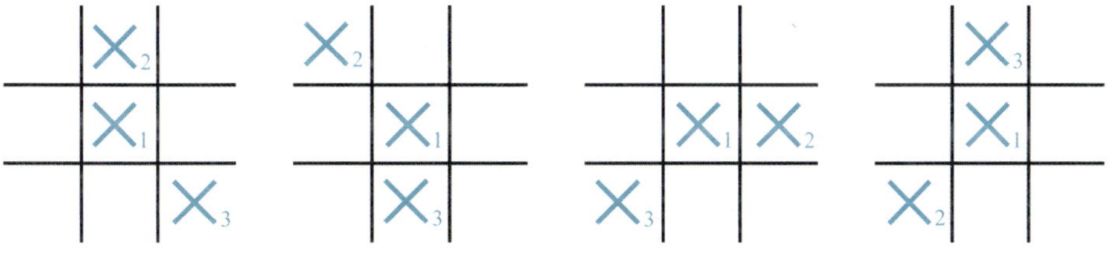

그림3 상대의 수에 대해 부트 트랩을 만든 다양한 경우

부트 트랩인 상태에서 세 개의 X가 한 줄이 되게 만들면 바로 지게 되므로 상대는 이를 피해야 한다. 따라서 상대는 X_4를 아래 그림의 색칠된 곳 중 한 곳에 둘 수밖에 없다.

그림4 부트 트랩에서 상대가 둘 수 있는 위치

상대가 네 곳 중 X를 어디에 표시하든 그림5와 같은 형태를 만들 수 있다. (물론 회전 이동이나 반사를 해서 나올 수 있는 모든 형태를 말한다.) 이 형태를 만들려면 앞의 경우와 마찬가지로 상대가 X 표시를 했을 때 표시한 위치에 있는 나이트가 이동할 수 있는 위치에 X 표시를 하면 된다. 즉, 나이트의 이동을 이용해 X 표시를 하는 것이다. 그렇게 이 형태를 만들면 이후 상대가 어디에 X 표시를 하든 세 개의 X가 한 줄이 되게 되고 먼저 시작한 사람은 게임에서 승리하게 된다.

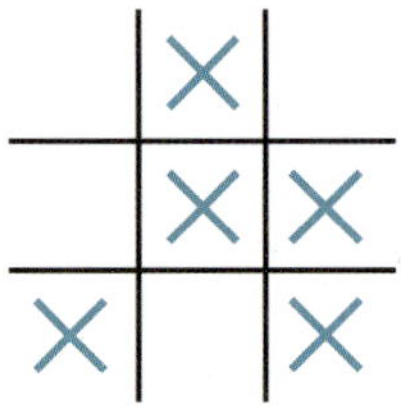

그림5 부트 트랩 이후 승리하기 위해 만들어야 하는 형태

여기서 한 가지 주의해야 할 것은 그림6과 같이 상대가 X_4를 뒀을 때이다. 기사의 이동을 이용해 X_5를 둘 수 있는 위치는 색칠된 두 곳인데 당연하게도 이 중 세 개의 X가 한 줄이 되지 않는 위치에 X_5를 두어야 한다.

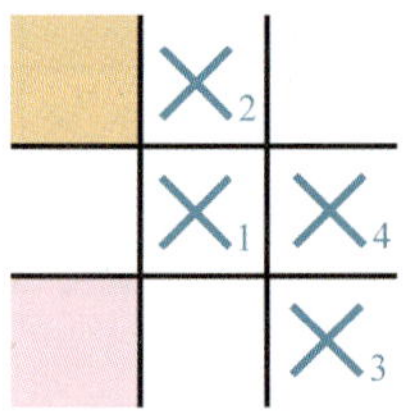

그림6 기사의 이동을 이용해 X 표시를 할 때 주의할 점

이렇게 한 개의 게임판에서 노탁토를 할 때는 먼저 시작한 사람은 중앙에 첫수를 둔 후 부트 트랩과 기사의 이동을 이용해 승리할 수 있다.

두 개의 게임판에서 하는 노탁토의 전략

두 개의 게임판에서 노탁토를 할 때는 두 번째로 시작한 사람이 최선의 전략으로 수를 두면 게임에서 승리하게 된다. 왜 그럴까? 이에 대해 생각해 보자. 대칭을 생각했을 때 먼저 시작한 사람이 X_1을 둘 수 있는 위치는 셋 중 하나로 그림7과 같다.

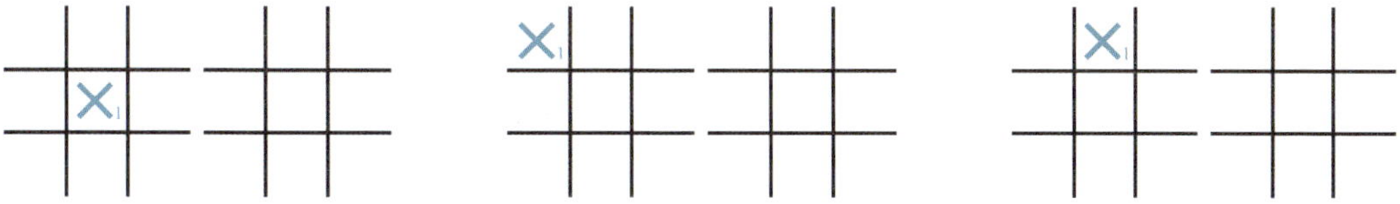

그림7 두 개의 게임판에서 먼저 시작하는 사람이 첫수를 둘 수 있는 위치

먼저 시작한 사람이 첫수를 어디에 두든 두 번째로 시작한 사람은 그림8과 같이 빈 게임판의 가운데 X 표시를 하면 된다.

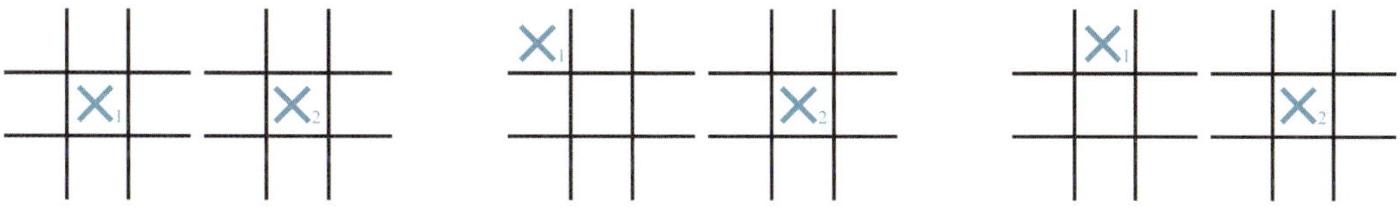

그림8 상대의 첫수에 대해 두 번째로 시작한 사람의 대응

이후 진행에 대해서는 각 경우를 나눠 생각해 보자. 먼저 상대의 첫수가 중앙인 경우다. 이 경우는 두 번째로 시작한 사람도 이후 빈 게임판 중앙에 X_2를 표시했으므로 두 게임판 중앙에 모두 X 표시가 되어있다. 따라서 상대가 X_3를 어디에 두든 그림9와 같이 그 게임판을 바로 희생시킬 수 있다. 그러면 게임판이 한 개만 남게 되고 한 개의 게임판에서의 전략을 그대로 적용해 두 번째로 시작한 사람이 승리할 수 있다.

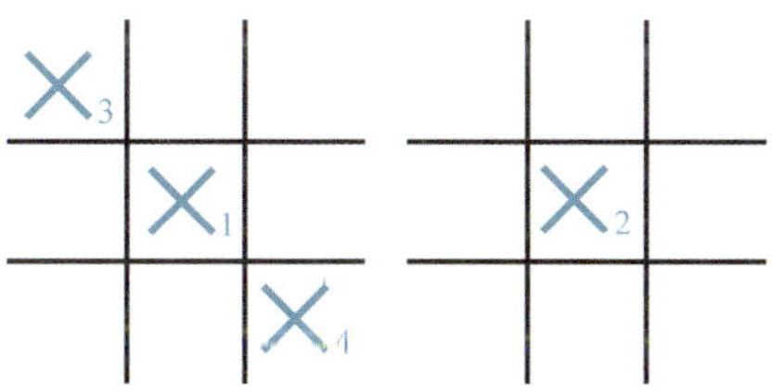

그림9 상대의 첫수가 중앙일 때의 전략

다음으로 상대의 첫수가 모서리나 측면인 경우에 대해 생각해 보자. 이 경우는 생각보다 좀 더 복잡하다. 상대가 선택할 수 있는 수가 많기 때문이다. 따라서 상대가 어떤 수를 선택하는지에 따라 그에 맞는 대응을 해야 한다. 다행인 것은 앞에서 사용했던 여러 전략이 여전히 유효하게 사용된다는 것이다. 상대의 수에 대한 각 전략을 알아보자.

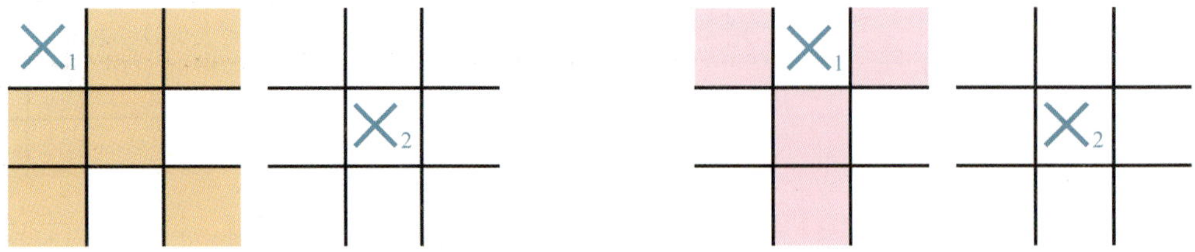

그림10 상대가 X_3를 둘 수 있는 경우1

먼저 그림10처럼 상대가 X_3를 색칠된 곳에 두는 경우이다. 이 경우 중앙에서 사용했던 전략과 마찬가지로 X 표시 세 개를 한 줄로 만들어 색칠이 있는 게임판을 희생할 수 있고, 한 개의 게임판에서의 전략을 적용하면 두 번째로 시작한 사람이 승리할 수 있다.

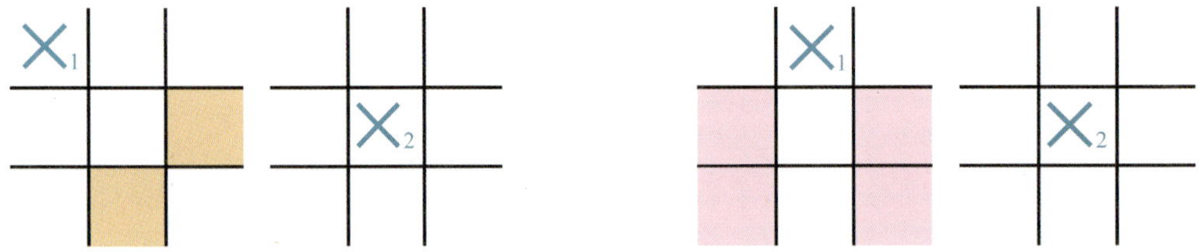

그림11 상대가 X_3를 둘 수 있는 경우2

다음으로 상대가 X_3를 그림11처럼 색칠된 곳에 두는 경우를 생각해 보자. 이 경우 색칠이 있는 게임판을 **2X 트랩**(2X Trap)이라 불리는 그림12와 같은 형태로 만들 수 있다. 이 형태는 각 가로줄과 각 세로줄에 X가 한 개씩 있기 때문에 상대가 다음에 어디에 두든 가로줄이나 세로줄 중 하나에는 X가 2개가 되고 게임판을 바로 희생하는 것이 가능하다. 따라서 상대가 X_5를 2X 트랩을 만든 게임판에 둔다면 X_6을 같은 게임판에 둬 바로 희생시킨다. 그러면 게임판이 한 개만 남게 되고 한 개의 게임판에서의 전략을 그대로 적용해 두 번째로 시작한 사람이 승리할 수 있다.

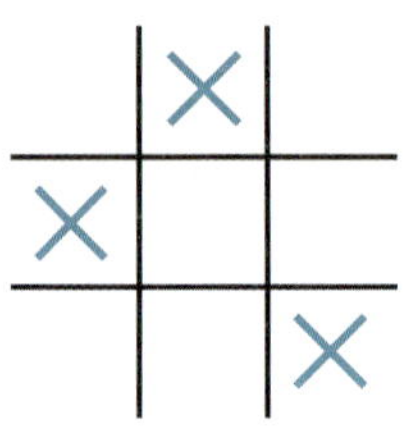

그림12 각 가로줄과 세로줄에 X가 한 개씩 있는 2X 트랩

그림13은 게임의 진행 예시이다.

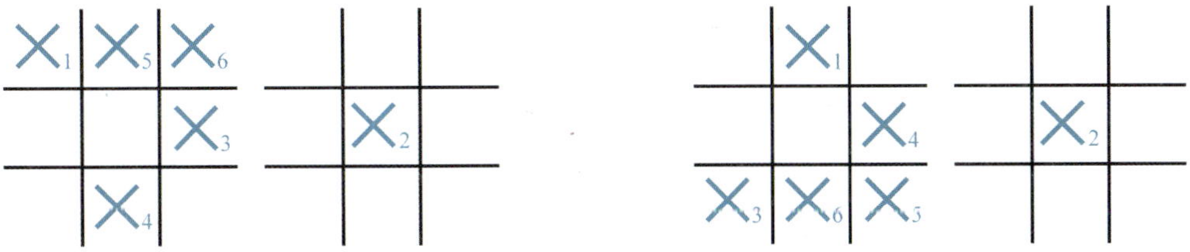

그림13 게임의 진행 예시

상대가 그림14의 왼쪽 그림처럼 X_5를 2X 트랩을 만든 게임판에 두지 않고 X_2를 둔 게임판에 둘 수 있다. 이때 그림14의 오른쪽 그림처럼 이 게임판을 부트 트랩으로 만든다.

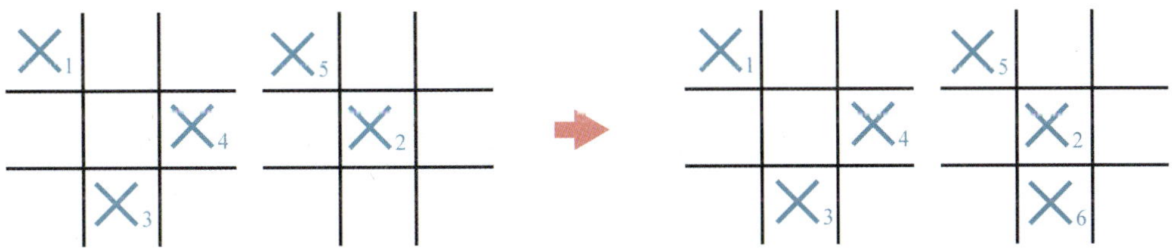

그림14 상대가 X_5를 X_2가 있는 게임판에 둔 경우(왼쪽)와 그에 대한 대응(오른쪽)

이제 게임판 하나는 2X 트랩이 되고 다른 하나는 부트 트랩이 된다. 이때 상대가 X_7을 둘 수 있는 경우는 그림15처럼 색깔로 구별된 세 가지가 있다.

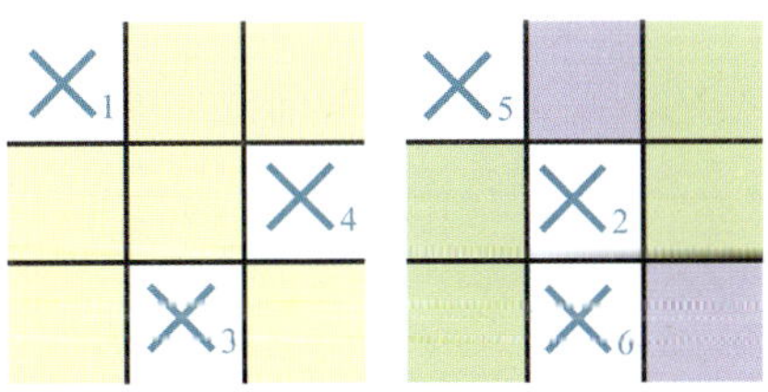

그림15 상대가 X_7를 둘 수 있는 세 가지 경우

상대가 X_7을 그림15의 노란색 부분인 2X 트랩에 두면 이 게임판을 바로 희생하고 한 개의 게임판에서의 전략을 사용해 승리할 수 있다. 다른 한 가지는 상대가 X_7을 그림15의 보라색 부분에 둬서 부트 트랩인 게임판을 희생시키는 경우다. 이때는 2X 트랩을 그림16의 왼쪽 그림과 같은 형태로 만들도록 한다.

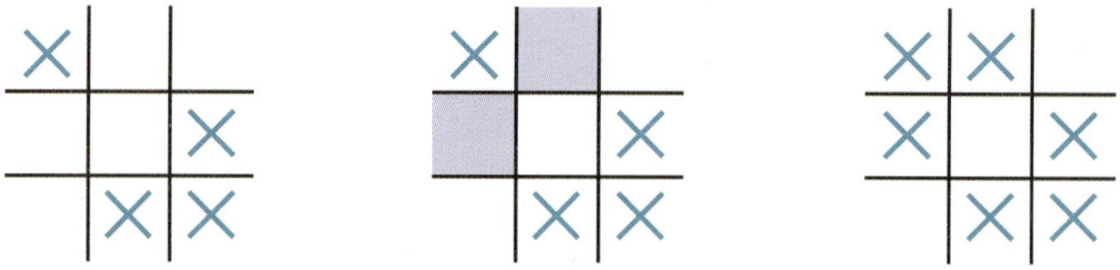

그림16 상대가 부트 트랩을 희생했을 때의 대응

그림16의 왼쪽의 형태에서 상대는 세 개의 X가 한 줄이 되게 만들면 바로 지게 되므로 이를 피해야 하고 그림16의 가운데 그림에서 색칠된 부분에 둘 수밖에 없다. 그러면 바로 그림16의 오른쪽 형태로 만들면 된다. 상대는 세 개의 X가 한 줄이 되게 만들 수밖에 없으므로 게임에서 지게 된다. 그림17은 진행 예시이다.

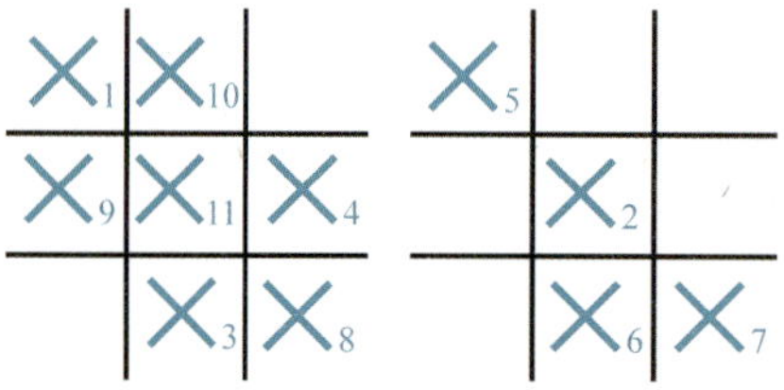

그림17 게임 진행 예시

상대가 X_7을 그림15의 초록색 부분에 두는 경우를 생각해 보자. 이때는 한 개의 게임판에서 하던 전략에 따라 같은 게임판을 그림18과 같은 형태로 만든다. 이 형태에서는 상대가 X_9를 둘 차례가 된다. 상대는 그림18의 왼쪽 아니면 오른쪽 게임임판에 둘 것이다. 상대가 그림18에서 왼쪽 게임판에 둔다면 그 게임판을 바로 희생시킨다. 그러면 상대는 오른쪽 게임판에 두게 되고 세 개의 X가 한 줄이 되게 만들 수밖에 없으므로 지게 된다.

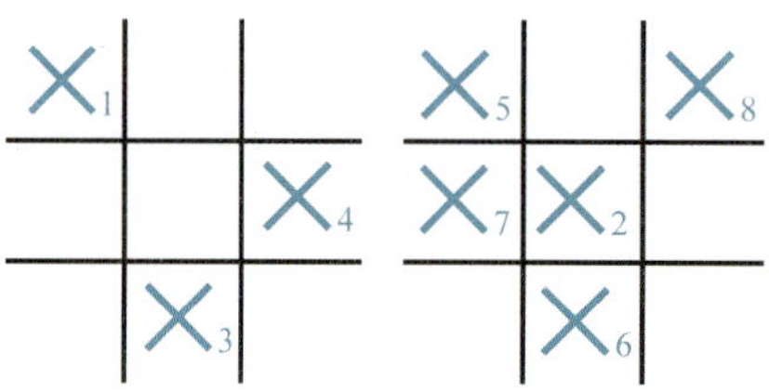

그림18 상대가 부트 트랩인 게임판에 뒀을 때의 대응

상대가 그림18의 오른쪽 게임판에 둔다면 그 게임판은 희생되고 왼쪽 게임판만 남게 된다. 이때는 그림16의 전략을 통해 게임을 진행하면 승리하게 된다.

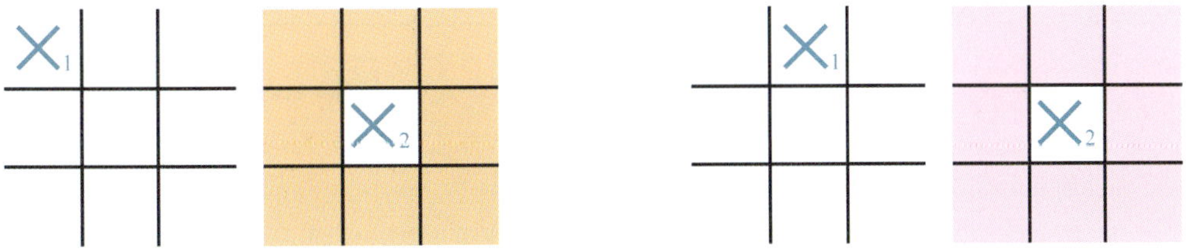

그림19 상대가 X_3를 둘 수 있는 경우3

마지막으로 상대가 그림19처럼 색칠된 곳에 X_3를 두는 경우를 생각하자. 이때는 먼저 같은 게임판에 X_4를 두어 그림20처럼 부트 트랩을 만든다.

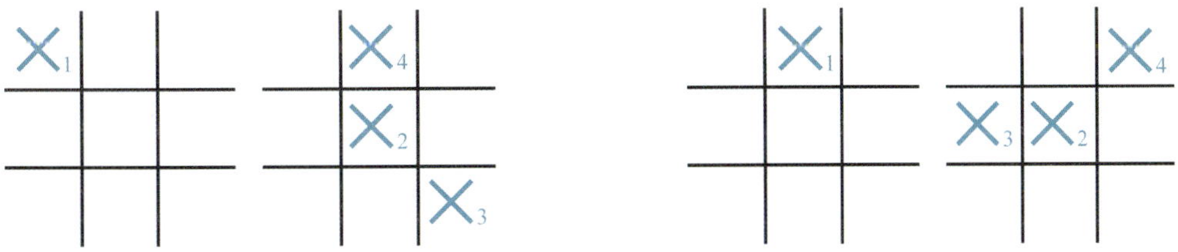

그림20 상대가 X_3를 X_2가 있는 게임판에 둔 경우에 대한 대응

상대가 X_5를 그림20에서 부트 트랩이 아닌 게임 판에 둔다면 상대가 둘 수 있는 곳은 그림21에서 색깔로 구별된 두 가지가 있다. 노란색 칸에 둔다면 그 게임판을 바로 희생시킬 수 있고 한 개의 게임판에서의 전략을 그대로 적용해 승리할 수 있다. 초록색 부분에 둔다면 하나는 2X 트랩, 다른 하나는 부트 트랩인 그림15의 형태를 만들 수 있고 앞서 알아본 전략을 따르면 게임에서 승리할 수 있다.

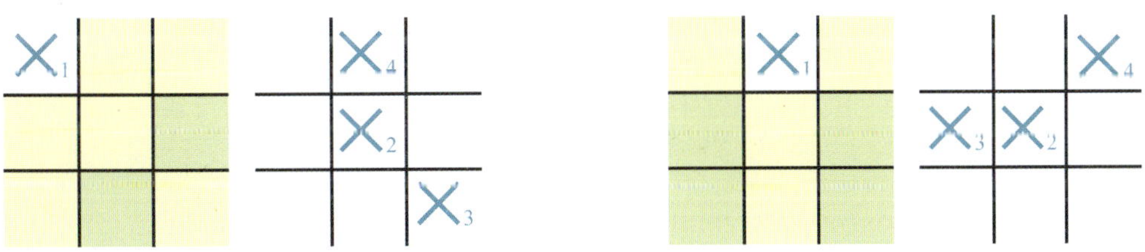

그림21 상대가 X_5를 둘 수 있는 두 가지 경우1

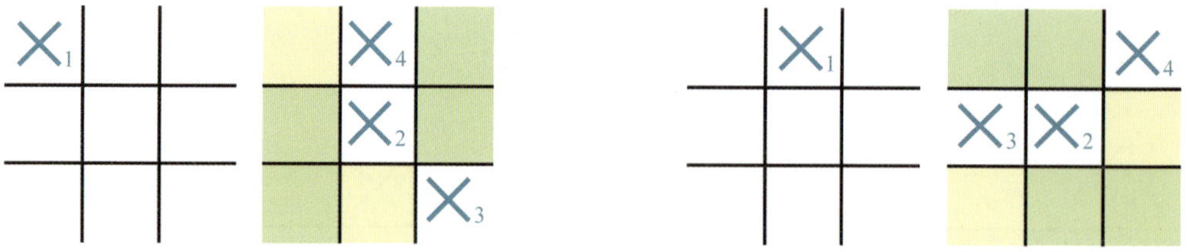

그림22 상대가 X_5를 둘 수 있는 두 가지 경우2

상대가 X_5를 그림20에서 부트 트랩에 두는 경우를 생각해 보자. 이때 상대가 X_5를 둘 수 있는 경우는 그림22처럼 색깔로 구별된 두 가지이다. 여기서 노란색 부분은 상대가 부트 트랩을 희생하는 경우이고 초록색 부분은 상대가 부트 트랩을 희생하지 않는 경우이다.

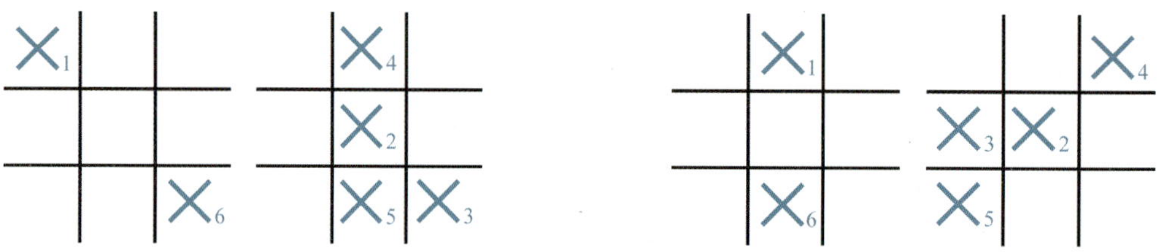

그림23 상대가 부트 트랩을 희생하는 경우의 대응

상대가 부트 트랩을 희생하는 노란색 부분에 두는 경우 사용하는 전략은 미러링이다. 즉, X_6을 상대의 수 X_1에 대해 그림23처럼 중앙을 기준으로 대칭인 위치에 두는 것이다. 이렇게 되면 상대는 중앙에 둘 수 없게 된다. 그리고 미러링을 반복하다 보면 결과적으로 상대가 X 세 개를 한 줄로 만들게 되어 마지막 수를 두게 되고 두 번째로 시작한 사람은 게임에서 승리한다. 그림24는 진행 예시이다.

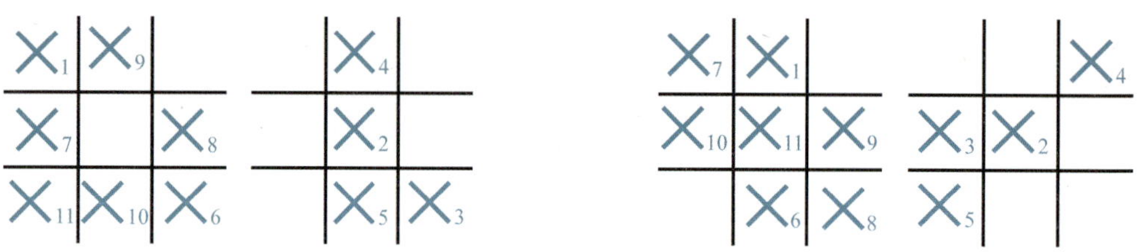

그림24 상대가 부트 트랩을 희생하는 경우의 대응

상대가 그림22의 초록색 부분에 둔다면 한 개의 게임판에서의 전략을 사용해 부트 트랩인 게임판을 그림25와 같은 형태로 만들 수 있다.

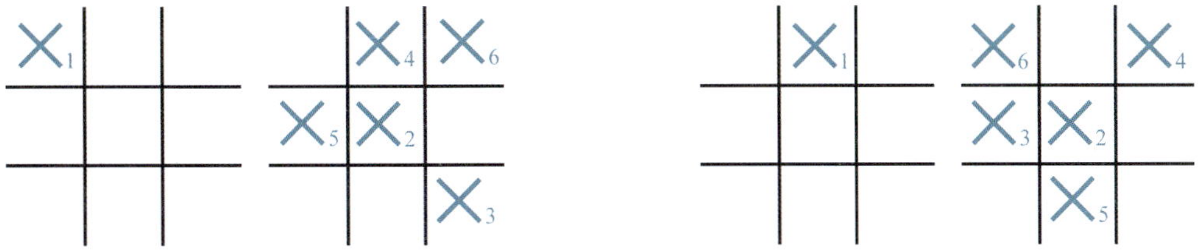

그림25 상대가 부트 트랩인 게임판을 희생하지 않으며 부트 트랩에 두는 경우의 대응

이때 상대의 대응은 그림26처럼 색깔로 구별된 세 가지이다. 각 경우에 대해서는 모두 앞에서 알아본 전략들이 사용된다.

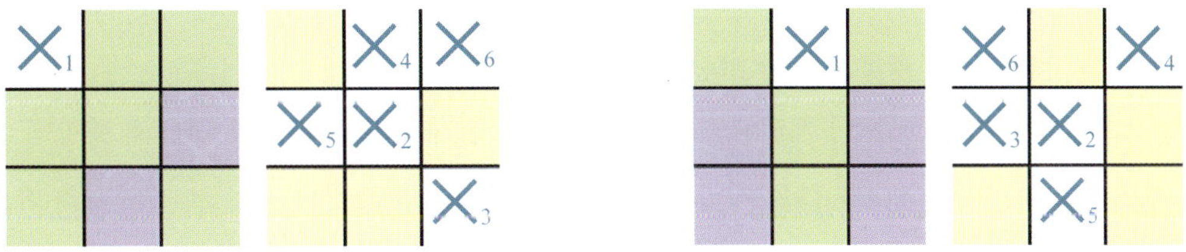

그림26 상대가 X_7을 둘 수 있는 세 가지 경우

노란색에 두는 경우는 오른쪽 게임판을 희생하는 경우인데 이때 사용할 것은 조금 전에 알아본 미러링이다. 왼쪽 게임판에서 중앙을 기준으로 대칭인 위치에 두게 되면 게임에서 승리하게 된다. 상대가 초록색에 두는 경우는 그 게임판을 바로 희생시킬 수 있다. 그러면 다음에 상대는 오른쪽 게임판에서 세 개의 X를 한 줄로 만들게 되어 마지막 수를 두게 되고, 두 번째로 시작한 사람은 게임에서 승리하게 된다.

상대가 보라색에 두는 경우는 같은 게임판을 그림27과 같은 형태를 만들 수 있는데 사실 이 경우는 이미 앞에서 알아본 경우로 그림18과 같다. 따라서 그림18에서의 전략을 사용하면 두 번째로 시작한 사람이 승리한다.

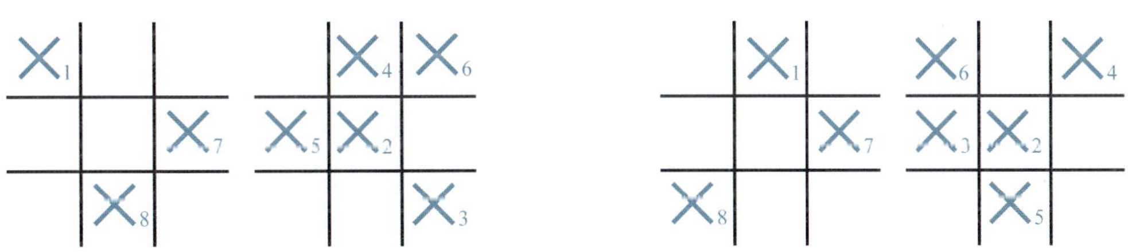

그림27 상대의 X_7에 대한 대응

이런 과정을 통해 두 개의 게임판에서 진행하는 노탁토에서는 두 번째로 시작한 사람이 승리한다는 것을 알 수 있다. 복잡해 보이지만 몇 번 게임을 통해 전략을 적용해보면 충분히 익힐 수 있을 것이다.

세 개의 게임판에서 하는 노탁토의 전략

세 개의 게임판에서 하는 노탁토의 전략을 알아보자. 기본적으로 한 개의 게임판에서 하는 노탁토의 전략과 두 개의 게임판에서 하는 노탁토의 전략이 사용된다. 먼저 알아야 할 것은 누구에서 필승전략이 있냐는 것이다. 세 개의 게임판의 경우 먼저 시작하는 사람에게 필승전략이 있다. 사실 일반적으로 게임판이 홀수개인 경우에는 먼저 게임을 시작한 사람에게 필승전략이 존재하고, 게임판이 짝수개인 경우에는 두 번째로 시작한 사람에게 필승전략이 존재한다.

먼저 시작하는 사람이 한 개의 게임판에서의 전략처럼 세 게임판 중 하나를 선택해 중앙에 X 표시를 하도록 한다. 만약 상대가 같은 게임판에 X_2를 표시한다면 그림28처럼 그 게임판을 바로 희생할 수 있다. 그러면 두 개의 게임판이 남게 되는데 이때부터는 두 개의 게임판에서의 전략을 사용하면 승리할 수 있다.

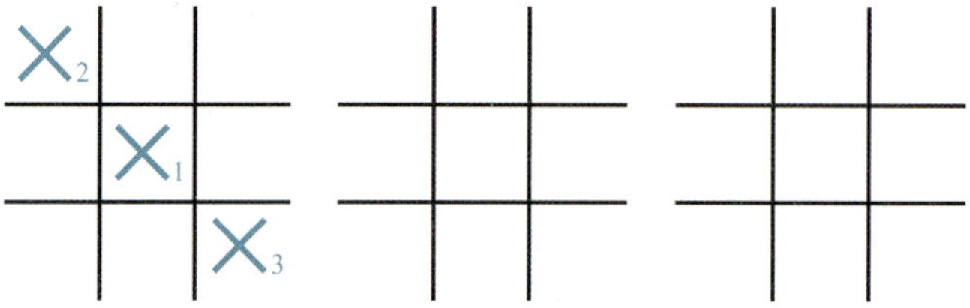

그림28 세 개의 게임판에서 하는 노탁토에서 상대가 X_2를 X_1과 같은 게임판에 둔 경우의 대응

만약 상대가 X_2를 빈 게임판에 표시한다면 그림29처럼 나머지 빈 게임판 중앙에 X_3를 표시한다. 이때 상대가 X_4를 중앙에 X 표시가 있는 게임판에 표시한다면 그 게임판을 바로 희생할 수 있고 두 개의 게임판에서의 전략을 사용해 승리할 수 있다.

상대가 X_4를 그림29의 가운데 게임판처럼 모서리나 측면에 X 표시가 있는 게임판에 표시한다면, 경우에 따라 바로 희생이 가능한 경우가 있고 희생이 가능하지 않은 경우가 있다. 바로 희생이 가능하면 두 개의 게임판만 남으므로 두 개의 게임판에서의 전략을 사용해 승리할 수 있다. 바로 희생이 가능하지 않다고 해도 2X 트랩을 만들면 다음 차례에 세 게임판 중 하나를 희생시킬 수 있고 마찬가지로 두 개의 게임판에서의 전략을 사용해 승리할 수 있다.

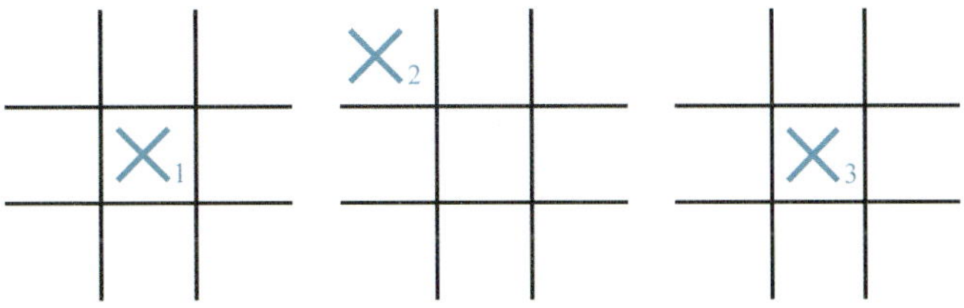

그림29 세 개의 게임판에서 하는 노탁토에서 상대가 X_2를 X_1과 다른 게임판에 둔 경우의 대응

따라서 세 개의 게임판에서는 먼저 시작한 사람이 최선의 전략으로 두면 승리한다. 이런 전략을 잘 활용하면 그 이상의 게임판에서도 승리할 수 있다.

일렬로 세우기 **한 줄 만들기 게임**

아홉 남자의 모리스 Nine Men's Morris

아홉 남자의 모리스(Nine Men's Morris)는 역사상 가장 오래된 수학게임 중 하나이며, 전 세계적으로 널리 사랑받는 한 줄 만들기 게임이다. 밀(Mills), 밀 게임(The Mill game), 메렐(Merels), 메릴(Merrills) 등 다양한 이름으로 불린다.

게임에 필요한 도구

게임판, 검은색 바둑돌 9개, 흰색 바둑돌 9개

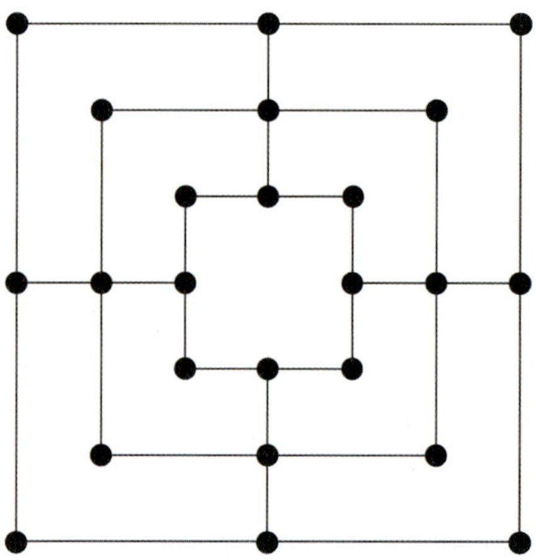

게임판

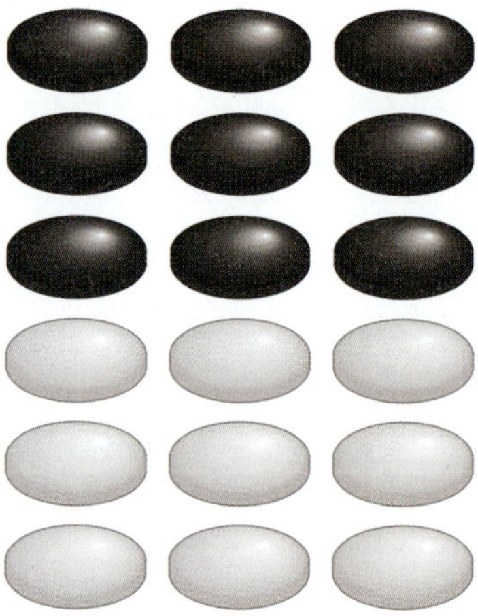

바둑돌 각각 9개

게임판 받기

01_한 줄 만들기 게임/아홉 남자의 모리스.pdf

게임 규칙

각자 말을 9개씩 갖고 게임판을 준비한다. 게임판은 크기가 점점 커지는 세 개의 동심사각형과 사각형의 변의 중점을 연결한 선분으로 구성되어 있다. 게임판에 점으로 표시한 부분이 24개의 교차점이며, 말을 놓을 수 있는 위치이다. 이 게임은 다음과 같은 규칙에 따라 진행한다.

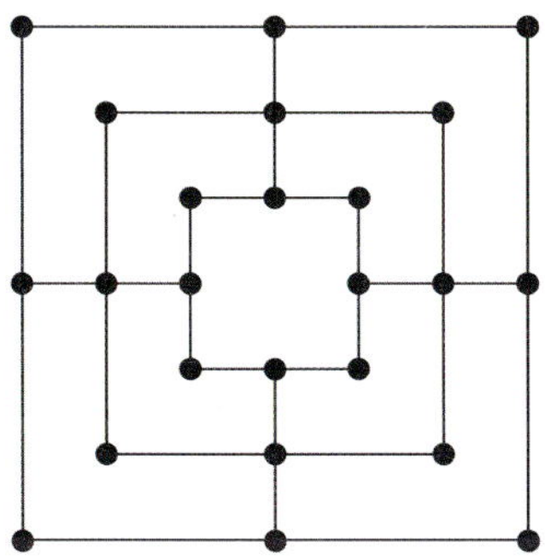

1) 첫 번째 단계(**배치**) : 두 명이 교대로 자신의 말을 교차점 중 한 곳에 배치한다. 가로 방향이나 세로 방향으로 연속된 세 개의 말을 배치하게 되면 밀(Mill : 제분소, 분쇄기 또는 공장 등으로 부르기도 함)을 형성한 것이며, 밀(Mill)을 형성한 사람은 밀을 형성하지 않은 상대방의 말 중 하나를 제거한다.

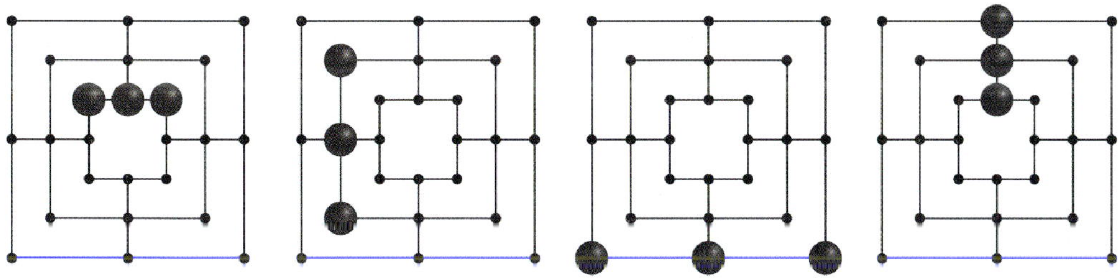

밀을 형성한 다양한 경우

2) 두 번째 단계(**이동**) : 각각의 말의 배치가 모두 끝난 뒤에는 비어있는 곳으로 말을 이동할 수 있다. 반드시 인접한 지점 즉, 선으로 연결된 지점으로만 이동 가능하며 다른 말을 뛰어 넘어 이동하는 것은 불가능하다. 이때에도 역시 밀(Mill)을 형성하게 되면 밀을 형성하지 않은 상대방의 말 중 하나를 제거할 수 있다.

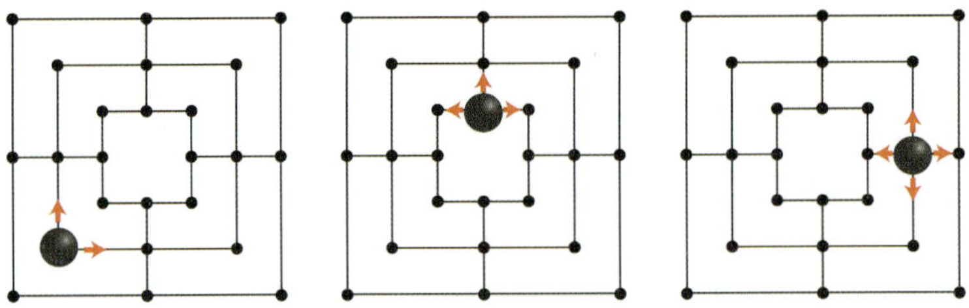

위치에 따른 말의 이동 방향

3) 세 번째 단계(**비행**) : 세 개의 말이 남으면 인접한 지점으로만 이동할 수 있는 제약에서 벗어나 빈 지점 중 어디로든 이동할 수 있다. 이때 역시 밀(Mill)을 형성하게 되면 상대방의 말 중 하나를 제거할 수 있다.

4) 상대방 말을 두 개만 남기거나 상대방 말을 가둬 움직이지 못하게 하면 승리한다. 세 개가 남은 경우는 비행할 수 있으므로 상대방 말을 가둘 수 있는 경우는 상대방 말이 네 개 이상인 경우다.

아래 그림은 비행 단계에서 게임의 진행 예시이다. 2번 차례에서 흑이 밀을 만들며 백을 하나 제거했다. 이후 서로 밀을 형성하는 것을 막으려고 비행을 하다가 마지막에 흑이 다시 밀을 형성하며 백을 제거해 승리했다.

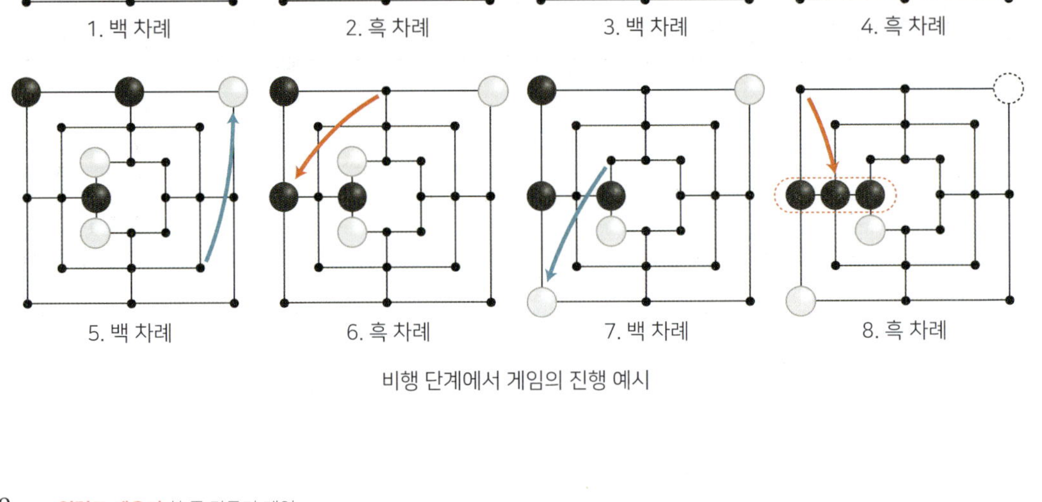

비행 단계에서 게임의 진행 예시

세 번째 단계인 비행을 제외하는 것이 정통이라는 의견도 있다. 이에 따르면 비행 단계를 포함하는 것을 변형 게임으로 간주한다. 아홉 남자의 모리스 규칙과 관련해 두 가지 논쟁거리가 있다. 첫 번째는 말을 이동했을 때, 두 개의 밀을 동시에 형성했다면 상대방의 말을 두 개 제거할지 여부이다. 보통 하나만 제거하는 것으로 한다. 두 번째는 밀을 형성했을 때 상대방의 말이 모두 밀을 형성하고 있다면 그래도 상대방 말을 제거할지 여부이다. 제거한다는 것이 일반적인 규칙으로 받아들여지고 있다.

게임의 역사

아홉 남자의 모리스는 고대부터 많은 사람에게 사랑받은 게임이다. 게임판은 기원 전 1440년경 이집트 쿠르나에 있는 사원에서 발견되었다. 다른 게임판이 트로이, 아테네, 아일랜드에서도 발견

그림1 중세 카스티야, 레온, 갈리시아 왕국(현 스페인)의 왕인 알폰소 10세(Alfonso X(1221-1284))의 지시에 따라 13세기에 제작된 《게임북(Libro de los juegos)》에 소개된 아홉 남자의 모리스 그림

되기도 하였고 미국 남서부 및 10세기 바이킹 선박에서 발견되기도 하였다. 또한 중세 시대 대수도원 및 대성당에서 게임판이 그려진 돌과 나무 비품이 발견되기도 했다. 이를 통해 아홉 남자의 모리스가 오랜 시간 매우 광범위한 지역에서 사랑받은 게임이라는 것을 알 수 있다. 이 게임은 14~15세기에 가장 인기가 많았는데, 경첩이 달린 덮개가 있는 얕은 상자에서 하는 게임 세트의 일부였다. 이 게임 세트의 한 면에는 체스판이, 다른 한 면에는 아홉 남자의 모리스 판이 새겨져 있었다. 또한 셰익스피어의 16세기 작품 '한여름밤의 꿈'에서 '아홉 남자의 모리스는 진흙으로 가득 차 있다.'라고 이 게임을 언급하였다. 이 구절은 종종 아홉 남자의 모리스가 야외에서 이루어졌다는 증거로 인용되기도 한다.

'Morris'라는 단어가 'Morris Dancing'이라는 단어와 같은 기원을 갖고 있고 따라서 이 단어의 기원인 '무어(Moor)'에서 온 것이라는 주장이 있다. (무어는 중세에 모리스와 같은 게임을 유럽에 많이 소개한 북아프리카 아랍인을 나타내는 말이다.) 그러나 그보다 게임용 조각을 의미하는 라틴어 'Merellus' 또는 동전이나 카운터(마커)를 의미하는 고대 프랑스어 'Merel'에서 왔다는 주장이 좀 더 설득력 있다.

그림2 독일의 그로스 라덴 고고학 야외 박물관에 전시된 중세 시대의 아홉 남자의 모리스 게임판

변형 게임

모리스는 아홉 남자의 모리스 외에도 다양한 형태의 게임이 있다. 이에 대해 알아보자.

세 남자의 모리스(Three Men's Morris)

각자 말을 3개씩 갖고 아래 게임판에서 다음과 같은 규칙에 따라 진행한다.

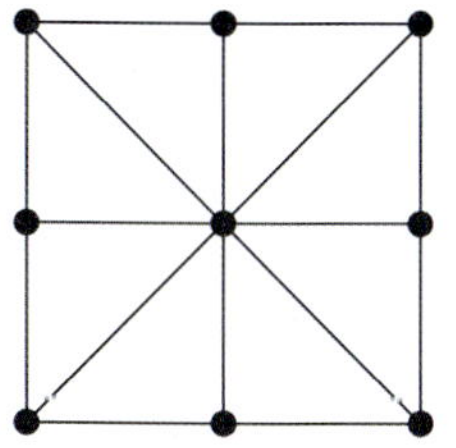

1) 두 사람은 교대로 자신의 말을 놓는다.
2) 말의 배치가 끝나면 자신의 말 중 하나를 원하는 위치로 옮길 수 있다.
3) 가로, 세로, 또는 대각선으로 자신의 말 세 개를 연속으로 놓는 사람이 승리한다.

가나의 보드 게임인 아키(Achi)는 네 개의 말을 사용한다는 점만 세 남자의 모리스와 다르고 나머지는 같다. 필리핀의 보드 게임인 타파탄(Tapatan)은 세 남자의 모리스와 같은 보드에서 각각 세 개의 말을 갖고 시작하는 것은 같지만 인접한 곳으로만 이동할 수 있다는 점에서 차이가 있다.

여섯 남자의 모리스(Six Men's Morris)

각자 말을 6개씩 갖고 아래 게임판에서 다음과 같은 규칙에 따라 진행한다.

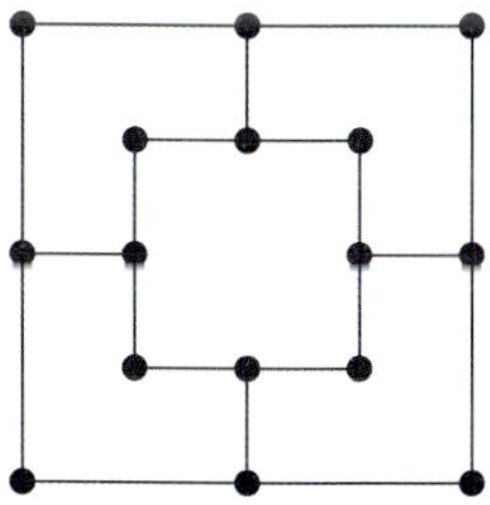

1) 두 사람은 교대로 자신의 말을 놓는다.
2) 가로나 세로 방향으로 연속 3개의 말을 배치하게 되면 밀이 되고 밀을 형성하지 않은 상대방 말 중 하나를 제거한다. 만약 상대방 말이 모두 밀을 형성하고 있으면 그중 하나를 제거한다.
3) 말의 배치가 끝나면 자신의 말 중 하나를 인접한 곳으로 이동하며 이때 역시 밀을 형성하면 밀을 형성하지 않은 상대방의 말 중 하나를 제거한다.
4) 상대 말이 두 개 이하가 되거나 상대가 이동할 수 없으면 승리한다.

두 사람이 흑과 백의 말을 각각 다섯 개씩을 가지고 여섯 남자의 모리스와 같은 게임판에서 동일한 규칙으로 진행하는 게임을 다섯 남자의 모리스(Five Men's Morris)라 한다.

일곱 남자의 모리스(Seven Men's Morris)

일곱 남자의 모리스는 각자 말을 7개씩 갖고 아래와 같은 게임판에서 진행하며 규칙은 여섯 남자의 모리스와 같다. 즉, 교대로 자신의 말을 배치하고 밀을 형성하면 상대방 말을 제거할 수 있다. 배치가 끝나면 말을 이동하고 비행 단계는 없다. 상대가 더는 이동할 수 있는 말이 없거나 상대에게 두 개의 말이 남으면 승리한다.

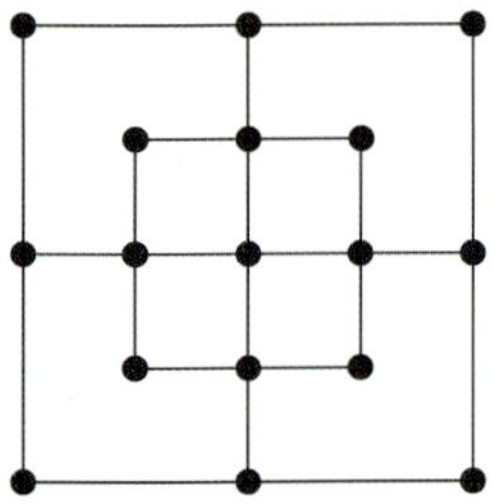

열두 남자의 모리스(Twelve Men's Morris)

열두 남자의 모리스의 게임판은 아홉 남자의 모리스의 게임판에서 대각선을 추가한 형태로 다음 그림과 같다. 말을 놓을 수 있는 곳은 24곳으로 아홉 남자의 모리스와 같으며 각자 말을 12개씩 갖고 다음과 같은 규칙에 따라 진행한다.

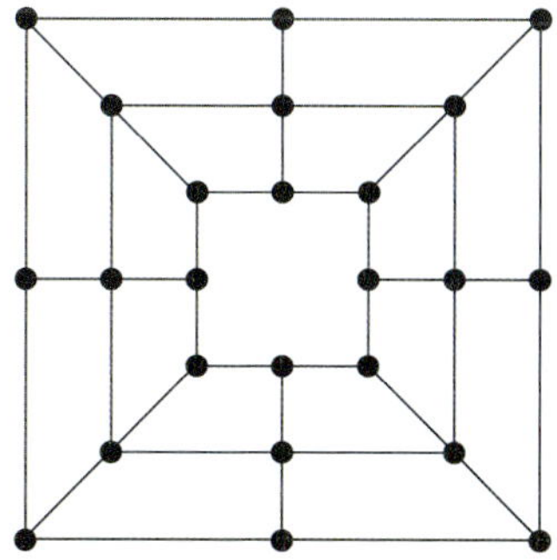

1) 두 사람은 교대로 자신의 말을 놓는다.
2) 가로나 세로 방향으로 연속 3개의 말을 배치하게 되면 밀이 되고 밀을 형성하지 않은 상대방 말 중 하나를 제거한다. 만약 상대방 말이 모두 밀을 형성하고 있으면 그중 하나를 제거한다.
3) 말의 배치가 끝나면 자신의 말 중 하나를 인접한 곳으로 이동하며 이때 역시 밀을 형성하면 밀을 형성하지 않은 상대방의 말 중 하나를 제거한다.
4) 세 개의 말이 남으면 비행을 통해 자신의 말을 원하는 곳으로 이동할 수 있다.
5) 상대 말이 두 개 이하가 되거나 상대가 이동할 수 없으면 승리한다.

두 명의 게임 참가자가 각자 12개의 말을 갖고 시작하며 교차점이 24개이기 때문에 배치 단계에서 밀을 형성하지 못하면 게임이 무승부로 종료될 수 있다. 배치 단계에서 무승부가 발생하는 것을 방지하기 위해 두 명의 게임 참가자가 각각 흑과 백의 말을 11개씩을 갖고 하는 열한 남자의 모리스(Eleven Men's Morris)가 있다. 열한 남자의 모리스는 열두 남자의 모리스와 같은 게임판에서 같은 방식으로 진행하며 말의 개수만 다르다.

라스커 모리스(Lasker Morris)

1894년부터 1921년까지 세계 체스 챔피언을 지낸 임마누엘 라스커(Emanuel Lasker)가 개발하였다. 아홉 남자의 모리스와 같은 게임판을 사용하지만 두 명의 게임 참가자는 각각 10개의 말을 갖고 시작하며, 첫 번째 배치 단계부터 말을 이동할 수 있다. 즉, 자신의 차례가 되면 빈 곳에 말을 배치하거나 이미 배치된 말을 이동할 수 있다. 승패 규칙은 아홉 남자의 모리스와 동일하지만 무승부 가능성이 더 적다는 것이 알려져 있다. 열 남자의 모리스(Ten Men's Morris)라고도 한다.

게임 전략

1996년 〈Solving Nine Men's Morris〉라는 논문에서 스위스의 컴퓨터 과학자 랄프 개서(Ralph Gasser)는 아홉 남자의 모리스에서 두 명 모두 최선의 전략으로 게임을 하면 때 무승부가 된다는 것을 증명했다.

개서는 이를 알아보기 위해 두 가지 방법을 사용했는데 한 가지는 역행 해석(Retrograde Analysis)이다. 역행 해석은 후진 귀납법이라고도 한다. 게임이 진행되다 어떤 상태가 됐을 때 그 상태 이전에 게임을 한 사람(Previous Player)이 게임에 승리할 수 있는 상태면 이 상태를 P-포지션(P-position)이라 하고, 이번 차례에 게임을 해야 하는 사람(Next Player)이 승리할 수 있는 상태이면 이 상태를 N-포지션(N-position)이라 한다. 특별히 더는 게임을 진행할 수 없는 상태를 터미널 포지션(Terminal Position)이라 한다. 역행 해석은 P-포지션인 터미널 포지션에서부터 출발해 그 이전에 가능한 게임 상태가 N-포지션인지 P-포지션인지 분석하는 방법이다. 이 분석을 통해 각 게임 상태가 게임을 해야 할 사람이 승리할 수 있는 상태인지 이전에 게임을 한 사람이 승리할 수 있는 상태인지 알 수 있다. 경우에 따라 어떤 게임 상태는 P-포지션과 N-포지션으로 분류되지 않는 경우가 있는데 이 상태는 두 사람 모두 승리하는 상태가 아니므로 무승부 상태로 생각할 수 있다. 랄프 개서는 역행 해석으로 10^{10}의 게임 상태를 분석하였다. 아래 그림3은 이런 역행 해석을 통해 게임 상태를 분석한 예로 흑이 할 차례인 왼쪽 그림은 흑의 패배로 이어져 P-포지션이고 백의 차례인 오른쪽 그림은 백의 승리로 이어져 N-포지션이다.

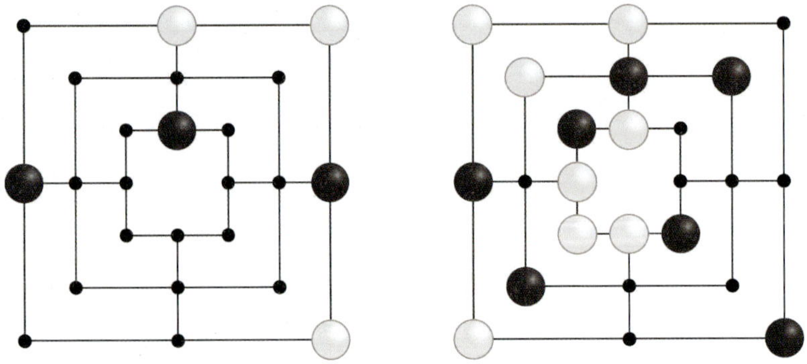

그림3 흑의 차례로 26수 후 흑의 패배(왼쪽)와 백의 차례로 187수 후 백의 승리(오른쪽)

개서가 사용한 다른 방법은 알파-베타 검색(Alpha-Beta Search)으로 게임의 시작부터 18턴까지

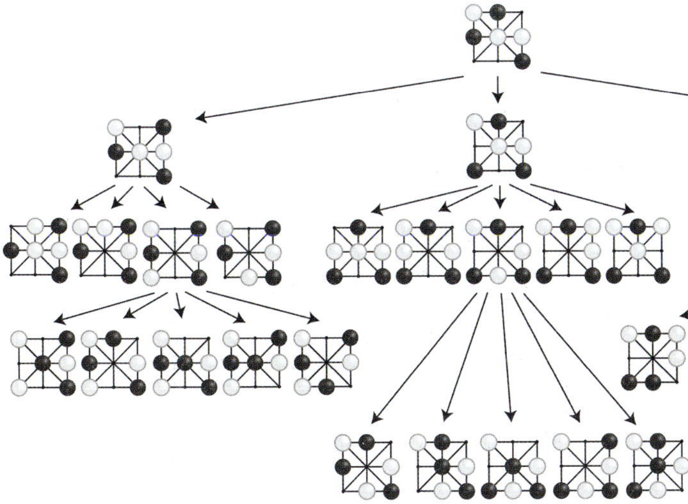

그림4 세 남자의 모리스의 게임 트리 예시

의 게임 진행을 분석하였다. 알파-베타 검색은 체스나 바둑 같은 2인용 게임에서 많이 사용되는 알고리즘이다. 이는 게임의 진행 상황을 수형도로 나타낸 게임 트리를 탐색할 때 유리한 방법을 찾기 위해서 더 탐색할 필요가 없는 무의미한 노드를 탐색에서 제외해 제한된 시간 안에 가장 좋은 전략을 찾을 수 있도록 해주는 알고리즘이다. 얼마나 깊이 검색하느냐에 따라서 프로그램의 성능이 달라지기 때문에, 승리 가능성이 유력한 라인을 더 깊이 탐색하는 것이 핵심이다.

이러한 분석을 하기 위해 개서는 그림5와 같이 게임 상태를 28개의 부분 공간으로 분류하였다. 여기서 9 − 9는 두 사람의 말이 각각 9개가 있는 게임 상태의 집합이며 다른 경우도 마찬가지이다. 화살표는 한 부분공간이 다른 부분공간에 어떻게 종속되어 있는지를 보여준다. 종속되었다는 것은 한 부분공간의 게임 상태가 다른 부분공간의 게임 상태의 영향을 받는다는 것이다. 예를 들어 8 − 5인 게임 상태를 분석하기 위해서는 8 − 6과 9 − 5인 게임 상태의 분석이 필요하다. 즉, 8 − 5인 게임 상태는 8 − 6과 9 − 5인 게임 상태에 영향을 받는다. 반대로 8 − 5인 게임 상태는 7 − 5와 8 − 4인 게임 상태에 영향을 준다.

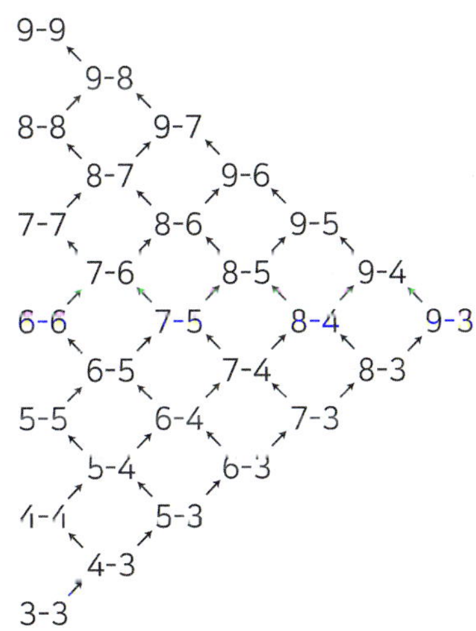

그림5 게임 상태의 부분공간과 종속성

이미지 출처(Sources) : Ralph Gasser. (1996). Solving Nine Men's Morris. Games of No Chance. 29, pp. 111.

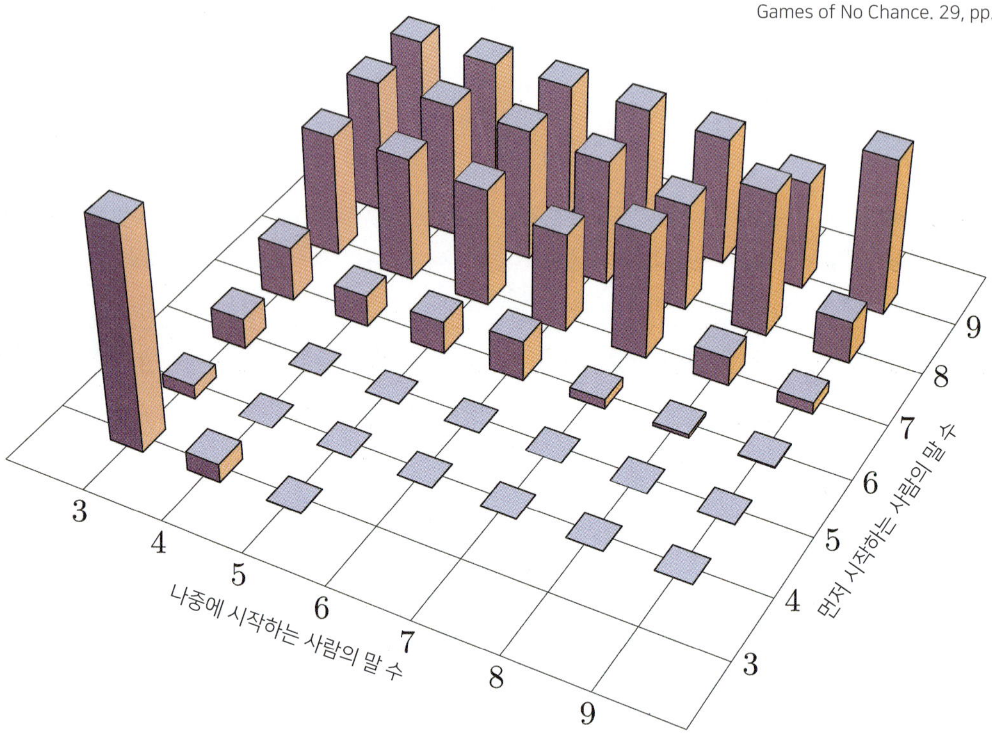

그림6 아홉 남자의 모리스에서 말의 수에 따른 승리 확률

그림 6은 아홉 남자의 모리스에서 각 말의 수에 따라 먼저 시작하는 사람의 승리 확률을 나타낸 그래프이다. 그래프를 보면 먼저 시작하는 사람이 3개에서 6개의 말을 갖고 있을 때 3 − 3인 경우를 제외하면 승리 확률이 매우 낮음을 알 수 있다. 물론 이것이 먼저 시작하는 사람이 불리하다는 것을 말하는 것은 아니다. 무승부 확률이 높을 수도 있기 때문에 상대방 승리 확률 역시 낮을 수 있다. 반면 3 − 3인 상황에서 먼저 시작하는 사람의 승률은 83%로 상당히 높다. 왜 이 경우만 특별히 승리 확률이 높을까? 세 개의 말을 가지고 있으면 비행이 허용되기 때문에 게임에서 다양한 선택이 가능하고 빠르게 유리한 고지를 점할 수 있어서라 추측할 수 있다.

먼저 시작하는 사람이 7개에서 9개의 말을 가진 경우에는 승리 확률이 꽤 높다는 것을 알 수 있다. 여기서 재미있는 것은 먼저 시작하는 사람이 9개의 말을 가진 경우이다. 상대방 말이 9개인 경우보다 9개보다 적을 때 오히려 먼저 시작하는 사람의 승리 확률이 낮아진다. 랄프 가서는 이렇게 각각의 게임 상태의 분석을 통해 초기 위치인 9 − 9에서 두 사람이 최선의 전략으로 게임을 진행하면 무승부가 된다는 것을 발견하였고 이를 통해 아홉 남자의 모리스는 완전히 해결되었다.

일반적으로 아홉 남자의 모리스를 할 때 경험적으로 흔히 사용하는 전략은 다음과 같다.

1) **전략적 위치** : 배치 단계부터 밀을 형성하는 데 너무 집중하지 않는다. 게임 초반에 말을 쉽게 이동할 수 있는 전략적 위치에 말을 놓는다. 예를 들어, 가장 안쪽 사각형의 중간 지점에 있는 말은 세 방향으로 이동할 수 있지만 모서리에 있는 말은 두 방향으로만 이동할 수 있다. 보통 여러 방향으로 이동할 수 있는 위치가 유리하다. 또한 모든 말을 한 곳에 모이게 배치하지 않는다.
2) **블로킹(Blocking)** : 밀을 형성한 말 중 하나를 이동하고, 다음 이동에서 다시 제자리로 돌아올 수 있는데 상대방이 이것을 하지 못하도록 차단하는 것을 블로킹이라 한다. 아래 그림에서 보이는 것처럼 흑은 말의 위치를 반복하여 이동하며 계속 밀을 형성할 수 있다. 이런 배치를 하지 못하도록 차단해야 한다.

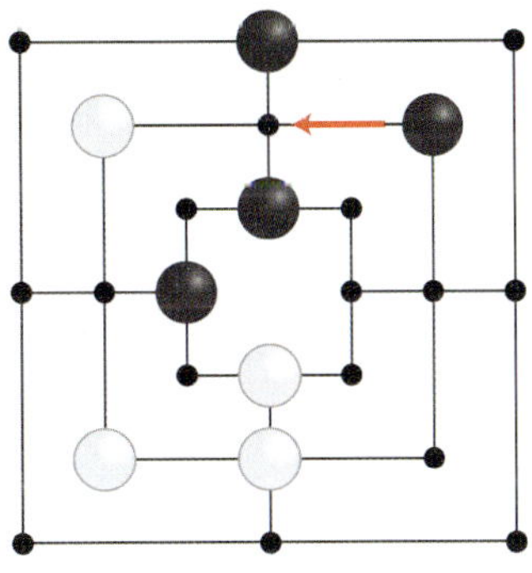

3) **더블 밀(Double Mill)** : 한 밀에서 다른 밀로 반복적으로 말을 이동해 매번 상대방의 말을 제거할 수 있도록 두 개의 밀을 나란히 형성하는 것이 좋다. 아래 그림에서 보이는 것처럼 흑은 말의 위치를 반복하여 이동하며 매 순서마다 밀을 형성할 수 있다.

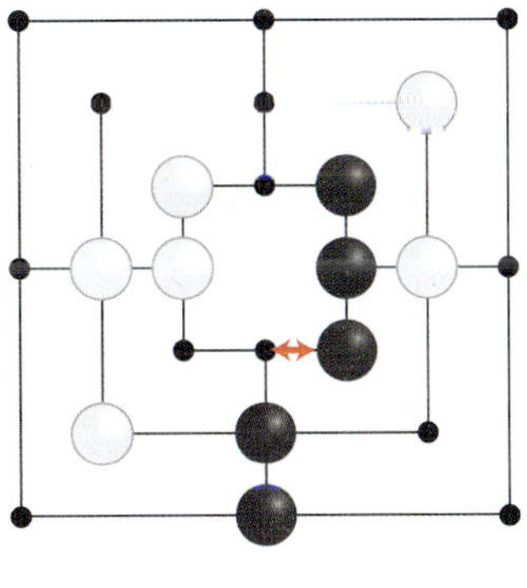

일렬로 세우기 **한 줄 만들기 게임**

피카리아 Picaria

말을 연속해서 세 개 놓는 게임은 전 세계 곳곳에서 다양한 형태로 존재한다. 그중에서 피카리아는 아메리카 원주민에게서 유래했다고 알려져 있다. 간단한 규칙에 비해 전략을 파악하기가 쉽지 않다. 그리고 이런 점이 피카리아의 매력이라 할 수 있다.

게임에 필요한 도구

게임판, 검은색 바둑돌 3개, 흰색 바둑돌 3개

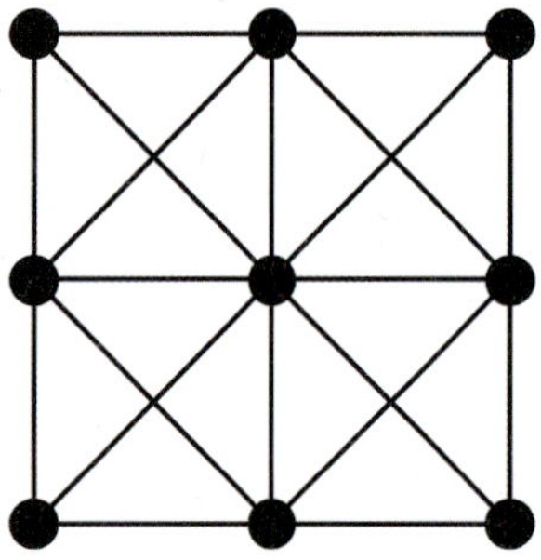

게임판

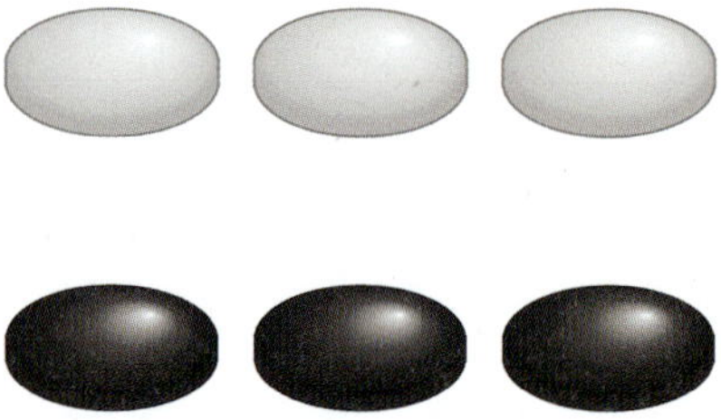

바둑돌 각각 3개

게임판 받기

01_한 줄 만들기 게임/피카리아.pdf

게임 규칙

피카리아 게임판을 준비한 후 각자 같은 색의 말을 3개씩 갖고 다음과 같은 규칙에 따라 진행한다.

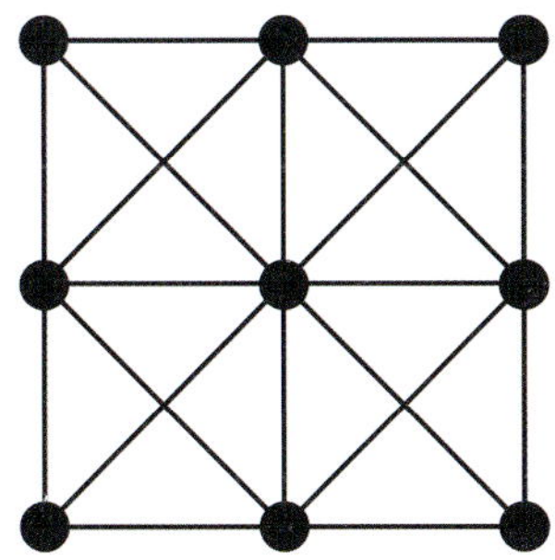

1) 두 사람은 교대로 게임판에 있는 9개의 교차점 중 빈 곳에 자신의 말을 하나씩 놓는다.
2) 말 3개를 모두 게임판 위에 놓을 때까지 이동할 수 없다.
3) 말을 게임판 위에 모두 놓으면 교대로 말을 하나 선택해 게임판의 선을 따라 한 번 이동한다.

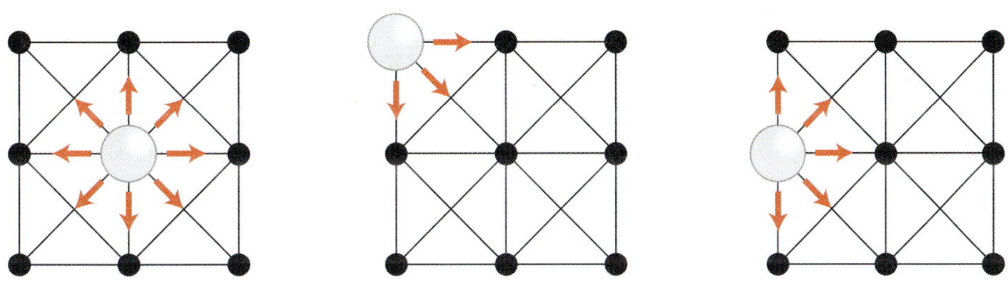

게임판의 위치에 따라 이동 가능한 방향

4) 말을 움직이지 않고 차례를 넘길 수 없으며 다른 말을 점프할 수 없다.
5) 같은 위치를 세 번 반복하면 무승부가 된다.
6) 한 줄에 연속해서 3개의 말을 놓으면 승리한다.

게임판의 가운데 점과 관련해서 여러 변형 규칙이 있다. 어떤 규칙은 말을 모두 배치할 때까지 가운데 칸에 놓는 것을 금지하고 있고, 어떤 규칙은 첫 번째 선수의 첫수만 금지하고 있다. 여기서는 말을 배치할 때 언제든 가운데 칸에 놓을 수 있는 규칙으로 게임의 전략을 생각하겠다.

게임의 역사

피카리아는 미국 원주민인 주니 부족과 푸에블로 부족이 즐겨하던 전통적인 보드게임으로 틱택토, 모리스, 탄트판트, 나인홀, 아치 등의 게임과 유사하다. 틱택토와 달리 말을 움직일 수 있기 때문에 조금 더 복잡한 전략이 필요하다. 초기에는 돌, 구슬 또는 작은 토큰 모양의 말을 사용했고, 게임판을 땅에 그리거나 돌의 표면에 새겨 만들었다.

변형 게임

피카리아에는 몇 가지 변형 게임이 있다. 이에 대해 알아보자.

13점 피카리아

피카리아가 9점에서 게임을 진행한다면 13점 피카리아는 아래 그림처럼 13점에서 게임을 진행한다. 게임 규칙은 피카리아와 같다.

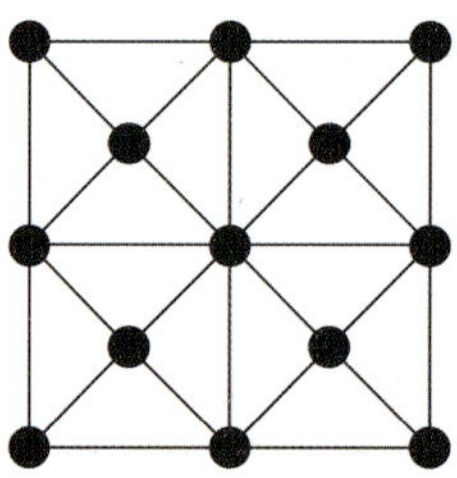

변형 게임판에서 진행하는 피카리아

아래 그림처럼 다양한 변형 게임판에서 피카리아를 진행할 수 있다. 게임 규칙은 피카리아와 같다.

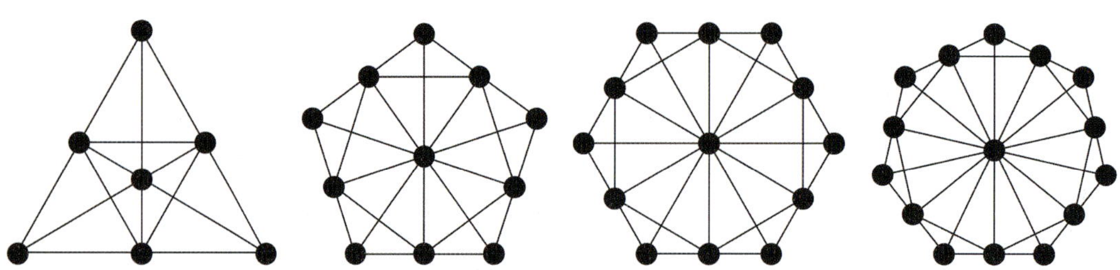

게임 전략

피카리아의 단순한 규칙에 비해 전략은 비교적 늦게 알려졌다. 2016년 어번 라르손(Urban Larsson)과 이스라엘 로차(Israel Rocha)는 그들이 작성한 논문 〈Eternal Picaria〉에서 피카리아의 수학적 성질과 전략을 제시했다. 그들에 따르면 두 사람이 최선의 전략으로 게임을 할 때 게임은 무승부로 끝난다.

피카리아의 최선의 전략

피카리아에서 두 사람이 최선의 전략으로 게임을 하면 게임은 무승부가 된다.

이를 증명하기 위해 논문에서는 두 개의 정리를 증명했는데, 하나는 나중에 시작하는 사람이 승리할 수 없다는 내용의 정리이고 다른 하나는 먼저 시작하는 사람도 승리할 수 없다는 내용의 정리이다. 이에 대해 알아보자. 이후 정리의 증명에서 검은색 바둑돌을 사용하는 사람이 먼저 게임을 시작하고 흰색 바둑돌을 사용하는 사람이 두 번째로 게임을 시작한 것으로 생각할 것이다.

정리1

피카리아에서 두 번째로 게임을 시작한 사람은 승리할 수 없다.

증명〉 먼저 시작하는 사람이 검은색 바둑돌을 사용하여 첫수를 중앙에 둔다고 가정하자. 이에 대해 두 번째로 시작하는 사람이 흰색 바둑돌을 사용하여 대응할 수 있는 수는 총 8가지이지만, 대칭성을 생각하면 그림1의 두 가지만 생각하면 된다.

각 경우에 대해 생각해 보자. 그림1의 왼쪽의 경우 그림2와 같은 흑의 수에 백은 유일하게 대응

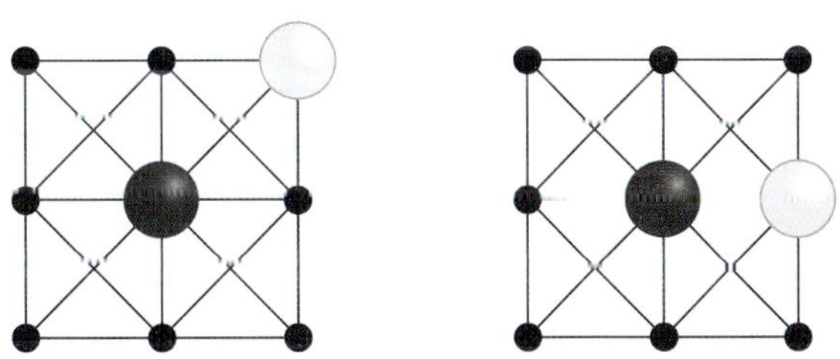

그림1 흑의 중앙 첫수에 대해 대응 가능한 백의 수

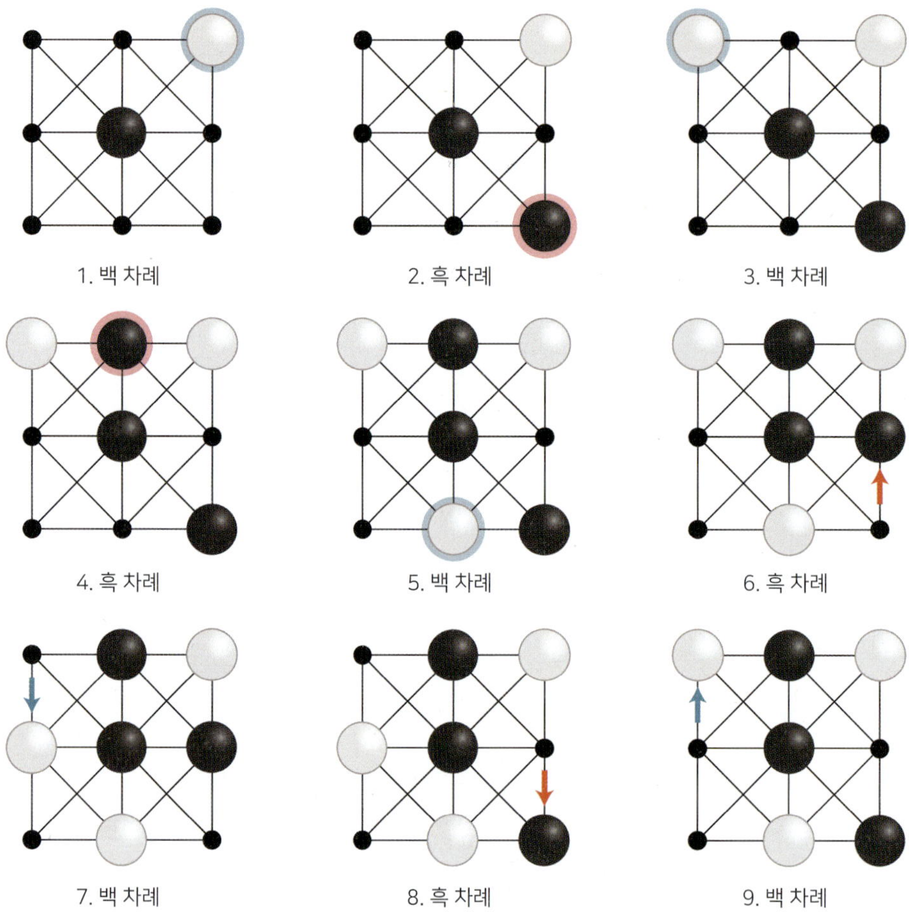

그림2 흑의 중앙 첫수에 대한 무승부 게임

할 수밖에 없다. 그림2의 5번과 9번을 보면 말의 배치가 같다. 즉, 흑은 이 배치를 무한히 반복할 수 있다는 의미이고 백은 게임에서 승리할 수 없다.

그림1의 오른쪽 경우를 생각해 보자. 그림3과 같은 흑의 수에 백의 대응은 사실상 유일하고 게임에서 패배하게 된다. 따라서 피카리아에서 두 번째로 게임을 시작하는 사람은 승리할 수 없다. ■

다음으로 먼저 게임을 시작한 사람이 승리할 수 없다는 내용의 정리를 알아보자. 예상되다시피 먼저 시작함에도 승리할 수 없다는 것을 보여야 하기에 증명 과정은 꽤 길다. 어번 라르손이 이를 보이기 위해 주되게 이용한 것은 **루프 포지션(Loop Position)**이라 불리는 말의 배치와 관련된 성질이다. 루프 포지션은 그림4와 같은 말의 배치이다.

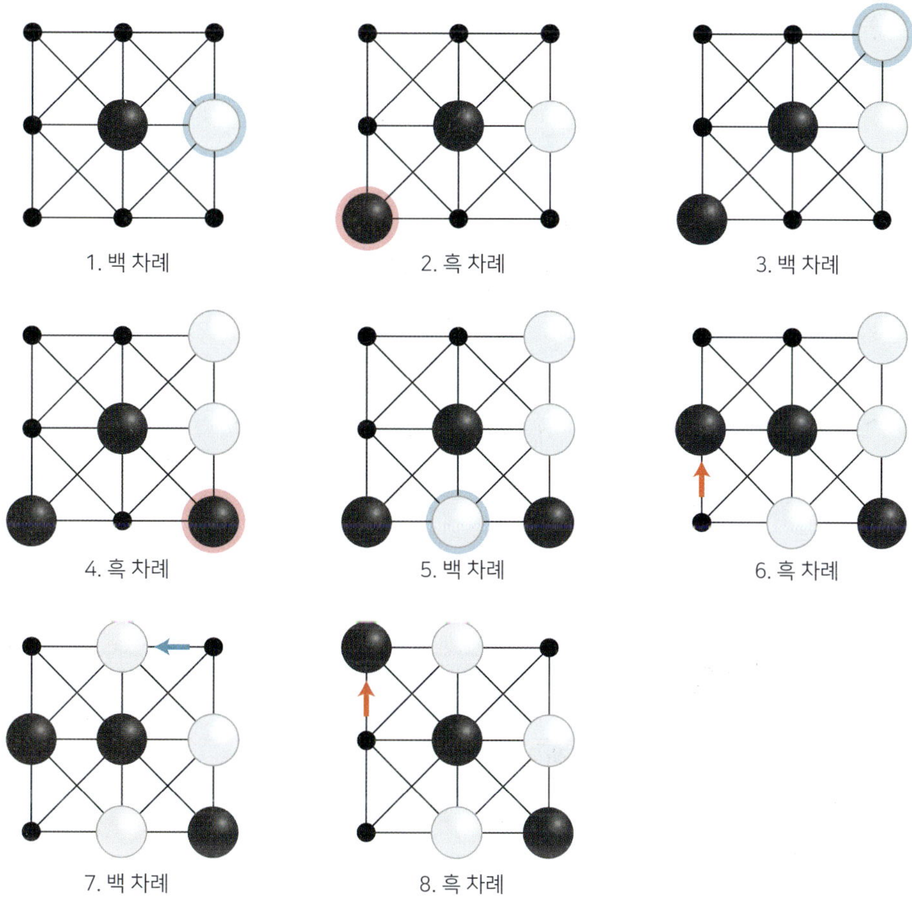

그림3 흑의 중앙 첫수에 대한 백의 패배

루프 포지션과 관련된 성질에는 몇 가지가 있다. 이 중 게임을 시작한 사람이 승리할 수 없다는 내용의 정리를 증명하는 데 주로 이용한 것은 정리2이다. 정리2에서 알 수 있듯 루프 포지션은 무한 루프가 가능하다.

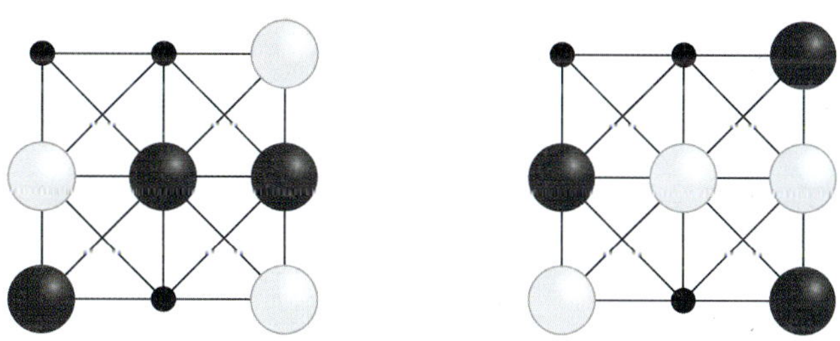

그림4 루프 포지션의 두 가지 형태

정리2

아래 그림과 같이 말이 배치된 루프 포지션에서 백이 할 차례라 할 때 백은 다시 루프 포지션을 만들 수 있다.

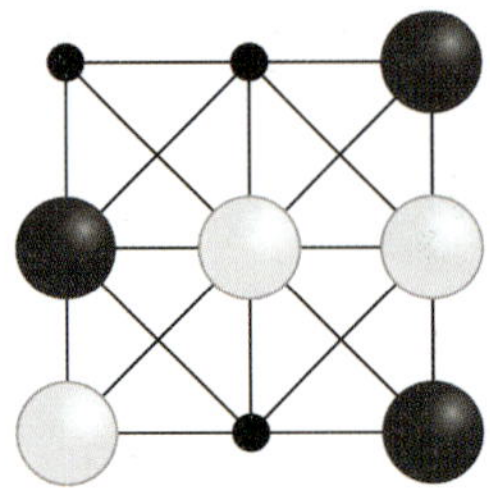

증명〉 아래와 같이 백이 움직이면 백의 말 3개가 한 줄이 되는 것을 막아야 하므로 흑의 대응은 (1), (2)의 두 가지가 있다.

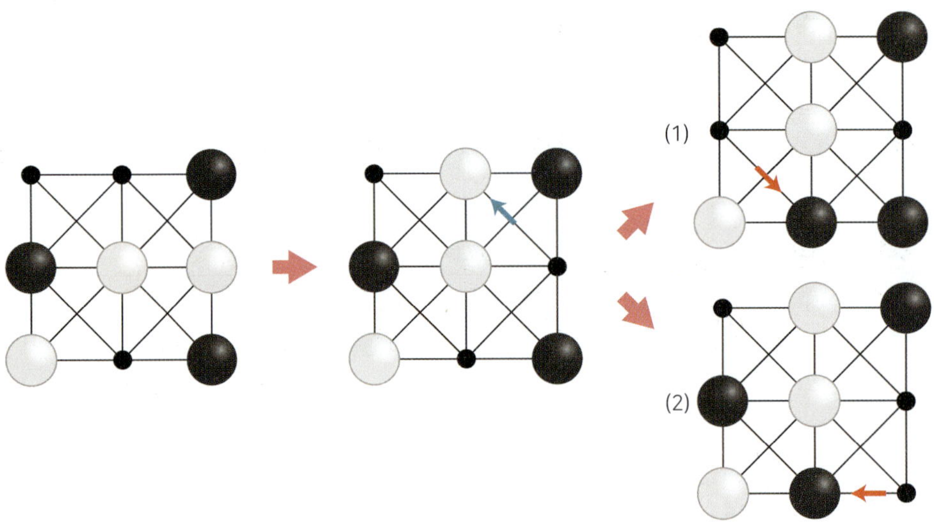

(1)의 경우 아래 그림과 같이 진행할 수 있어 다시 루프 포지션으로 돌아온다.

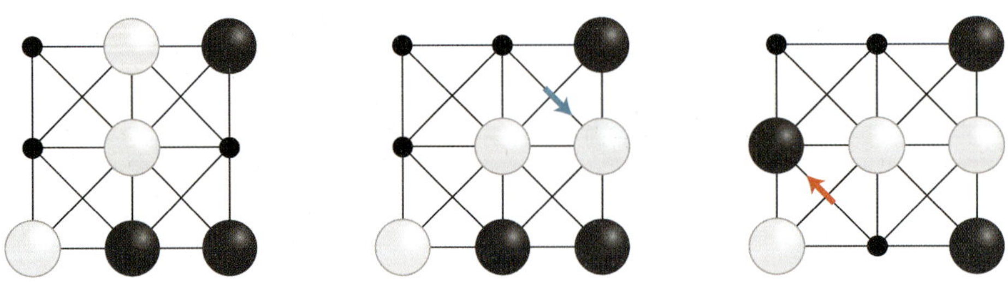

(1)의 경우　　백 차례　　흑 차례

(2)의 경우도 (1)과 비슷하게 아래 그림과 같이 다시 루프 포지션으로 돌아온다.

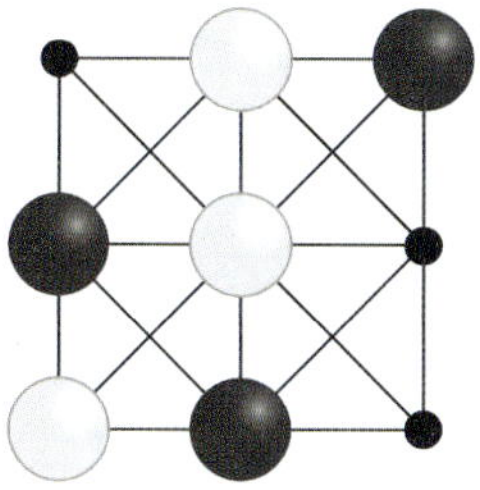

(2)의 경우

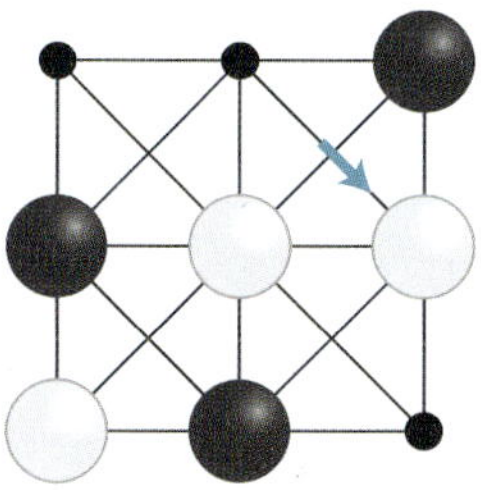

백 차례

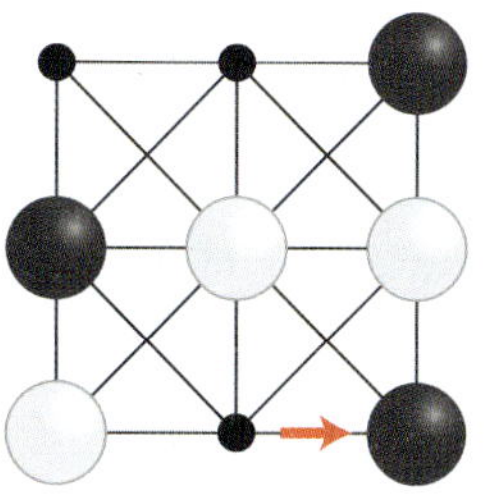

흑 차례

그러므로 백은 다시 루프 포지션을 만들 수 있다. ■

어번 라르손은 루프 포지션의 성질을 보인뒤 먼저 게임을 시작한 사람이 승리할 수 없다는 내용의 정리를 보이기 위해 그림5와 같이 흑의 첫수에 대한 백의 대응을 세 가지로 나눠서 증명하였다.

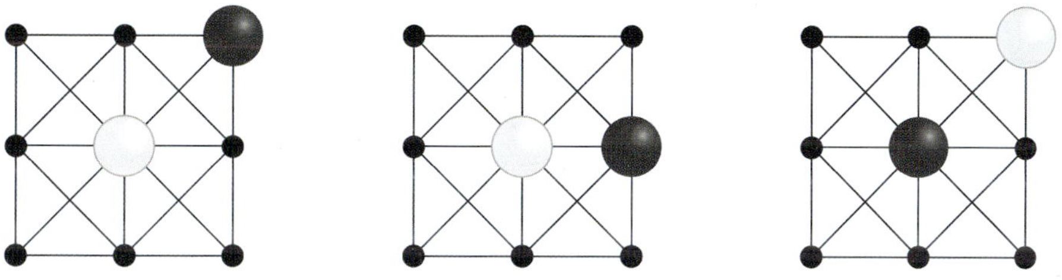

그림5 흑의 첫수에 대한 백의 대응 3 가지

증명과정은 어렵지 않지만 모든 증명을 보이려면 꽤 긴 서술이 필요하다. 따라서 이 중 한 가지인 그림5의 첫 번째 경우만 알아보자.

정리3

아래 그림과 같이 게임이 진행됐을 때 흑은 승리할 수 없다.

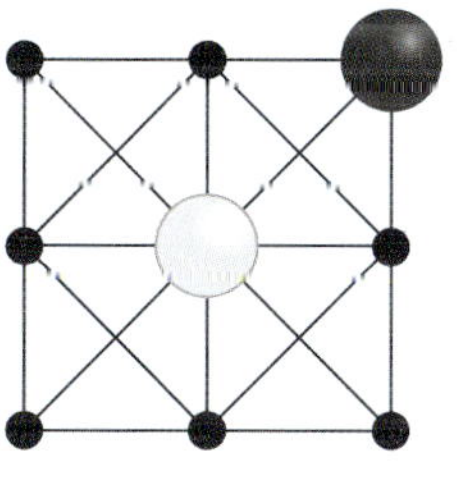

증명〉 위 상황에서 흑이 대응할 수 있는 경우는 모두 4가지이다.

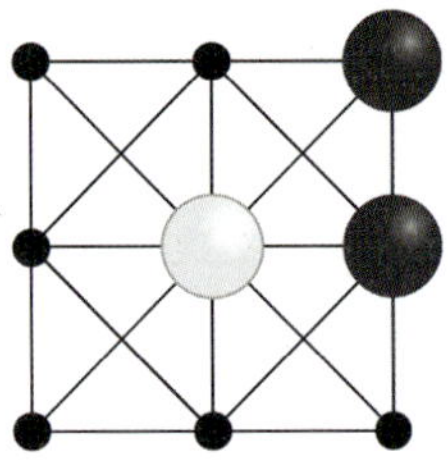
(1)

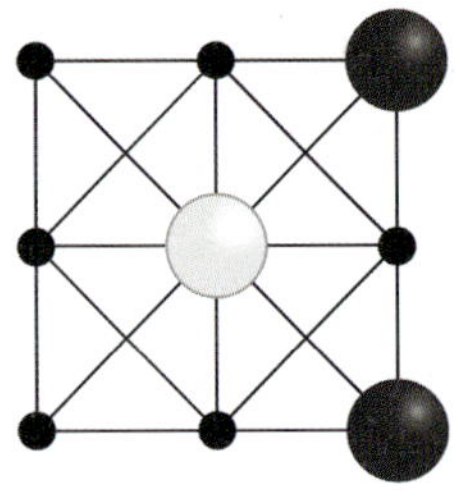
(2)

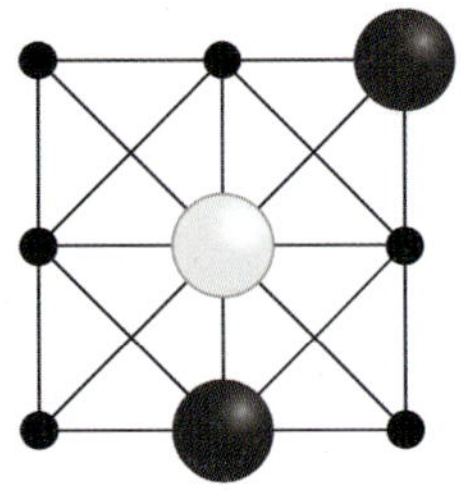
(3)

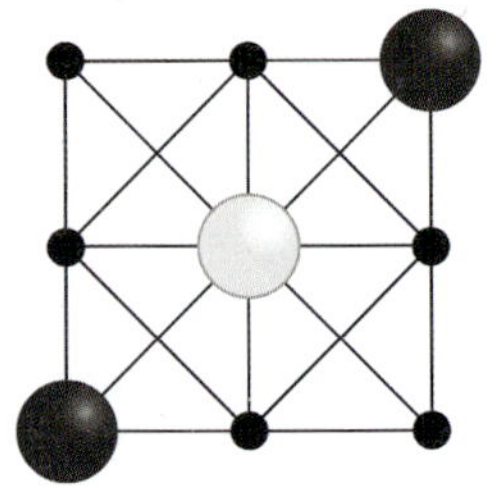
(4)

(1)의 경우 백은 아래 그림처럼 루프 포지션을 만들 수 있고 정리2에 의해 게임은 무승부가 된다.

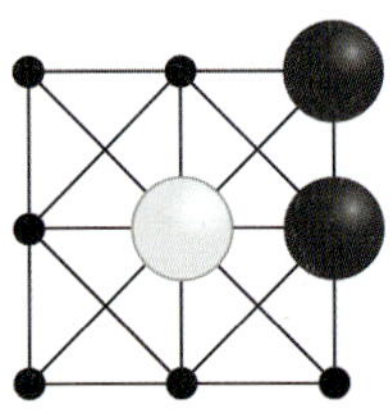
(1)의 경우

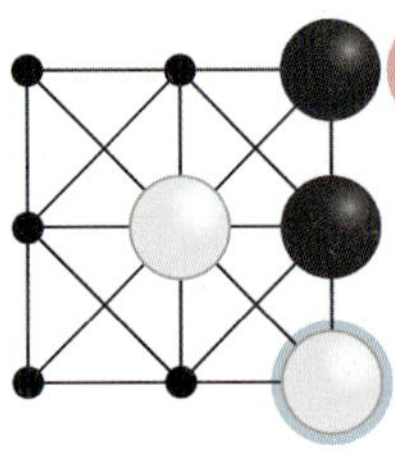
백의 차례

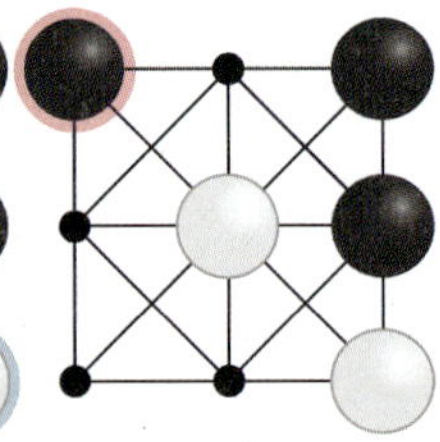
흑의 차례

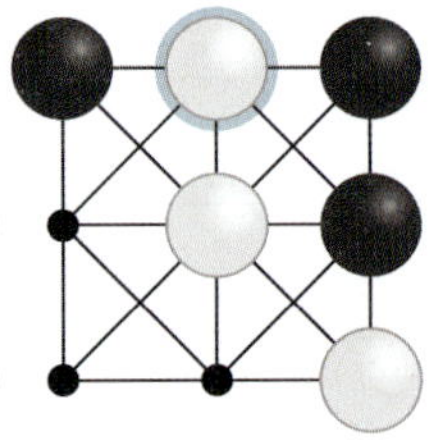
백의 차례

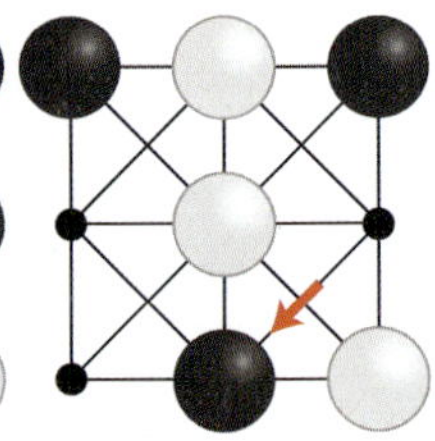
흑의 차례

(2)의 경우 백은 다음 그림처럼 루프 포지션을 만들 수 있고 정리2에 의해 게임은 무승부가 된다.

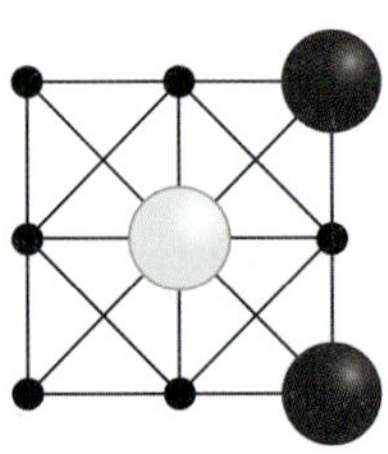
(2)의 경우

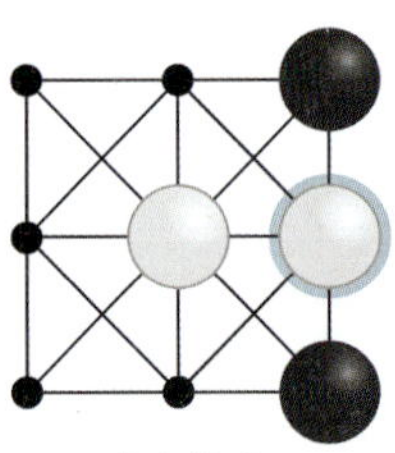
백의 차례

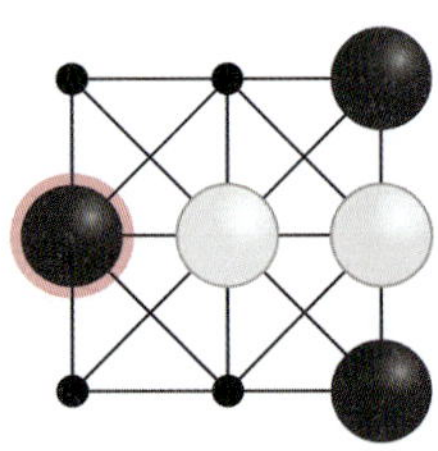
흑의 차례

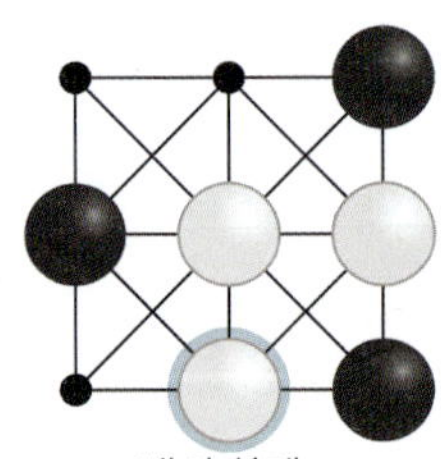
백의 차례

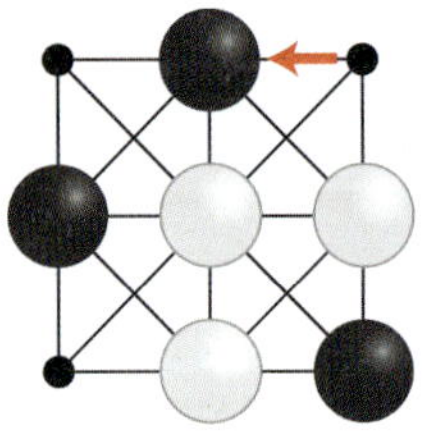
흑의 차례

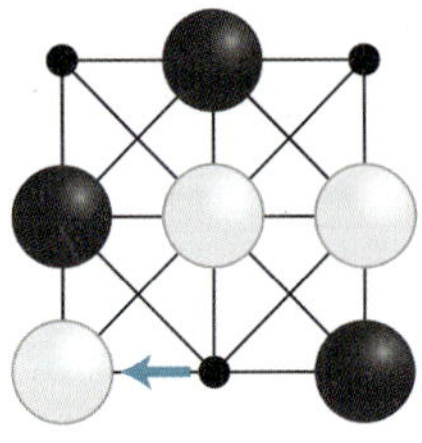
백의 차례

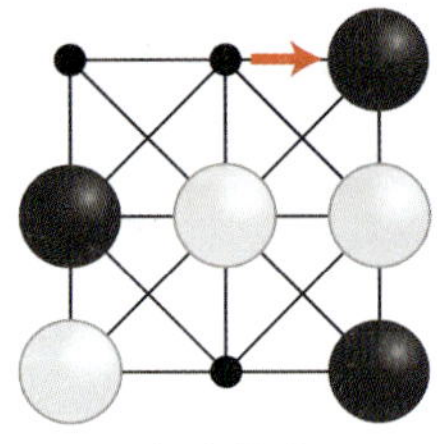
흑의 차례

(3)의 경우 백은 아래 그림처럼 루프 포지션을 만들 수 있고 정리2에 의해 게임은 무승부가 된다.

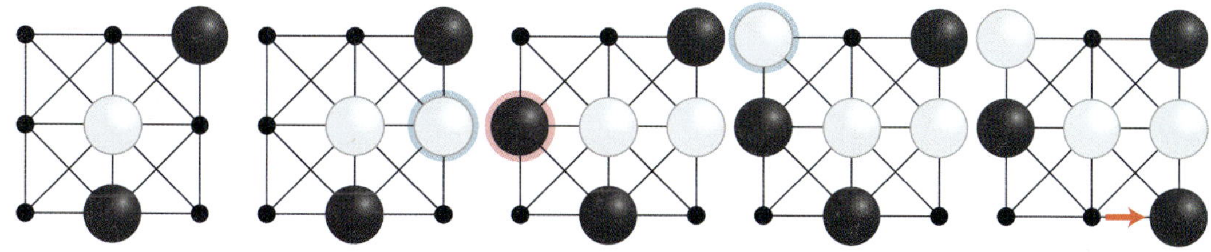

(3)의 경우 백의 차례 흑의 차례 백의 차례 흑의 차례

(4)의 경우 백은 아래 그림처럼 루프 포지션을 만들 수 있고 정리2에 의해 게임은 무승부가 된다.

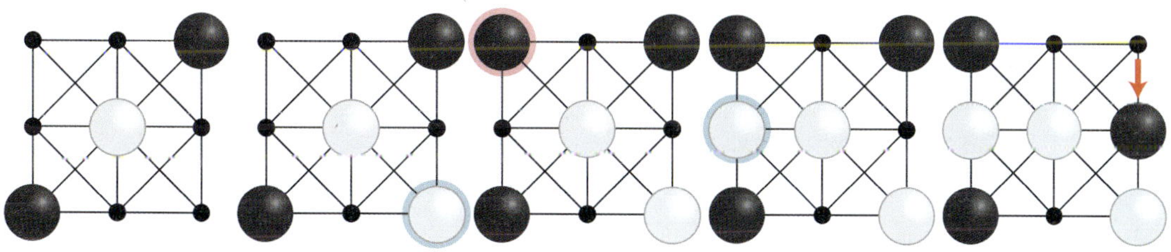

(4)의 경우 백의 차례 흑의 차례 백의 차례 흑의 차례

그러므로 정리3의 그림과 같이 게임이 진행됐을 때 흑은 승리할 수 없다. ■

그림5의 나머지 경우에 대해서도 비슷한 방식의 증명을 통해 정리4가 성립함을 보일 수 있다.

정리4

피카리아에서 먼저 게임을 시작한 사람은 승리할 수 없다.

두 번째로 시작해도 승리할 수 없고 먼저 시작해도 승리할 수 없으므로 피카리아에서 두 사람이 최선의 전략으로 게임을 하면 무승부가 된다. 딕딕도와 비슷해 보이지만 말을 움직일 수 있기에 생각보다 게임 전개가 복잡하고 전략적인 사고가 필요하다. 직접 게임을 해보면서 자신만의 전략을 찾아보자.

모르피온 솔리테어

Morpion Solitaire

모르피온 솔리테어(Morpion Solitaire)는 규칙에 따라 혼자서 선을 그리는 게임으로 최대한 많은 선을 그리는 것이 목표이다. 정확한 기원은 알려지지 않았으나 1970년대 프랑스에서 크게 유행했으며 프랑스 잡지 《과학 & 삶(Science & Vie)》에 소개되며 더 대중화되었다.

게임에 필요한 도구

게임판, 연필

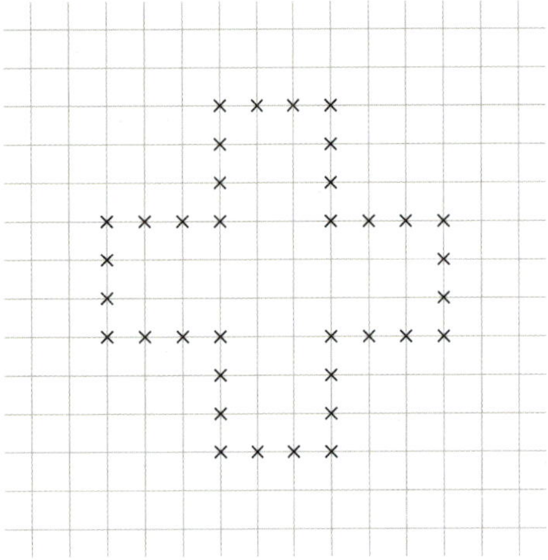

게임판

연필

모르피온 솔리테어는 별도의 게임판이 없어도 모눈종이에 점을 찍어 쉽게 게임을 해볼 수 있다.

게임판 받기

01_한 줄 만들기 게임/모르피온 솔리테어.pdf

게임 규칙

모르피온 솔리테어는 36개의 십자가 형태의 점(이하 십자 점)이 찍혀있는 아래와 같은 게임판에서 혼자 하는 게임으로 다음과 같은 규칙에 따라 게임을 진행한다.

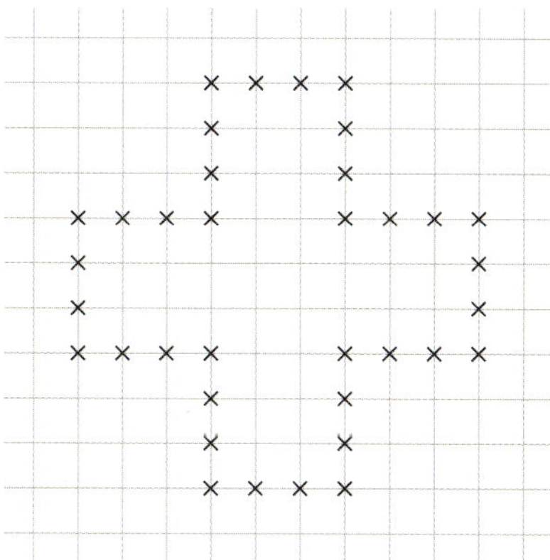

1) 다섯 개의 십자 점을 지나는 직선을 그리기 위해 게임판의 교차점 중 한 곳에 새로운 십자 점 하나를 추가한다. 추가한 십자 점은 게임판에 있는 다른 네 개의 십자 점과 가로, 세로, 대각선 중 하나의 방향으로 한 줄이 되어야 한다.
2) 새로 추가한 십자 점과 보드에 있던 네 개의 십자 점을 지나는 직선을 그린 후 1점을 얻는다.
3) 직선은 가로, 세로, 대각선 방향 중 하나의 방향으로 그려야 한다. 또한 이미 그려진 직선과 점은 공유할 수 있으나 선의 일부가 겹쳐질 수는 없다.

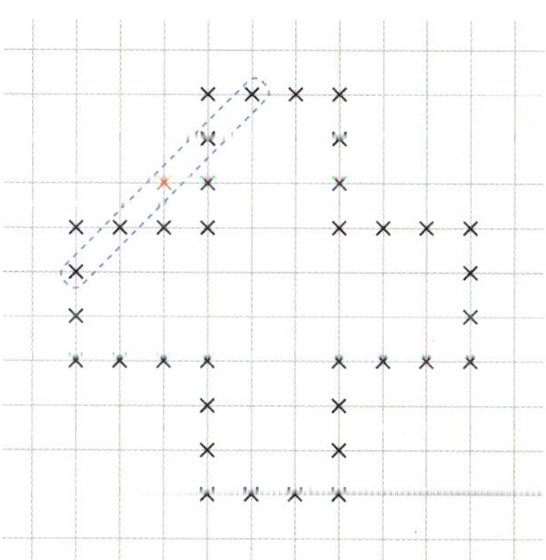

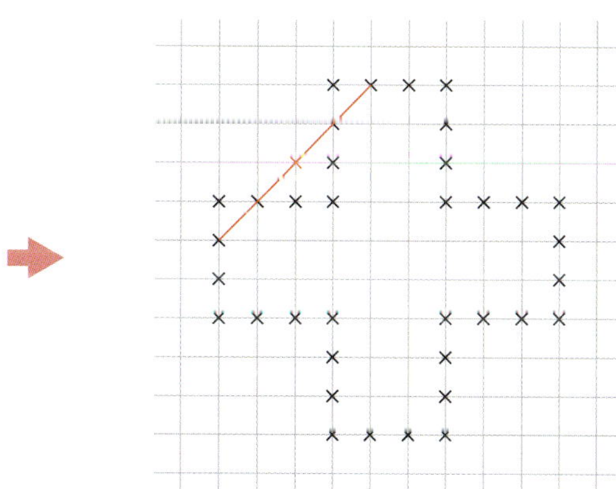

십자 점을 추가한 후 직선을 그린 모습

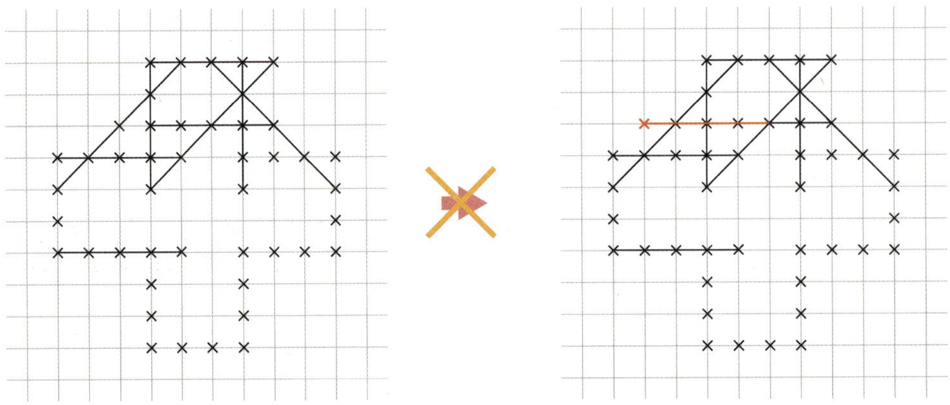

십자 점을 추가한 후 직선을 그리는 것이 불가능한 경우 (이미 그려진 직선과 겹치는 것은 불가능)

4) 게임판에 더는 새로운 직선을 그릴 수 없으면 게임이 종료된다.

5) 게임의 목표는 가능한 한 많은 점수를 얻는 것이다.

게임 Tip

모르피온 솔리테어에서는 연속해서 많은 선을 그리기 때문에 게임 종료 후 어떻게 게임을 진행했는지 파악하기가 어렵다. 따라서 게임을 할 때 새로 추가하는 십자 점에 번호를 붙이는 것이 좋다. 그러면 게임 종료 후에도 번호를 통해 게임의 진행 과정을 쉽게 파악할 수 있다.

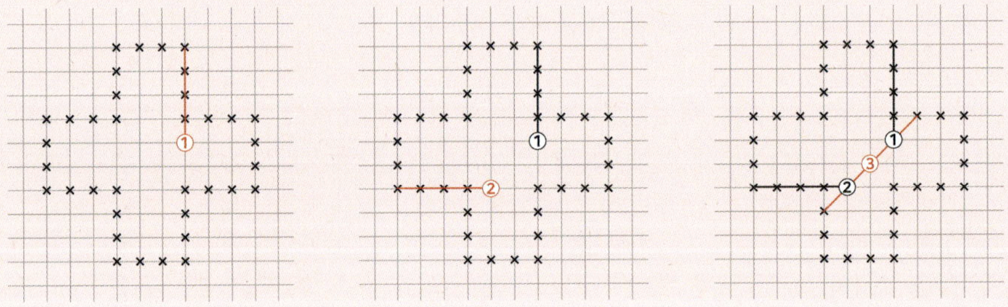

이와 같은 규칙으로 진행되는 게임을 '5T 모르피온 솔리테어'라고 하며, 이와 약간 다른 규칙으로 진행되는 '5D 모르피온 솔리테어'도 있다. 두 게임의 유일한 차이점은 새로운 선을 그릴 때, 기존에 그려진 선 중 평행한 선과 교점을 가질 수 있는지 없는지 여부이다.

5T 모르피온 솔리테어에서는 기존에 그려진 어떤 선과도 점을 공유할 수 있다. 하지만 5D 모르피

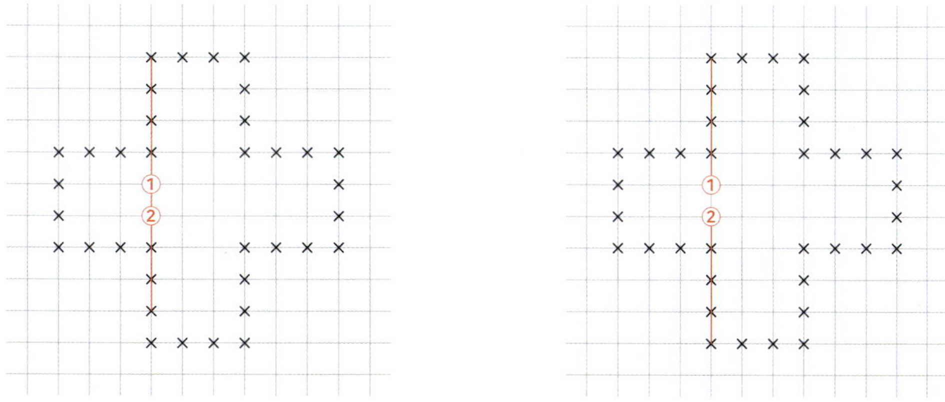

5T 모르피온 솔리테어에서만 가능한 행동(왼쪽)과 5T, 5D 모르피온 솔리테어에서 모두 가능한 행동(오른쪽)

온 솔리테어에서는 평행하지 않은 선과는 점을 공유할 수 있으나 평행선과는 점을 공유할 수 없다. 따라서 위 그림의 왼쪽 같은 경우 5T 모르피온 솔리테어에서는 가능하나 5D 모르피온 솔리테어에서는 불가능하다. 당연하게도 위 그림의 오른쪽 같은 경우엔 5T 모르피온 솔리테어와 5D 모르피온 솔리테어에서 모두 가능하다. 여기서 'T'는 'Touching'의 약자로 선을 그릴 때, 이미 그려진 평행한 선과 닿을 수 있다(한 점에서 만날 수 있다)는 의미이다. 'D'는 'Disjoint'의 약자로 이미 그려진 평행한 선과 만날 수 없음을 의미한다.

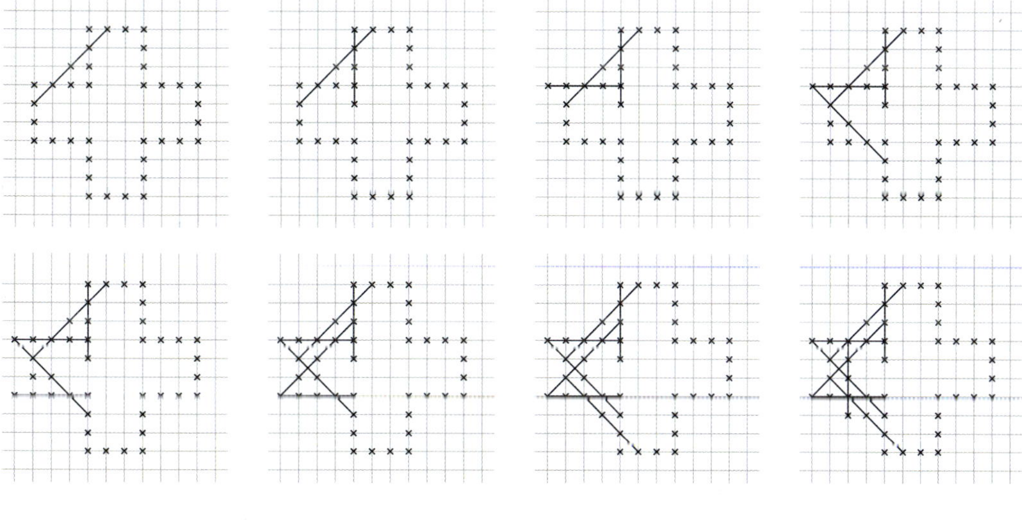

모르피온 솔리테어의 초기 게임 진행 예시

게임의 역사

모르피온 솔리테어(Morpion Solitaire)의 두 단어 'Morpion'과 'Solitaire'는 모두 프랑스어로 프랑스에서 만들어진 게임으로 보인다. 두 단어 중 'Morpion'의 유래에 대한 설득력 있는 추측은 이를 'Mords'와 'Pion'이 합쳐진 단어로 보는 것이다. 두 단어는 우리말로 각각 '깨물다'와 '말뚝'의 의미를 갖는데 합치면 '말뚝을 깨물다'가 된다. 모르피온 솔리테어에서 십자가를 말뚝으로 생각한다면 5개의 말뚝을 놓고 말뚝을 지나는 선을 그리는 게임인데 선을 그리는 것을 '깨물다'라고 표현한 것으로 생각할 수 있다. 더구나 'Morpion'과 'Mords Pion'은 발음이 완전히 같아 이와 같은 추측의 설득력을 높인다. (ds는 묵음이다.)

'Solitaire'는 우리말로 '혼자' 또는 '외톨이'란 뜻으로 보통 혼자 하는 게임에 이 단어를 붙인다. 실제 모르피온 솔리테어 외에도 'Solitaire'가 붙는 혼자 하는 게임으로 카드 솔리테어(Card Solitaire)와 페그 솔리테어(Peg Solitaire)가 있다. 보통 '솔리테어'라고 하면 카드 솔리테어를 의미한다.

모르피온 솔리테어의 정확한 기원은 알려져 있지 않지만 한 가지 확실한 것은 1960년대에 프랑스에서 이미 '모르피온 솔리테어'란 이름으로 존재했다는 것이다. 이후 점점 많은 사람에게 알려졌으며 1970년대 프랑스에서 크게 유행했다. 특히, 이렇게 유행하는 데 크게 기여한 사람은 피에르 베를로캥(Pierre Berloquin)이다. 그는 프랑스 잡지 《과학 & 삶(Science & Vie)》의 정기 칼럼 저자였는데 1974년 4월호부터 1976년 4월호까지 독자들이 모르피온 솔리테어의 새로운 기록을 발견할 때마다 칼럼을 통해 이를 소개했다. 그가 마지막으로 소개한 기록은 2010년 8월까지 세계 신기록이었다.

프랑스 잡지 《과학 & 삶》의 초판 표지

이후 5D 모르피온 솔리테어를 비롯해 여러 변형 게임들이 만들어졌다. 5D 모르피온 솔리테어는 아서 랭거먼(Arthur Langerman)에 의해 1970년대 후반에 만들어졌는데 그의 아들에 따르면 아서 랭거먼이 규칙을 착각해서 이런 변형을 생각했을 것이라 한다.

변형 게임

모르피온 솔리테어에는 여러 가지 변형 게임이 있다. 이 중 몇 가지를 알아보자.

5D 모르피온 솔리테어

5D 모르피온 솔리테어는 앞에서 알아봤듯이 평행한 선과 점을 공유할 수 없다는 점만 제외하면 5T 모르피온 솔리테어와 규칙이 같다.

4T 모르피온 솔리테어와 4D 모르피온 솔리테어

4T 모르피온 솔리테어는 아래와 같은 게임판에서 게임을 하며 네 개의 십자 점을 지나는 직선을 그린다는 점만 제외하면 5T 모르피온 솔리테어와 규칙이 같다. 4D 모르피온 솔리테어 역시 아래와 같은 게임판에서 게임을 하며 네 개의 십자 점을 지나는 직선을 그린다는 점만 제외하면 5D 모르피온 솔리테어와 규칙이 같다.

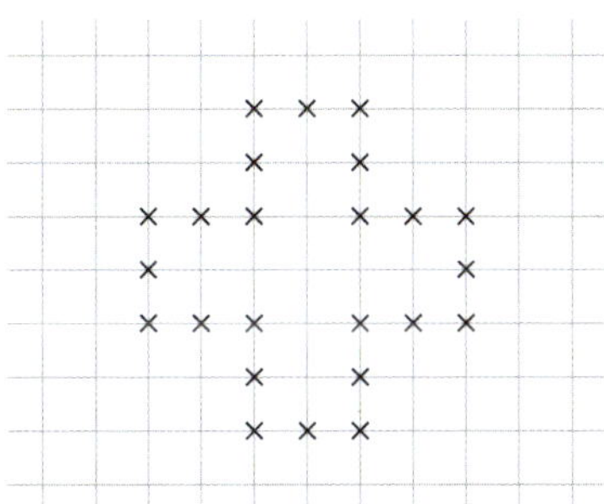

5T+ 모르피온 솔리테어

5T+ 모르피온 솔리테어는 5T 모르피온 솔리테어의 변형이다. 기본적으로 5T 모르피온 솔리테어처럼 십자 점을 추가하고 선을 그린다. 이때 추가했던 십자 점을 포함해 다섯 개의 십자 점을 지나는 다른 선을 그릴 수 있다면 추가 선을 그린 후 원하는 다른 곳에 십자 점을 추가한다. 추가 선을 그리고 추가 십자 점을 표시하는 것은 선택 사항이다. 이후 이 과정을 반복한다. 5T+ 모르피온 솔리테어는 규칙의 특성상 5T 모르피온 솔리테어보다 더 많은 선을 그릴 수 있다.

커넥터(Connector)

커넥터는 두 명이 교대로 선을 그리는 게임으로 5T 모르피온 솔리테어와 규칙이 같다. 단, 점을 추가할 때 아래 그림의 십자가 형태 안에만 표시해야 한다는 추가 규칙이 있다. 선은 십자가 밖에 그려질 수 있다. 두 사람 중 더 많은 선을 그린 사람이 승리한다.

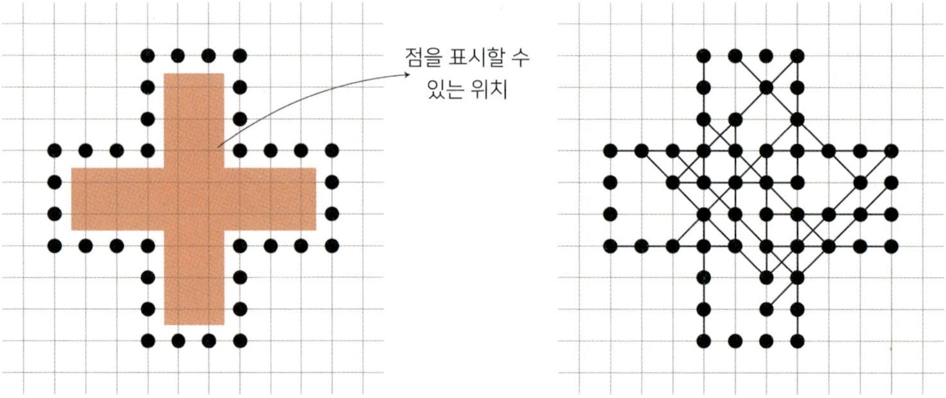

커넥터에서 점을 추가할 수 있는 위치(왼쪽)와 진행 예시(오른쪽)

스캐펄드(Scaffold)

스캐펄드는 아래와 같은 게임판에서 혼자 하는 게임으로 다음과 같은 규칙에 따라 진행한다.

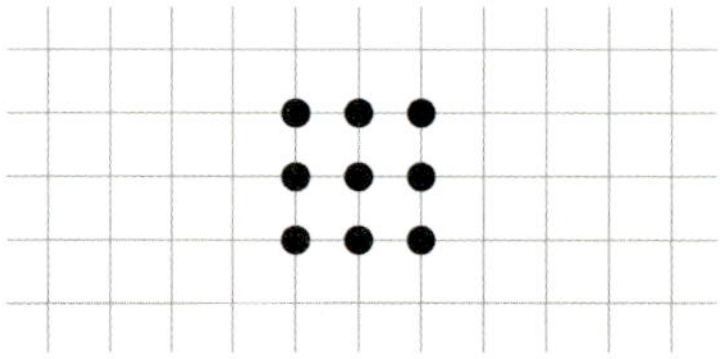

1) 네 개의 점을 지나는 직선을 그리기 위해 게임판의 교차점 중 한 곳에 새로운 점을 추가한다. 이 점은 게임판에 있는 다른 세 개의 점과 가로, 세로, 대각선 중 하나의 방향으로 한 줄이 되어야 한다.
2) 새로 추가한 점과 게임판에 있던 세 개의 점을 지나는 직선을 그린다.
3) 직선은 가로, 세로, 대각선 방향 중 하나의 방향으로 그려야 한다.
4) 새로 추가되는 직선은 이미 그려진 직선 중 평행한 직선과 점을 공유할 수도 없고 선의 일부가

겹쳐질 수도 없다.

5) 한 줄이 되는 연속적인 다섯 개의 점에서 첫 번째, 세 번째, 다섯 번째 위치에 점이 있다면 두 개의 새로운 점을 동시에 추가할 수 있다.

6) 아직 점이 찍히지 않은 위치의 상하좌우에 점이 있다면 즉시 점을 추가한다.

7) 목표는 무한한 선을 그리는 방법을 찾는 것이다.

사각형 안의 모르피온 솔리테어(5T in a Square)

사각형 안의 모르피온 솔리테어는 5T 모르피온 솔리테어와 같은 규칙으로 게임을 진행해 처음에 주어진 십자가 형태의 게임판이 사각형 안에 들어가도록 하는 것을 목표로 하는 게임이다. 수학 교사였던 리처드 코테(Richard Cotté)가 어린 시절 만든 게임으로 해답은 아래와 같다. 물론 다른 해답이 있을 수도 있다. 한번 도전해 보면 어떨까?

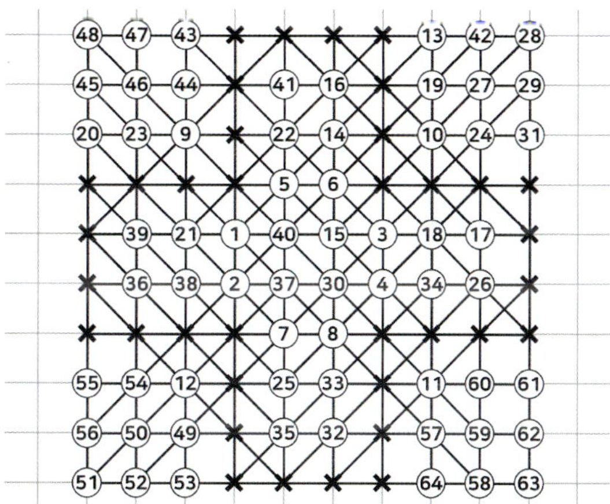

5T#과 5TD# 모르피온 솔리테어

5T와 5D 모르피온 솔리테어는 십사가 형태로 배열된 36개의 점에서 게임을 시작한다. 5T#과 5D# 모르피온 솔리테어는 36개 점의 배열을 바꿔서 게임을 하며 5T와 5D 모르피온 솔리테어보다 많은 선을 그리는 것을 목표로 한다. 규칙은 5T와 5D 모르피온 솔리테어와 같다. 2023년 기준으로 5T 모르피온 솔리테어의 경우 최고 기록이 176개이고 5D 모르피온 솔리테어는 최고 기록이 82개이다. 반면 5T# 모르피온 솔리테어의 기록은 190개이고, 5D# 모르피온 솔리테어는 102개이다.

모르피온 솔리테어의 기록

모르피온 솔리테어의 가장 중요한 문제는 얼마나 많은 선을 그리는 것이 가능한가이다. 여러 수학자와 도전자는 가능한 한 많은 선을 그리는 방법을 알기 위해 노력했다. 하지만 이 문제는 생각보다 어려운 문제이다. 실제로 컴퓨터 과학자 에릭 드메인(Erik D. Demaine)과 그의 연구팀은 2004년 모르피온 솔리테어 문제가 NP-Hard임을 증명했다.

NP-Hard는 시간 복잡도와 관련된 개념이다. 시간복잡도란 컴퓨터과학에서 어떤 문제를 해결하는 데 걸리는 시간(또는 연산 횟수)을 말한다. 그리고 시간복잡도가 어느 정도인지에 따라 문제를 분류할 수 있는데 대표적으로 P와 NP가 있다. P 문제는 다항 시간 안에 해결되는 문제이고 NP 문제는 다항 시간 안에 해결 가능한지가 아직 결정되지 않은 문제이다. 한마디로 NP 문제는 현재까지 알려진 방법으로는 어렵게 풀 수밖에 없는 문제이다. NP-Hard 문제는 간단히 말하면 기존에 알려진 NP 문제만큼 어려운 문제라고 할 수 있다. (정확한 개념은 좀 복잡하다.)

쉽게 말해 모르피온 솔리테어는 컴퓨터로 해결하기에도 계산시간이 너무나 오래 걸리는 어려운 문제라 할 수 있다. 하지만 여러 학자는 모르피온 솔리테어에 대해 꾸준히 연구를 진행했다. 이에 대해 알아보자.

4T와 4D 모르피온 솔리테어의 기록

4T와 4D 모르피온 솔리테어에 대한 연구는 5T와 5D 모르피온 솔리테어에 대한 연구보다 늦게 시작되었다. 2004년 에릭 드메인(Erik D. Demaine)과 그의 연구팀은 4T와 4D 모르피온 솔리테어에 대해 각각 56개와 31개의 선을 그리는 해법을 제시했다.

이후 2007년 10월 핀란드 탐페레 대학교의 헤이키 휘뢰(Heikki Hyyrö)와 티모 포라넨(Timo Poranen)은 그들이 발표한 논문 〈New Heuristics for Morpion Solitaire〉에서 드메인의 연구보다 더 많은 선을 그리는 해법을 제시했는데 4T 모르피온 솔리테어는 62개, 4D 모르피온 솔리테어는 35개이다. 이는 그림1과 같다.

2008년 3월경 컴퓨터 과학자 마이클 퀴스트(Michael Quist)는 가능한 모든 결과를 탐구해 4T와 4D 모르피온 솔리테어에 대한 헤이키 휘뢰와 티모 포라넨의 연구 결과가 최선의 해법임을 증명했다. 그는 헤이키 휘뢰와 티모 포라넨의 해법과 다른 여러 해법을 제시하기도 했다. 이로써 4T와 4D 모르피온 솔리테어 문제는 완전히 해결되었다.

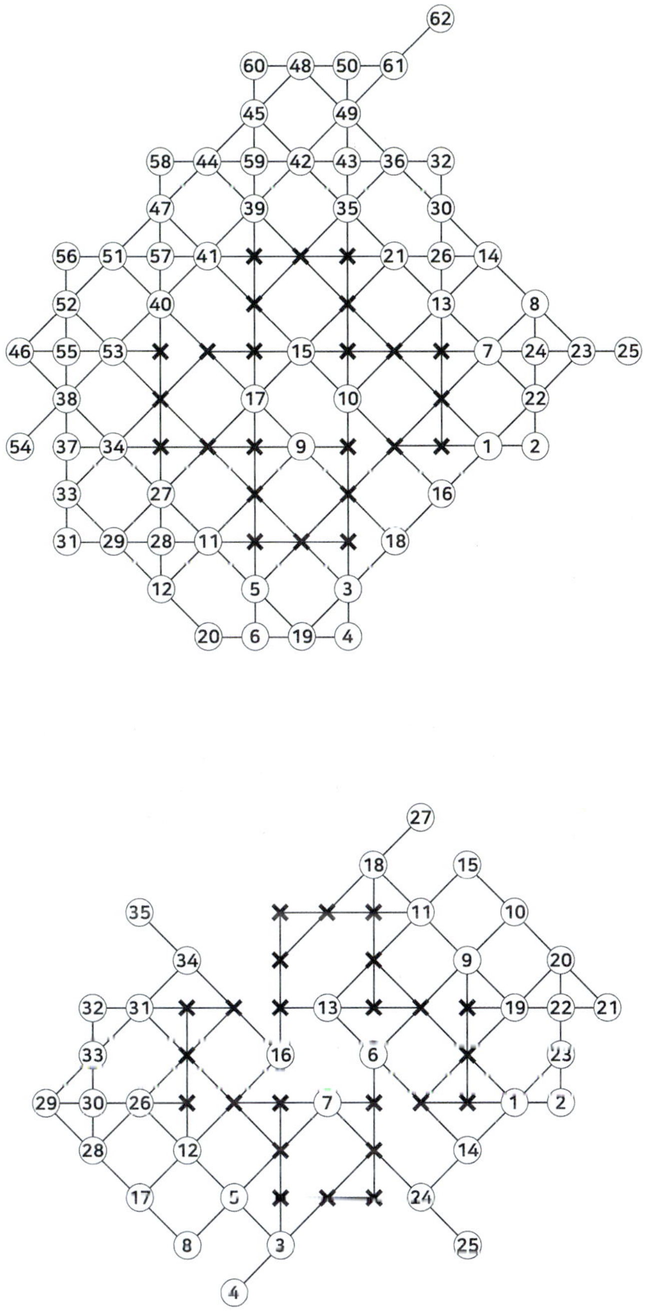

그림 1 4T 모르피온 솔리테어의 신기록(62개의 선, 위)과 4D 모르피온 솔리테어의 신기록(35개의 선, 아래)

5D 모르피온 솔리테어의 기록

5D 모르피온 솔리테어에 대한 연구는 여러 학자에 의해 이루어졌는데 주로 컴퓨터를 이용해 해법을 찾았다. 가장 최근의 기록은 2010년 8월 미국의 컴퓨터 과학자 크리스토퍼 D. 로진(Christopher D. Rosin)에 의해 이루어졌다. 그는 강력한 알고리즘을 사용해 82개의 선을 그리는 해법을 찾았고 이는 그림2와 같다. 이후 추가 연구를 통해 82개의 선을 그리는 25개의 또 다른 해법을 찾기도 했다.

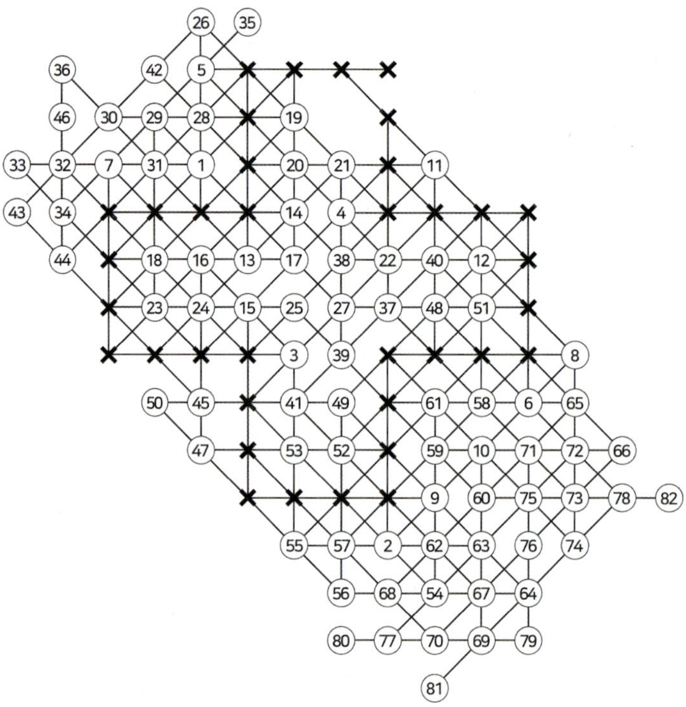

그림2 5D 모르피온 솔리테어의 신기록(82개의 선)

5T 모르피온 솔리테어의 기록

5T 모르피온 솔리테어의 기록 역시 크리스토퍼 D. 로진이 갖고 있다. 그가 처음 찾은 해법은 172개의 선을 그리는 것인데 5D 모르피온 솔리테어의 신기록인 82개의 선을 그리는 해법을 찾을 때 사용한 프로그램과 같은 프로그램으로 이와 같은 해법을 찾았다. 이후 이를 개선하여 2011년 8월 178개의 선을 그리는 해법을 찾았다. 이는 그림3과 같으며 현재 이것이 신기록이다.

기록	발견한 사람	나라	날짜
64	아서 랭거먼(Arthur Langerman)	벨기에	1996년 1월 이전
65	스테펀 슈미타(Stefan Schmieta)	미국	1996년 10월
66	스테펀 슈미타(Stefan Schmieta)	미국	1996년 10월
68	아서 랭거먼(Arthur Langerman)	벨기에	1999년 10월
69	베르나르 헬름스테터(Bernard Helmstetter)	프랑스	2005년 9월
74	헤이키 휘뢰(Heikki Hyyrö)와 티모 포라넨(Timo Poranen)	필란드	2006년 12월
76	트리스탕 카제나브(Tristan Cazenave)	프랑스	2006년 12월
78	트리스탕 카제나브(Tristan Cazenave)	프랑스	2007년 5월
79	헤이키 휘뢰(Heikki Hyyrö)와 티모 포라넨(Timo Poranen)	필란드	2007년 6월
80	트리스탕 카제나브(Tristan Cazenave)	프랑스	2008년 2월
82	크리스토퍼 D. 로진(Christopher D. Rosin)	미국	2010년 8월

기록	발견한 사람	나라	날짜
149	찰스 윌리엄 밀링턴(Charles William Millington)	영국	1972년 9월
152	찰스 윌리엄 밀링턴(Charles William Millington)	영국	1974년 6월
162	레미 도비에(Rémy Daubié)	프랑스	1974년 11월
163	찰스 윌리엄 밀링턴(Charles William Millington)	영국	1975년 7월
164	미셸 세프스(Michel Szeps) 외 2명	프랑스	1975년 11월
170	샤를 앙리 브루노(Charles-Henri Bruneau)	프랑스	1976년 4월
172	크리스토퍼 D. 로진(Christopher D. Rosin)	미국	2010년 8월
177	크리스토퍼 D. 로진(Christopher D. Rosin)	미국	2011년 5월
178	크리스토퍼 D. 로진(Christopher D. Rosin)	미국	2011년 8월

5D 모르피온 솔리테어의 기록(위)과 5T 모르피온 솔리테어의 기록(아래)

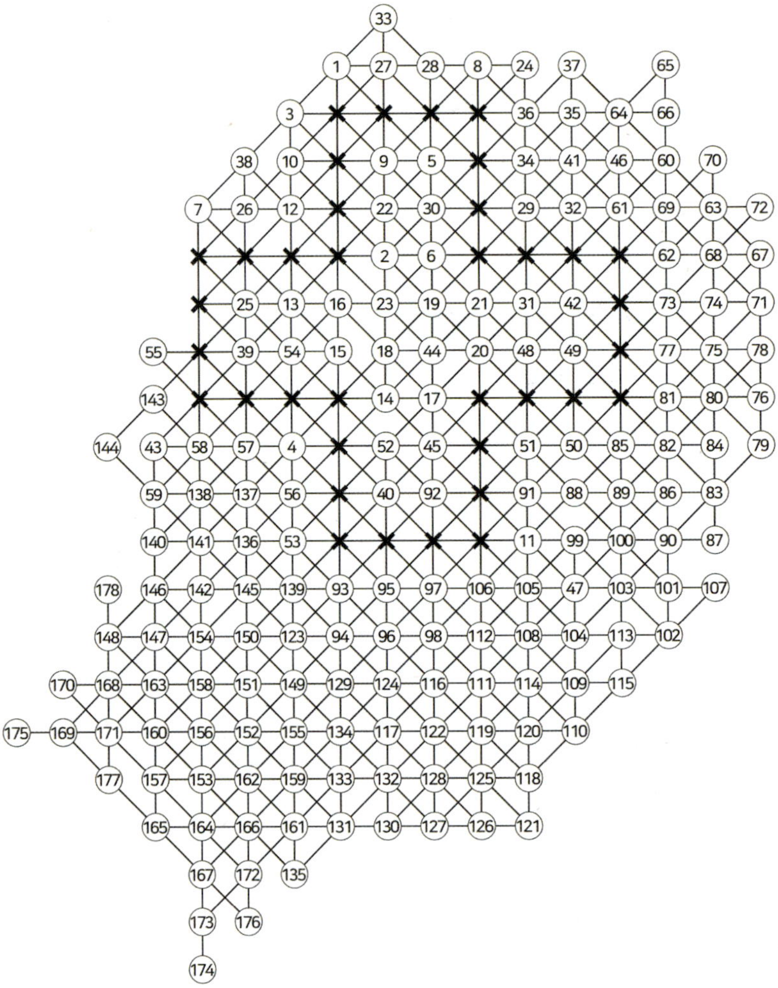

그림3 5T 모르피온 솔리테어의 신기록(178개의 선)

크리스토퍼 D. 로진이 컴퓨터로 해법을 찾기 전까지 신기록은 170개였다. 이것은 프랑스의 교수인 샤를 앙리 브루노(Charles-Henri Bruneau)가 1976년 찾은 해법으로 34년간 세계 신기록이었다. 그는 대학생 시절 이와 같은 해법을 찾았는데 직접 손으로 계산하여 찾은 해법이다. 로진의 연구 이전에도 5T 모르피온 솔리테어의 해법을 찾기 위해 컴퓨터를 활용한 많은 연구가 있었지만 샤를 앙리 브루노의 기록을 넘지 못했다.

이제 우리의 궁금증은 크리스 로진의 기록을 넘는 새로운 기록의 존재 여부이다. 과연 5T와 5D

모르피온 솔리테어에서 최대로 그릴 수 있는 선은 몇 개일까? 현재까지 연구 결과에 따르면 5T 모르피온 솔리테어에서 최대로 그릴 수 있는 선의 개수는 705개를 넘을 수 없고, 5D 모르피온 솔리테어의 경우엔 121개를 넘을 수 없다.

일렬로 세우기 **한 줄 만들기 게임**

심페이 Simpei

심페이(Simpei)는 일본의 완구 회사 반다이(Bandai)에서 2005년에 발매한 게임으로 게임 디자이너인 심페이 타카하시(Shimpei Takahashi)가 고안했다. 심페이는 고3 때인 1997년에 생일 선물로 틱택토를 받았는데 여기에서 아이디어를 얻어 심페이 게임을 생각해 냈다고 한다. 게임명은 그의 이름 'Shimpei'와 누구나 즐길 수 있는 'Simple'한 게임이란 의미를 담아 'Simpei'로 정했다.

게임에 필요한 도구

게임판, 검은색 바둑돌 4개, 흰색 바둑돌 4개

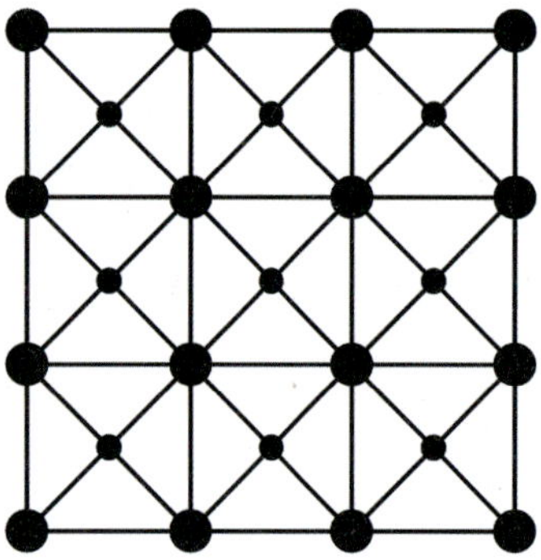

게임판

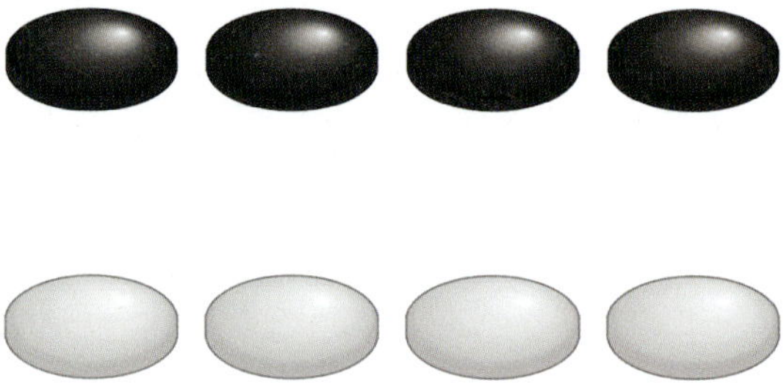

바둑돌 각각 4 개

심페이는 전문 완구 회사에서 제작된 게임답게 얼굴이 그려져 있는 파란색과 빨간색의 전용 말이 있다. 하지만 바둑돌을 이용해도 게임을 진행하는 데 아무런 문제가 없다.

게임판 받기

01_한 줄 만들기 게임/심페이.pdf

게임 규칙

심페이 게임판은 4 × 4 격자점으로 된 '윗 세계'와 3 × 3 격자점으로 된 '아랫 세계'로 이루어져 있다는 것이 특징이다. 여기서는 윗 세계의 점은 큰 원으로, 아랫 세계의 점은 작은 원으로 표시했다. 두 사람은 각자 4개의 말을 받고 다음과 같은 규칙에 따라 게임을 진행한다.

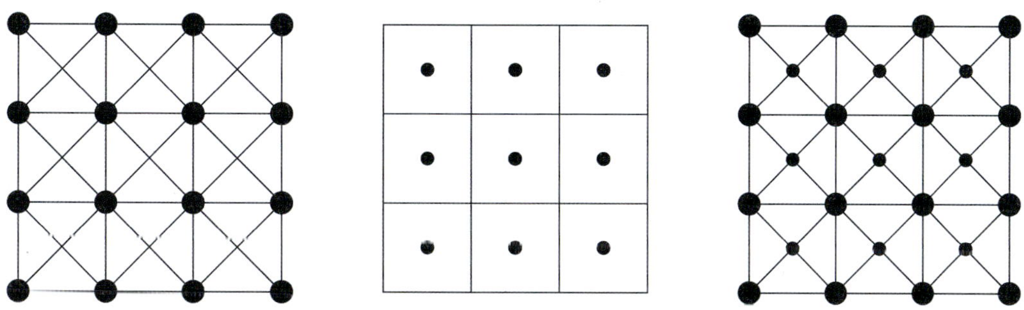

16개의 점으로 된 윗 세계　　9개의 점으로 된 아랫 세계　　심페이 게임판

1) 같은 세계에서 자신의 말 3개를 한 줄로 만들면 승리한다. 즉, 윗 세계에서 자신의 말 3개를 한 줄로 만들거나 아랫 세계에서 자신의 말 3개를 한 줄로 만들면 승리한다. 다른 세계의 상대방 말이 사이에 있어도 상관없다. 단, 자신의 말 4개를 한 줄로 만든 경우는 승리하지 않는다.

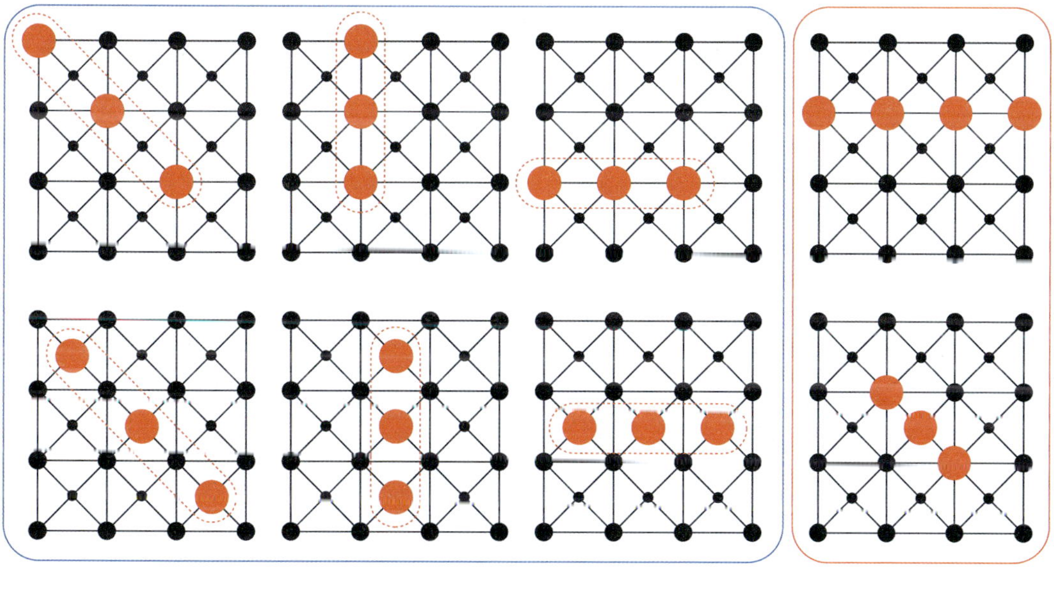

승리 조건을 만족한 경우　　승리 조건을 만족하지 않은 경우

2) 두 사람은 교대로 게임판에 있는 25개의 교차점 중 빈 곳에 자신의 말을 하나씩 놓는다. 단, 먼저 시작하는 사람은 첫수를 아래 그림에 표시된 4곳 중 한 곳에 둬야 한다.

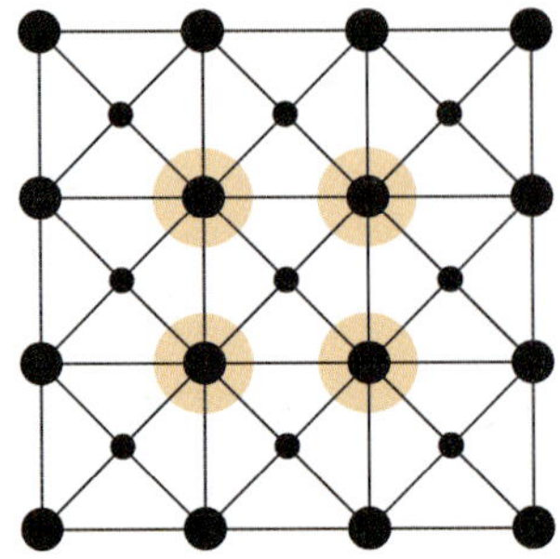

3) 말을 배치하다 같은 세계에서 자신의 말 두 개 사이에 상대방 말을 끼우면 상대방 말을 원하는 곳으로 보낼 수 있다. 한 번에 여러 개 말을 끼울 수도 있는데, 이 경우 끼워진 말을 모두 원하는 곳으로 이동한다. 단, 끼워진 말이 있던 자리로 이동할 수는 없다.

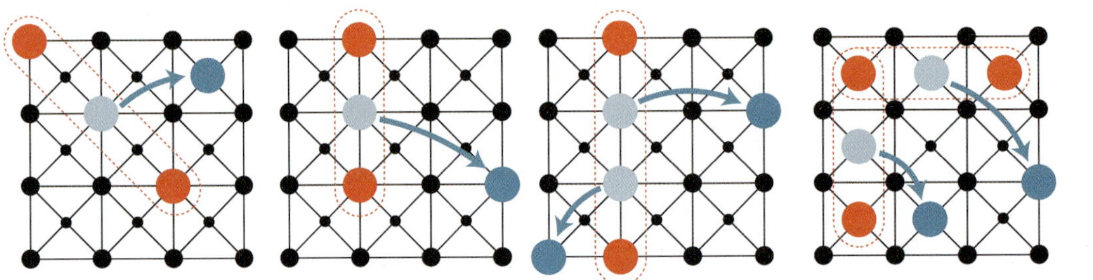

두 말 사이에 상대방 말을 끼워 원하는 곳으로 이동하는 상황

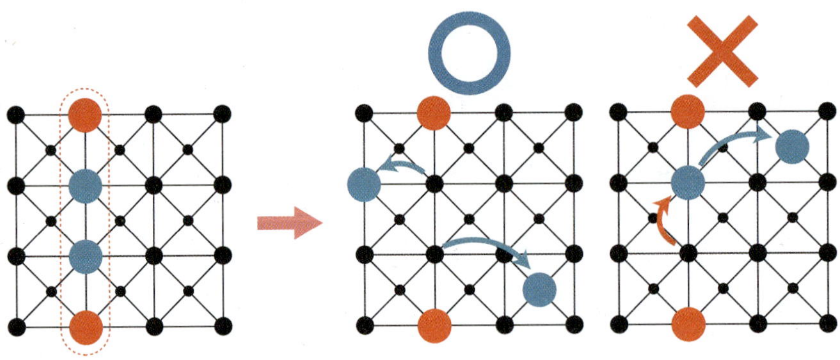

상대방 말을 이동하는 것이 가능한 경우와 불가능한 경우

4) 상대방이 스스로 자신의 두 말 사이로 들어온 경우에는 상대방 말을 이동하지 않는다.

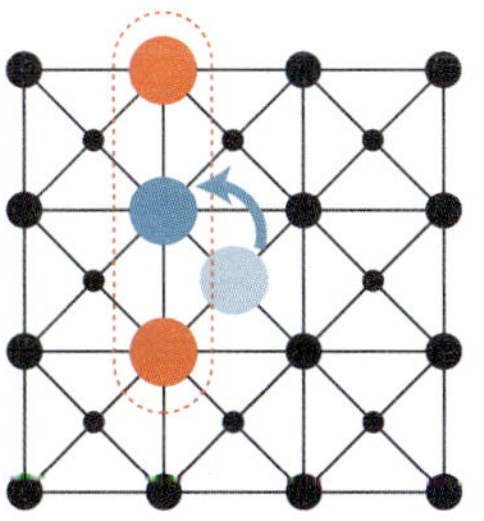

파란색 말이 빨간색 말 사이로 들어와 파란색 말을 이동하지 못하는 경우

5) 두 사람이 말을 모두 배치하면 이후부터는 말을 이동한다. 말을 이동할 때 아래 그림처럼 윗 세계에 있는 말은 선으로 연결된 아랫 세계로 이동할 수 있고, 아랫 세계에 있는 말은 선으로 연결된 윗 세계로 이동할 수 있다.

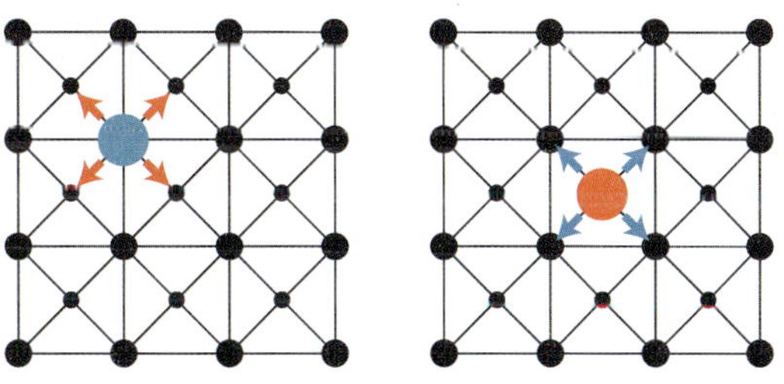

6) 자신의 말을 이동해 자신의 말 두 개 사이에 상대방 말을 끼운 경우에도 상대방 말을 원하는 곳으로 보낼 수 있다.

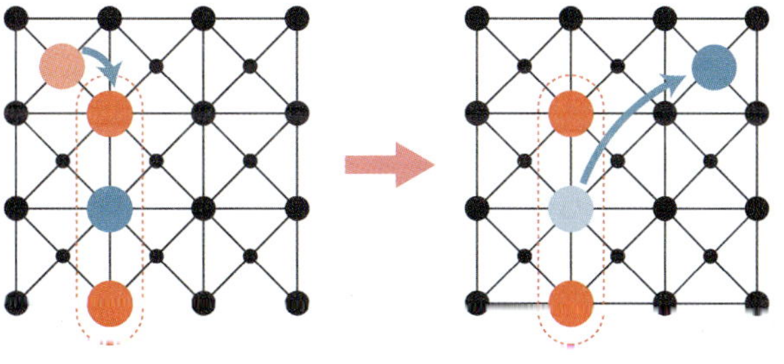

7) 상대방이 내 말을 이동해 내 말 3개가 한 줄이 되도록 만든 경우엔 승리하지 않는다.

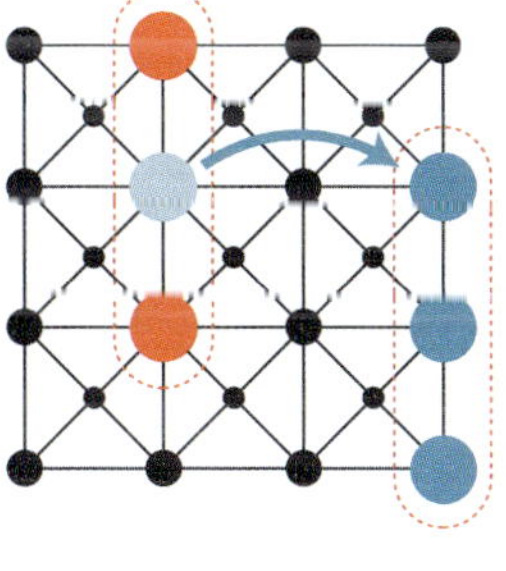

8) 자신의 말을 이동할 수 없는 경우에는 상대방 차례로 넘어간다.

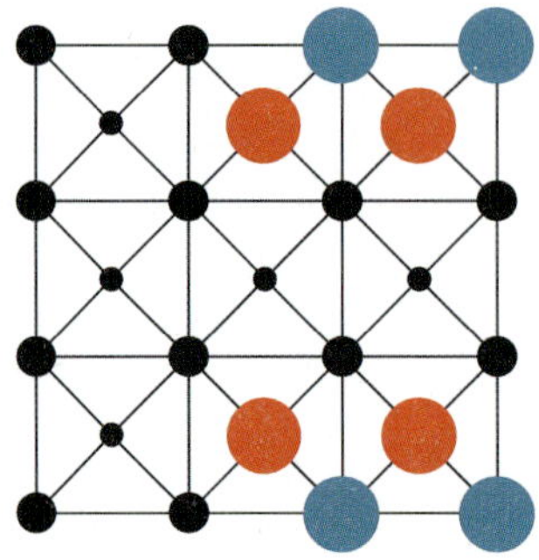

파란색 차례에서 파란색 말이 이동할 곳이 없어 빨간색 차례로 넘어가는 경우

심페이의 본 게임명은 '순간결착게임 심페이'이다. 이름처럼 순식간에 게임의 승패가 결정되는 경우가 많아 신중히 수를 둬야 한다. 특히 초반 수가 중요한데 초반 몇 수만에 승패가 결정될 수 있다. 자신의 말 두 개 사이에 상대방 말을 끼우면 상대방 말을 원하는 곳으로 이동할 수 있다는 규칙을 잘 활용해야 한다. 윗 세계와 아랫 세계의 두 세계가 있고 상대방 말을 이동할 수 있는 규칙으로 인해 여러 전략이 가능하다.

필승전략

일본 도쿄대 교수인 다나카 테츠로(Tanaka Tetsuro)는 2006년 〈Complete Analysis of a Board Game "SIMPEI"〉를 통해 심페이의 필승전략을 분석했다. 그의 분석에 따르면 두 사람이 최선의 전략으로 게임을 할 때 나중에 하는 사람에게 필승전략이 존재하며 게임은 49수 안에 끝나게 된다. 다만 심페이의 규칙상 먼저 시작하는 사람이 둘 수 있는 첫수의 위치가 4곳 중 한 곳으로 정해져 있는데 이를 자유롭게 둘 수 있도록 허락하면 먼저 시작하는 사람에게 필승전략이 존재한다. 이에 대해 알아보자.

테츠로가 심페이를 분석하기 위해 사용한 방법은 역행 해석(Retrograde Analysis)이다. 역행 해석은 체스에서 주어진 게임 상태에 이르기까지 어떻게 게임이 진행됐는지 분석하는 방법이다. 체스에서 가능한 게임의 경우의 수가 워낙 커서 체스의 필승전략을 알아보는 데 역행 해석이 사용되지는 않지만 특정 체스 게임 상태를 분석하는 데는 많이 사용된다. 이 역행 해석의 또 다른 이름은 후진 귀납법(Backwards Induction)으로 뒤에서 소개할 게임 중 하나인 그런디 게임(이 책의 2권에서 소개)에서 자세히 알아볼 개념이다. 여기서는 간단하게만 살펴보도록 하자.

게임이 진행되다 어떤 상태가 됐을 때 그 상태 이전에 게임을 한 사람(Previous Player)이 게임에 승리할 수 있는 상태이면 이 상태를 P-포지션(P-position)이라 한다. 그 이전에 게임을 한 사람이 승리할 수 있는 상태라는 것은 지금 할 사람이 어떤 수를 둬도 그 이전에 한 사람이 이후에 최선의 수를 두면 게임에서 승리하게 되는 상태를 말한다. 비슷하게 이번 차례에 게임을 해야 하는 사람(Next Player)이 승리할 수 있는 상태면 이 상태를 N-포지션(N-position)이라 한다. 이번 차례에 해야 하는 사람이 승리할 수 있는 상태라는 것은 이 사람이 최선의 수를 두면 다음에 할 사람이 어떤 수를 둬도 이번 차례에 해야 하는 사람이 승리하게 되는 상태를 말한다. 특별히 더는 게임을 진행할 수 없는 상태를 터미널 포지션(Terminal Position)이라 한다.

아래 그림과 같이 심페이 게임이 진행됐다고 하자. 첫 번째 그림은 파란색이 할 차례인데 파란색이 어떤 수를 둬도 빨간색이 이기는 것을 막을 수 없다. 따라서 첫 번째 그림은 P-포지션이다. 두 번째 그림에서 빨간색은 한 수로 승리할 수 있으므로 N-포지션이다. 마지막 그림은 게임이 종료된 상태이다. 따라서 이 상태는 터미널 포지션이다.

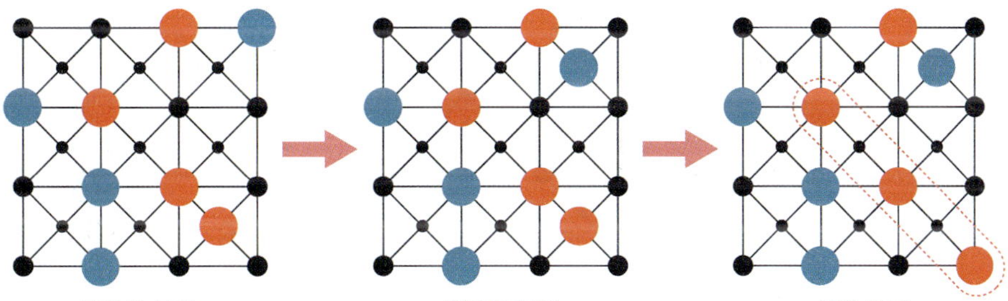

후진 귀납법은 터미널 포지션에서 출발해 그 이전에 가능한 게임 상태가 P-포지션인지 N-포지션인지 분석하는 방법이다. 다나카 테츠로는 이 후진 귀납법으로 심페이를 분석하기 위해 먼저 심페이에서 가능한 게임 상태의 경우의 수를 컴퓨터를 이용해 계산했다. 그 결과 경우의 수는 총 12102165가지가 나왔다. 정확히 말하면 테츠로가 계산한 것은 심페이 말이 배치될 수 있는 경우의 수이다. 이는 게임 진행에서 나올 수 있는 게임 상태의 경우의 수와는 다르다. 특정 말의 배치는 게임 진행에서 나오지 않을 수 있기 때문이다. 하지만 테츠로는 규칙 변경의 가능성을 고려해 모든 게임 상태를 분석했다고 한다.

분석 결과 그는 몇 가지 흥미로운 성질들을 발견했다. 그중 가장 핵심적인 내용은 앞에서 소개한 게임의 승패에 대한 내용으로, 심페이는 두 번째로 시작하는 사람에게 필승전략이 존재하며 게임은 49수 안에 끝난다는 것이다. 재미있는 것은 먼저 시작하는 사람의 첫수에 대해 두 번째로 시작하는 사람이 승리하기 위한 두 번째 수가 유일하다는 것이다. 바로 그림1과 같다. 다른 대응수는 모두 패배한다.

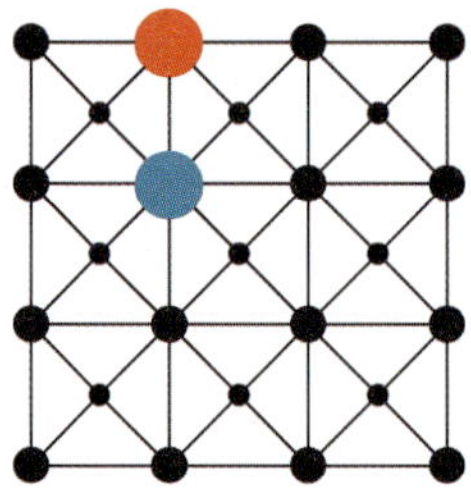

그림1 파란색의 첫수에 대해 빨간색이 이기기 위한 두 번째 수

만약 먼저 시작하는 사람에게 첫수에 대한 제약이 없다면 먼저 시작하는 사람에게 필승전략이 존재하는데, 승리하기 위한 첫수의 위치는 그림2와 같다. (당연히 이와 대칭적인 위치도 승리할 수 있는 수에 해당한다.)

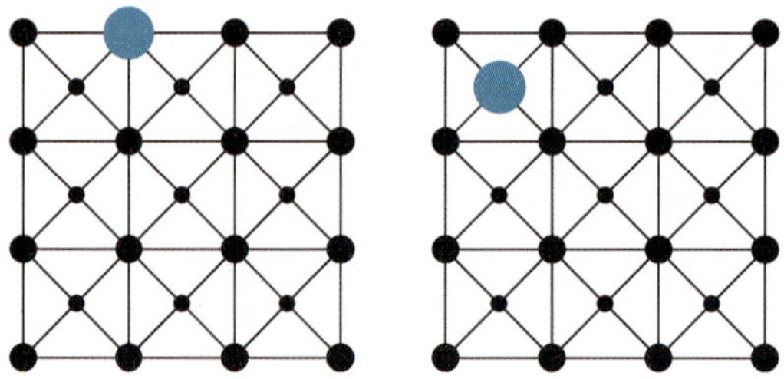

그림2 파란색이 승리할 수 있는 첫수의 위치

다나카 테츠로는 선택할 수 있는 행동이 최대인 게임 상태도 조사하였다. 심페이의 경우 상대방 말을 내 말 두 개 사이에 끼우면 원하는 위치로 보낼 수 있으므로 상대방 말을 내 말 사이에 끼울 수 있는 상황이 많다면 게임에서 선택할 수 있는 행동도 많아진다. 그의 조사에 따르면 선택할 수 있는 행동이 최대인 경우는 그 경우의 수가 2403가지라 한다. 보통 심페이 게임에서 선택할 수 있는 행동의 경우의 수가 10가지에서 20가지 정도라는 점을 생각하면 상당히 큰 수라 할 수 있다. 그림3이 이에 대한 예로 파란색이 할 차례이다. 파란색이 빨간색 말을 자기 말 사이에 끼워 옮길 수 있는

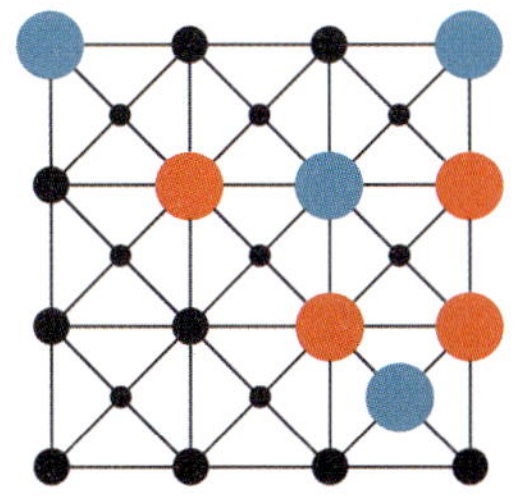

그림3 선택할 수 있는 행동의 수가 2403가지인 게임 상태(파란색 차례)

경우를 찾아 보면 선택할 수 있는 행동이 많다는 것을 알 수 있다. 이 게임 상태는 최선의 수로 둔다면 파란색이 승리하는 상태이다.

다나카 테츠로가 마지막으로 알아본 것은 바둑 묘수풀이처럼 심페이 문제를 만들 수 있는 경우이다. 그림4가 그중 하나로 파란색이 둘 차례이다. 그림에서 왼쪽이 문제이다. 이 문제의 경우 승리까지 49수가 필요하고 승리하기 위한 수가 유일하다. 그림의 오른쪽은 파란색이 승리하기 위해 처음에 두어야 할 수이다. 왼쪽 하단에 말을 놓은 후 사이에 있는 빨간색 말을 옮긴 것을 알 수 있다.

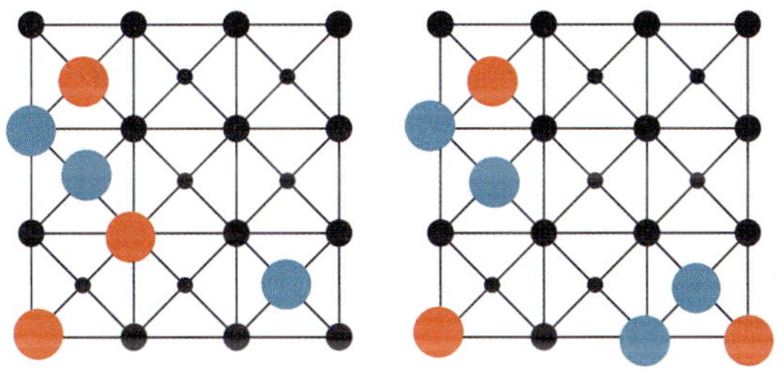

그림4 승리까지 49수가 필요한 심페이 문제(왼쪽)와 승리하기 위한 파란색의 첫수(오른쪽)

틱택토의 변형 게임인 심페이는 다른 한 줄 만들기 게임과 다르게 상대방의 말을 옮길 수 있다는 재미있는 규칙이 있다. 또한 두 개의 세상이 존재한다는 점도 독특하다. 이런 독특함 때문에 게임의 국면이 빠르게 전환된다. 유리하다고 생각했던 상황이 순식간에 역전되는가 하면 불리한 상황이 어느새 유리한 상황으로 바뀌기도 한다. 그리고 이것이 심페이의 묘미라 할 수 있다.

티코 Teeko

티코(Teeko)는 카드 마술로 유명한 미국의 마술사 존 스칸(John Scarne)이 1937년 만든 게임이다. 그는 티코를 틱택토(Tic-Tac-Toe)의 오프닝 움직임, 체커(Checkers)의 대각선 움직임, 체스(Chess)의 앞뒤나 좌우 움직임, 빙고(Bingo)의 승리 조건을 조합해 만들었다고 한다. 또한 게임 이름도 틱택토에서 'T', 체스에서 'E', 체커에서 'EK' , 빙고에서 'O'를 조합해 지었다.

게임에 필요한 도구

게임판, 검은색 바둑돌 4개, 흰색 바둑돌 4개

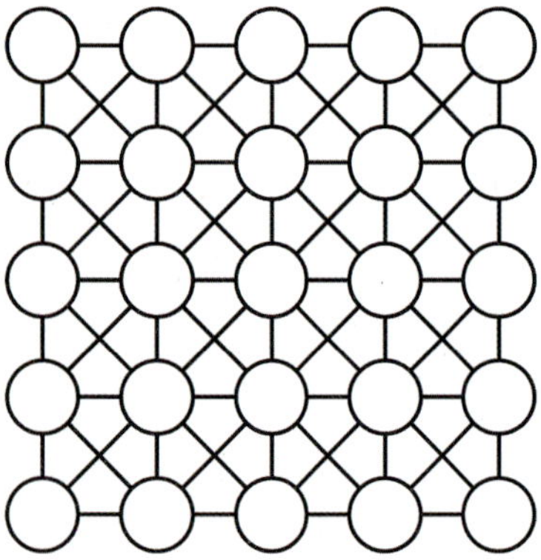

게임판

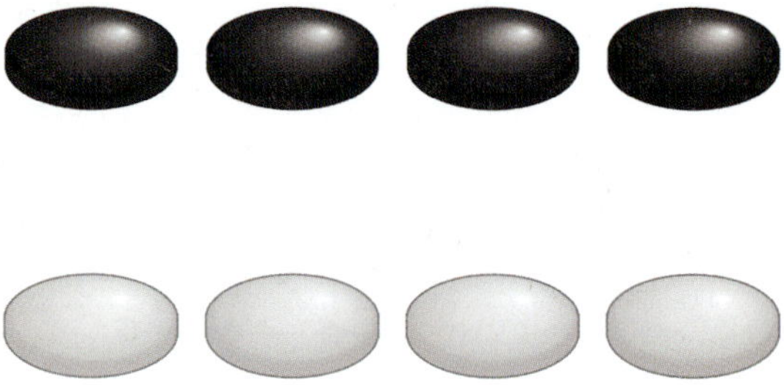

바둑돌 각각 4개

스칸은 자신의 회사에서 티코를 정식 발매해 판매하기도 했다. 정식 제품에서는 검은색 말과 빨간색 말을 사용한다. 하지만 바둑돌을 사용해도 재미있게 게임을 할 수 있다.

게임판 받기

01_한 줄 만들기 게임/티코.pdf

게임 규칙

티코는 아래와 같은 보드에서 두 사람이 각각 4개의 말을 갖고 다음과 같은 규칙에 따라 진행한다.

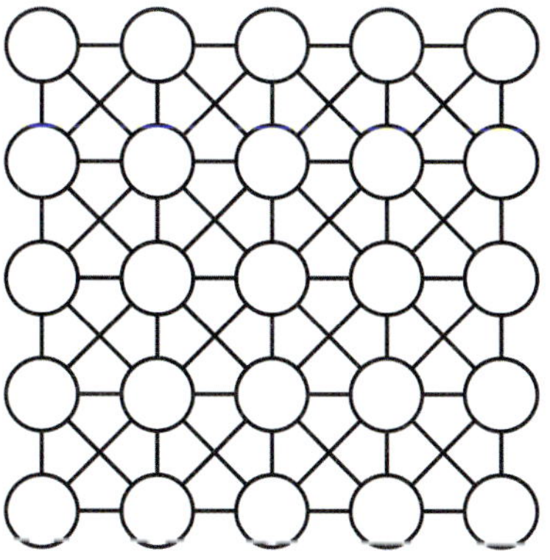

1) 두 사람은 교대로 게임판에 있는 25개의 교차점 중 빈 곳에 자신의 말을 하나씩 놓는다.

2) 말 4개를 모두 게임판 위에 놓을 때까지 이동할 수 없다.

3) 말을 게임판 위에 모두 놓으면 교대로 말을 하나 선택해 게임판의 선을 따라 한 번 이동한다.

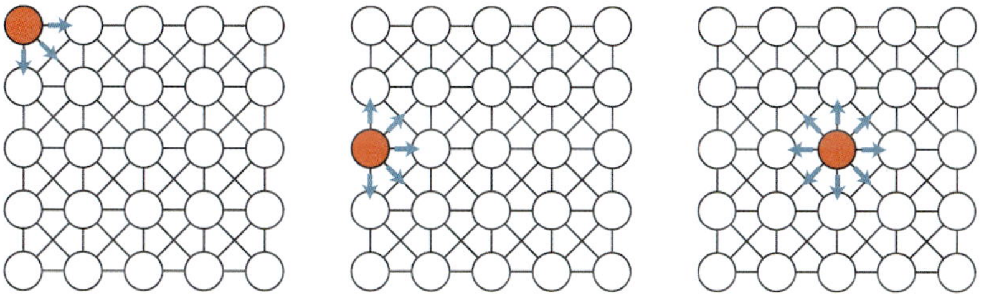

말이 이동할 수 있는 위치

4) 한 사람이 가로, 세로, 대각선으로 한 줄에 연속해서 4개의 말을 놓거나 4개의 말을 정사각형이 되도록 만들면 게임에서 승리한다.

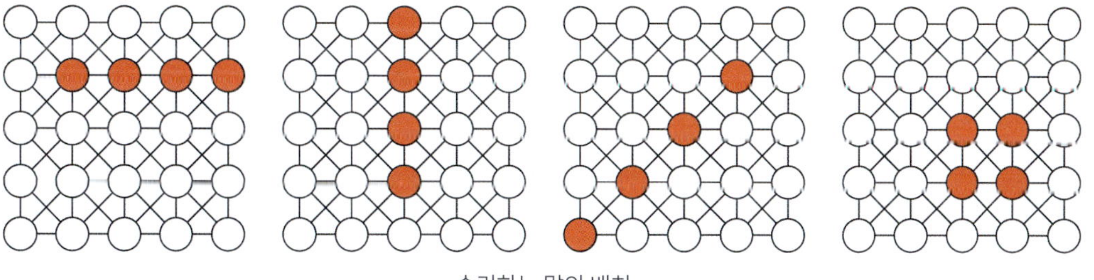

승리하는 말의 배치

게임의 역사

티코는 미국의 유명한 마술사이자 작가인 존 스칸이 1937년에 만든 게임이다. 그의 전문 분야는 마술이지만 무엇보다 게임을 만들 때 행복해했다고 한다. 그는 여러 게임을 만들었고 그중 티코를 가장 자랑스러워했다. 그의 티코 사랑은 대단했는데 아들 이름을 존 티코 스칸(John Teeko Scarne)이라고 지을 정도였다.

그가 티코를 만들 때 틱택토, 체커, 체스, 빙고의 규칙을 조합할 생각을 했는지 알 수는 없지만 사람들에게 티코를 소개할 때는 분명히 이 게임들의 규칙이 조합된 게임으로 티코를 소개했다. 그는 티코를 틱택토의 오프닝 움직임, 체커의 대각선 움직임, 체스의 앞뒤나 좌우 움직임, 빙고의 승리 조건을 조합한 게임으로 소개했다. 티코의 이름도 여기서 따와 지었다. 처음엔 틱택토에서 'T', 체스에서 'E', 체커에서 'K' , 빙고에서 'O'를 조합해 'TEKO'로 했으나 발음하기가 불편하여 체커에서 'E'를 하나 더 가져와 'TEEKO'로 지었다.

그는 티코를 체스나 체커 혹은 바둑에 비견할 만큼 훌륭한 게임이라 여겼다. 좀 더 사실대로 말하면 체스, 체커, 바둑보다 훌륭한 게임이라 생각한 것 같다. 그는 체커나 체스를 좋아하는 사람이 체스나 체커를 하는 정도로 티코를 한다면 티코를 더 좋아하게 될 것이라 믿었다. 그는 티코가 체스나 체커에 비해 우수한 점을 다섯 가지 들었고 이는 다음과 같다.

1) 티코는 체커나 체스보다 초반, 중반, 종반의 게임 진행이 모두 중요하다.
2) 티코는 오프닝이나 특정 패턴의 진행을 암기하는 것의 영향이 체스나 체커보다 적다.
3) 티코의 오프닝은 체스나 체커보다 더 다양하게 진행된다.
4) 티코의 중반 진행은 체스나 체커만큼 다양하다.
5) 티코의 종반 진행은 체스나 체커보다 더 다양하다.

그는 티코가 체스와 체커보다 적은 수의 말과 단순한 규칙을 갖고 있지만 더 다양한 진행을 갖는 과학적이면서도 흥미로운 게임이라고 믿었다. 또한 가까운 미래에 티코의 인기가 체스나 체커를 넘어설 것이라 믿었다. 실제 당시에는 미국에서 상당히 인기를 끌었던 것 같다. 하지만 그의 바람과 달리 오늘날 티코를 아는 사람은 거의 없다. 그러나 바둑이나 체커, 체스만큼은 아니더라도 티코가 훌륭한 게임임은 분명하다.

변형 게임 : 고급 티코

티코의 승리 조건은 아래와 같이 4가지이다.

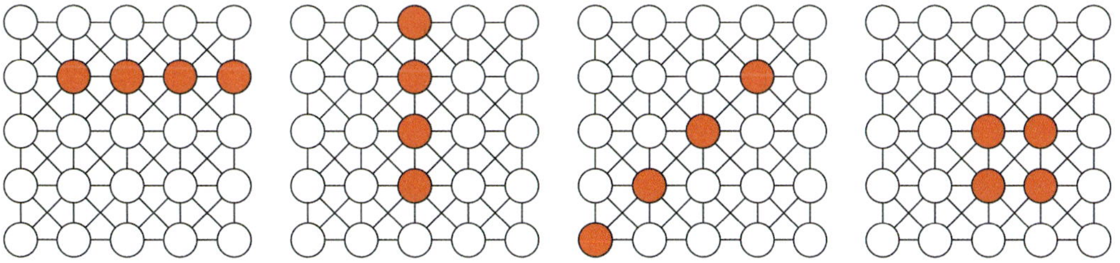

티코에서 승리하는 말의 배치

이 승리 조건은 순서대로 가능한 경우가 10가지, 10가지, 8가지, 16가지로 총 44가지이다. 이 기본적인 승리 규칙을 가진 게임을 표준 티코(Standard TEEKO)라 한다. 여기에 아래와 같은 정사각형을 만들 수 있는 세 가지 형태를 승리 조건에 추가한 게임을 고급 티코(Advanced TEEKO)라 한다. 세 형태는 순서대로 큰 사각형, 16점 사각형, 9점 사각형이라 한다.

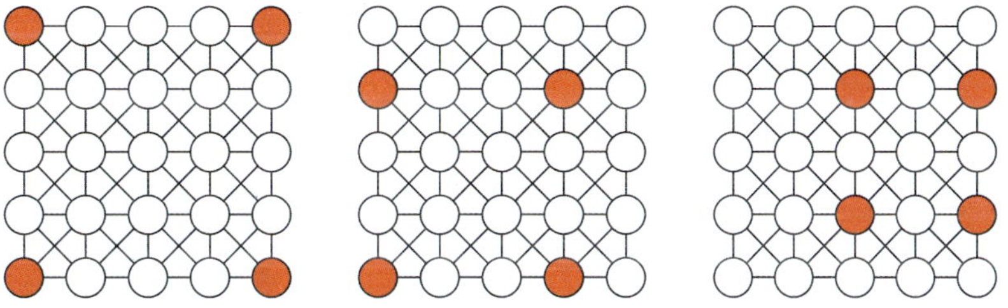

고급 티코에 추가된 승리 조건

이 추가된 승리 조건은 순서대로 가능한 경우가 1가지, 4가지, 9가지로 총 14가지이다. 따라서 고급 티코의 경우 승리 가능한 배치가 모두 58가지이다. 표준 티코와 큰 차이가 없을 것 같지만 승리 조건이 추가되기 때문에 게임을 할 때 더 정확한 진행을 요구한다. 약간의 실수가 바로 패배로 이어질 수 있기 때문이다. 따라서 말을 배치할 때부터 주의해야 한다. 심지어 두 번째 말의 배치의 실수가 바로 패배로 이어질 수 있다. 이는 표준 티코에서는 거의 일어나지 않는 일이다. 이런 점에서 스칸은 티코를 처음 입문한 사람이나 실력이 부족한 사람이라면 충분한 연습을 통해 티코 실력을 키운 후 고급 티코를 하기를 권하였다.

티코 문제

스칸은 그의 책 《스칸 온 티코(SCARNE on TEEKO)》에서 50개의 티코 문제를 제시했다. 그중 몇 가지를 알아보자.

문제 빨간색 말을 둘 차례이다. 빨간색 말의 필승전략을 찾아보자.

1)

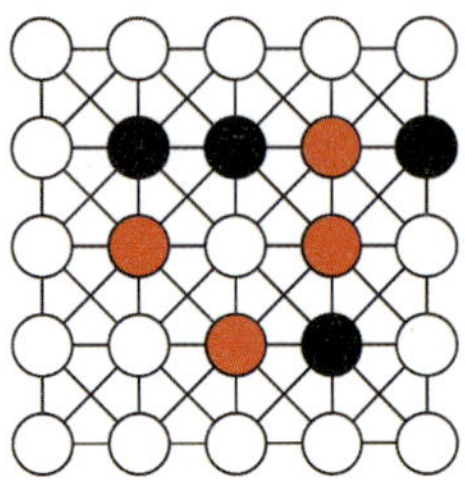

2)

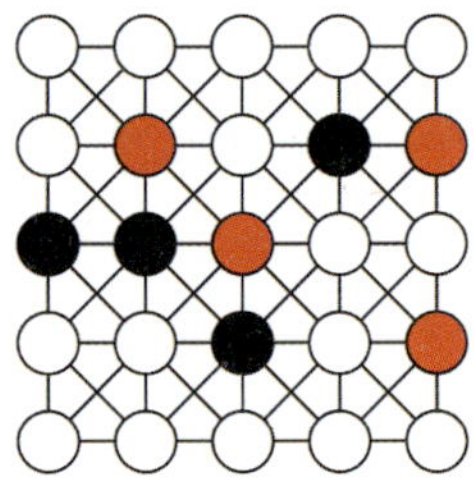

3)

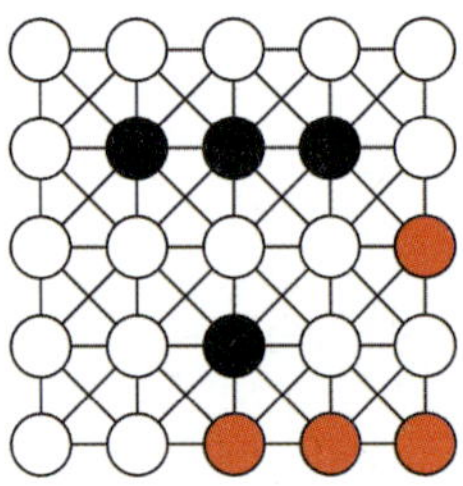

4)

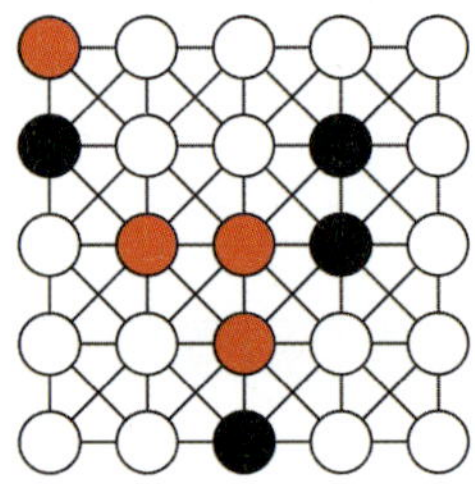

5)

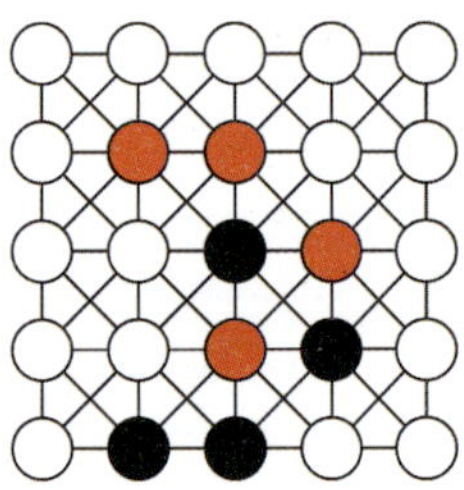

6)

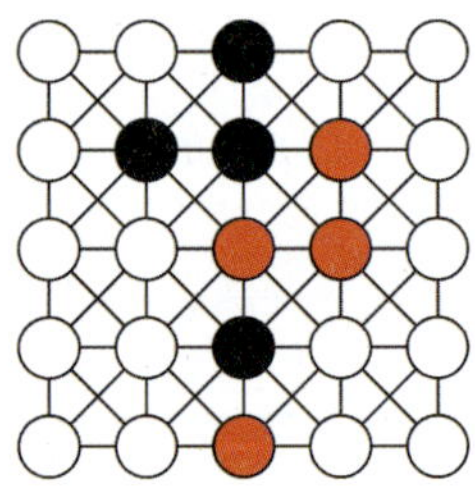

7)

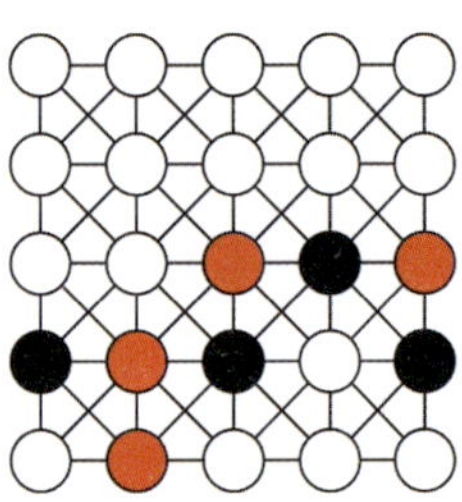

8)

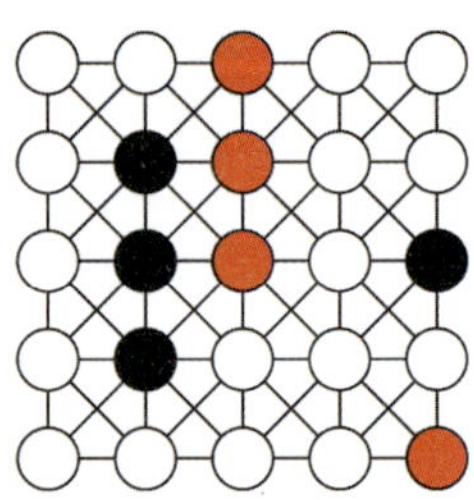

풀이 티코 게임판의 위치가 아래와 같다고 하자.

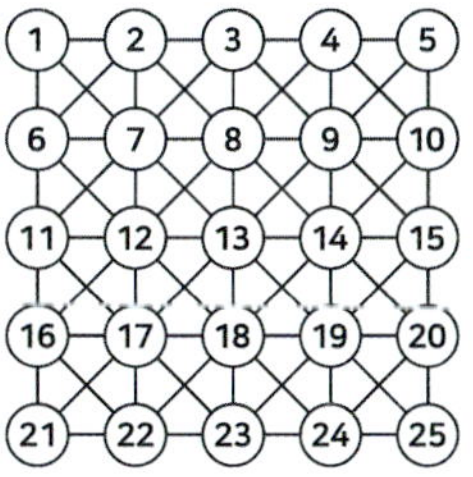

검은색 말이 어떻게 대응하는지에 따라 여러 경우가 존재하지만 여기서는 한 가지 경우만 알아본다. 나머지 경우의 필승전략은 직접 생각해 보길 바란다.

1)
빨강 18 → 13
검정 10 → 15
빨강 14 → 10
검정 8 → 4
빨강 10 → 5
검정 19 → 18
빨강 12 → 17

2)
빨강 10 → 14
검정 9 → 8
빨강 14 → 19
검정 18 → 24
빨강 20 → 25

3)
빨강 23 → 19
검정 18 → 14
빨강 15 → 20

4)
빨강 1 → 7
검정 23 → 17
빨강 12 → 8
검정 17 → 12
빨강 7 → 3

5)
빨강 14 → 9
검정 19 → 14
빨강 18 → 12
검정 22 → 16
빨강 12 → 6

6)
빨강 23 → 17
검정 3 → 4
빨강 17 → 12
검정 18 → 19
빨강 9 → 15

7)
빨강 15 → 9
검정 16 → 21
빨강 9 → 8
검정 18 → 12
빨강 17 → 18
검정 20 → 24
빨강 22 → 23

8)
빨강 25 → 19
검정 17 → 18
빨강 13 → 14
검정 15 → 9
빨강 3 → 2
검정 18 → 24
빨강 19 → 20

게임 전략

스칸은 그의 책 《스칸 온 티코(SCARNE on TEEKO)》에서 티코와 관련해 다양한 전략을 제시하였다. 그중 트랩과 오프닝 전략에 대해 알아보도록 하자.

트랩(Traps)

티코는 승리 조건이 다양한 만큼 몇 수 안에 승리로 연결될 수 있는 말의 배치인 트랩의 종류가 상당히 많다. 스칸에 따르면 트랩의 종류는 수천 가지라 한다. 물론 이는 과장된 표현일 수 있지만 실제로 꽤 많은 것은 사실이다. 따라서 게임을 하기 전에 이런 형태를 암기하고 있다면 그렇지 못한 사람보다 유리하게 게임을 전개할 수 있을 것이다. 트랩에 대해 알아보기 위해 티코 게임판에서의 위치를 아래 그림과 같이 숫자로 표현할 것이다.

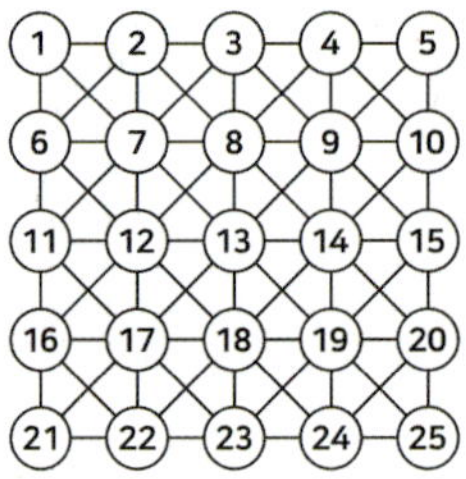

티코 게임판에서의 위치

지금부터 알아볼 배치에서 트랩은 검은색 말의 배치이다. 빨간색 말의 배치는 예시라고 생각하면 된다. 실제 각 검은색 말의 배치에 대해 빨간색 말의 배치는 다양한 형태가 가능하다.

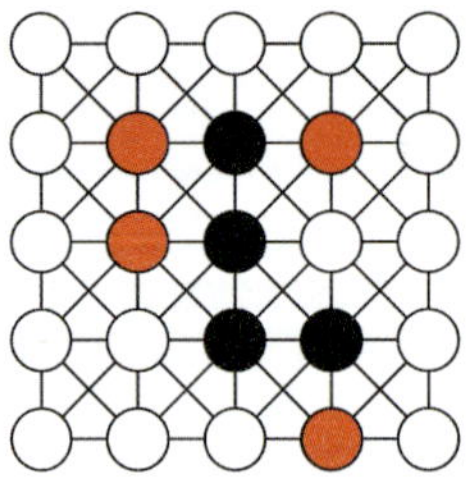

스칸 트랩(빨간색 차례, 검은색이 한 수로 승리)

위의 스칸 트랩은 가장 대표적인 트랩으로 검은색이 단 한 수로 승리할 수 있다. 검은색이 한 줄이 되는 것을 막기 위해 24의 빨간색 말을 23으로 이동하면 8의 검은색 말을 14로 이동해 정사각형 형태를 만들어 승리하게 된다. 마찬가지로 정사각형이 되는 것을 막기 위해 9의 빨간색 말을 14로 이동하면 19의 검은색 말을 23으로 이동해 한 줄을 만들어 승리하게 된다.

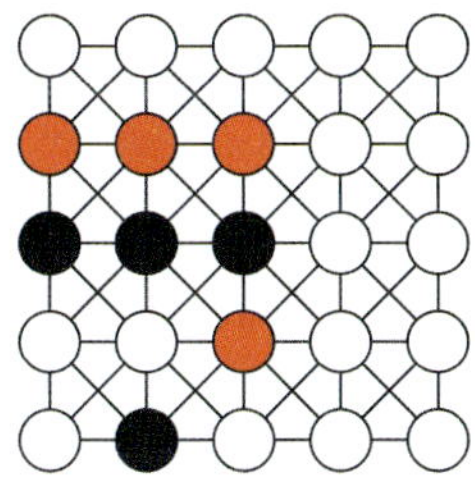

정사각형 트랩(검은색 차례, 검은색이 두 수로 승리)

위의 정사각형 트랩은 검은색 차례에서 검은색이 두 수로 승리하는 트랩이다. 13에 있는 검은색 말이 17로 이동하면 빨간색은 검은색 말이 정사각형 형태가 되는 것을 막을 수 없다.

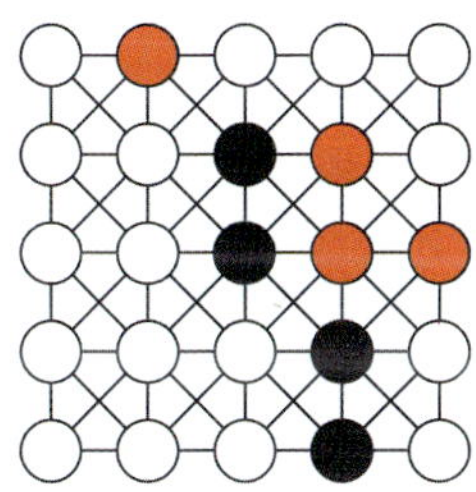

시프터 트랩(빨간색 차례, 검은색이 두 수로 승리)

시프터 트랩은 검은색이 세로로 한 줄을 만들거나 대각선으로 한 줄을 만들어 승리할 수 있는 트랩이다. 검은색이 세로로 한 줄이 되는 것을 막기 위해 14의 빨간색 말을 18로 이동하면 8의 검은색 말을 7로 이동하면 된다. 그러면 다음에 빨간색은 검은색이 말을 대각선 한 줄로 만드는 것을 막을 수 없다. 마찬가지로 검은색이 대각선으로 한 줄 되는 것을 막기 위해 2의 빨간색 말을 7로 이동하면 19의 검은색 말을 18로 이동하면 된다. 그러면 다음에 빨간색은 검은색이 말을 세로로 한 줄로 만드는 것을 막을 수 없다.

이 외에도 트랩의 형태는 많다. 다음 그림에 소개된 트랩은 빨간색 차례일 때, 검은색이 두 수로 승리할 수 있는 트랩의 예이다. 즉, 빨간색이 어떻게 움직여도 검은색이 두 수를 두면 승리하게 되는 것이다. 어떻게 검은색이 승리하게 되는지는 직접 생각해 보길 바란다.

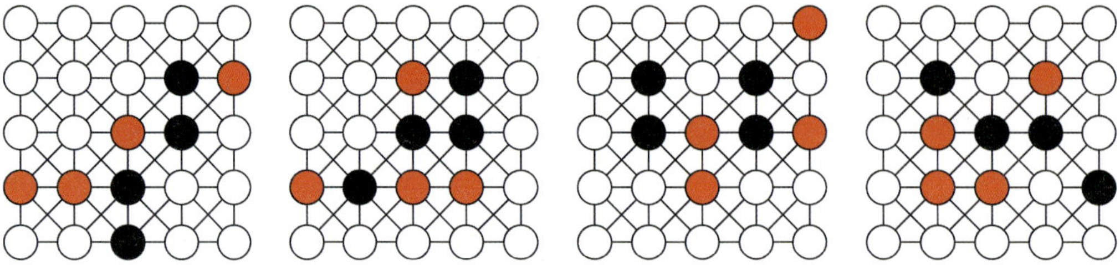

다양한 트랩의 예(빨간색 차례, 검은색이 두 수로 승리)

오프닝 전략

오프닝 전략에 대해 알아보자. 검은색이 먼저 두는 것으로 생각할 것이다. 티코는 4개의 말이 한 줄이 되게 만들면 승리하므로 초기에 상대방이 3개의 말을 양쪽이 비어있게 한 줄로 만드는 것을 허용하면 질 수밖에 없다. 따라서 초반 게임에 신경을 써야 한다.

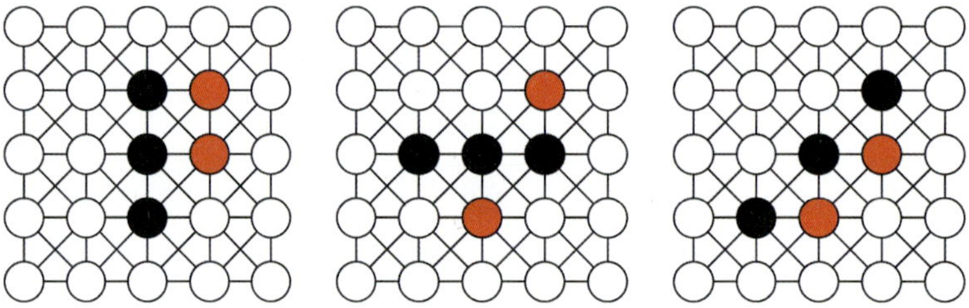

오프닝 게임에서 말의 배치(검은색 승리)

위의 그림만 보면 먼저 시작하는 것이 유리할 것 같지만 초반에 조심해야 하는 것은 먼저 시작한 검은색도 마찬가지다. 세 개가 한 줄이 되게 만들었더라도 이것이 막혀있는 형태라면 아래 그림처럼 쉽게 두 번째로 시작한 빨간색이 승리하는 상황이 될 수 있다.

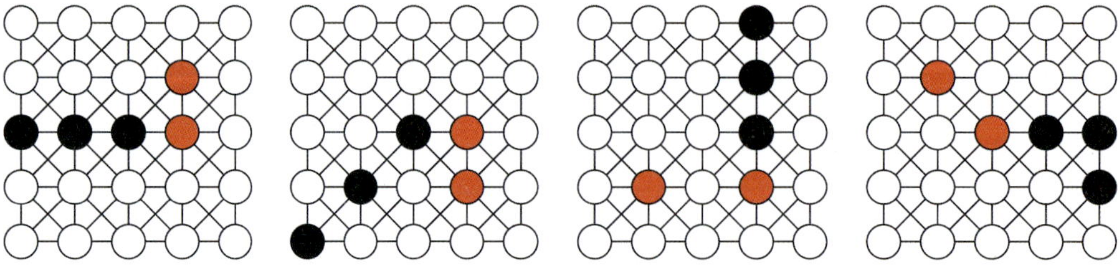

오프닝 게임에서 말의 배치(빨간색 승리)

티코에는 체스처럼 몇 가지 정석적인 오프닝이 알려져 있다. 그중 몇 가지는 아래와 같다. 이 오프닝은 먼저 시작하는 검은색이 초반에 게임을 주도할 수 있게 해주는 오프닝이다.

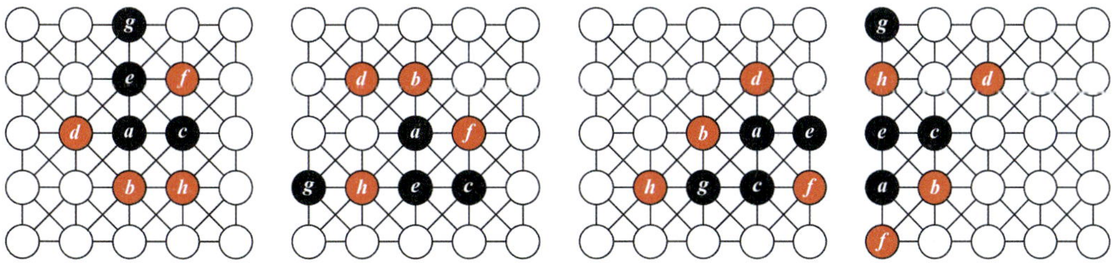

흑이 초반에 게임을 주도할 수 있는 몇 가지 오프닝(알파벳순으로 게임 진행)

티코의 필승전략

스칸은 티코를 체스나 체커만큼 고도의 전략과 사고가 필요한 게임이라 생각하였다. 실제 그의 책에서도 여러 번 반복적으로 티코를 잘 하기 위해서는 많은 훈련과 연습이 필요함을 강조한다. 실제 티코의 전략이 쉽게 파악되는 것은 아니다. 하지만 적어도 컴퓨터를 통한 분석이란 관점에서 보면 티코는 체스나 체커보다는 간단한 게임이다. 가능한 말의 배치도 75,710,250가지로 체스나 체커와는 비교 대상이 되지 않는다.

1998년 미국의 유명한 컴퓨터 과학자인 가이 L. 스틸 주니어(Guy L. Steele Jr.)는 컴퓨터 분석을 통해 티코의 필승전략을 분석하였다. 그가 사용한 방법은 후진 귀납법으로 뒤에서 소개할 게임 중 하나인 그런디 게임(이 책의 2권에서 소개)에서 자세히 알아볼 개념이다. 여기서는 게임의 종료 상황부터 거꾸로 모든 게임 상태를 조사하며 그 게임 상태를 할 차례인 사람이 승리할 수 있는 상태인지, 패배하는 상태인지 아니면 무승부 상태인지를 조사하는 방법이라고만 소개하겠다.

그의 조사 결과에 따르면 승리 가능한 배치가 44가지인 표준 티코의 경우 무승부 게임이다. 즉, 두 사람이 각자 최선의 전략으로 게임을 진행하면 게임은 무승부로 종료되게 된다. 반면 승리 가능한 배치가 58가지인 고급 티코의 경우 먼저 시작하는 사람에게 필승전략이 존재한다.

커넥트 포 Connect Four

커넥트 포(Connect Four)는 말 네 개를 한 줄로 만들면 승리하는 게임으로 네 개 연결(Four-in-a-Row)이라고도 불린다. 위에서부터 말을 떨어트리는 방식으로 진행되기 때문에 다른 한 줄 만들기 게임과 달리 아래쪽에 말이 있어야 그 위에 말을 놓을 수 있고 이 점이 게임을 흥미롭게 만드는 요소이다.

게임에 필요한 도구

게임판, 검은색 바둑돌, 흰색 바둑돌

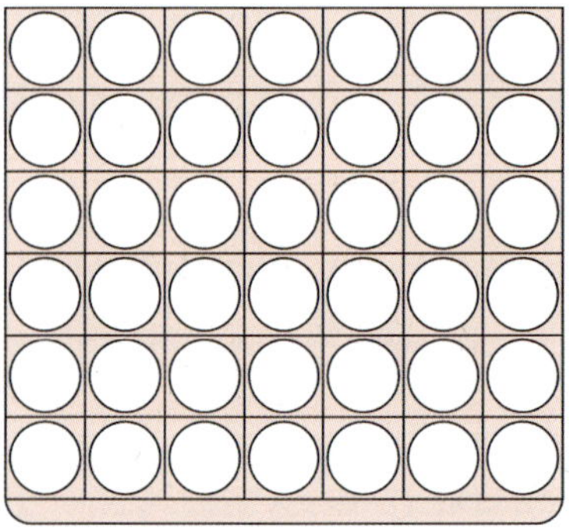

게임판

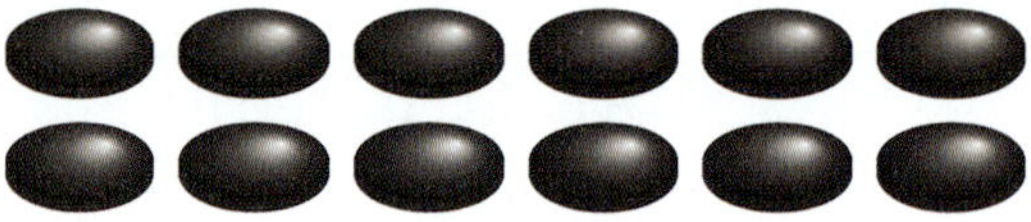

검은색 바둑돌

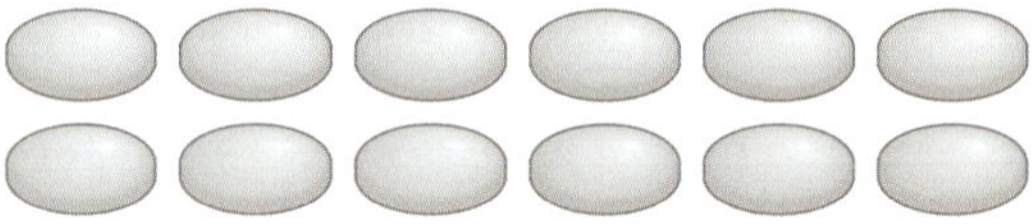

흰색 바둑돌

커넥트 포는 정식 발매되어 판매되는 보드게임이 있기에 전용 게임판과 말이 있지만, 종이로 출력한 게임판과 바둑돌을 사용해도 재미있게 게임을 할 수 있다.

게임판 받기

01_한 줄 만들기 게임/커넥트 포.pdf

게임 규칙

커넥트 포는 아래와 같은 보드에서 다음과 같은 규칙에 따라 진행한다.

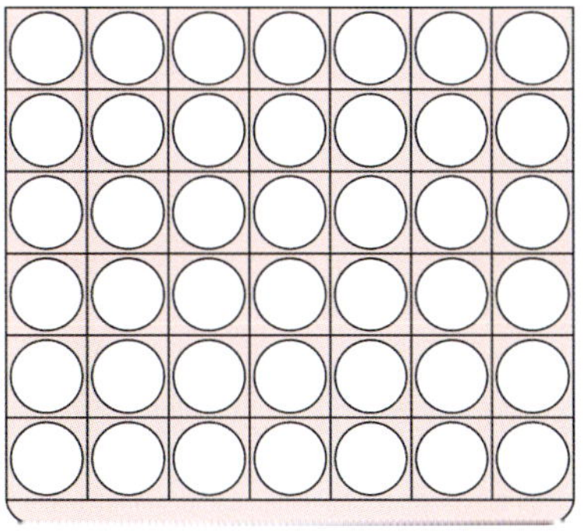

1) 두 사람은 교대로 게임판 중 빈칸에 자신의 말을 교대로 하나씩 놓는다.

2) 빈칸 중 말을 놓을 수 있는 칸은 그 칸의 세로방향 아래쪽의 모든 칸에 말이 놓여있는 칸이다.

다음 차례에 말의 놓을 수 있는 위치(회색 칸)

3) 가로, 세로, 대각선 중 한 곳에 자신의 말 네 개를 한 줄로 만들면 승리한다.

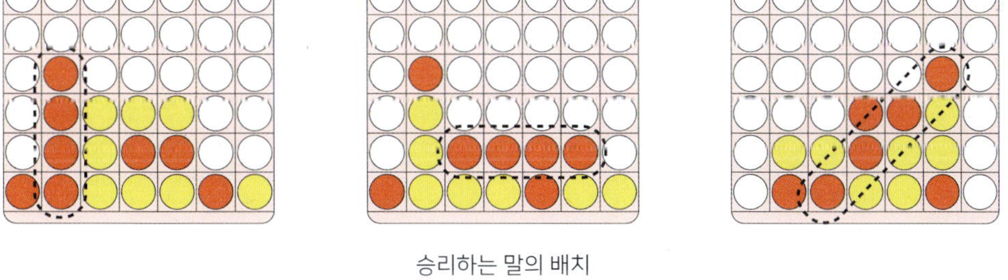

승리하는 말의 배치

게임의 역사

커넥트 포가 언제 처음 등장했는지에 대한 정확한 기록은 남아 있지 않다. 18세기 영국의 항해사 제임스 쿡(James Cook) 선장이 항해 도중 종종 커넥트 포와 비슷한 게임을 하며 오두막에서 많은 시간을 보냈기에 이 게임은 '선장의 여주인(Captain's Mistress)'이라고 불렀다는 이야기가 전해진다. 또한 보드게임 작가인 R.C. 벨(R.C. Bell)의 책에 커넥트 포와 비슷한 게임인 '포 볼(Four Ball)'을 소개하는 글에 포 볼이 1901년에서 1910년 사이에 처음 시작되었다고 쓰여 있다.

커넥트 포의 기원을 정확히 알 수는 없지만, 한 가지 분명한 것은 1974년 밀턴 브래들리사(Milton Bradley Company)에서 커넥트 포를 상표로 등록하고 보드게임으로 정식 출시하면서 대중화됐다는 것이다. 이후 야외에서 사용할 수 있는 자이언트 커넥트 포(Giant Connect Four)가 출시되었고 1979년에는 비디오게임 버전 및 컴퓨터 게임용 커넥트 포가 출시되었다.

변형 게임

커넥트 포에는 많은 변형 게임이 있다. 이 중 몇 가지를 알아보자.

팝 아웃(Pop Out)

팝 아웃은 기본적으로 커넥트 포와 같은 규칙으로 진행되며 자신의 말을 제거할 수 있다는 추가 규칙이 있다. 즉, 자신의 차례에 자신의 말을 추가하거나 제거할 수 있다. 자신의 말을 제거할 때는 가장 아래 줄에 있는 말 중 하나를 제거해야 하며 말을 제거하면 그 위에 있는 말이 한 칸씩 내려오게 된다.

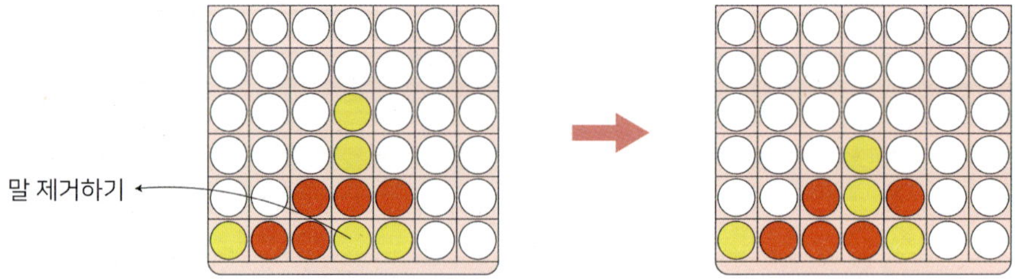

자신의 말을 제거한 후 그 위에 말이 한 칸씩 내려와 재배치된 모습

팝 텐(Pop Ten)

팝 텐은 다음과 같은 규칙에 따라 진행한다.

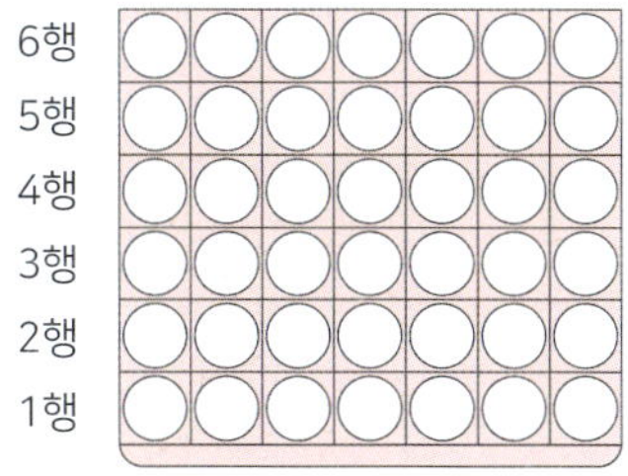

1) 먼저 두 사람은 게임판이 가득 차도록 교대로 빈 곳에 자신의 말을 하나씩 놓는다. 이때 가장 아래 있는 1행부터 말을 놓아야 하며 1행을 채워야 2행에 말을 놓을 수 있다. 마찬가지로 2행을 채워야 3행에 말을 놓을 수 있고 이 과정은 게임판에 빈칸 없이 말이 배치될 때까지 반복한다.

게임판에 빈칸 없이 말로 가득 채워진 모습

2) 말의 배치가 끝나면 교대로 1행에 있는 자신의 말을 제거한다. 말을 제거하면 그 위에 있는 말이 한 칸씩 내려오게 된다. 제거한 말이 가로, 세로, 대각선 중 하나에 자신의 말로 한 줄을 이루는 4개의 말 중 하나였다면 그 말을 가진다.

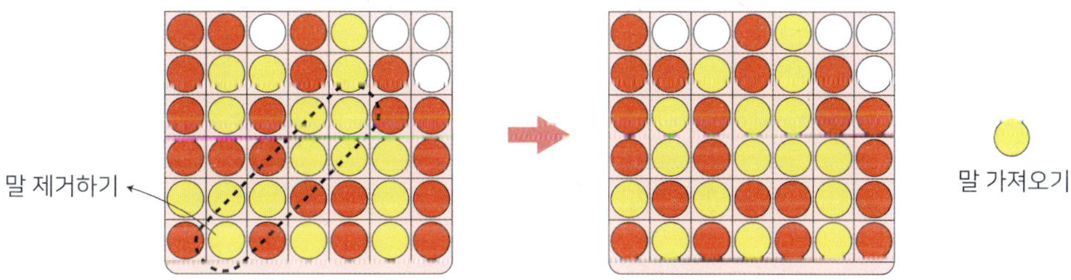

제거한 말이 자신의 말로 한 줄을 이루는 4개의 말 중 하나인 경우의 진행

제거한 말이 자신의 말로 한 줄을 이루는 4개의 말 중 하나가 아니었다면 가능한 한 제거했던 열과 다른 열의 빈칸에 말을 놓도록 한다. 이때 말을 놓을 수 있는 칸은 그 칸의 세로방향 아래쪽의 모든 칸에 말이 놓여있는 칸이다.

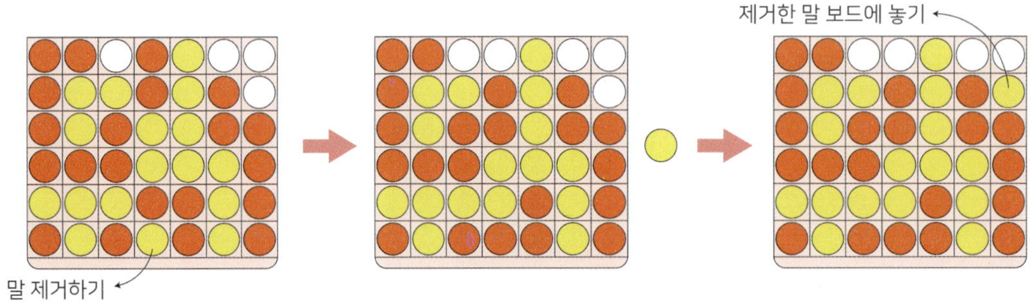

제거한 말이 자신의 말로 한 줄을 이루는 4개의 말 중 하나가 아닌 경우의 진행

3) 자신의 말 10개를 먼저 모으는 사람이 승리한다.

커넥트 파이브(Connect Five)

커넥트 파이브는 커넥트 포 게임판에 두 개의 열이 추가된 게임판을 사용한다. 아래와 같이 게임판의 양 끝에 말을 배치하고 다음과 같은 규칙에 따라 진행한다.

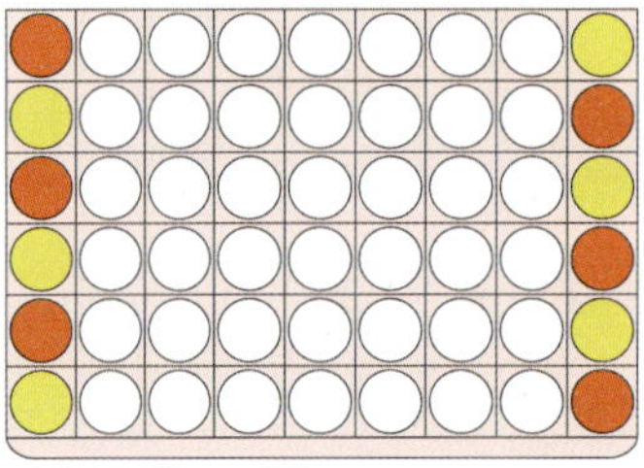

1) 두 사람은 교대로 게임판 중 빈 곳에 자신의 말을 하나씩 놓는다.
2) 빈칸 중 말을 놓을 수 있는 칸은 그 칸의 세로방향 아래쪽의 모든 칸에 말이 놓여있는 칸이다.
3) 가로, 세로, 대각선 중 한 곳에 자신의 말 다섯 개를 한 줄로 만들면 승리한다.

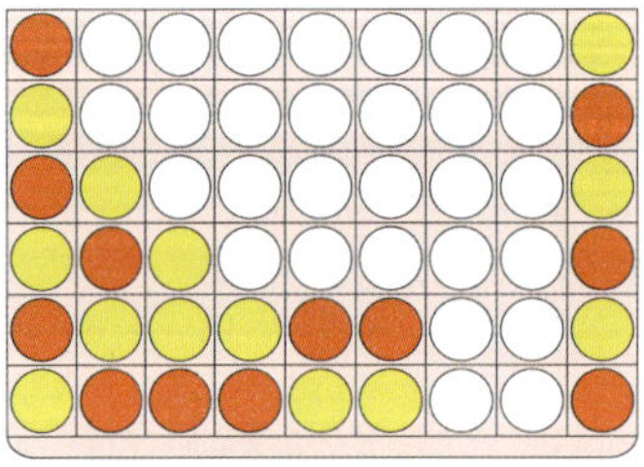

커넥트 파이브에서 승리한 경우(노란색의 승리)

컴퓨터를 이용한 증명

커넥트 포의 필승전략에 관한 첫 증명은 1988년 10월 1일 제임스 다우 앨런(James Dow Allen)이 제시했고 불과 15일 뒤인 10월 16일 빅토르 알리스(Victor Allis)도 독립적으로 제시하였다. 두 사람 모두 컴퓨터를 이용하여 증명하였는데 완벽하게 모든 경우의 수를 고려한 증명은 아니었다. 모든 경우의 수를 고려한 증명은 1995년 존 트롬프(John Tromp)에 의해 이루어졌다. 그는 이를 위해 40000시간의 컴퓨터 계산을 했다고 한다.

이들의 연구 결과에 따르면 두 사람이 각자 최선의 전략으로 게임을 했을 때 먼저 시작하는 사람에게 필승전략이 존재한다. 먼저 시작하는 사람은 첫수를 가운데 열 가장 아래 칸에 두어야 하며 43수 안에 게임에서 승리하게 된다. 그 외의 위치에 첫수를 둘 경우에는 무승부가 되거나 지게 된다.

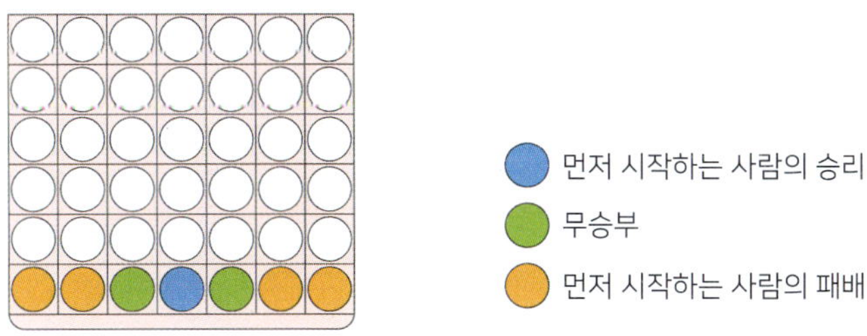

먼저 시작하는 사람의 첫수의 위치에 따른 승패

존 트롬프는 커넥트 포의 표준 보드 외에도 다양한 크기의 보드에서의 필승전략도 탐구했다. 그 결과는 아래 표와 같으며 먼저 시작하는 사람의 승패를 나타낸다.

	너비							
높이	4	5	6	7	8	9	10	11
4	무	무	패	무	패	패	패	패
5	무	무	무	무	승	승	승	-
6	무	무	패	승	패	패	-	-
7	무	무	승	무	승	-	-	-
8	무	무	패	승	패	-	-	-
9	무	무	승	-	-	-	-	-
10	무	무	-	-	-	-	-	-
11	무	-	-	-	-	-	-	-

커넥트 포의 전략

커넥트 포에는 여러 전략이 알려져 있다. 이 중 몇 가지를 알아보자.

위협(Threat)

위협은 기본적인 전략으로 자신의 말 세 개를 한 줄로 만드는 전략이다. 이때 세 개의 말 양쪽 중 적어도 하나는 빈칸이어야 한다. 세 개의 말 한쪽 끝에 하나의 말만 추가하면 승리하기 때문에 상대에게는 위협이 된다. 물론 상황에 따라 상대에게 위협이 되지 않는 경우도 있으므로 상황을 잘 보고 활용해야 한다.

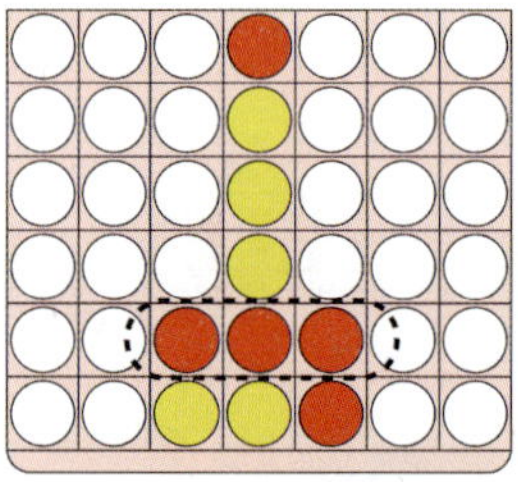

빨간색이 노란색을 위협하는 상황(노란색 차례)

추크츠방(Zugzwang)

추크츠방은 '강제 이동'이란 의미의 독일어로 자신이 둘 수 있는 모든 수가 자신에게 불리하게 작용하는 상황을 말한다. 상대를 추크츠방에 빠지게 할 수 있다면 자신이 승리할 가능성은 커진다. 다르게 말하면 추크츠방을 제어할 수 있는 사람이 게임을 지배하게 된다. 따라서 단순히 수를 두기보다 상대를 추크츠방에 빠트릴 수가 있는지 생각하며 게임을 할 필요가 있다.

노란색이 추크추방에 빠진 상황(노란색 차례)

베이스인버스(Baseinverse)와 버티컬(Vertical)

베이스인버스는 연속한 가로 두 칸 중 한 칸을 반드시 차지할 수 있다는 사실을 활용하는 전략이고, 버티컬은 연속한 세로 두 칸 중 한 칸을 반드시 차지할 수 있다는 사실을 활용하는 전략이다. 예를 들어 아래 상황에서 노란색은 버티컬에 의해 점선으로 표시된 칸을 반드시 차지할 수 있으므로 빨간색이 어떻게 두든 게임에서 승리하게 된다.

버티컬을 활용해 노란색이 승리하는 상황(빨간색 차례)

짝수 홀수 위협(Even Odd Threat)

일반적으로 두 번째로 시작하는 사람은 각 열의 남은 칸 중 짝수 번째 칸을 가져갈 수 있다. 당연히 먼저 시작한 사람은 홀수 번째 칸을 가져가게 된다. 이를 잘 활용하면 두 번째로 하는 사람이 게임 상황을 제어할 수 있게 된다. 아래 상황을 보자. 빨간색이 말을 놓으면 노란색은 그 위에 말을 놓기를 반복했다. 그 결과 각 열의 남은 칸에서 짝수 번째 칸을 차지해 게임에서 승리했다.

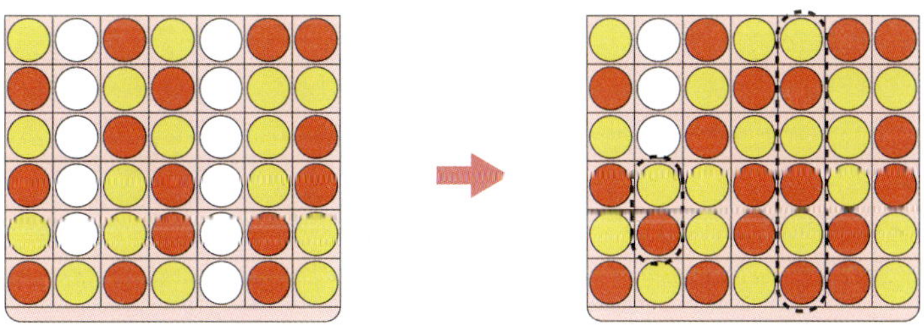

짝수 홀수 위협을 활용해 노란색이 승리하는 상황(빨간색 차례)

커넥트 포의 승리전략을 컴퓨터로 처음 증명했던 제임스 다우 앨런(James Dow Allen)은 2010년 커넥트 포에 관한 책 《커넥트 4 완전정복(The Complete Book of Connect 4)》을 출판했다. 더 많은 전략이 궁금하다면 이 책을 참고하길 바란다.

커넥트 포 문제

제임스 다우 앨런(James Dow Allen)은 커넥트 포에 관한 그의 책에 여러 커넥트 포 문제를 제시했다. 그중 몇 가지를 알아보자.

문제 노란색 말을 둘 차례이다. 승리하는 수를 찾아보자.

1)

2)

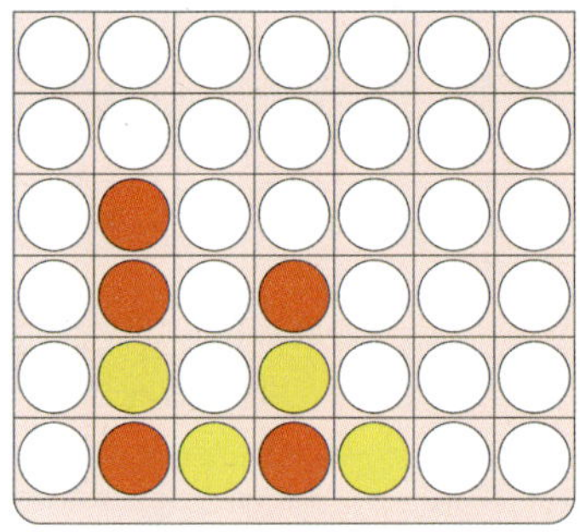

3)

4)

5)

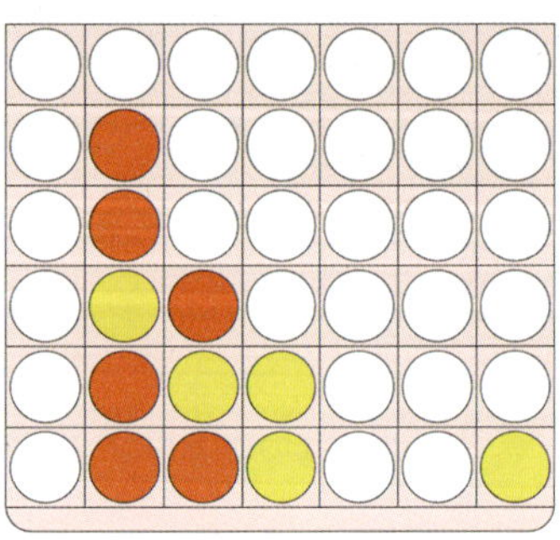

6)

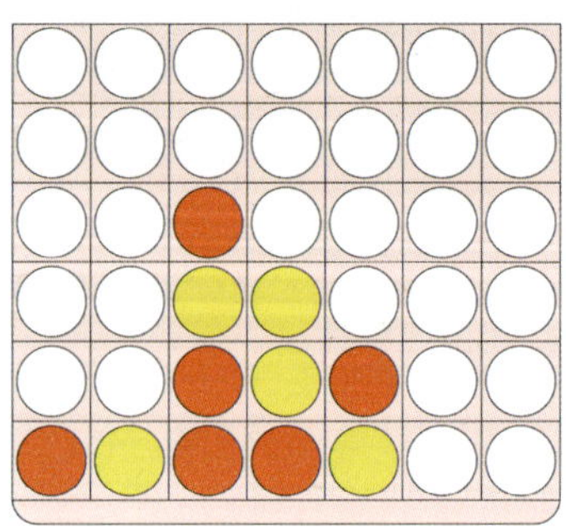

풀이 승리하는 수는 다음과 같다. 자세한 설명은 생략한다.

1)

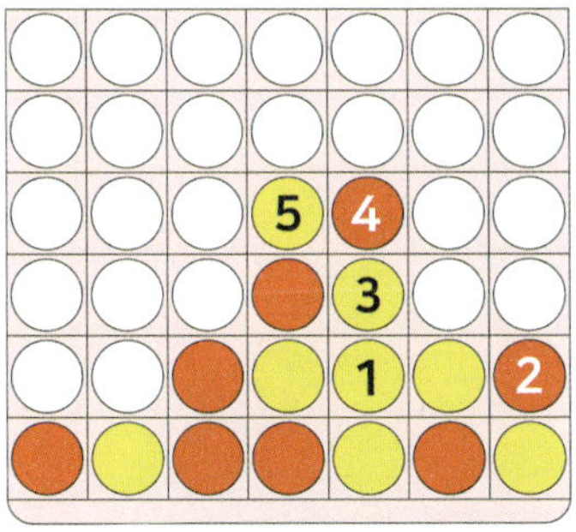

2)

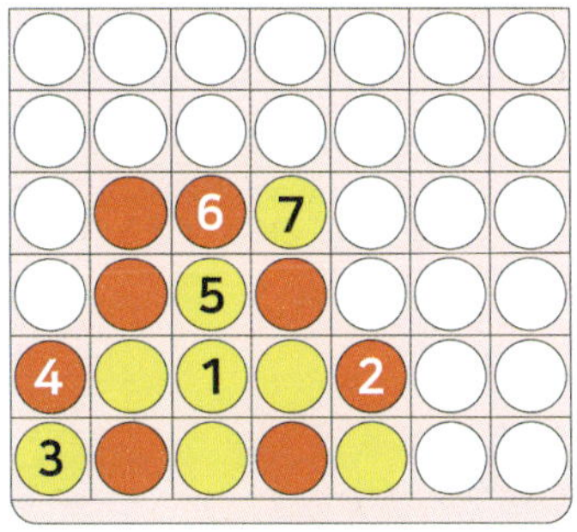

3)

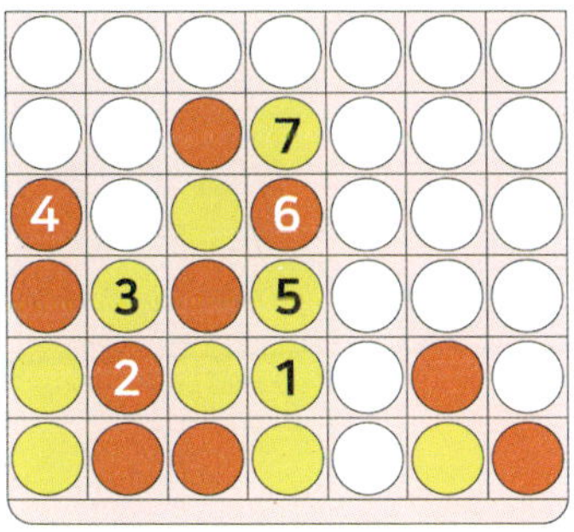

4)

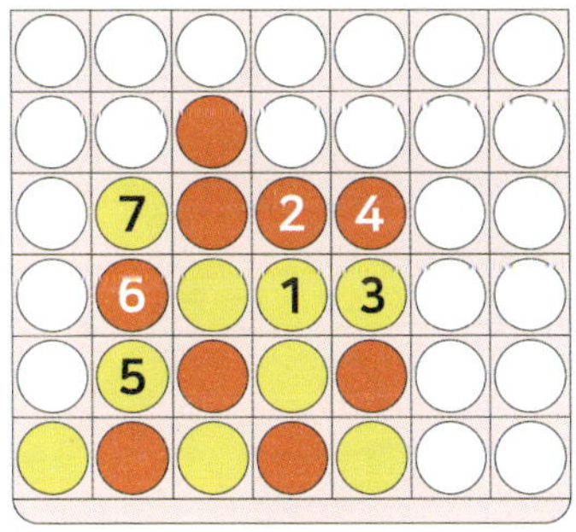

5)

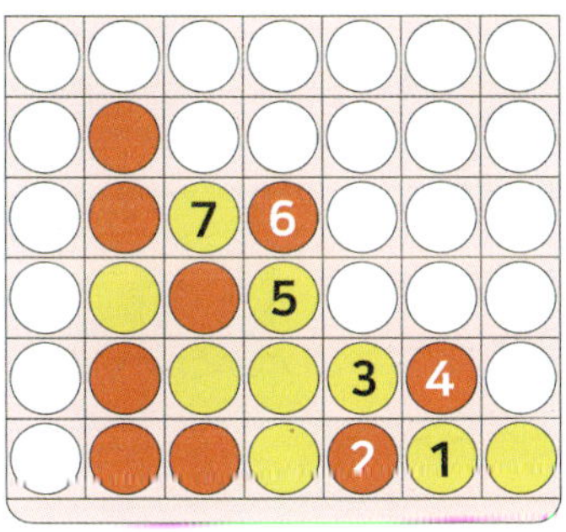

6)

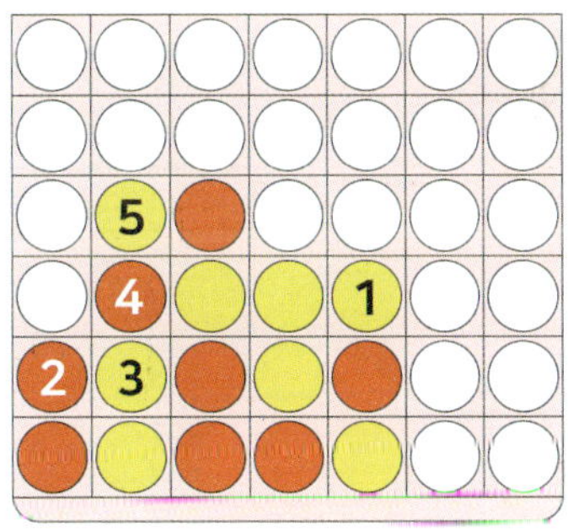

Chapter

02

말이 끊어지지 않게 연결 게임

어떤 게임을 할까요?

1 헥스(Hex)

2 하반나(Havannah)

3 점과 상자(Dots and Boxes)

4 섀넌 스위칭 게임(Shannon Switching Game)

5 브리지잇(Bridg-It)

6 오닉스(Onyx)

말이 끊어지지 않게 **연결 게임**

헥스 Hex

헥스(Hex)는 육각형 칸으로 이루어진 마름모 모양의 게임판에서 2명이 하는 게임이다. 이 게임은 덴마크의 과학자이자 예술가인 피에트 헤인(Piet Hein)과 노벨 경제학상을 받은 수학자 존 내시(John Nash)에 의해 각각 독립적으로 만들어진 것으로 알려져 있다. 헥스는 수학적으로 매우 흥미로운 게임으로 헥스를 주제로 출간된 책도 여러 권 있다.

게임에 필요한 도구

게임판, 바둑돌

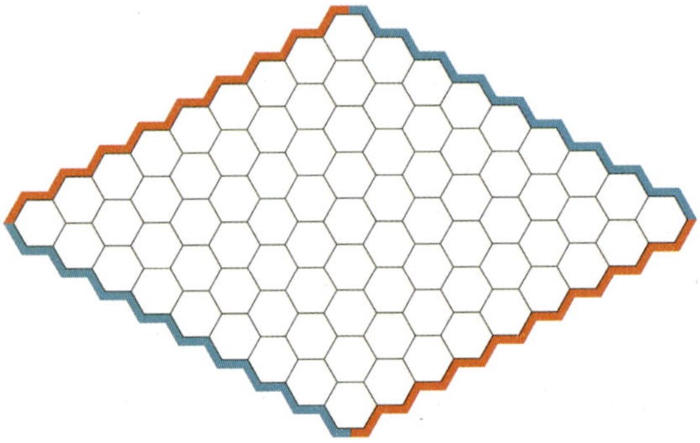

게임판

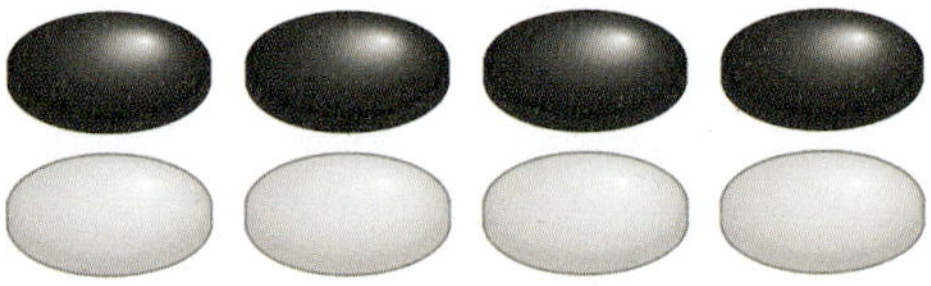

바둑돌

헥스(Hex) 게임판의 크기는 다양하다. 위 그림의 게임판의 크기는 9 × 9이며 헥스와 관련된 경기에서는 보통 11 × 11 크기의 게임판이 사용된다. 게임판의 칸을 차지할 때 바둑돌 대신 연필로 O, X 등의 모양을 그려 표시해도 된다.

게임판 받기

02_연결 게임/헥스.pdf

게임 규칙

헥스 게임판의 마주 보는 두 변은 같은 색으로 되어있다. 여기서는 빨간색과 파란색 변인 게임판을 사용하지만, 검은색과 흰색을 사용하는 경우도 있다. 게임은 다음과 같은 규칙에 따라 진행한다.

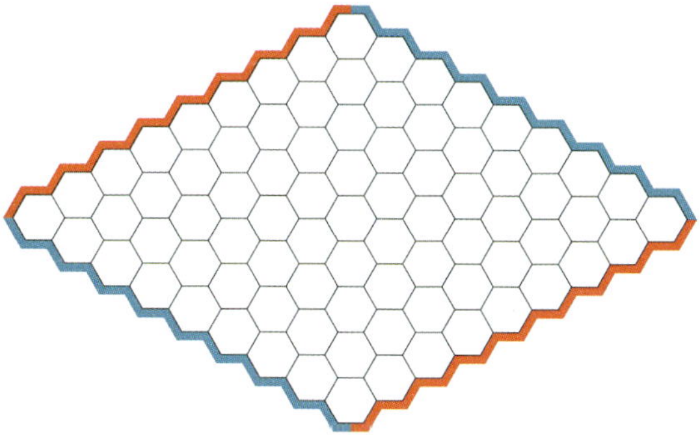

1) 두 사람은 서로 마주 보고 있는 빨간색 변과 파란색 변 중 어느 색의 변을 연결할지 결정한다.
2) 두 사람은 교대로 게임판의 빈칸 중 한 칸에 자신의 말을 놓아 차지한다. 연필을 사용할 경우 O나 X와 같이 자신만의 마크를 게임판에 표시한다.
3) 자신이 차지한 칸으로 자신의 변을 먼저 연결하는 사람이 승리한다. 이때 꼭짓점 위치에 있는 4개의 칸은 둘 다 연결되는 것으로 한다.

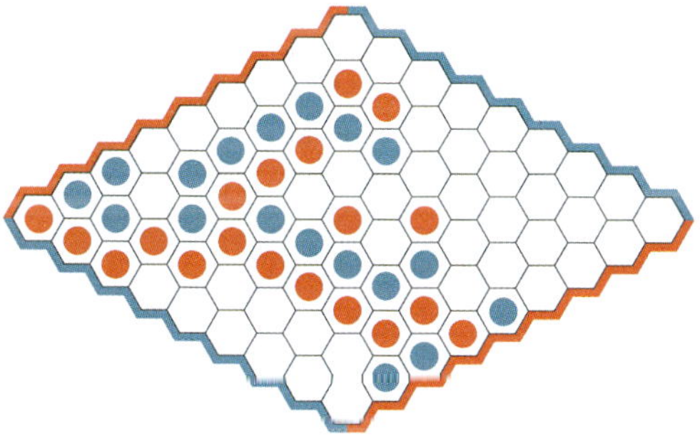

헥스 게임 진행 예시(빨간색 승리)

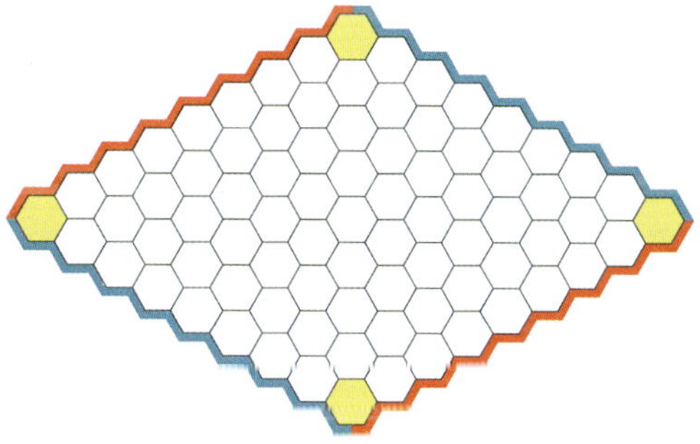

빨간색 변과 파란색 변이 모두 연결되는 4개의 칸

헥스 게임의 변형 규칙 중 하나는 파이(Pie) 규칙이다. 이 규칙은 먼저 시작하는 사람이 한 수를 두고 나서 두 번째로 시작한 사람이 먼저 시작한 사람과 바꿔서 진행할지를 결정하는 규칙이다. 예를 들어 먼저 시작한 사람이 파란색 말, 두 번째로 시작한 사람이 빨간색 말이라 할 때 먼저 한 사람이 첫수를 둔 후 두 번째로 시작하는 사람이 바꾸기로 결정하면 두 번째로 시작한 사람이 파란색 말로 게임을 이어서 하는 것이다. 물론 바꾸지 않고 그대로 진행해도 된다.

게임의 역사

피에트 헤인

덴마크의 과학자이자 예술가이자 시인인 피에트 헤인(Piet Hein)은 1933년 여러 기하학적 모양을 만들 수 있는 3차원 퍼즐 소마 큐브(Soma Cube)를 만들었다. 이 소마 큐브는 대중에게 많은 인기를 얻었고 이에 영감을 받은 헤인은 새로운 게임을 개발하려 했다. 몇 년간 여러 시행착오를 겪으며 아이디어를 발전시킨 그는 1942년 9월경 새로운 게임을 완성하게 된다. 이 새로운 게임에 대한 확신이 필요했던 그는 코펜하겐대학과 주변 공과대학의 학생들에게 게임을 소개했는데 결과는 성공적이었다. 이에 힘입은 그는 게임의 특허를 출원하였고 그해 11월에 덴마크 신문인 폴리티켄(Politiken)과 계약을 하였다. 그리고 1942년 12월 26일 폴리티켄에는 다음과 같은 제목의 칼럼이 실리게 된다.

폴리곤을 배우시겠습니까?

육각형 모양의 칸이 마름모 형태로 배열된 게임판을 사용하는 이 게임은 많은 사람의 인기를 얻었고 이후 8개월 동안 폴리티켄에는 폴리곤과 관련해 50여 개의 칼럼이 실렸다. 당시 시트로 된 게임판 50장을 한 묶음으로 판매했는데 5만 개 이상이 판매되었다고 한다. 이 게임의 현재 이름이 바로 헥스(Hex)이다.

몇 년이 지나고 이 게임은 사람들 사이에서 잊히는 듯했다. 그러나 1949년 전혀 엉뚱한 곳에서 다시 나타나게 되는데 바로 미국 뉴저지주에 있는 프린스턴이다. 당시 프린스턴의 대학원생이던 존 내시(John Nash)는 헤인과는 독립적으로 이 게임을 만들었다고 알려져 있다. 천재였던 내시는 헥스와 관련된 몇몇 수학적 성질도 증명했는데 대표적인 것이 헥스에는 무승부가 존재하지 않는다는 것이다. 내시와 주변 사람들은 이 게임을 '내시(Nash)' 또는 '존(John)'으로 불렀다고 한다. 헥스(Hex)라는 이름이 붙여진 것은 미국의 게임회사인 파커 브라더스(Parker Brothers)에 의해서다. 모노폴리, 클루 등의 게임을 발매한 것으로도 유명한 파커 브라더스는 1953년 'Hex'라는 이름으로 이 게임을 발매하였다. 헥스는 수학적으로 다양한 성질을 갖고 있어 많은 연구자의 관심의 대상이기도 하다. 헥스와 관련해 많은 수학 연구가 이루어졌고 현재도 활발히 연구가 진행 중이다.

변형 게임

헥스에는 다양한 변형 게임이 있다. 이에 대해 알아보자.

1-2-2 헥스(1-2-2 Hex)

1-2-2 헥스는 두는 말의 수가 기존의 헥스와 다르다. 첫 번째로 두는 사람은 첫수에 말을 하나 놓는다. 이후 턴부터는 말을 2개씩 놓도록 한다. 즉, 첫 번째로 시작하는 사람은 첫수에 말 하나를 놓고 이후에는 2개의 말을 놓는 것이고, 두 번째로 시작하는 사람은 항상 2개의 말을 놓는 것이다. 두 사람이 최선의 전략으로 둔다면 2×2 헥스 게임판에서는 두 번째로 시작하는 사람이 승리하고, 3×3 헥스 게임판과 4×4 헥스 게임판에서는 첫 번째로 시작하는 사람이 승리하는 것으로 알려져 있다. 아래 그림은 빨간색 변을 연결하는 사람이 첫 번째로 두는 사람일 때의 예로, 말의 숫자는 두는 순서를 나타낸다.

1-2-2 헥스 진행 예시(빨간색 승리)

렉스(Rex)

'Rex'는 'Reverse Hex'의 약자로 헥스와 승리 규칙이 반대이다. 헥스가 자신의 변을 연결하는 사람이 승리하는 게임이라면 렉스는 자신의 변을 연결하는 사람이 패배한다. 렉스는 헥스와 달리 작은 게임판에서도 필승전략이 쉽게 파악되지 않는다. $n \times n$ 헥스 게임판에서 두 사람이 최선의 전략으로 둔다면 n이 짝수일 때는 먼저 시작하는 사람이 승리하고, n이 홀수일 때는 두 번째로 시작하는 사람이 승리한다는 것이 알려져 있다. 1957년 7월 유명한 퍼즐리스트인 마틴 가드너(Martin Gardner)는 자신의 칼럼에 헥스와 렉스를 소개하기도 했다.

원통형 헥스(Cylindrical Hex)

원통형 헥스는 원통의 옆면 모양의 게임판을 사용하는 게임으로 헥스 게임판이 원통의 옆면에 감겨 있는 형태이다. 따라서 실제 게임판은 입체이다. 입체도형을 전개도로 나타내는 것처럼 이 게임판을 2차원 평면으로 나타내면 아래 그림과 같다. 이 게임판은 5×4 게임판으로 보드의 왼쪽 끝과 오른쪽 끝은 서로 연결되어 있다.

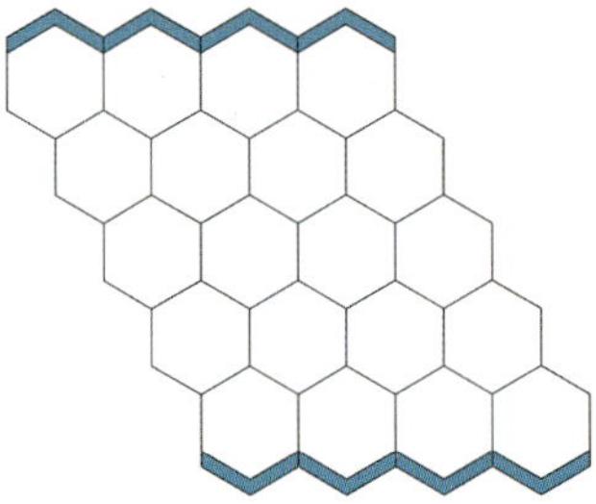

원통형 헥스 게임판

'엔드(End)'라 불리는 사람은 원통형 게임판의 위 끝과 아래 끝을 연결하는 것을 목표로 하고, '어라운드(Around)'라 불리는 사람은 원통을 한 바퀴 감는 것을 목표로 한다. $n \times m$ 게임판에서 m이 짝수일 때 엔드의 필승전략이 존재한다는 것이 알려져 있다.

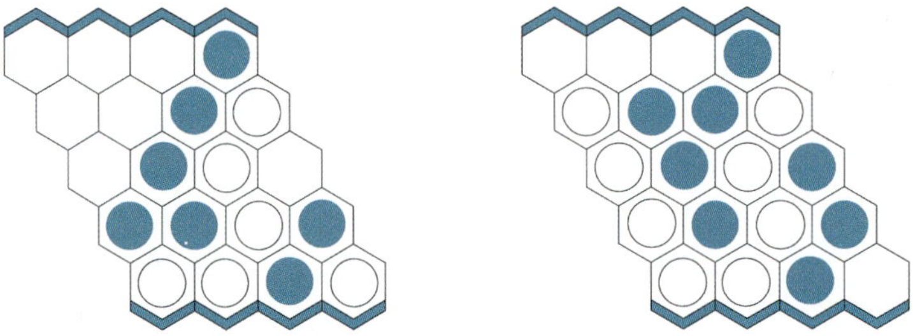

파란색이 엔드, 하얀색이 어라운드일 때 원통형 헥스 예시 : 엔드 승리(왼쪽), 어라운드 승리(오른쪽)

Y 게임(Y)

헥스의 변형 게임인 Y는 삼각형 형태의 게임판에서 진행되는 게임으로 미국 수학자인 존 밀너(John Milnor)가 고안해 밀너의 삼각형(Triangle by Milnor)으로 불리기도 한다. 말을 놓는 방법은 헥스와 같으며 삼각형의 세 변을 연결하는 사람이 승리한다. 삼각형의 꼭짓점 위치에 있는 칸은 이웃하는 변에 모두 연결되는 것으로 한다. 세 변을 연결했을 때 말의 형태가 일반적으로 Y 모양이

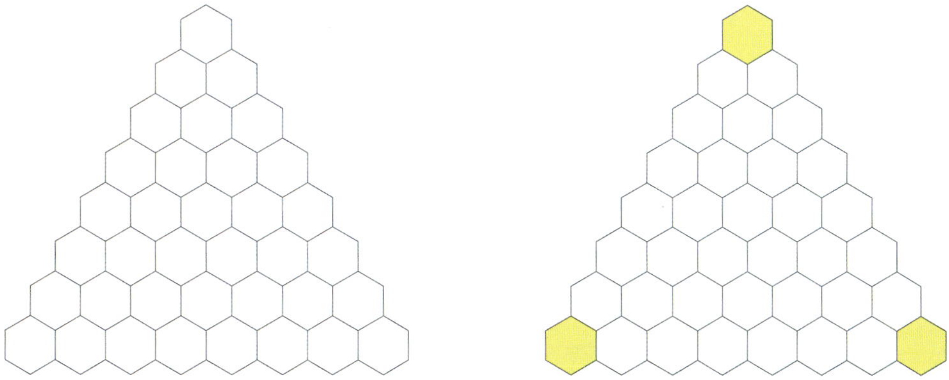

Y 게임판(왼쪽)과 이웃하는 게임판에서 두 변에 모두 연결되는 3개의 칸(오른쪽)

어서 Y라는 이름이 붙여졌다. 헥스와 마찬가지로 무승부가 존재하지 않는다. 헥스를 Y의 특수한 형태로 보기도 하는데 말이 적당히 배치된 모든 헥스 게임은 적당히 말이 배치된 Y 게임에 대응되기 때문이다. Y에서 아래 왼쪽 그림과 같이 말이 배치됐다면 헥스 게임과 결과적으로 같은 게임이 된다는 것을 알 수 있다.

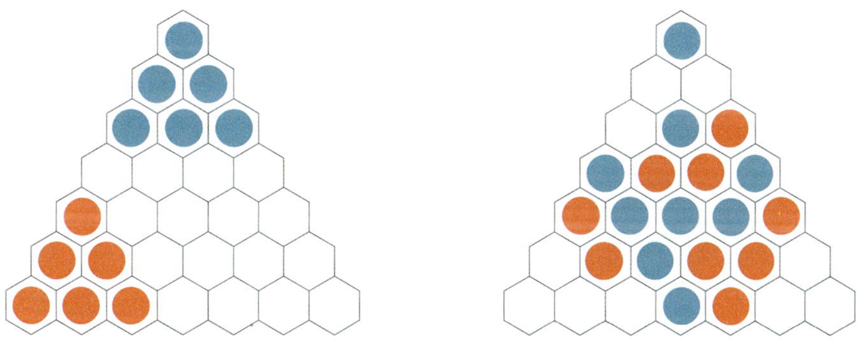

헥스 게임과 같은 게임이 되는 Y 게임의 말 배치(왼쪽)와 파란색 승리로 끝난 Y 게임의 예시(오른쪽)

삼각형 형태의 게임판으로 인해 삼각형의 중앙에서 변까지의 거리가 짧다. 이에 대해 비판적인 시각을 가진 사람들이 있다. 짧은 거리로 인해 웬만해서는 중앙에서 변까지의 연결을 막기가 어렵고 어느 한쪽이 일방적으로 유리하게 진행되기 쉽기 때문이다. 이런 게임의 단점을 보완하기 위해 오각형 모양의 칸이 3개 포함된 게임판이 만들어졌고, 중앙에서 변까지의 거리가 상대적으로 멀어졌다. 상업적으로 판매되는 Y는 이 게임판을 사용하며 보통 이 게임판을 '공식' 게임판이라 한다. 이 게임판은 지오데식 돔 일부를 평면에 사영한 형태라 할 수 있다.

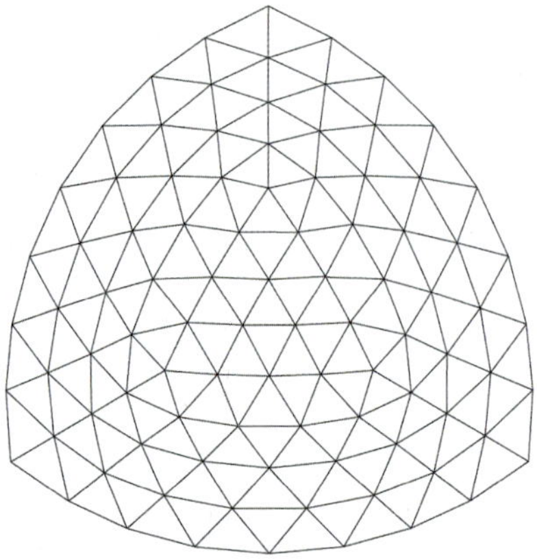

지오데식 돔의 일부를 평면에 사영한 모습인 공식 Y 게임판(게임판 안쪽 삼각형의 꼭짓점에 말을 착수)

헥스의 필승전략의 존재성

헥스는 수학적으로 재미있는 여러 가지 성질을 갖고 있다. 그중 한 가지는 무승부가 존재하지 않는다는 것이다. 1949년 내시가 처음으로 무승부가 존재하지 않는다는 사실을 증명한 것으로 알려져 있으나 이를 발표하지는 않았다. 공식적으로 처음 발표한 사람은 미국의 엔지니어이자 작가인 존 R. 피어스(John R. Pierce)로 1961년 그의 저서 《정보 이론 입문: 기호, 신호 및 노이즈(An Introduction to Information Theory: Symbols, Signals, and Noise)》에서 발표했다. 미국의 수학자이자 경제학자인 데이비드 게일(David Gale)은 1979년 브라우어의 고정점 정리를 사용해 이를 증명하였다.

헥스가 가지고 있는 또 다른 성질 중 하나는 첫 번째로 시작하는 사람이 올바른 전략으로 최선의 수를 두면 반드시 승리한다는 것이다. 이에 대한 내시의 증명은 개략적으로 다음과 같다.

1) 헥스에는 무승부가 없으므로 첫 번째로 시작하는 사람이나 두 번째로 시작하는 사람 중 한 명이 반드시 승리한다. 따라서 둘 중 한 명에게 필승전략이 있다.
2) 두 번째로 시작하는 사람에게 필승전략이 있다고 가정하자.
3) 첫 번째로 시작하는 사람은 첫수를 자유롭게 둔다. 두 번째 사람이 두면 첫 번째로 시작한 사람은 위에서 가정한 두 번째로 시작한 사람의 필승전략에 따라 게임을 한다. 다시 말해 게임판 어딘가에 자유롭게 둔 '첫수'를 갖고 두 번째로 시작한 사람이 되는 것이다. (이를 보통 '전략 훔치기'라고 이야기한다.) 만약 두 번째로 시작한 사람의 전략에 따라 말을 놓아야 할 위치에 내 말

이 놓여 있다면 빈칸 중 하나를 선택해 자유롭게 둔다.

4) 처음에 자유롭게 둔 첫수는 첫 번째 선수가 모방한 필승전략에 방해가 되지 않는다. 이러한 여분의 수는 어떤 경우에도 약점이 되지 않기 때문이다. 그러므로 첫 번째 선수가 승리한다.
5) 이 과정을 통해 두 번째로 시작한 사람이 필승전략을 가졌다는 가정에 모순이 생겼다. 가정이 틀렸기 때문이다.
6) 결과적으로 첫 번째로 시작한 사람에게 필승전략이 존재한다.

아마도 첫 번째로 두는 사람이 승리하는 게임이라면 게임을 할 필요가 있는가라는 생각이 들 수 있다. 그러나 걱정할 필요는 없다. 그런 전략의 존재성이 증명되었다는 것이지 구체적인 방법까지 명확하게 드러났다는 것은 아니다. 헥스의 경우 게임판이 클수록 두 사람이 둘 수 있는 경우의 수는 기하급수적으로 커지기 때문에 게임을 하는 두 사람이 모든 경우를 따져서 최선의 전략을 찾기란 거의 불가능에 가깝다. 실제 11×11 헥스판의 경우 두 명이 번갈아 두어서 생길 수 있는 경우의 수는 약 2.38×10^{56}이다. 물론 작은 게임판에서의 필승전략은 명확히 밝혀져 있는 상태다.

헥스의 전략

헥스는 전략만을 소개한 책이 따로 있을 정도로 많은 전략이 존재한다. 이 중 몇 가지를 알아보자.

다리 두기(Bridge Moves)

다리 두기(Bridge Moves)는 네 개의 칸이 아래 가운데 그림처럼 마름모 형태로 있을 때 한 줄을 건너뛰어 말을 놓는 방법이다. 이 방법은 두 개의 칸을 안전하게 연결할 수 있는 간단하면서도 강력한 방법이다. 왜냐하면 상대방의 움직임에 상관없이 두 말을 연결할 수 있기 때문이다. 기본적으로 가장 많이 쓰는 전략이기도 하다.

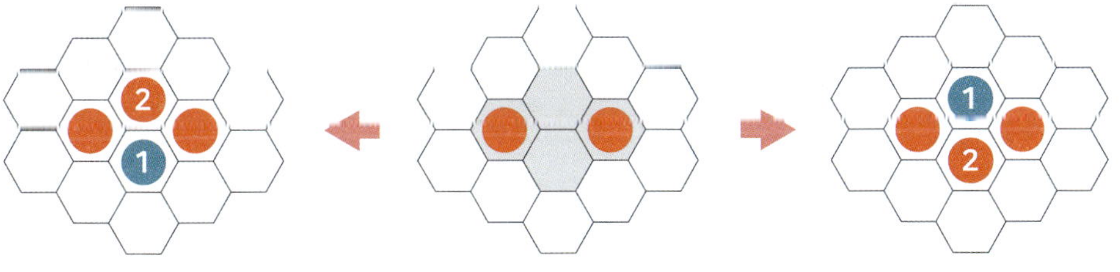

변 템플릿(Edge Templates)

템플릿(Templates)은 연결을 보장해 주는 패턴을 말한다. 그중 변 템플릿은 변과의 연결을 보장해 주는 패턴이다. 가장 기본적인 형태는 변으로부터 세 번째 줄에 해당하는 곳까지 연결을 보장해 주는 '템플릿 A-3'이다. 아래 왼쪽 그림의 회색 칸에 상대방의 말이 없다면 이 한 수로 변까지의 연결이 안전하게 보장된다. 아래 오른쪽 그림을 보면 왜 연결이 보장되는지 알 수 있다.

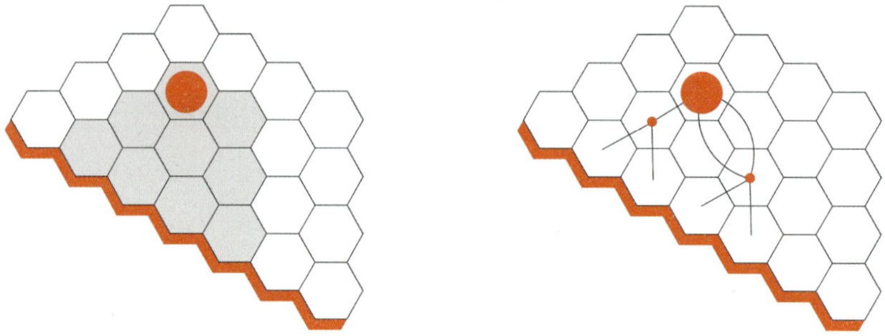

템플릿 A-3(왼쪽)와 템플릿 A-3가 변과의 연결이 보장되는 이유(오른쪽)

이 외에도 다양한 형태의 변 템플릿이 있다. 템플릿 A-3처럼 회색 칸에 상대방 말이 없다면 변까지 연결이 보장된다.

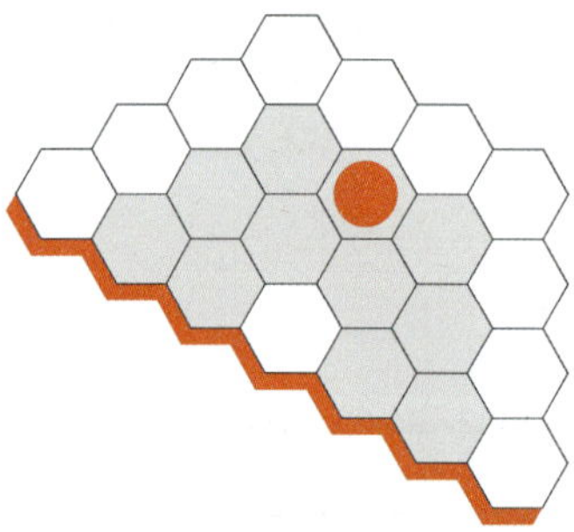

템플릿 B-3

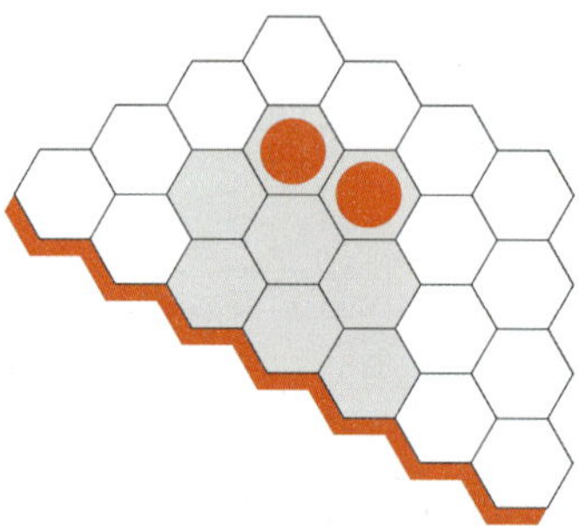

템플릿 C-3

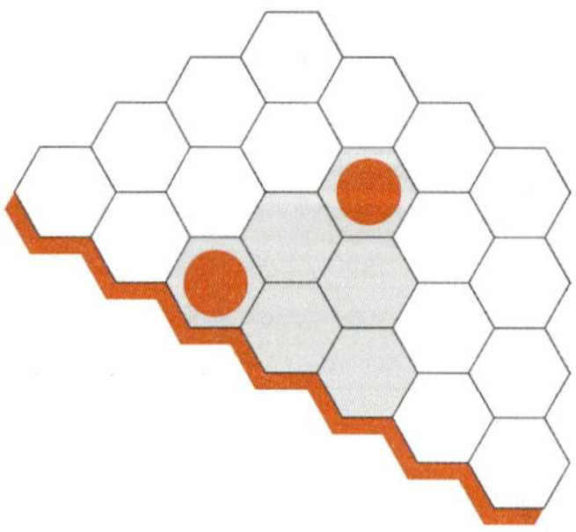

템플릿 D-3

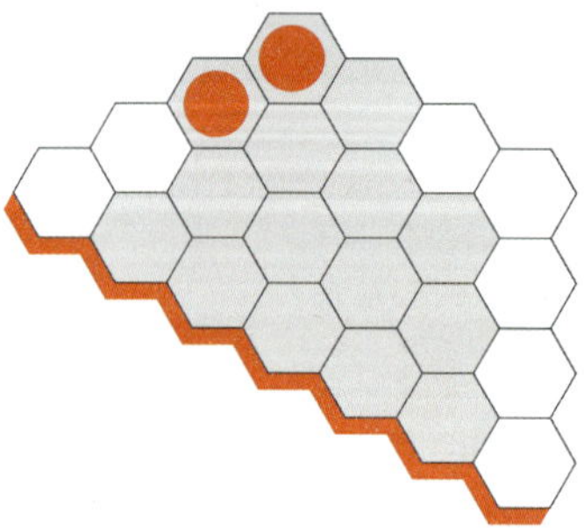

템플릿 E-4

내부 템플릿(Interior Templates)

내부 템플릿은 놓여있는 말 사이의 연결을 보장해 주는 패턴으로 다리 두기도 내부 템플릿의 한 종류이다. 다양한 내부 템플릿이 알려져 있으며 그중 몇 가지는 아래와 같다.

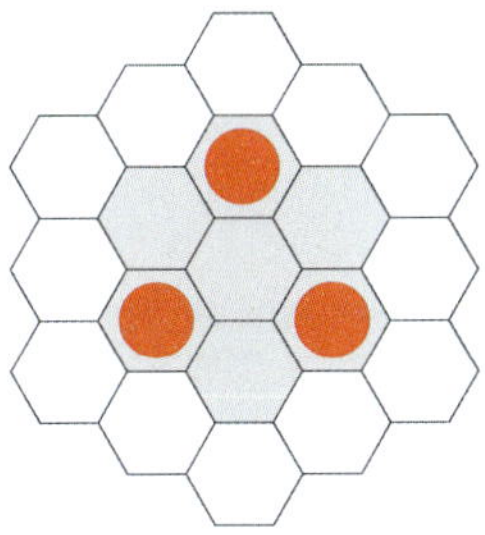

바퀴(Wheel)

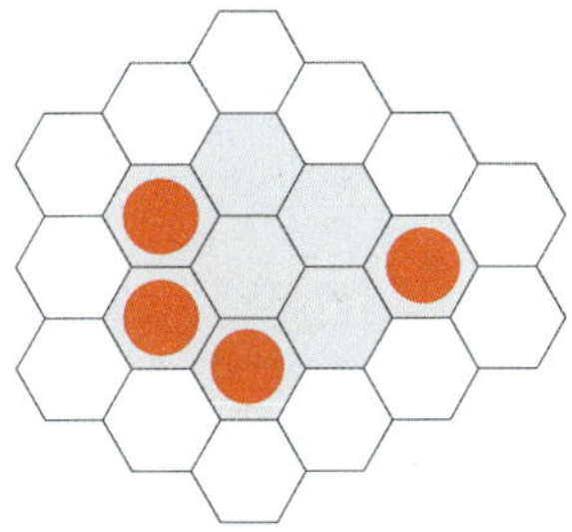

초승달(Crescent)

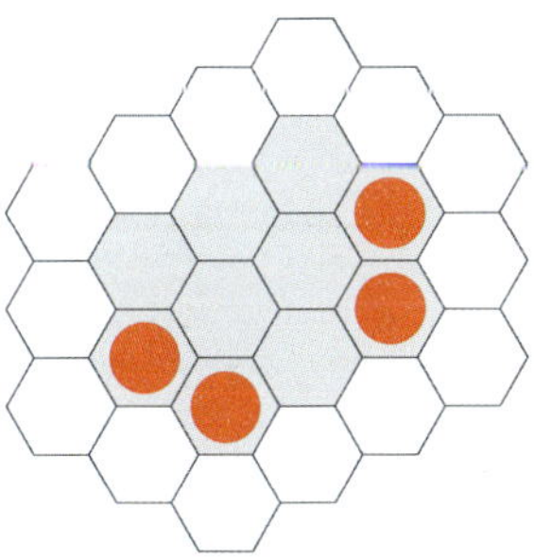

스팬(Span)

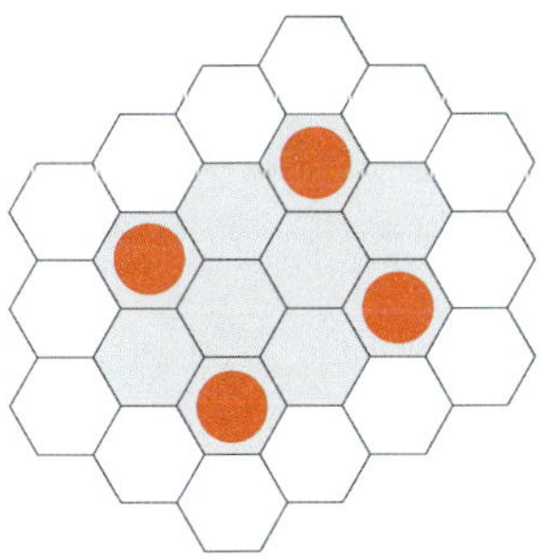

상자(Box)

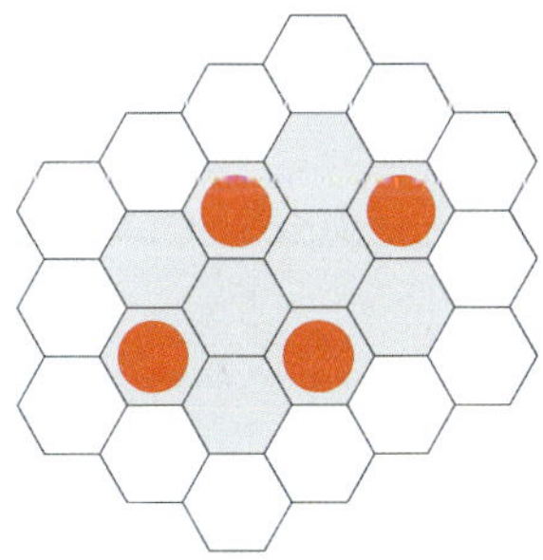

다이아몬드(Diamond)

병목(Bottleneck)

병목은 방어 전략의 하나로 아래 그림과 같이 파란색 말을 삼각형 형태로 배치함으로써 빨간색 말이 변과 연결하는 것을 막아준다. 병목 패턴은 자연스럽게 다음에 소개할 사다리 구조로 연결된다.

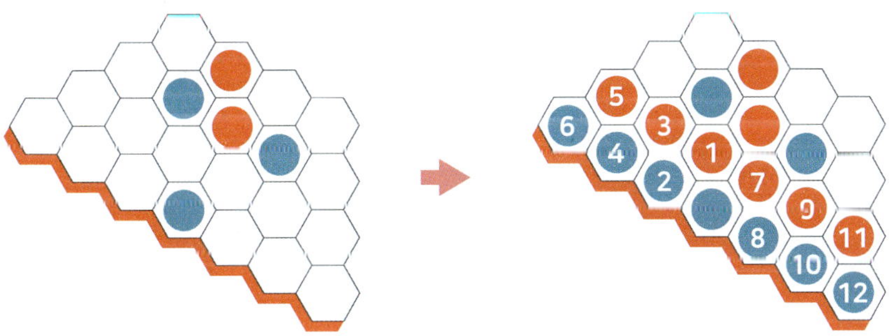

병목(왼쪽)과 병목 패턴의 다음 수순(오른쪽)

사다리 구조(Ladder)

사다리 구조는 그림처럼 빨간색 말을 두는 사람이 변에 연결하려 할 때, 파란색 말을 두는 사람이 변을 따라 일렬로 두는 것을 말한다. 이것은 파란색 말을 두는 사람에게 하나의 세력이 된다. 빨간색 말을 두는 사람이 노련한 중급자라면 이 방향을 바꾸거나 사다리 구조가 생길 것을 예상하고 사다리 구조를 탈출하는 장치를 만들어 놓을 수 있다. 아래 그림은 변으로부터 두 번째 줄에 빨간색 말에 의해 사다리 구조가 형성됐지만, 세 번째 줄이나 네 번째 줄에 형성될 수도 있다. 사다리 구조는 자주 이용되는 전략으로 이것을 계획적으로 이용하면 승리를 얻을 수도 있다.

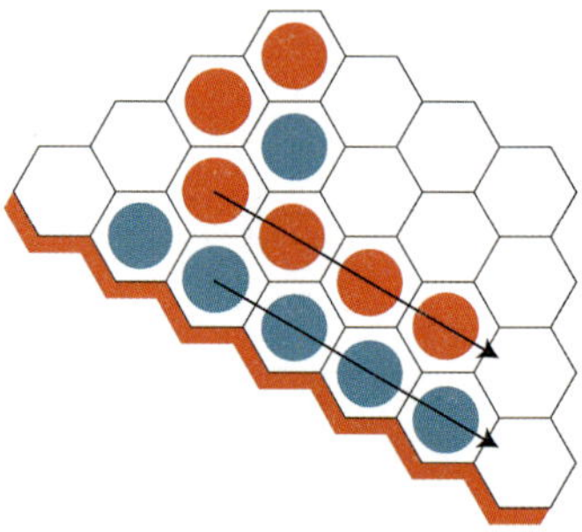

사다리 구조

사다리 구조 탈출(Ladder Escape)

사다리 구조가 계속되면 변에 연결하려는 사람에게 불리할 수밖에 없다. 따라서 이 사다리 구조를 빠져나와야 한다. 이를 사다리 구조 탈출이라 한다. 아래 그림은 화살표 방향으로 사다리 구조가 진행될 때, 이를 탈출할 수 있는 말의 배치이다. 회색 칸에 다른 말이 없어야 한다. 게임판의 한쪽에 사다리 구조를 탈출할 수 있는 말이 있다는 것을 알고 있다면 이를 이용해 변까지의 연결을 꾀할 수 있다.

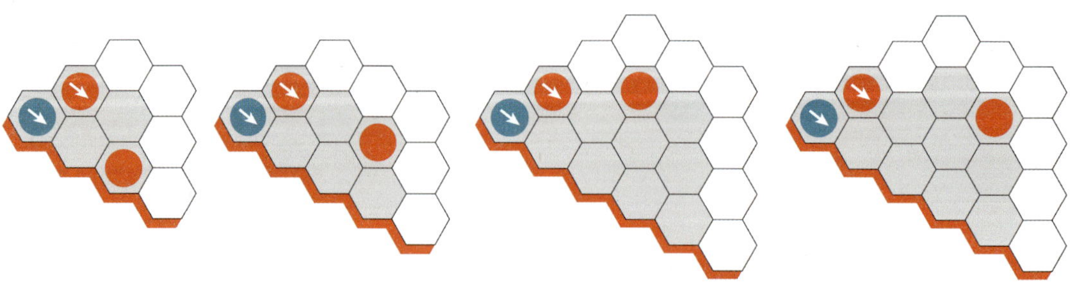

사다리 구조를 탈출할 수 있는 말의 배치(파란색 차례)

헥스의 오프닝 전략

헥스의 필승전략에서 중요한 문제 중 한 가지는 첫수를 어디에 두느냐이다. 이를 보통 오프닝 동작이라고 하는데 첫수를 어디에 두느냐에 따라 승리할 수도 있고 패배할 수도 있다. 아래 그림은 게임판의 크기에 따라 첫 번째로 두는 사람이 승리할 수 있는 첫수의 위치를 나타낸 것이다. 빨간색 변을 연결하는 사람이 먼저 둔다고 했을 때, 검은색 점이 있는 칸에 첫수를 두면 승리하게 되고 나머지 칸에 첫수를 두면 패배하게 된다. 물론 이는 첫수를 둔 후 두 사람이 최선의 전략으로 헥스 게임을 했을 때를 전제한 것이다.

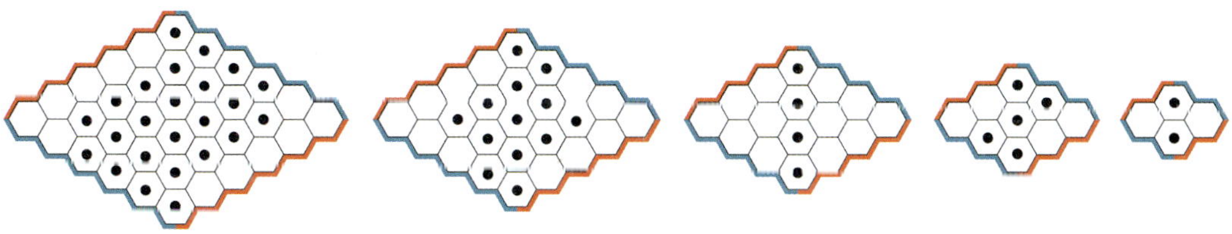

빨간색 변을 연결하는 사람이 첫 번째 두는 사람일 때 승리하기 위해 첫수를 두어야 하는 위치

큰 게임판에서의 헥스는 둘 수 있는 경우의 수가 매우 많기 때문에 필승전략을 명확히 알기가 어렵다. 하지만 작은 게임판에서는 상대적으로 경우의 수가 적어 쉽게 필승전략을 생각해 볼 수 있다. 여기서는 4 × 4 게임판에서의 헥스 게임에 대해 생각해 보자. 4 × 4 게임판은 총 16칸으로 되어 있다. 하지만 게임판이 회전이동에 대해 대칭적인 구조를 하고 있어서 실제로는 8칸에 대해서만 생각하면 된다. 빨간색 변을 연결하는 사람이 먼저 시작한다고 했을 때, 아래 왼쪽 그림에서 3번과 8번 위치에 첫수를 두면 승리하게 되고 나머지 경우에는 패배하게 된다.

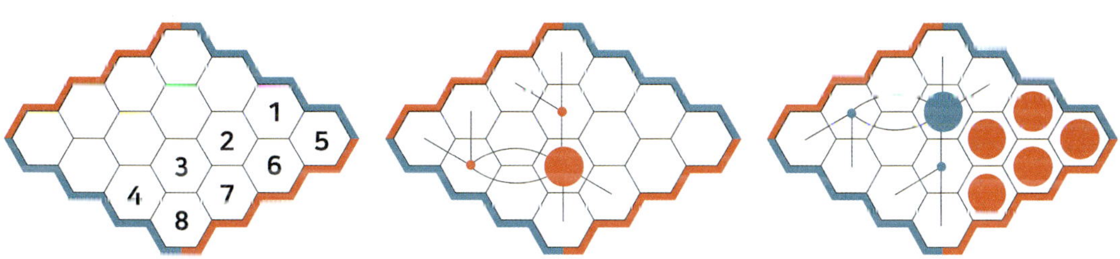

일단 간단한 경우부터 생각하자. 첫수를 3의 위치에 놓는다면 위의 가운데 그림과 같은 진행이 가능해 승리함을 알 수 있다. 또한 첫수를 1, 2, 5, 6, 7중 한 군데에 놓는다면 파란색 말을 놓는 사람이 위의 오른쪽 그림과 같이 놓을 수 있어 빨간색 말을 놓는 사람이 패배함을 알 수 있다.

첫수를 8번에 놓으면 어떻게 승리할 수 있는지 생각해 보자. 첫수를 8번에 놓으면 상대방의 다음 수는 아래 그림처럼 a에서 d까지 4가지 경우로 나눠 생각할 수 있다. 상대가 a나 b에 놓으면 아래의 가운데와 오른쪽의 그림과 같은 진행이 가능해 빨간색 변을 연결하는 사람이 승리하게 된다.

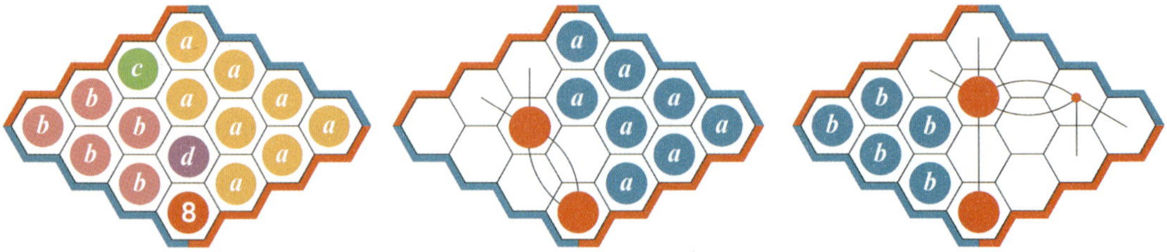

상대방이 c에 놓으면 빨간색 변을 연결하는 사람은 말을 아래 그림처럼 e에 놓을 수 있고 그 이후 파란색의 다음 수를 f, g, h의 경우로 나눠 생각할 수 있다.

f, g, h에 대해 아래 그림과 같은 진행이 가능해 빨간색 변을 연결하는 사람이 승리하게 된다.

상대방이 d에 놓으면 빨간색 변을 연결하는 사람은 말을 아래 왼쪽 그림처럼 i에 놓을 수 있다. 그 이후 파란색의 다음 수를 j, k 중 어디에 놓느냐에 따라 아래 그림과 같은 진행이 가능해 빨간색 변을 연결하는 사람이 승리하게 된다.

마지막으로 첫수를 4번에 놓는 경우 왜 패배하는지 생각해 보자. 파란색 변을 연결하는 사람이 아래 왼쪽 그림처럼 l의 위치에 놓는다면 빨간색 변을 연결하는 사람은 파란색 말을 두는 사람이 위에 있는 파란색 변과의 연결을 막을 수 없다. 따라서 빨간색 변을 연결하는 사람은 m, n 중 한 군데에 놓게 되고 아래 가운데와 오른쪽의 그림과 같은 진행이 가능해 빨간색 변을 연결하는 사람이 패배하게 된다.

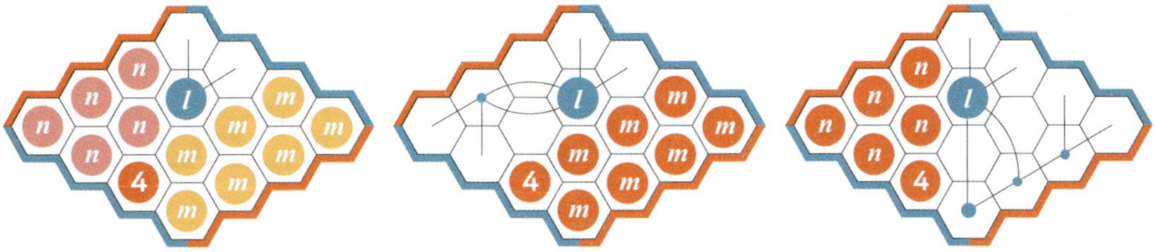

이를 통해 4×4 게임판에서 먼저 시작하는 사람이 첫수를 가운데 줄 4개의 칸에 둘 때만 승리할 수 있음을 알 수 있다.

헥스 문제

피에트 헤인은 덴마크 신문 폴리티켄에 헥스에 대한 칼럼을 연재하며 49개의 헥스 문제와 9개의 오프닝 문제를 제시했다. 그중 몇 가지를 알아보자.

문제 파란색 말을 둘 차례이다. 단 한 수로 파란색이 승리할 수 있는 위치를 찾아보자.

1)

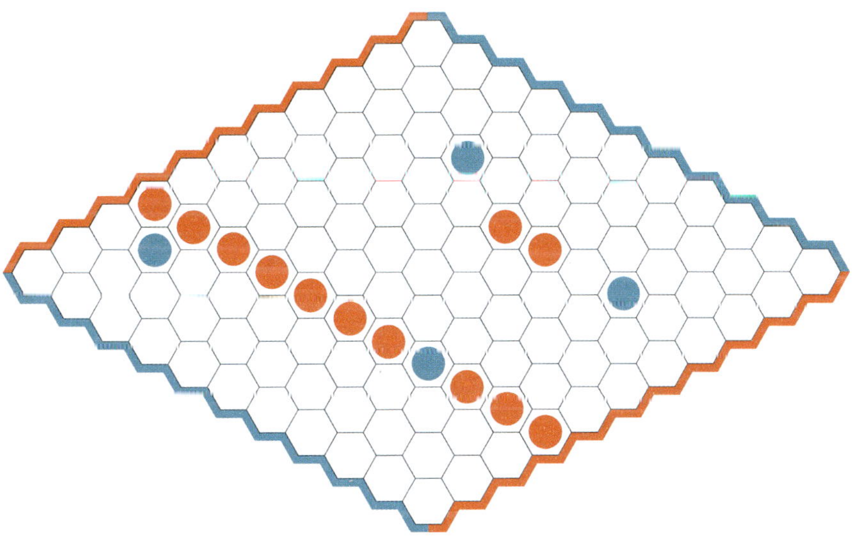

2)

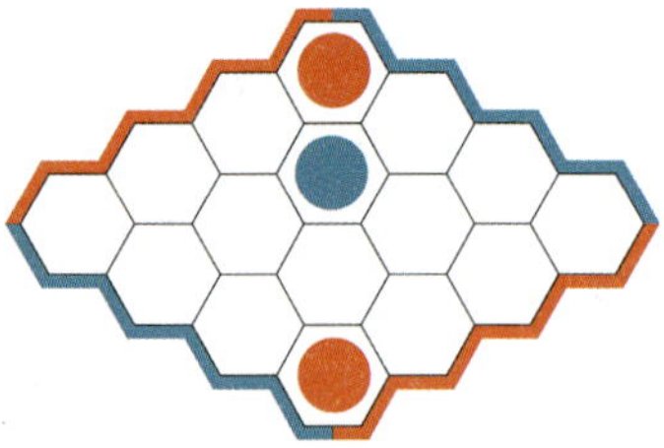

3)

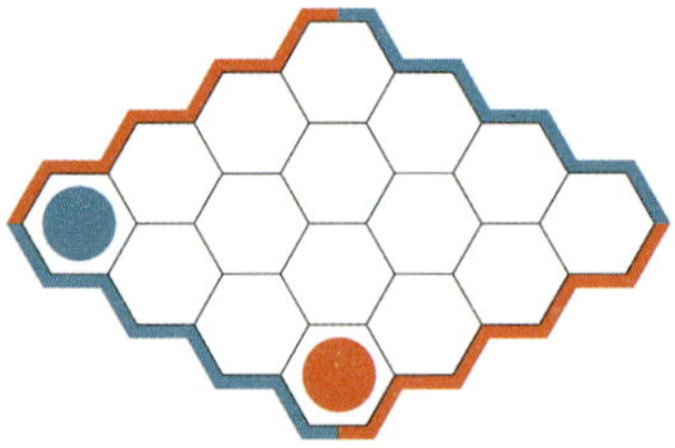

4)

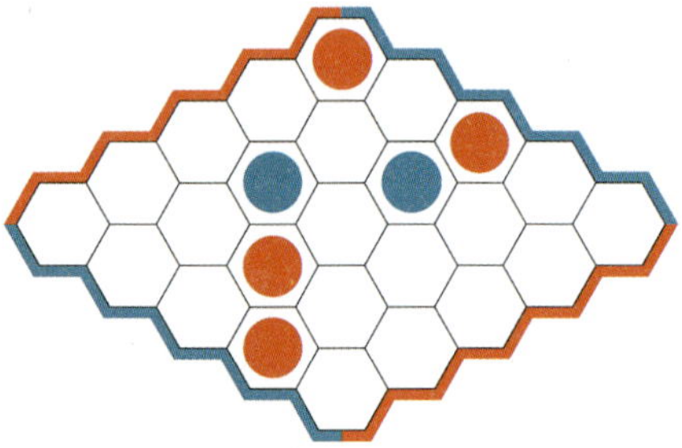

5)

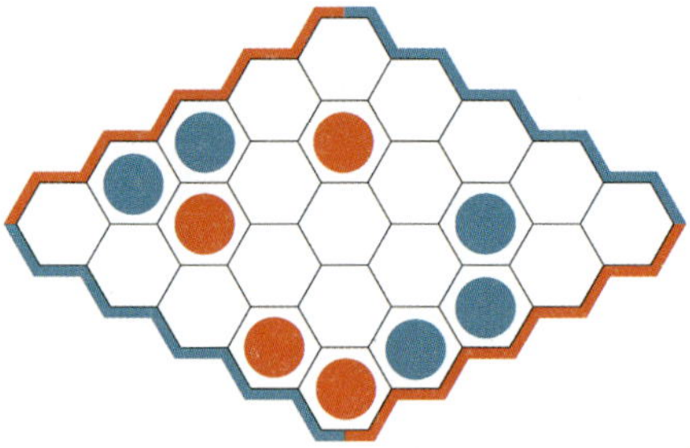

6)

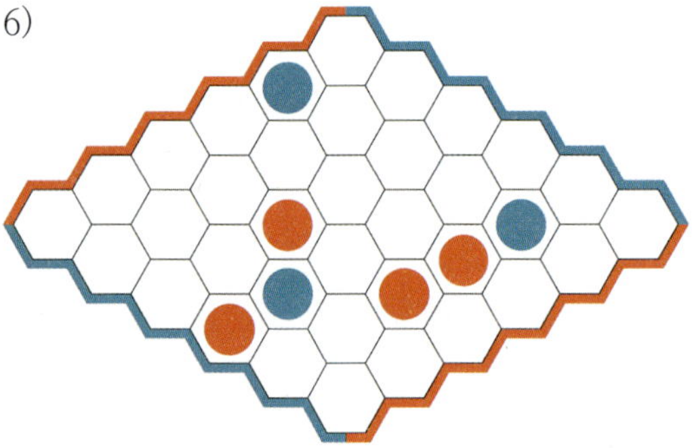

7)

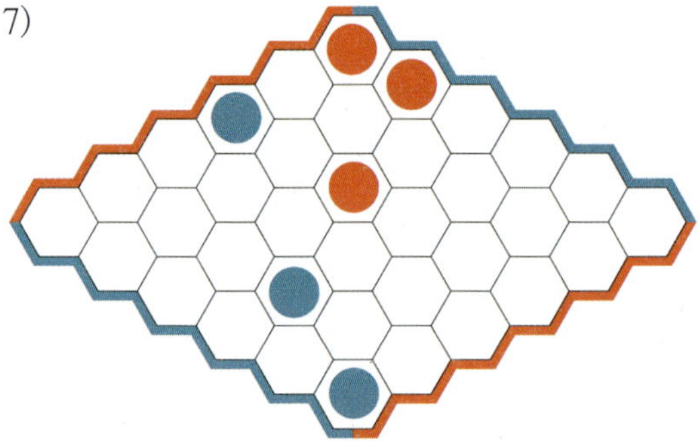

풀이 승리하는 수는 다음과 같다. 자세한 설명은 생략한다.

1)

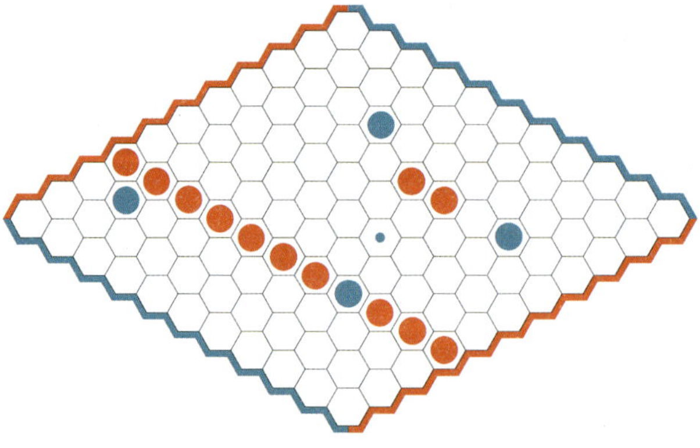

2)

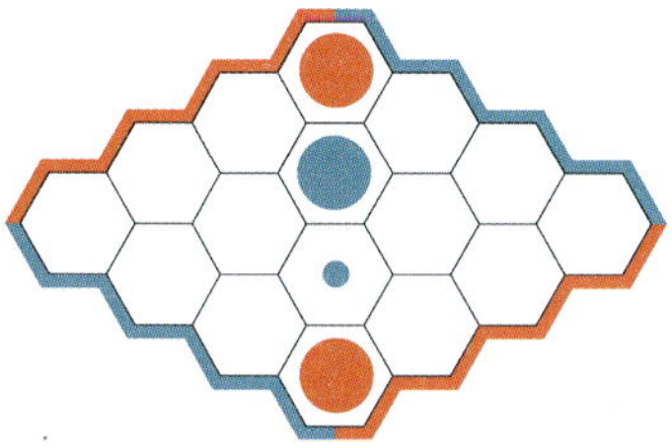

3)

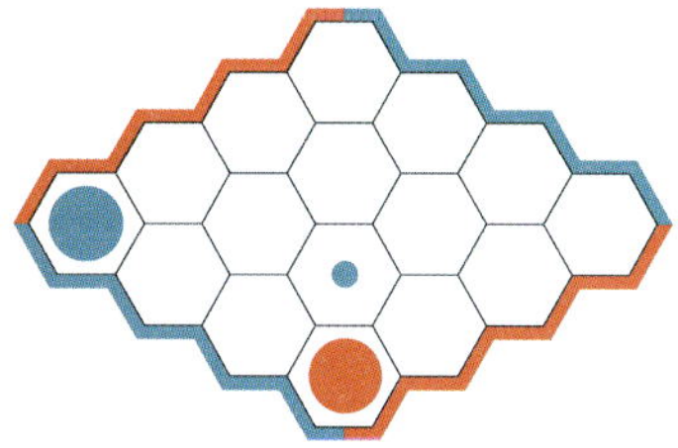

4)

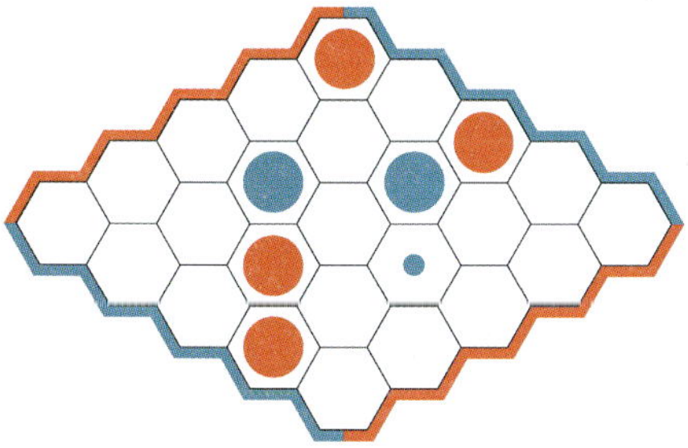

5)

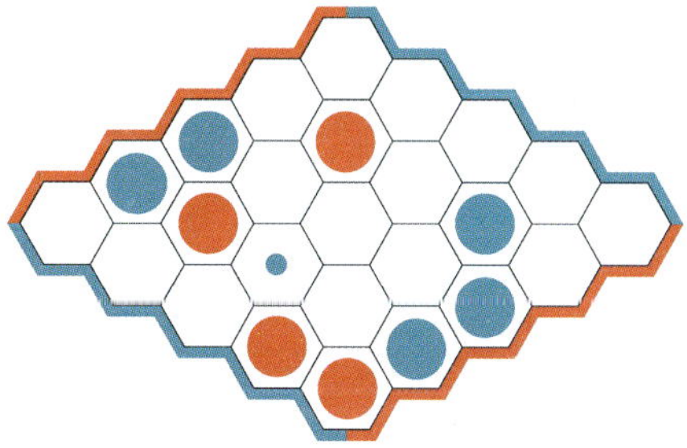

6)

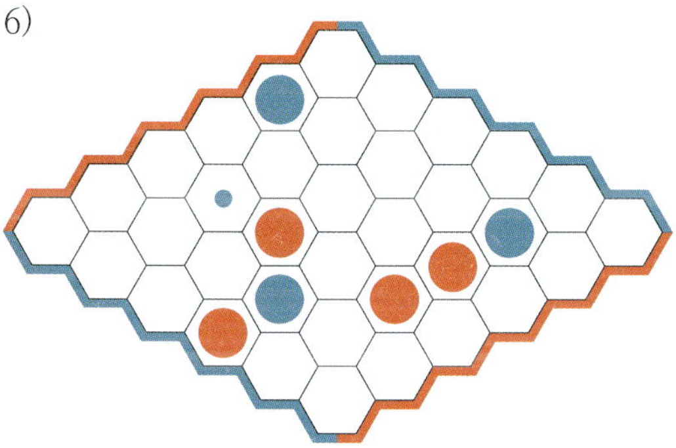

7)

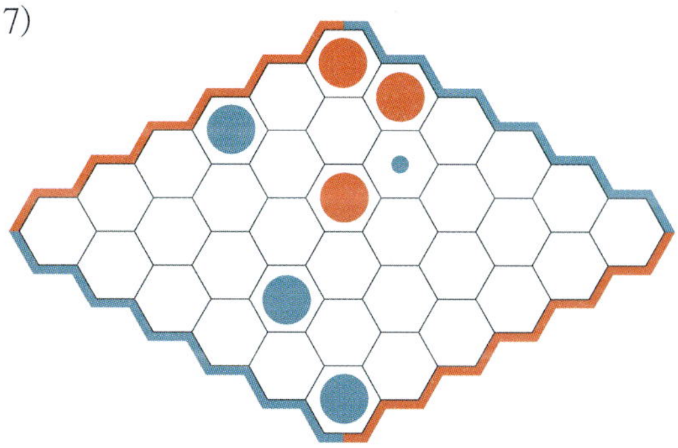

하반나 Havannah

하반나(Havannah)는 크리스티안 프릴링(Christian Freeling)이 1979년에 개발한 보드게임이다. 이 게임은 육각형이 정육각형 모양으로 결합되어 있는 게임판에서 진행되는데, 한 측면에 n개의 육각형이 있는 게임판을 하반나-n 게임판이라고 한다.

게임에 필요한 도구

게임판, 바둑돌

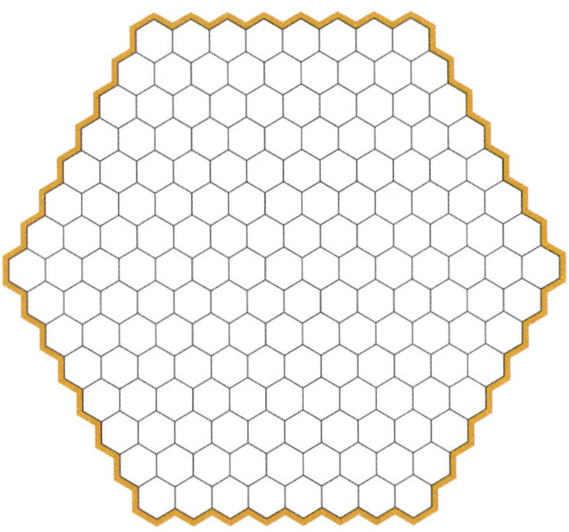

게임판

바둑돌

실제로 게임은 하반나-10 게임판에서 가장 많이 이루어진다. 게임 말은 바둑돌 대신 펜을 사용해 표기해도 된다.

게임판 받기

02_연결 게임/하반나.pdf

게임 규칙

먼저 하반나 게임판을 준비한다. 여기서는 빨간색과 파란색 말을 사용하지만, 보통 흰색과 검은색 말을 사용한다. 각자 사용할 말을 정하고 다음과 같은 규칙에 따라 진행한다.

1) 빨간색 말을 사용하는 사람이 먼저 시작하고, 교대로 한 번씩 빈칸에 말을 놓는다.
2) 놓은 말은 움직이거나 위치를 바꾸지 않는다.
3) 두 사람 중 고리(Ring), 다리(Bridge), 포크(Fork) 중 하나를 먼저 완성하는 사람이 승리한다.

게임 용어

고리 : 하나 이상의 육각형을 둘러싼 구조로 고리 안은 비어 있거나 다른 말이 있어도 된다.
다리 : 게임판의 6개의 꼭짓점 중 두 개를 연결한 구조이다.
포크 : 게임판의 세 변을 연결한 구조로 꼭짓점은 변에 포함하지 않는다.

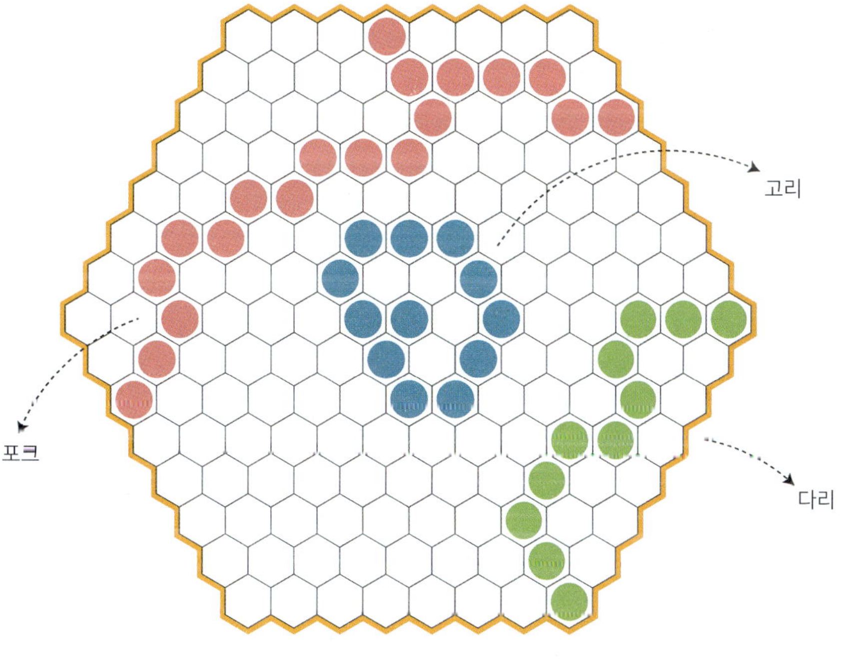

그림 1 하반나의 세 가지 승리 구조

처음 말을 놓는 사람이 유리하기 때문에, 공정한 경기를 위해 파이(Pie) 규칙이 사용되기도 한다.

파이 규칙은 먼저 시작하는 사람이 한 수를 두고 나서 두 번째로 시작한 사람이 먼저 시작한 사람과 바꿔서 진행할지를 결정하는 규칙이다. 예를 들어 먼저 시작한 사람이 빨간색 말, 두 번째로 시작한 사람이 파란색 말이라 할 때 먼저 한 사람이 첫수를 둔 후 두 번째로 시작하는 사람이 바꾸기로 결정하면 두 번째로 시작한 사람이 빨간색 말로 게임을 이어서 하는 것이다. 물론 바꾸지 않고 그대로 진행해도 된다. 이 규칙은 두 사람이 파이를 나누어 먹을 때 공정하게 먹는 방법에서 이름을 따왔다. 한 사람이 파이를 반으로 자르고, 다른 사람이 그중 어떤 것을 먹을지 선택하는 것이다. 파이를 자르는 사람은 상대방이 더 큰 조각을 고를 것을 알기 때문에 가능한 한 비슷한 크기로 자를 것이다. 다른 말로 교환(Swap) 규칙이라고도 한다. 실력 차이가 크게 나는 두 사람이 게임을 진행할 때 초보자가 첫수에 두 개 이상의 말을 놓을 수 있도록 허용하기도 한다.

게임의 역사

크리스티안 프릴링(Christian Freeling)은 수학 교사 출신으로 네덜란드의 게임 디자이너이자 전략 보드 게임 발명가이다. 그가 발명한 게임만 수십 가지가 되는데 대표적으로 다모, 그랜드 체스, 헥스담 등이 있다. 하반나 역시 그의 작품이다.

초기 하반나 프로그램은 성능이 좋지 않았다. 하지만 2010년 이후 몇몇 하반나 프로그램들은 몬테카를로 트리 검색 기술을 적용하면서 뛰어난 게임 실력을 보였다. 몬테카를로 트리 검색(Monte Carlo Tree Search, MCTS)은 무작위 난수 생성을 통해 확률 기반의 탐색을 하는 알고리즘으로, 특히 인공지능 강화학습에 많이 적용된다.

프릴링은 2002년에 컴퓨터 프로그램이 자신을 이긴다면 1000유로의 상금을 주겠다고 공표하였다. 그리고 2012년 10월 15일부터 19일까지 열린 대회 '하반나 챌린지 2012'에서 프릴링은 가장 강력한 하반나 프로그램 중 3개를 상대로 10번의 경기를 치렀다. 이때 프릴링과 대결한 프로그램은 카스트로(Castro), 라즈코닉(Lajkonik), 원더러(Wanderer)로 프릴링은 7승 3패의 결과를 얻었다. 3패 중 1패는 카스트로(Castro), 2패는 라즈코닉(Lajkonik)에게 당한 것이었고 프릴링은 패배를 안긴 두 프로그램의 제작자에게 1000유로의 상금을 주었다. 이후 여러 프로그램이 나왔지만 2019년까지는 사람의 실력을 뛰어넘는 하반나 프로그램이 없었다. 그러나 'MetaTotoro'라는 프로그램이 하반나-8 보드에서 하반나 최고수에게 4연승을 거두며 인간의 실력을 능가하는 하반나 프로그램의 등장을 알렸다. 이 프로그램은 알파제로에 사용된 알고리즘을 기반으로 하고 있다.

무승부

하반나에서 무승부는 이론적으론 가능하지만 실제로는 극히 드물다. 사람 사이의 대결에서 한 번의 무승부가 있었던 것으로 알려져 있다. 사실 하반나-4 이상의 모든 게임판에서 무승부가 가능하다. 그림 2는 무승부로 끝난 하반나-4 게임판의 한 예이다.

그림2 무승부로 끝난 하반나-4 게임

그렇다면 게임 도중 무승부를 만드는 특정 위치가 존재할까? 게임 진행 중 더는 말을 놓아도 승부가 나지 않을 것 같은 순간을 맞닥뜨리게 될 수도 있다. 여러분은 그런 순간이 온다면 어떻게 대응할 것인가?

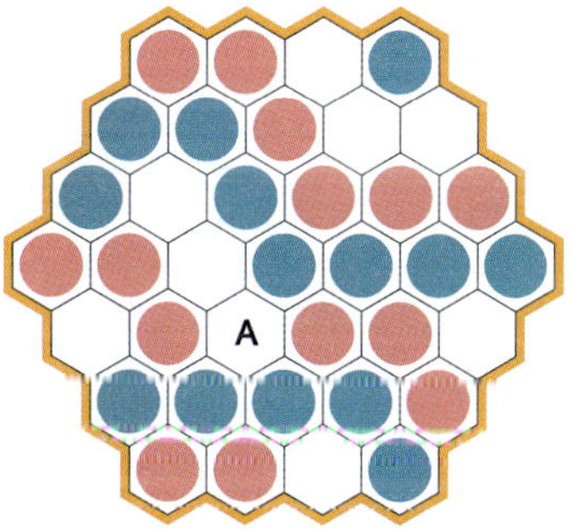

그림3 빨간색 말을 A에 두면 무승부인 게임

하반나의 특정 위치는 무승부로 이어지며, 위의 그림 3에서 빨간색 말을 A에 두면 두 사람이 협력해도 무승부로 끝나게 된다. 만약 포크, 다리, 고리를 만들 수 없는 상황에 부닥치면 그 사람은 승리할 수 없으므로 가능하면 무승부를 만들어야 한다. 물론 앞서 이야기한 것처럼 무승부는 극히 드물기 때문에 쉽게 성공할 수 있는 전략은 아니다.

하반나의 기본전략, 포크

사실 하반나에서는 게임판의 크기가 작을수록 고리를 만들기가 어렵다. 실제로 하반나-2 게임판에서는 고리가 만들어지지 않는다. 고리를 만들기 위해서는 적어도 6개 칸에 같은 색의 말이 있어야 한다.

그러나 하반나-2 게임판은 총 7개의 칸이 있고 두 사람이 번갈아 두기 때문에 최대한 말을 둬도 한 사람은 4개, 다른 사람은 3개의 말을 두게 된다. 즉 그림4의 오른쪽 그림처럼 6개의 칸에 한 가지 색의 말이 놓이는 것은 불가능하다. 사실 전체 칸을 다 채우기도 전에 보통 승자가 결정된다. 그림4의 왼쪽 그림을 보면 빨간색 말을 사용하는 사람이 다리를 만들어 이겼다.

그림4 하반나-2 게임 진행 예시(왼쪽)와 하반나-2에서 불가능한 게임(오른쪽)

고리로 위협하는 것은 반드시 대응해야 할 부분이지만 많은 경우 쉽게 위협을 모면할 수 있다. 그림5의 왼쪽 그림을 보면 빨간색이 말 하나만 두면 고리가 완성된다. 그림5의 오른쪽 그림에서 1번 자리에 파란색 말을 두면 고리 형성을 한 수로 막을 수 있다.

그림5 고리의 형성과 그 대응

따라서 게임에서 고리를 만드는 것으로 승부가 결정되는 경우가 많지 않다. 하반나-10 이상의 큰 게임판에서는 고리가 많이 발생할 수 있지만 이런 경우 역시 고리를 차단하기가 매우 쉬워 실제 게임에서는 고리로 승리하는 경우가 거의 없다. 하반나에 능숙한 사람은 고리를 만들어 승리하기보다는 상대방이 승리하지 못하도록 위협하는 용도로 고리를 많이 사용한다.

다리는 어떨까? 결과적으로 말하면 하반나-8 이상의 큰 게임판에서는 다리를 만들기가 힘들다. 다리를 만들려면 반드시 하반나의 6개의 꼭짓점 중 2개를 차지해야 한다. 그림6의 빨간색 말처럼 초반에 두 꼭짓점을 가져가면 상대방은 다리 형성을 눈치채고 적극적으로 방해할 것이고 다리를 만들려는 시도는 좌절될 것이다.

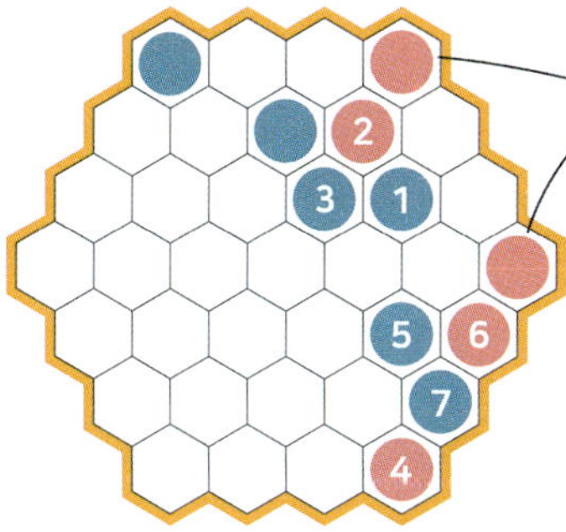

그림6 다리를 만들기 위해 2개의 꼭짓점을 차지한 경우

상대방이 눈치채지 못하게 하기 위해 초반에 한 개의 꼭짓점을 가져가면 상대방이 이를 안 순간 다리 형성을 막기 위해 그림7의 파란색 말 2처럼 다른 한 점을 가져갈 것이다. 이처럼 어떤 경우든 다리를 만드는 것은 쉽게 막힐 수 있다. 그나마 하반나 보드가 작으면 다리를 만들려는 시도가 효과적일 수 있지만 큰 보드에서는 거의 사용되지 않는다. 다리 역시 고리처럼 상대방이 승리하지 못하도록 위협하는 용도로 많이 사용한다.

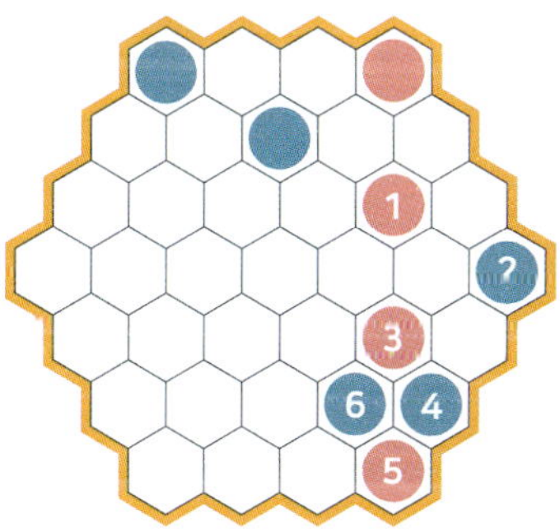

그림7 다리를 만들기 위해 1개의 꼭짓점을 차지한 경우

하반나에서 승리하기 위한 기본 무기는 포크이다. 변을 이루는 칸이 많으므로 다양한 형태의 포크를 형성할 수 있고 여러 상황에 맞게 유연한 전략을 세울 수 있다. 따라서 실력이 좋은 선수들은 포크를 승리의 도구로 사용하고 다리와 고리는 전술적 위협으로 사용한다.

게임 전략

하반나에는 승리에 도움을 주는 여러 전략이 있다. 또한 헥스와 유사한 전략도 많다. 현재 알려진 하반나의 전략 몇 가지를 알아보자.

프레임(Frame)

프레임 만들기

프레임은 상대방의 방해 여부와 관계없이 승리 구조(고리, 다리, 포크)를 완성할 수 있는 말의 배치이다. 고리 프레임, 다리 프레임, 포크 프레임이 있으며 하반나-5 게임판에서의 예는 다음과 같다.

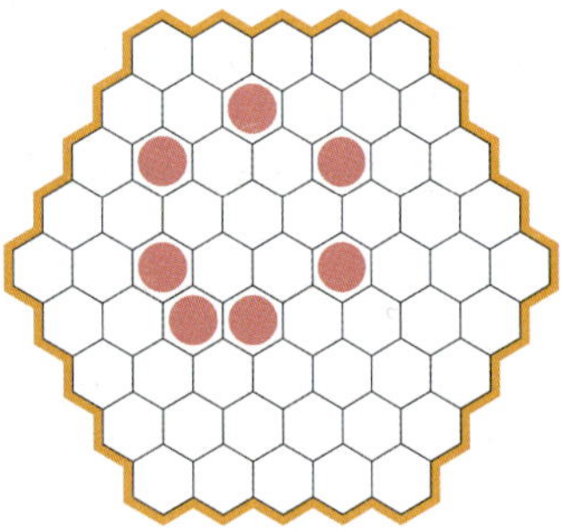

고리 프레임

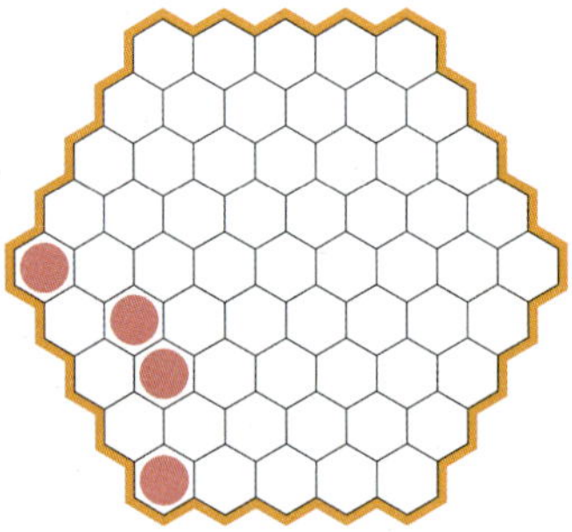

다리 프레임

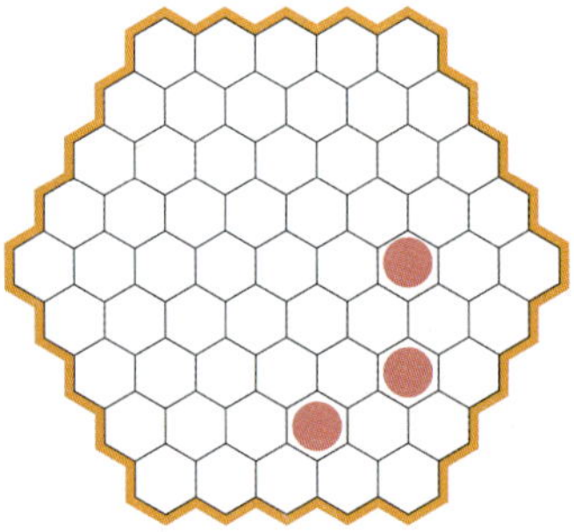

포크 프레임

위에서 예를 든 프레임 중 고리 프레임과 다리 프레임은 아래 그림을 통해 승리 구조가 완성됨을 알 수 있다.

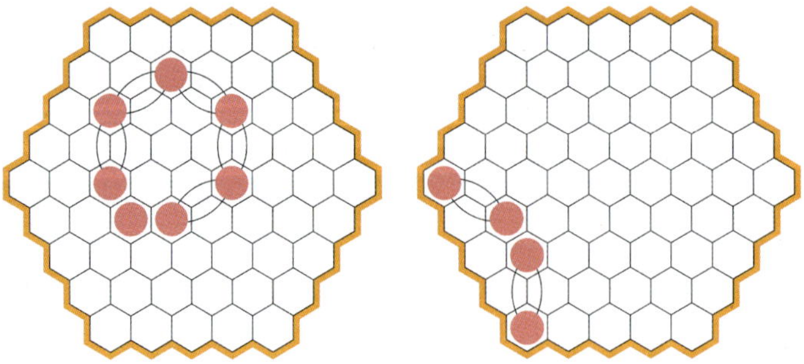

그림8 고리 프레임과 다리 프레임으로 승리 구조 만들기

다음으로 포크 프레임이 실제로 포크를 완성할 수 있는지 살펴보자. 그림9처럼 파란색 말을 어떻게 두든 빨간색은 포크를 완성할 수 있다. 이 외의 경우도 마찬가지다. 이렇게 승리 구조가 만들어지는 이유는 두 개의 빨간색 말 사이에 비어있는 두 개의 칸이 있어서 가능하다. 만약 파란색이 그 두 개의 칸 중 하나에 둔다면 빨간색은 나머지 칸에 두어 연결하면 된다.

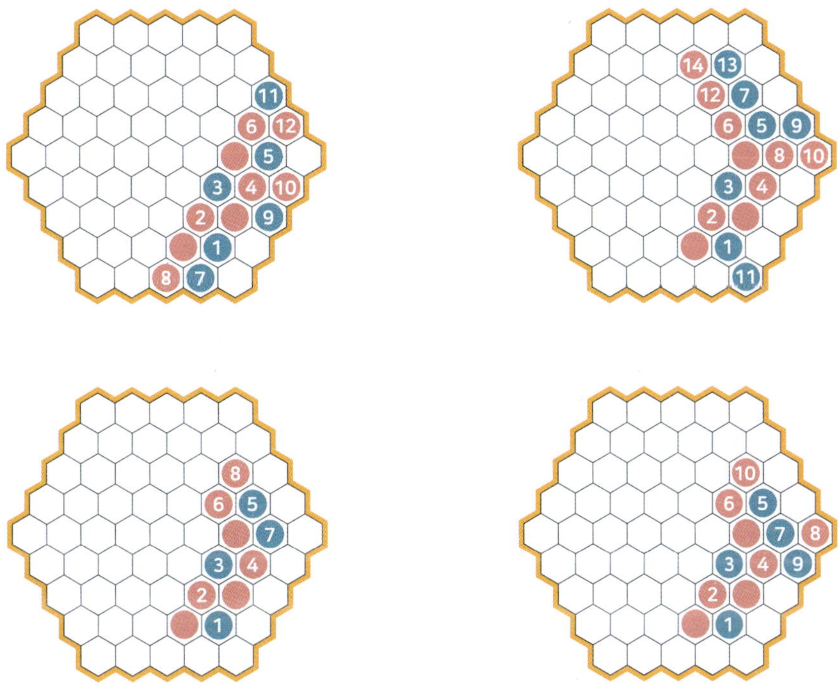

그림9 포크 프레임으로 승리 구조 만들기

프레임을 만들면 많은 경우 승리 구조를 완성할 수 있기 때문에 프레임 만들기는 하반나의 가장 중요한 전략이다. 따라서 하반나 게임은 보통 프레임 만들기 경주로 진행된다. 좀 더 구체적으로 설명하면 게임에 참여한 사람은 여러 곳에 자신의 프레임을 만들기 위해 노력하는 동시에 상대방의 프레임이 완성되지 않도록 방해하며 게임을 한다. 그리고 이 과정에서 자신의 프레임이 완성되기까지 몇 개의 말이 필요한지 세어보고 본인의 프레임을 만들지, 아니면 상대방의 프레임이 만들어지지 않도록 방해할지 영리하게 전략을 세워야 한다. 어떻게 하면 상대방보다 빨리 프레임을 완성할 수 있을까? 고리 프레임, 다리 프레임, 포크 프레임 중 어떤 프레임을 만드는 것이 효과적일까? 이에 대해 생각해 보자.

고리를 만드는 데 필요한 최소한의 말의 수는 몇 개일까? 다음 그림과 같이 6개의 말이 필요함을 쉽게 확인할 수 있다.

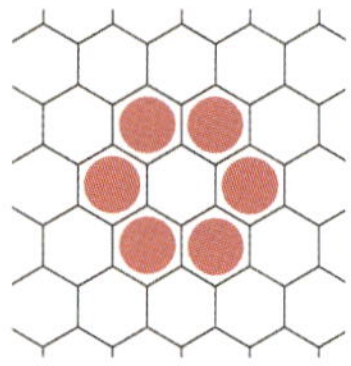

하지만 고리 프레임은 고리를 만드는 최소한의 말의 수인 6개 말보다 더 많은 수의 말로 프레임을 구성해야 한다. 아래 그림을 보자. 여섯 개 말의 배치는 고리 프레임처럼 보인다.

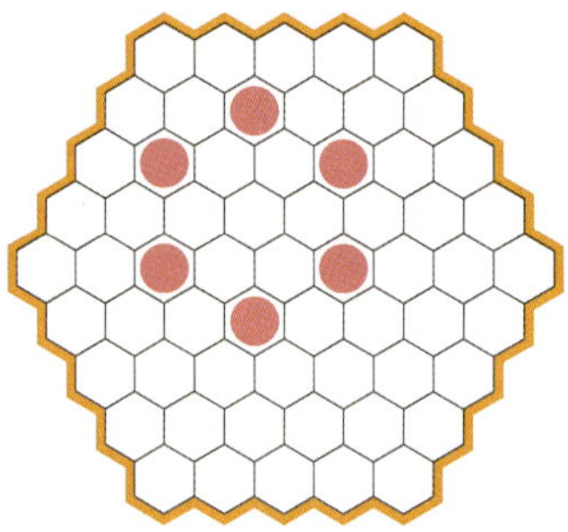

그러나 아래 그림과 같은 수순이 진행되면 말의 연결을 끊을 수 있다. 그림처럼 파란색 말을 빨간색 말의 안쪽에 두면 결국 파란색은 6개의 돌로 새로운 고리를 만들 기회가 생긴다. 이때 빨간색은 파란색의 고리를 막기 위해 10번에 말을 두어야만 한다. 이어서 파란색은 11번에 말을 두어 빨간색의 고리 연결을 끊게 된다.

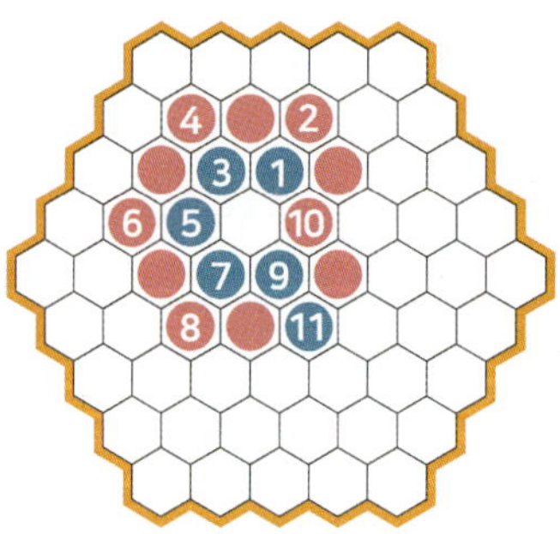

따라서 고리 프레임에는 최소 7개의 말이 필요하다. 이처럼 고리 프레임은 보통 많은 말이 필요하기 때문에 효율성이 떨어진다. 또한 프레임을 형성하기 전에 상대방이 눈치채고 쉽게 막을 수 있어 이를 이용해 승리하려는 것은 효과적인 전략이 아니다. 다리 프레임 역시 앞서 다리에 대해 설명했

던 것처럼 그 의도를 상대방이 쉽게 눈치채고 프레임을 형성하지 못하도록 방해할 수 있다. 결과적으로 포크 프레임이 승리를 위해 가장 자주 쓰이는 전략이라고 말할 수 있다. 게임에 이용할 수 있는 좀 더 구체적인 전술을 몇 가지 알아보자.

방앗간(Mill)

앞서 상대방을 위협하는 용도로 고리를 많이 사용한다고 했는데 그 대표적인 예가 방앗간이다.

방앗간

여섯 개의 말로 둘러싸인 가장 작은 고리를 방앗간이라 한다.

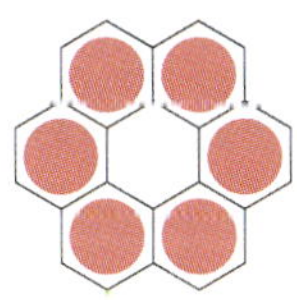

방앗간은 여섯 개의 말로 둘러싸인 가장 작은 고리의 이름이다. 하반나의 승리 구조 중 하나가 고리이므로 방앗간을 만들면 승리한다. 따라서 방앗간이 형성되기 전에 무조건 막아야 한다. 보통 방앗간은 상대방의 연결을 끊기 위해 위협하는 도구로 종종 사용된다. 승리 구조를 완성하려는 상대의 위협엔 반드시 대응해야 한다.

아래 그림10의 왼쪽 그림에서 빨간색이 3으로 방앗간 위협을 가하면 파란색은 4로 무조건 대응해야 한다. 이어서 빨간색은 5의 위치에 두면서 파란색 말의 연결을 끊었다. 비슷하게 아래 그림10의 오른쪽 그림을 보면 빨간색 1이 방앗간으로 위협하면서 파란색이 2에 말을 놓도록 강요하였다. 이후 빨간색이 3번에 두면서 파란색 말의 연결을 끊었다.

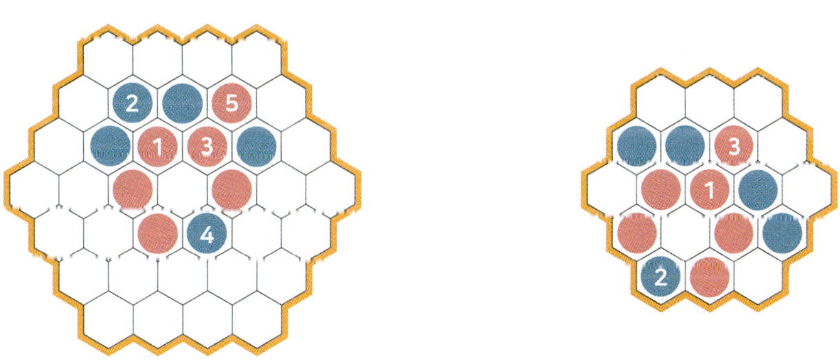

그림10 방앗간을 이용해 상대방의 연결을 끊은 예

닻(Anchor)

닻

닻은 자신의 말 옆에 새로운 말을 붙여서 수직 방향에 영향을 발휘하기 위한 전술이다. 오른쪽 그림에서 빨간색 1이 닻이다.

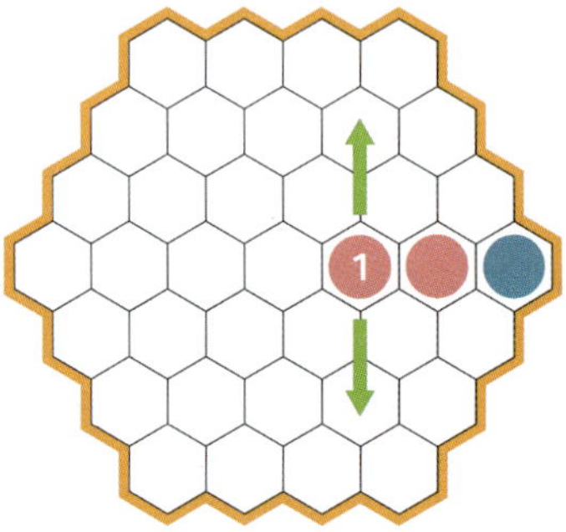

닻은 말의 방향을 미리 정하지 않고 상대에게 압력을 가하는 유연한 전술이다.

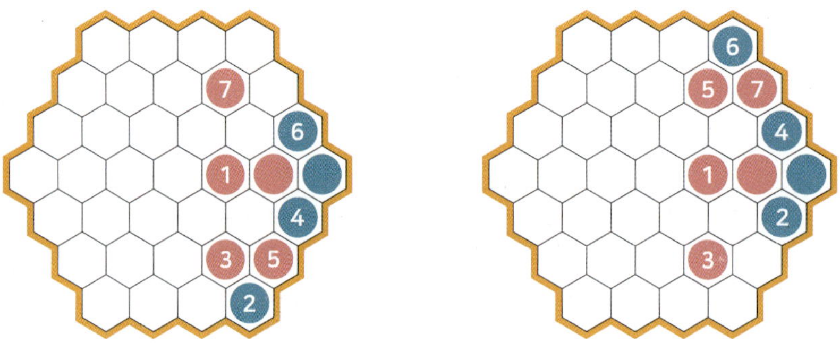

그림11 닻을 이용해 상대방 말을 끊은 예1

그림11에서 빨간색은 닻 1을 둔 후 3, 5, 7을 두어 수직 방향으로 파란색에게 압력을 가하고 우측의 파란색 말 2, 4, 6을 쓸모없게 만들었다.

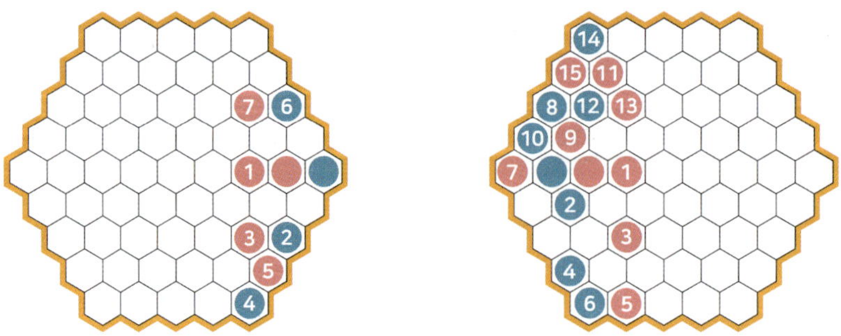

그림12 닻을 이용해 상대방 말을 끊은 예2

그림12의 왼쪽 그림에서도 빨간색이 닻 1을 둔 후 3, 5, 7을 두어 수직 방향으로 파란색에게 압력을 가하고 우측의 파란색 말 2, 6을 쓸모없게 만들었다. 또한 4를 우측 말과 분리했다. 한편 그림12의 오른쪽 그림에서 빨간색이 닻 1을 둔 후 일련의 수를 통해 수직 방향으로 압력을 가하여 좌측의 파란색 말을 가두면서 위협하였다. 닻 전술은 상대방의 말을 한쪽으로 가두면서 자신의 말로 승리 구조를 만들 수 있는 전술이라 게임에서 종종 사용된다.

컵(Cup)

컵

오른쪽 그림의 상황에서 파란색은 1을 두어 빨간색의 약점을 공격했다. 이때 빨간색은 한 줄 떨어진 곳에 2를 두어 이에 대응한다. 이 빨간색 말 2를 컵이라 한다. 컵은 빨간색 말과 바로 연결되지는 않지만 화살표 방향으로 영향력을 발휘하며 빨간색이 세력을 형성하게 한다.

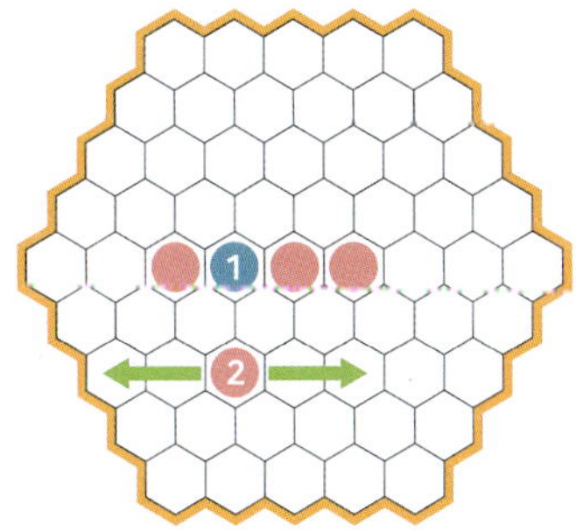

위의 컵 전술이 상대방을 어떻게 위협하는지 예를 통해 확인해 보자.

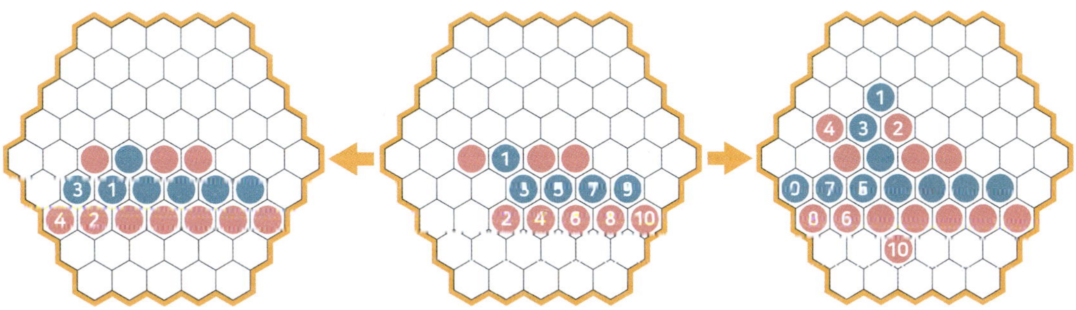

그림13 컵을 이용해 상대방을 공격한 예

그림13의 가운데 그림처럼 파란색이 1에서 3, 5, 7, 9의 순으로 말을 두면 빨간색은 2, 4, 6, 8, 10으로 두며 세력을 형성할 수 있다. 이후 그림13의 왼쪽 그림처럼 수순이 진행되면 빨간색은 두 변을 연결하여 포크를 만들기까지 두 수만 남게 된다. 비슷하게 그림13의 오른쪽 그림처럼 파란색이

상단의 변으로 연결하고자 1을 두면 빨간색은 2부터 10까지 말을 두면서 역시 포크를 만들어 승리하게 된다. 이처럼 컵 전술은 자신의 말의 약점을 공격받았을 때 한 줄 떨어진 곳에 말을 두어 가로 방향으로 영향력을 발휘해 상대의 말을 위협하고 자연스럽게 승리 구조를 만든다.

오프닝 전략

오프닝 전략

오프닝 전략은 어느 위치에 첫수를 둘 때 승리할 수 있는가에 대한 전략이다. 각 게임판에 대해 아래 그림에 표시된 칸에 첫수를 둘 때 승리할 수 있다.

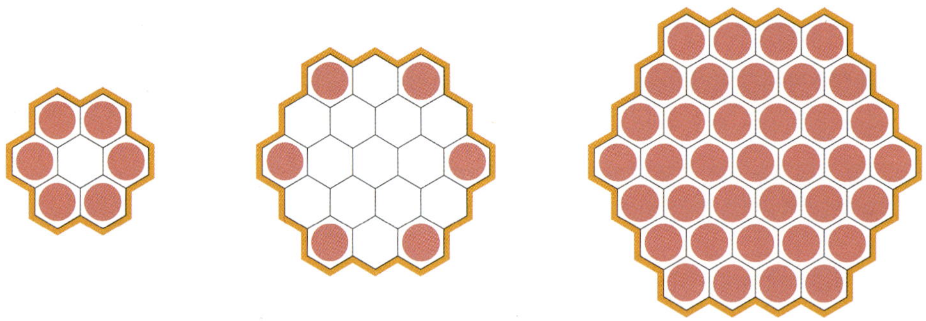

하반나-2 게임판에서는 빨간색이 꼭짓점 칸에 첫수를 두면 승리한다. 아래 그림을 참고하자.

하반나-3 게임판에서도 마찬가지로 아래 그림처럼 빨간색이 꼭짓점 칸에 첫수를 두면 승리한다.

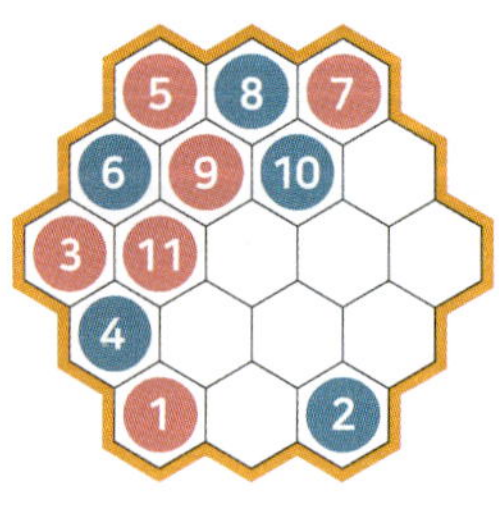

한편 하반나-4 게임판에서는 어느 칸에 첫수를 두어도 빨간색이 승리한다. 물론 이는 빨간색이 첫수

이후 최선의 수를 두었을 때를 전제한 것이다. 아래 그림은 하반나-4 게임에서 빨간색이 꼭짓점에 첫 수를 두어 승리한 게임이다.

하반나 문제

앞에서 알아본 하반나 이론을 바탕으로 하반나 문제를 풀어보자. (답은 다음 쪽에서 확인 가능)

문제1 하반나-4 게임판에서 무승부로 끝난 게임을 직접 찾아보자.

문제2 다음 물음에 답해보자.

1) 포크를 만들기 위해 선택할 수 있는 변의 경우의 수는 얼마일까?

2) 하반나-n 게임판에서 육각형 칸의 전체 개수는 몇 개일까?

3) 하반나-5 게임판에서 포크 프레임을 하나 만들어 보자.

크리스티안 프릴링은 하반나 문제를 소개하기도 했다. 그중 몇 가지를 알아보자.

문제3 빨간색 말이 둘 차례이다. 승리할 수 있는 수를 찾아보자.

1)

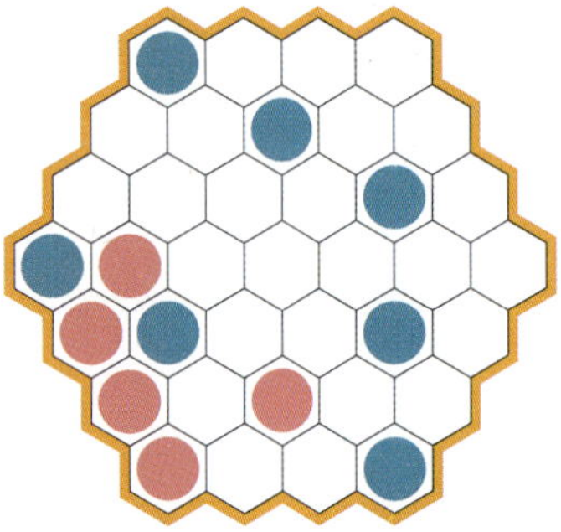

2)

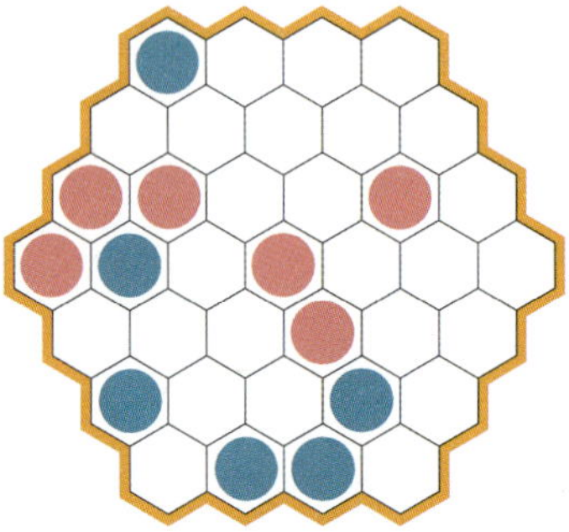

3)

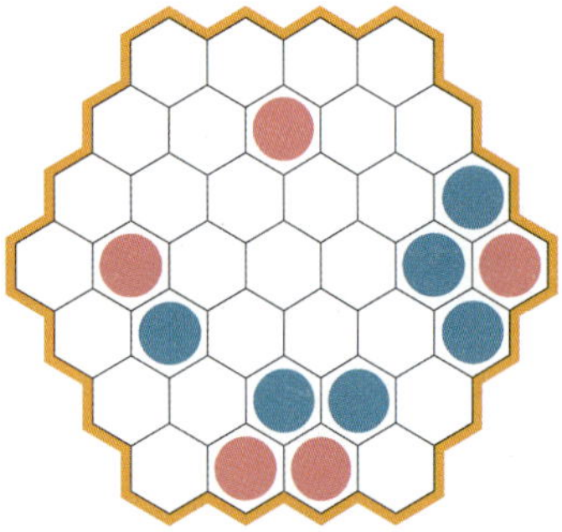

4)

풀이1 하반나-4 게임판에서 무승부로 끝난 게임의 한 예이다.

풀이2 풀이는 다음과 같다.

1) 변 6개 중 3개를 선택하는 경우의 수이므로 ${}_6C_3 = 20$이다.

2) $3n(n-1)+1 = 3n^2 - 3n + 1$개이다.

3) 하바나-5 게임판에서 포크 프레임의 한 예는 다음과 같다.

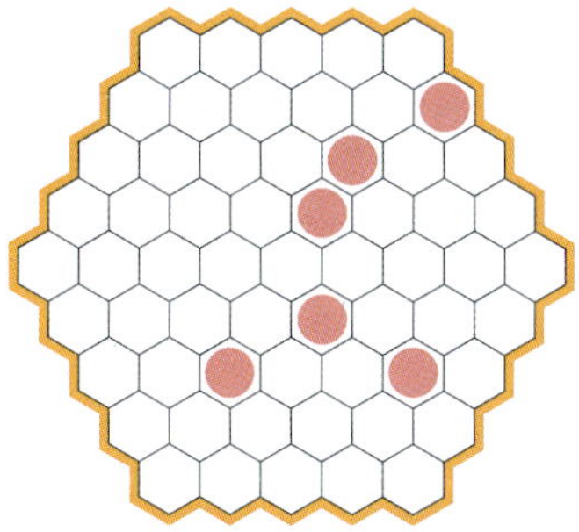

풀이3 다음과 같은 수순으로 승리할 수 있다. 자세한 설명은 생략한다.

1)

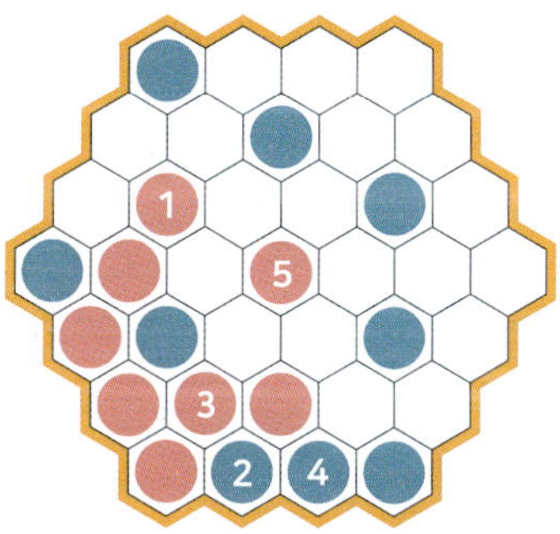

2)

3)

4)

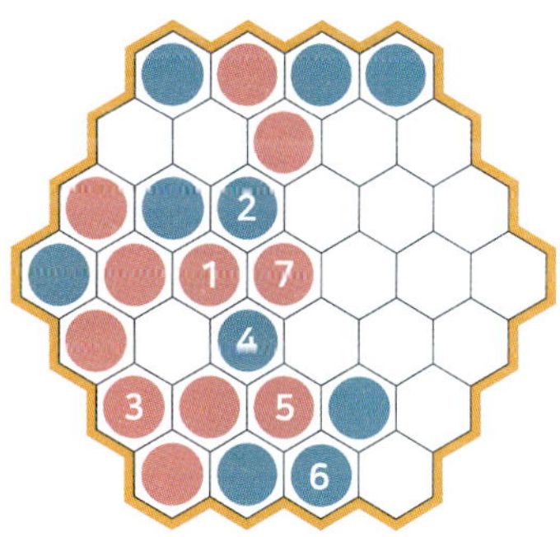

말이 끊어지지 않게 **연결 게임**

점과 상자 Dots and Boxes

어렸을 때 한 번쯤 해 보았던 땅따먹기 게임이라고 생각해도 될까? 점과 상자는 19세기 수학자 에두아르 뤼카(Édouard Lucas)의 책 《라 피포피펫: 새로운 조합 게임(La Pipopipette: Nouveau Jeu de Combinaisons)》에 처음 소개되었다. 이 게임은 점과 대시(Dots and Dashes), 점의 게임(Game of Dots), 상자(Boxes), 펜 안의 돼지(Pigs in a Pen) 등 여러 가지 이름으로 불린다.

게임에 필요한 도구

게임판, 펜

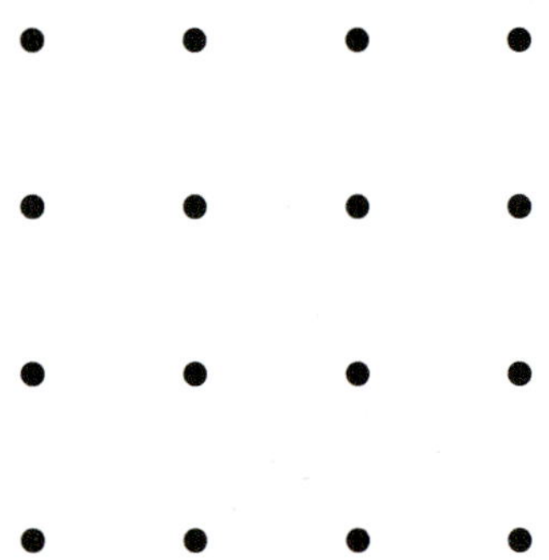

4 × 4 점 게임판

펜

게임판이 없다면 종이에 점을 찍어 게임판을 만들어도 되며 펜은 한 가지 색이어도 된다. 가로와 세로로 각각 n줄의 점, 총 n^2의 점이 찍힌 게임판을 $n \times n$점 게임판이라고 한다. 초보자에게는 3 × 3점 또는 4 × 4점 게임판을 추천하며, 숙련자에게는 6 × 6점 게임판을 추천한다. 4 × 4점 게임판은 3 × 3상자 게임판이라고도 한다.

게임판 받기

02_연결 게임/점과 상자.pdf

게임 규칙

게임은 다음과 같은 규칙에 따라 진행한다.

1) 두 사람이 교대로 인접한 점 사이에 하나의 수평선 또는 수직선을 긋는다.
2) 1 × 1 상자의 마지막 모서리를 완성한 사람은 1점을 획득하고 선을 한 번 더 긋는다. 이때 상자 안에는 자신만의 표시를 하거나 색칠을 한다. 선 하나로 두 개 이상의 상자를 얻었어도 추가 선은 한 번만 더 그을 수 있다.
3) 더는 선을 그을 수 없을 때 경기가 끝나며, 점수가 많은 사람이 승리한다.

점과 상자는 보통 두 사람이 하는 게임이지만 같은 방법으로 세 사람 또는 네 사람이 할 수도 있다. 그림1에서는 두 사람을 A, B로 표시하였고 A가 먼저 시작하였다.

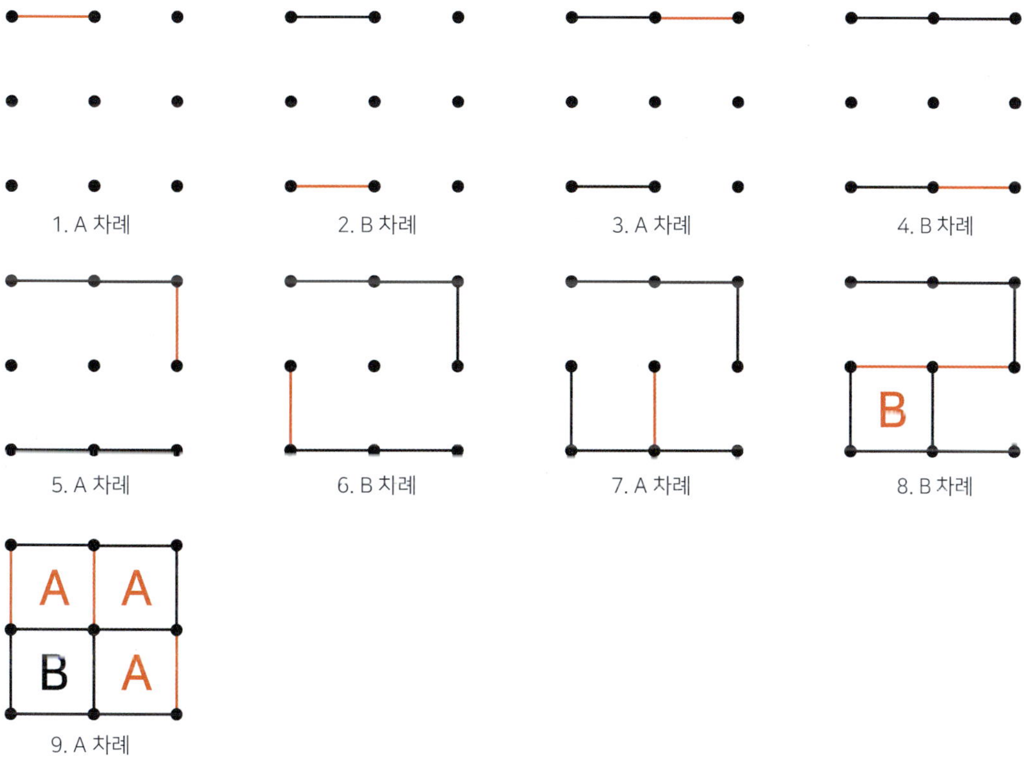

그림 1 점과 상자 게임 진행 예시

변형 게임

점과 상자에는 다양한 변형 게임이 있다. 이에 대해 알아보자.

게임판 종류에 따른 변형 게임

1) 스웨덴 보드 : 외부의 선이 그려진 게임판

2) 아메리칸 보드 : 외부의 선이 그려져 있지 않은 게임판

3) 아이슬란드 보드 : 반은 그려지고, 나머지는 그려져 있지 않은 중간 버전의 게임판

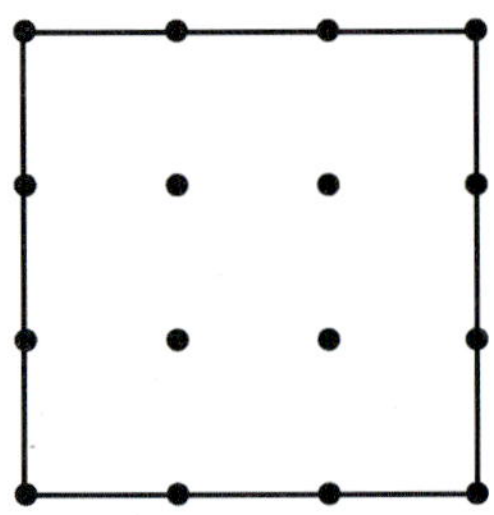

스웨덴 보드

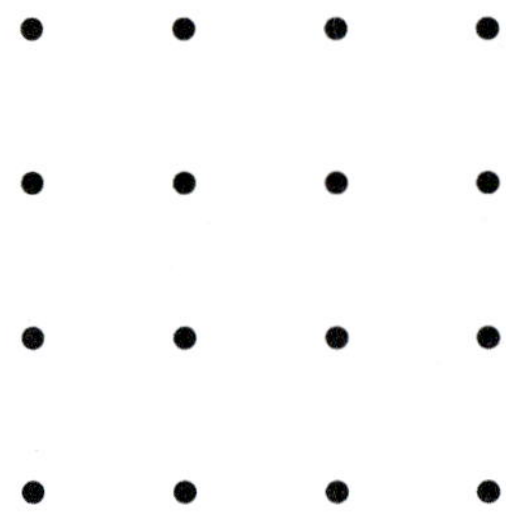

아메리칸 보드

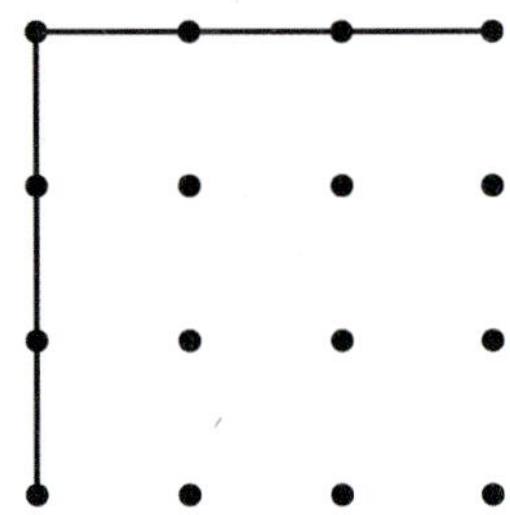

아이슬란드 보드

줄과 동전(Strings and Coins)

줄과 동전 게임은 동전과 줄이 연결되어 있으며 줄 끝은 바닥에 부착되어 있다. 두 사람은 가위를 이용하여 교대로 줄을 자른다. 자른 후 끈이 없는 동전을 남기는 사람이 그 동전을 얻고 한 번 더 자른다. 동전을 많이 얻는 사람이 승리한다. 줄과 동전 게임은 사실상 점과 상자 게임과 같은 게임으로 동전은 상자로, 가위로 줄을 자르는 것은 선을 긋는 것으로 생각하면 된다. 그림 2는 동화와 민

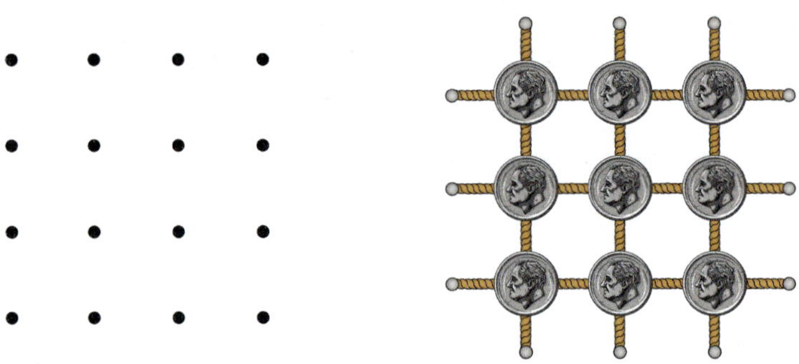

점과 상자 게임(왼쪽)과 줄과 동전 게임(오른쪽)

정이의 줄과 동전 게임 예시로 동화가 얻은 동전을 A, 민정이가 얻은 동전을 B로 표시했다. 동화부터 시작한 게임은 민정이의 승리로 끝났다.

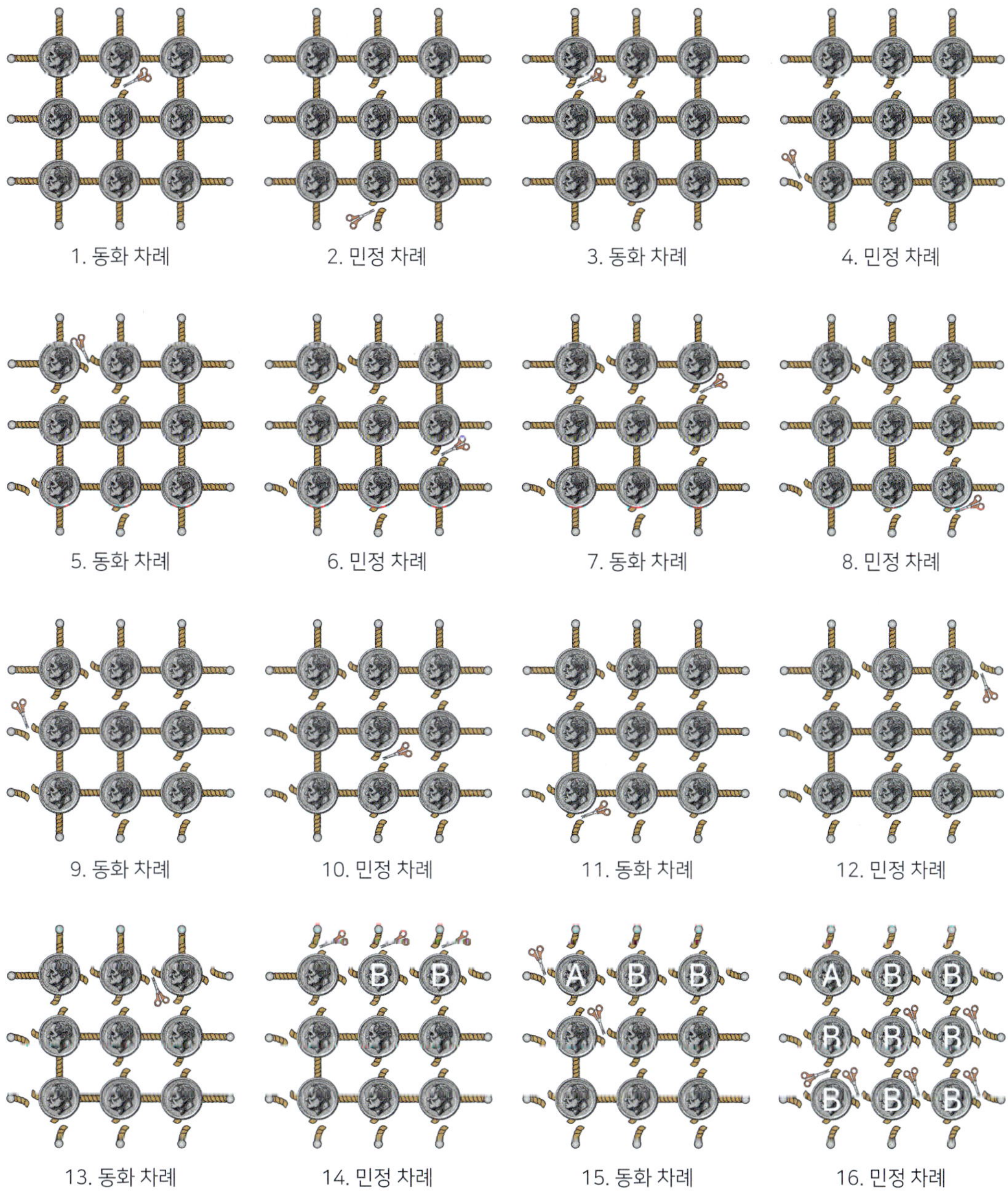

그림2 동화와 민정이의 줄과 동전 게임(동전을 8개 얻은 민정이의 승리)

점과 삼각형 게임(Dots and Triangles)

점과 삼각형 게임은 삼각형으로 된 게임판에서 게임을 진행하며 규칙은 다음과 같다.

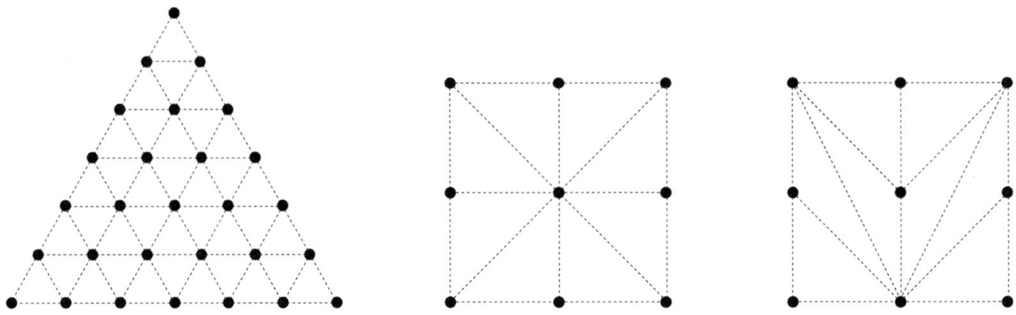

여러 가지 점과 삼각형 게임 게임판

1) 두 사람은 교대로 점선으로 연결된 두 점 사이에 선을 긋는다.
2) 경계점이 3개이고 내부에 점이 없는 삼각형의 마지막 변을 완성하는 사람은 1점을 얻고 한 번 더 선을 긋는다.
3) 더는 선을 그을 수 없을 때 많은 점수를 얻은 사람이 승리한다.

점과 다각형 게임(Dots and Polygons)

두 사람은 교대로 사이에 점이 없는 두 점을 직선으로 연결한다. 내부에 선과 구멍이 없는 다각형을 완성한 사람은 해당 영역을 얻고 한 번 더 선을 긋는다. 한 번에 두 다각형을 완성해도 추가로 하나의 선만 그을 수 있으며 가장 넓은 영역을 얻는 사람이 승리한다. 즉, 얻은 다각형의 넓이의 합이 더 큰 사람이 승리하는 것이다. 그렇다면 다각형의 넓이는 어떻게 구할 수 있을까?

적당한 선을 그어서 영역을 분할하여 구할 수도 있고 전체에서 특정 영역의 넓이를 빼는 등 여러 가지 방법으로 구할 수 있다. 그러나 픽의 정리를 이용하면 조금 더 편리하게 넓이를 구할 수 있다.

픽의 정리

격자점 위의 다각형에서 다각형의 변 위에 있는 점의 개수 B, 내부에 있는 점의 개수를 I라고 하자. 그러면 다각형의 넓이는 $I + \frac{B}{2} - 1$이다.

픽의 정리를 이용하여 아래 그림의 색칠된 영역의 넓이를 구해보자.

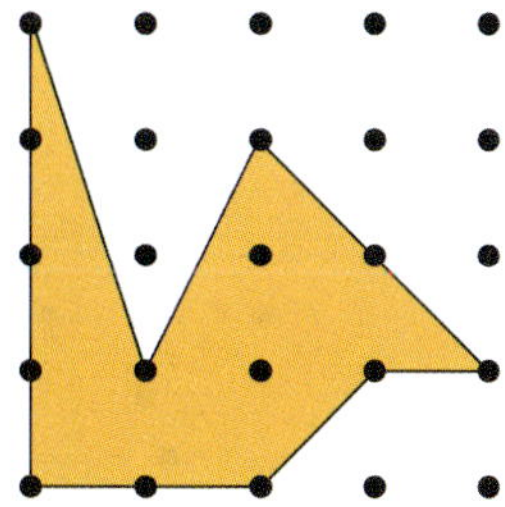

변 위에 12개의 점이 있으므로 B = 12, 내부에 2개의 점이 있어 I = 2이다. 따라서 이 다각형의 넓이는 $2 + \frac{12}{2} - 1 = 7$이다. 이처럼 픽의 정리를 이용하면 조금 더 편리하게 점과 다각형 게임의 승자를 알 수 있다.

이쯤 되면 점과 상자 게임을 3차원에서 진행할 수 있을지 궁금해진다. 얼핏 상상해 보면 가능할 것 같기도 하다. 그리고 실제로 3차원 점과 상자 게임이 존재한다. 그러나 기존의 점과 상자 게임처럼 직접 선을 그으며 게임을 진행하기는 쉽지 않다. 실제로도 컴퓨터에서 게임을 진행해야만 한다. 3차원 점과 상자 게임을 살펴보고 왜 그런지 생각해 보자.

3차원 점과 상자 게임(3D Dots and Boxes)

3차원 점과 상자 게임은 아래 정육면체 모양의 게임판에서 게임을 진행한다. 아래 게임판은 가로, 세로, 높이에 각각 3줄의 점이 있지만 점을 더 늘리거나 줄여서 만든 게임판도 생각할 수 있다. 3차원 점과 상자 게임은 1점을 획득하는 방법에 따라 세 가지 게임으로 나뉜다.

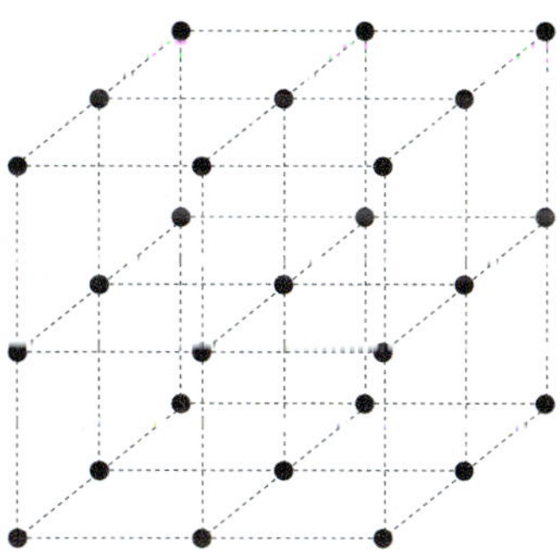

3차원 점과 상자 게임 게임판

1) 정사각형을 완성하면 1점을 얻는 게임

두 사람은 인접한 점들을 교대로 연결한다. 정사각형을 마지막으로 완성한 사람은 1점을 얻고 한 번 더 점을 연결한다. 모든 점을 연결하면 게임이 종료되며 가장 많은 득점을 한 사람이 승리한다.

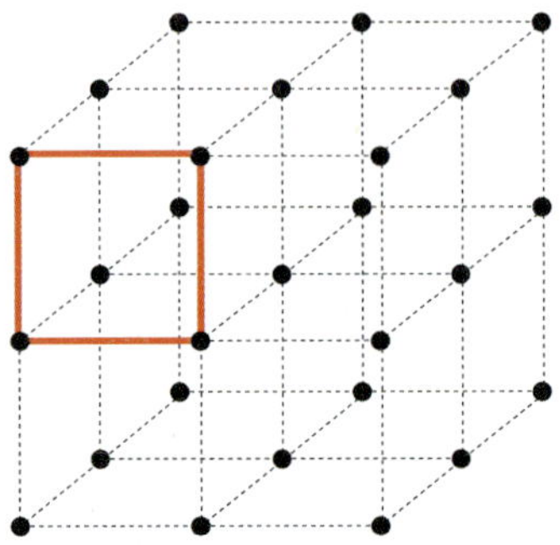

보통 점과 상자 게임은 한 번의 선으로 최대 두 개의 상자를 완성할 수 있다. 그러나 3차원 점과 상자 게임에서는 한 번의 선으로 더 많은 상자를 완성할 수 있다.

문제1 3차원 점과 상자 게임에서 하나의 선으로 최대 몇 개의 상자를 완성할 수 있을까? (답은 점과 상자 마지막 쪽에서 확인 가능)

2) 정육면체의 마지막 면을 색칠한 사람이 1점을 얻는 게임

인접한 점들을 연결하는 대신 두 사람은 교대로 한 번에 하나의 작은 정사각형을 색칠한다. 정육면체의 여섯 면의 색칠을 마지막으로 완성하는 사람은 1점을 얻고 한 번 더 색칠한다. 모든 면이 색칠되면 게임이 종료되며 가장 많은 득점을 한 사람이 승리한다.

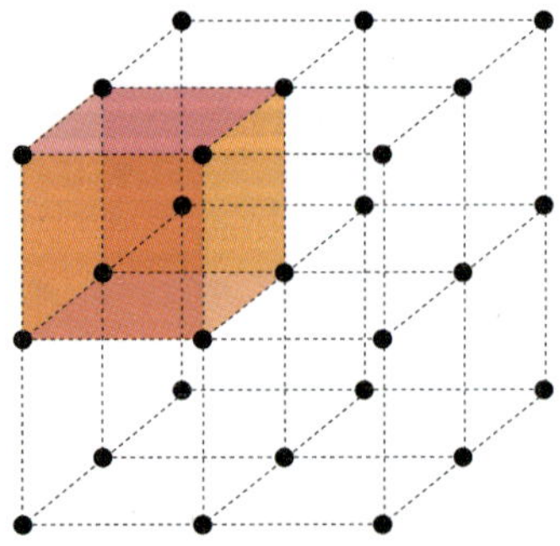

3) 정육면체의 마지막 모서리에 선을 그은 사람이 1점을 얻는 게임

두 사람은 교대로 인접한 점들을 연결한다. 정육면체의 12개의 모서리를 마지막으로 완성한 사람은 1점을 얻고 한 번 더 점을 연결한다. 모든 모서리가 그려지면 게임이 종료되고 가장 많은 점수를 받은 사람이 승리한다. 3차원 점과 상자 게임 중 이것의 전개가 가장 복잡하다.

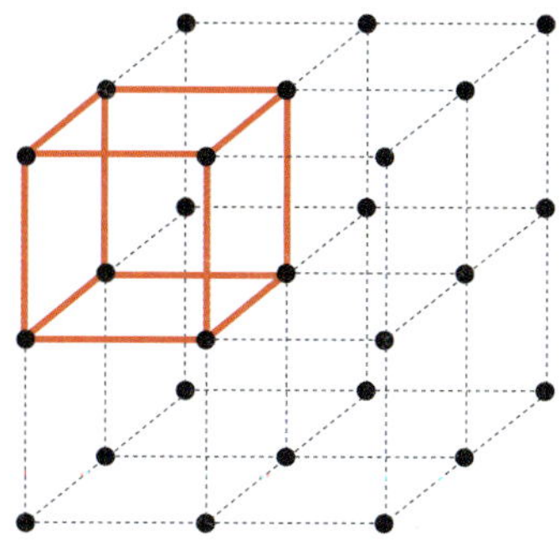

승리전략

점과 상자 게임의 필승전략은 알려지지 않았다. 하지만 게임을 처음 시작한 사람이 사용할 만한 기본적인 전략은 있다. 이에 대해 알아보려면 먼저 **사슬(Chain)**이라는 개념에 대해 알아야 한다.

사슬과 긴 사슬

1) 사슬(Chain) : 한 턴에 모든 상자를 가져갈 수 있는 서로 연결된 상자의 그룹
2) 사슬의 길이 : 사슬을 이루는 작은 정사각형의 수
3) 긴 사슬(Long Chain) : 길이가 3 이상인 사슬

예를 들어 보자. 빨간색 선이 마지막으로 그은 선일 때, 그림3의 왼쪽 그림은 길이가 2인 사슬이 만들어진 모습이고, 오른쪽 그림은 길이가 5인 사슬이 만들어진 모습이다. 오른쪽 그림의 사슬은

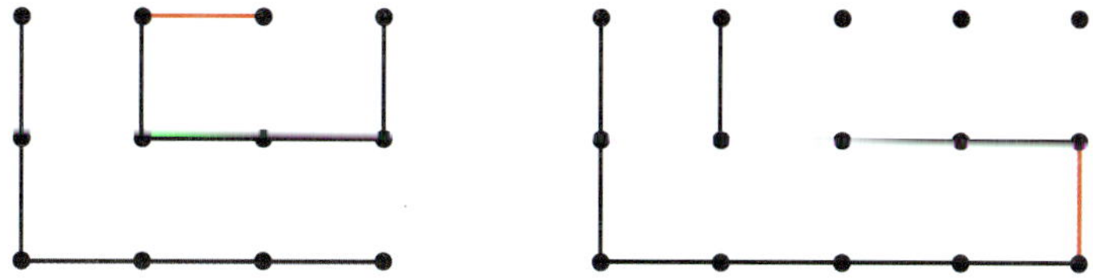

그림3 길이가 2인 사슬(왼쪽)과 길이가 5인 긴 사슬(오른쪽)

길이가 3 이상이므로 긴 사슬이다. 보통 하나의 선을 그어 사슬이 만들어지면 사슬을 열었다고 한다. 이제 기본전략에 대해 알아보자.

점과 상자 게임의 기본전략

1) 자기 차례에 상자의 세 번째 모서리를 완성하지 않도록 한다.
2) 모든 상자가 사슬 직전까지 가도록 계속해서 선을 긋는다.
3) 가능한 한 모든 상자를 가져간 후에 상대에게 가장 짧은 사슬을 열어준다.

기본전략을 사용해 게임에서 승리할 수 있을까? 도전해 보자. 그림4는 민정이와 동화의 게임 예시로 22턴부터 25턴까지 나타낸 것이다. 동화가 얻은 영역은 A, 민정이가 얻은 영역은 B로 표시했으며 동화부터 시작했다. 21턴까지 기본전략에 따라 두 명 모두 각 상자의 세 번째 모서리를 완성하지 않았고 사슬 직전까지 가도록 계속해서 선을 그었다. 그리고 22턴에 민정이가 먼저 길이 4의 사슬을 열었다. 동화는 23턴에 민정이가 연 사슬의 상자를 모두 가져갔고 길이 5인 사슬을 열었다. 다음으로 24턴에 민정이는 동화가 연 사슬의 상자를 모두 가져갔고 길이 7인 사슬을 열었다. 마지

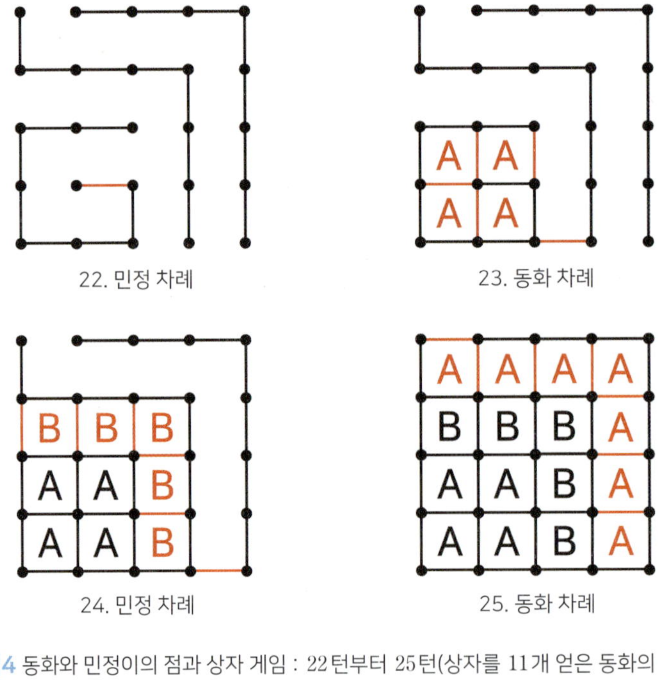

그림4 동화와 민정이의 점과 상자 게임 : 22턴부터 25턴(상자를 11개 얻은 동화의 승리)

막 25턴에 동화는 민정이가 연 사슬을 모두 가져가 승리했다. 동화는 기본 전략을 잘 이용해 최적의 전략으로 승리한 것처럼 보인다. 이보다 더 높은 점수로 승리할 수 있을까?

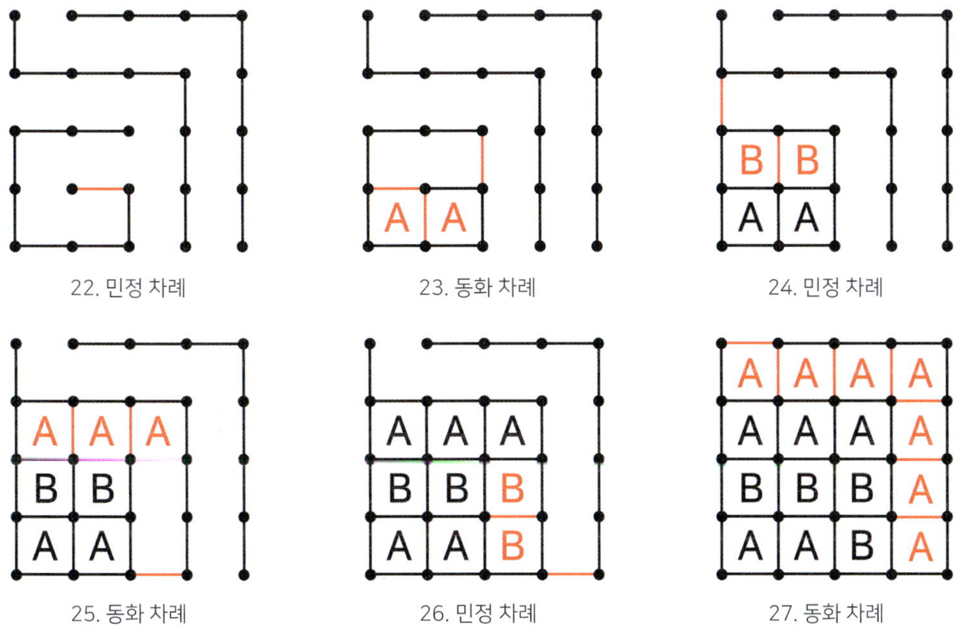

그림5 동화와 민정의 점과 상자 게임 : 22턴부터 27턴(상자를 12개 얻은 동화의 승리)

그림4와 그림5를 비교해 보자. 23턴을 보면 그림4에서 동화는 민정이가 연 사슬의 모든 상자를 가져왔지만 그림 5에서는 상자를 다 가져오지 않고 2개를 남겨 직사각형을 만든 후 민정이가 24턴에 직사각형으로 된 2개의 상자를 가져가도록 유도하였다. 동화는 이로 인해 24턴에 두 상자를 잃었지만, 동시에 민정이가 다시 새로운 사슬을 열도록 강요했다. 그리고 그 결과 동화는 25턴에 새로 연 사슬의 상자를 먼저 가져갈 수 있었다. 그리고 23턴에서처럼 3개의 상자만 가져가고 다시 2개의 상자를 남겨 직사각형을 만들었다. 다시 민정이가 직사각형으로 된 2개의 상자를 가져가도록 유도한 것이다. 26턴에 민정이는 2개의 상자를 가져간 후, 역시 새로운 사슬을 열었고 결국 동화는 27턴에 나머지 상자를 모두 가져가 12개의 상자로 승리하였다.

이쯤 되면 '2개의 상자를 가져가지 않으면 되잖아. 민정이가 왜 그 상자를 가져가야 하지?'라는 생각이 들 수 있다. 만약 민정이가 같은 상황에서 2개의 상자를 가져가지 않으면 어떻게 될까? 그림6의 상황을 보자.

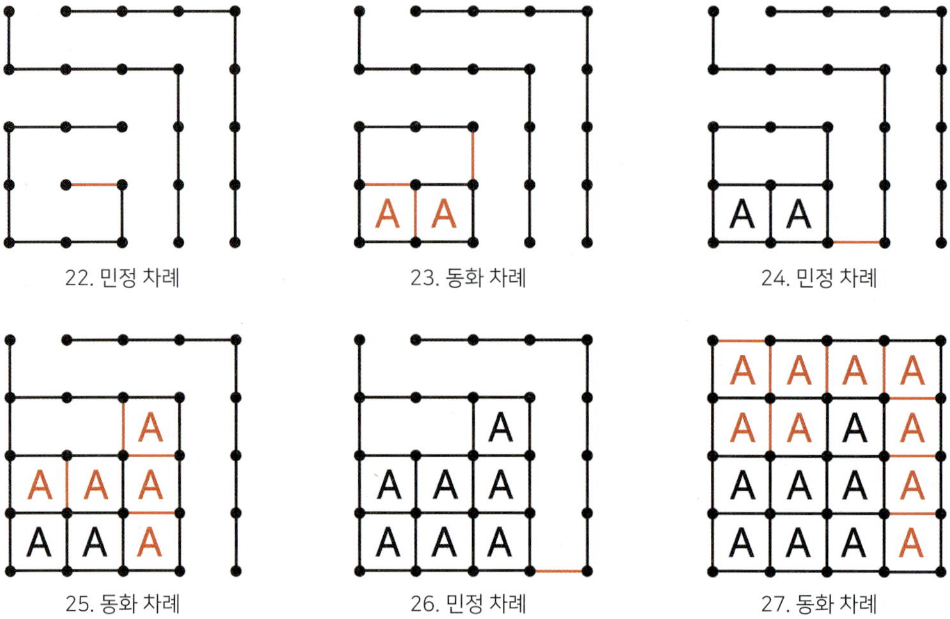

그림6 동화와 민정의 점과 상자 게임 : 22턴부터 27턴(상자를 16개 얻은 동화의 승리)

24턴에 직사각형으로 된 2개의 상자를 가져가지 않으면 동화에게 새로운 사슬만 열어줄 뿐이다. 이는 26턴에서도 마찬가지다. 따라서 민정이가 2개의 상자를 가져가지 않으면 모든 상자를 동화가 가져가게 된다. 결과적으로 민정이는 직사각형으로 된 2개의 상자를 가져갈 수밖에 없다. 상대방이 연 사슬에서 두 개의 상자를 양보한 후 더 많은 상자를 가져가는 이 전략으로 동화는 더 높은 점수를 얻게 되었다. 일 보 후퇴, 이 보 전진 같은 느낌의 전략이다.

이 전략을 **이중 거래 전략(Double-Dealing)**이라 하며 2003년 얼윈 벌리캄프(Elwyn Berlekamp), 존 콘웨이(John Conway), 리처드 가이(Richard Guy)의 책 《수학 놀이를 위한 승리 방법(Winning Ways for Your Mathematical Plays)》에 소개되었다. 이 전략에 대해 알아보자.

이중 교차(Double-Cross)

선 하나를 그어서 두 개의 상자를 동시에 완성하는 동작을 **이중 교차**라고 한다.

이중 거래 전략은 기본적으로 상대방에게 이중 교차를 하도록 강요한다.

이중 거래 전략

직사각형으로 된 두 상자를 내어주고 상대방이 빈 영역에서 선을 그어 더 긴 사슬을 열도록 하는 전략이다. 이 직사각형을 만들기 위해 선을 그리는 동작을 **이중 거래 동작**이라 한다.

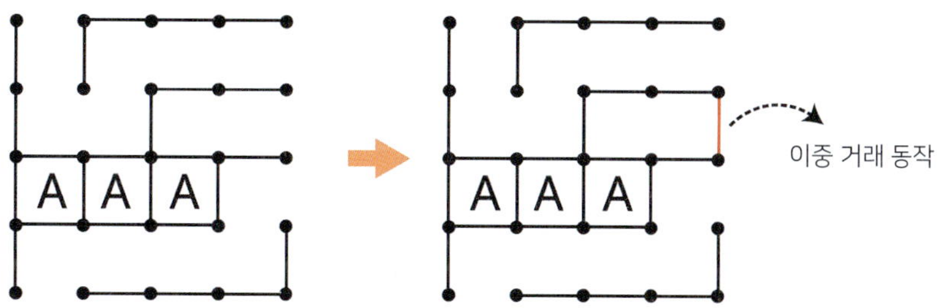

앞에서 알아본 그림5의 상황은 동화가 이중 거래 전략을 2번 사용한 것이다. 점과 상자 게임에서 이중 거래 전략을 사용할 수 있는 상황이라면 확실한 승기를 잡을 가능성이 크다. 그런데 이중 거래 전략은 언제 사용할 수 있을까? 동화는 이중 거래 전략을 사용했는데 민정이는 왜 사용하지 못했을까? 둘의 차이점은 무엇일까? 그림5의 상황을 다시 살펴보자.

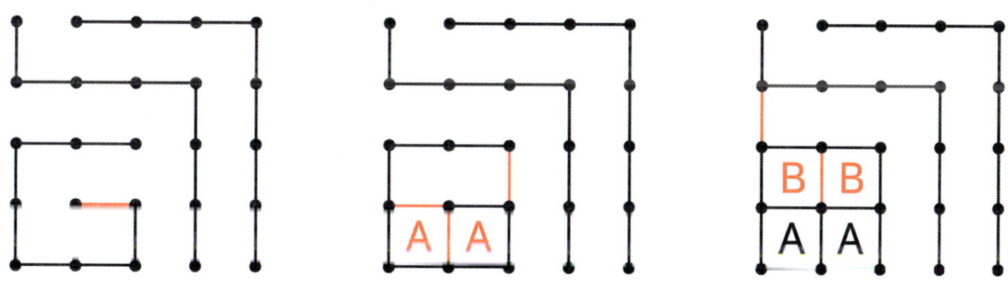

그림7 이중 거래 전략 사용

그림5의 상황에서 처음 세 턴은 그림7과 같다. 23턴에서 동화는 이중 거래 전략을 사용했다. 그리고 이게 가능했던 이유는 22턴에서 민정이가 긴 사슬을 열었기 때문이다. 즉, 이중 거래 전략을 사용하려면 상대방이 먼저 긴 사슬을 열도록 해야 한다. 그러면 계속해서 이중 거래 전략을 사용할 수 있고 게임에서 승리하게 된다. 이중 거래 전략을 사용하는 사람은 끝까지 본인의 의도대로 게임

을 진행하고 게임을 통제하게 된다. 그렇다면 어떻게 상대방에게 긴 사슬을 열게 해 게임을 통제할 수 있을까? 이와 관련해 **긴 사슬 규칙(Long Chain Rule)**이라는 것이 알려져 있다. 이에 대해 알아보기 위해서는 다음과 같은 보조 정리가 필요하다.

보조 정리

$n \times m$ 점 게임판에서 점과 상자 게임을 한다고 하자. 게임의 전체 턴 수를 T, 총 상자의 수를 B, 게임에서 긋는 전체 선의 수를 L, 이중 교차의 수를 C라고 할 때 다음이 성립한다.

$$T = L - B + C + 1$$

증명〉 만약 두 사람이 교대로 선을 한 번씩만 긋고 게임이 종료된다면 T = L일 것이다. 하지만 점과 상자 게임은 교대로 선을 긋다가 상자를 완성하면 추가 선을 긋는다. 따라서 게임에서 긋는 전체 선의 수에서 추가로 그은 선의 수의 총합을 빼면 턴 수 T가 된다.

추가로 긋는 선의 수가 얼마인지 생각해 보자. 이때 고려해야 할 것은 상자의 수 B와 이중 교차의 수 C이다. 추가 선을 긋는 경우는 두 가지가 있는데, 하나의 상자를 완성하고 추가 선을 긋는 경우와 두 상자를 동시에 완성하고 추가 선을 긋는 경우다. 두 개의 상자를 완성하는 경우의 수가 이중 교차의 수인 C와 같기 때문에 하나의 상자를 완성하는 경우의 수는 B − 2C이다. 그리고 마지막에 완성되는 상자에 대해서는 추가 선을 긋지 않는다. 결과적으로 두 개의 상자를 완성하는 경우의 수와 하나의 상자를 완성하는 경우의 수의 합에서 1을 빼야 추가로 긋는 선의 수가 된다. 그러므로 추가로 긋는 선의 수는 B − C − 1이다.

전체 턴 수는 게임에서 긋는 전체 선의 수에서 추가로 긋는 선의 수의 총합을 뺀 것이기 때문에 다음이 성립한다.

$$T = L - (B - C - 1) = L - B + C + 1 \blacksquare$$

이제 긴 사슬 규칙에 대해 알아보자. 앞에서 게임을 통제하려면 상대방이 먼저 긴 사슬을 열도록 해야 한다고 했다. 게임을 통제하는 사람은 상대방이 연 긴 사슬에 반복해서 이중 거래 전략을 사용하게 되고 상대방이 마지막으로 연 긴 사슬의 모든 상자를 가져오며 게임에서 승리한다. 즉, 게임을 통제하는 사람은 마지막 턴을 하고 게임을 마무리한다. 결과적으로 게임을 통제하는 사람은 마지막 턴을 하는 사람이기도 하다.

두 사람이 게임을 한다고 할 때 먼저 시작하는 사람은 홀수 턴에 자기 차례가 되고, 나중에 하는 사람은 짝수 턴에 자기 차례가 된다. 게임을 통제하는 사람이 마지막 턴을 하는 사람이므로 먼저 하는 사람은 전체 턴 수를 홀수로 만들어야 한다. 반면 나중에 시작하는 사람은 전체 턴 수를 짝수로 만들어야 한다. 그래야 게임을 통제해 승리할 수 있기 때문이다. 물론 이는 일반적인 상황에 적용되는 이야기는 아니다. 두 명이 모두 앞에서 소개한 점과 상자 게임의 기본전략을 따르고 이중 거래 전략을 사용할 때 적용되는 이야기다. 이런 전제하에 우리는 긴 사슬 규칙을 말할 수 있다.

긴 사슬 규칙

점과 상자 게임판의 전체 점의 수를 D, 긴 사슬의 수를 S라 할 때 게임을 통제하는 사람이 되려면

1) 먼저 시작하는 사람은 D + S를 짝수로 만들어야 한다.

2) 나중에 시작하는 사람은 D + S를 홀수로 만들어야 한다.

증명〉 $n \times m$ 점 게임판에서 게임을 진행한다고 하자. 이때 게임의 전체 턴 수를 T, 총 상자의 수를 B, 게임에서 그은 전체 선의 수를 L, 이중 교차의 수를 C라 하면 다음이 성립한다.

$$
\begin{aligned}
B &= (n-1) \times (m-1) = nm - n - m + 1 \\
L &= n(m-1) + m(n-1) = 2nm - n - m \\
D &= nm
\end{aligned}
$$

이때 보조 정리에 의하여 다음이 성립한다.

$$
\begin{aligned}
T &= L - B + C + 1 \\
&= 2nm - n - m - (nm - n - m + 1) + C + 1 \\
&= nm + C \\
&= D + C
\end{aligned}
$$

점과 상자 게임의 기본전략을 따르고 이중 거래 전략을 사용해 게임을 진행하면 마지막 긴 사슬을 제외하고 모든 긴 사슬에 이중 교차를 하게 된다. 따라서 C = S − 1이고 다음이 성립한다.

$$T = D + S - 1$$

먼저 시작하는 사람은 마지막 턴을 해야 하므로 T = D + S − 1를 홀수로 만들어야 한다. 즉, D + S를 짝수로 만들면 된다. 같은 이유로 나중에 시작하는 사람은 T = D + S − 1를 짝수로 만들어야 하므로 D + S를 홀수로 만들면 된다. ■

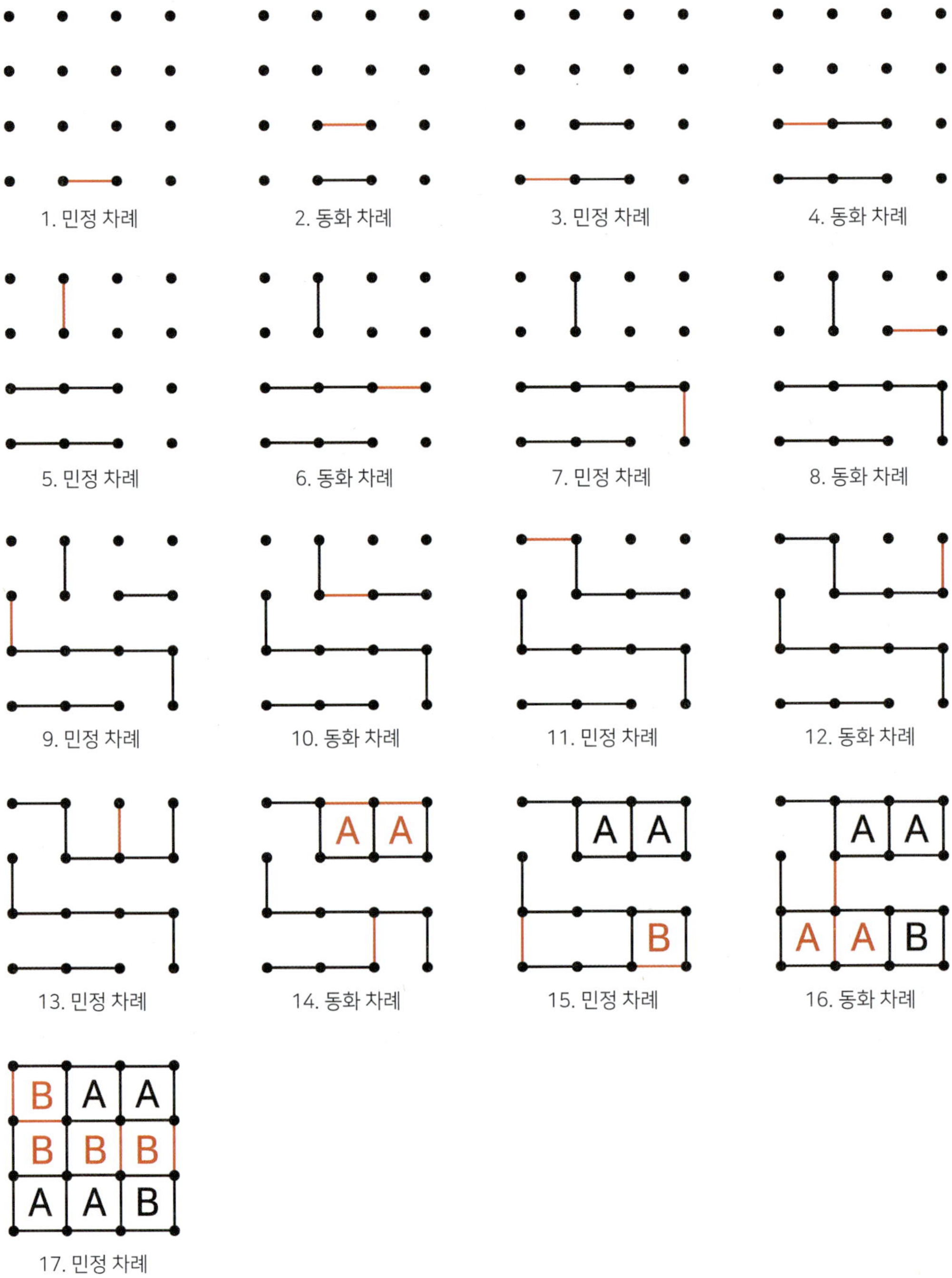

그림8 점과 상자 게임과 긴 사슬 규칙

그림8은 4 × 4 점 게임판에서 민정이와 동화의 게임 예시이다. 민정이가 얻은 상자를 B, 동화가 얻은 상자를 A라 표기하고, 민정이부터 게임을 시작했다. 민정이는 17번째 턴에 마지막 사슬의 4개의 상자를 모두 가져가 5 : 4로 승리하였다. 즉, 먼저 한 민정이는 턴을 홀수로 만들어 우승하게 된 것이다. 긴 사슬 규칙에서 턴의 수 T, 점의 수 D, 이중 교차의 수 C에 대해 T = D + C임을 보였는데 위의 게임에서 턴의 수 17, 점의 수 16이므로 공식에 따라 이중 교차가 한 번 이루어졌다는 것을 알 수 있다.

긴 사슬 규칙에 따라 먼저 시작한 민정이는 긴 사슬 수 S에 대해 D + S를 짝수로 만들어야 했다. D는 민정이가 통제할 수 있는 값이 아니므로 사실상 민정이가 통제할 값은 S이다. 4 × 4 점 게임판에서 D = 16이므로 D + S가 짝수가 되기 위해서는 S를 짝수로 만들어야 하는데 민정이는 긴 사슬의 수를 2로 유지해 S를 짝수로 만들었고 D + S가 짝수가 되게 하는 데 성공했다. 결과적으로 이로 인해 민정이는 게임을 통제할 수 있었고 게임에서 승리하였다.

점과 상자 문제

우리는 앞에서 점과 상자 게임의 기본전략, 이중 거래 전략, 긴 사슬 규칙 등 몇몇 전략을 알아보았다. 이를 이용해 점과 상자 문제를 풀어보자.

문제2 다음은 당신이 먼저 시작한 점과 상자 게임으로 당신의 차례인 상황이다. 아래의 상황에서 이번 차례에 어디에 선을 그어야 가장 큰 점수로 승리할 수 있을까?

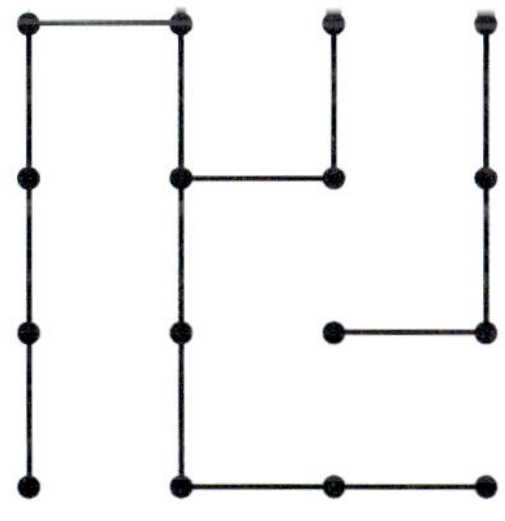

문제3 다음은 당신이 두 번째로 시작한 점과 상자 게임으로 현재 당신의 차례이다. 어디에 선을 그어야 승리할 수 있을까?

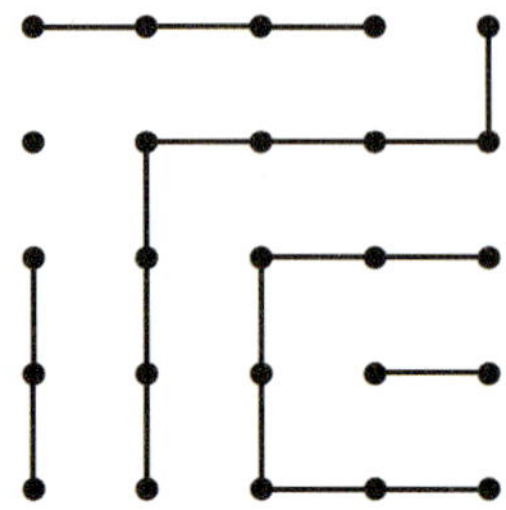

점과 상자 게임 문제의 해답을 알아보자.

풀이1 최대 네 개의 상자를 완성할 수 있으며 아래 그림의 점선을 연결하는 순간 네 개의 상자를 만들어 4 점을 얻는다.

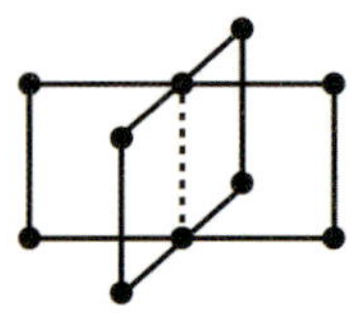

풀이2 아래와 같이 진행하면 7:2로 승리할 수 있다.

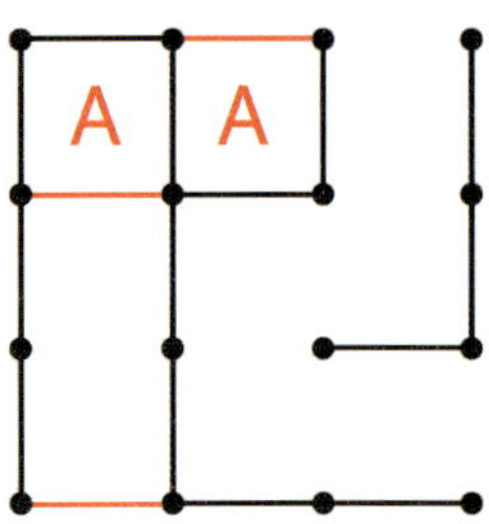

15턴

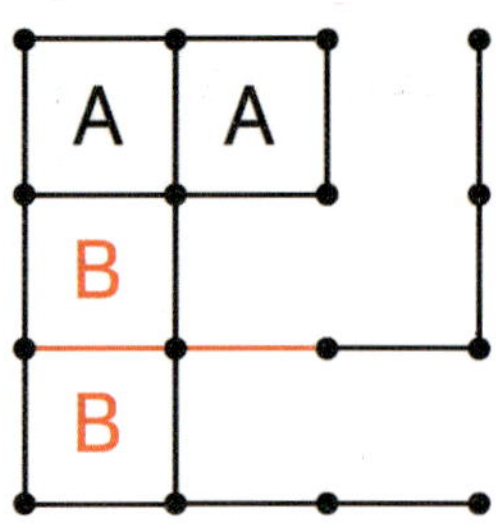

16턴

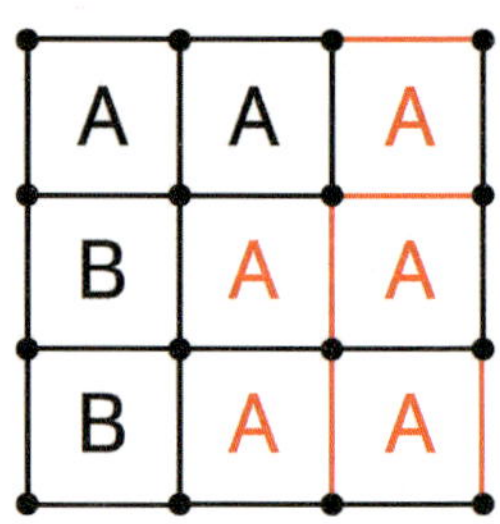

17턴

풀이3 전체 점의 수를 D, 긴 사슬 수를 S라 할 때 긴 사슬 규칙에 따라 나중에 하는 사람은 D+S를 홀수로 만들길 원한다. D = 25이므로 나중에 하는 사람은 긴 사슬의 수 S를 짝수로 만들어야 한다. 이를 위해 아래 그림처럼 왼쪽 위 모서리에 선을 그려서 긴 사슬 네 개를 만들면 된다.

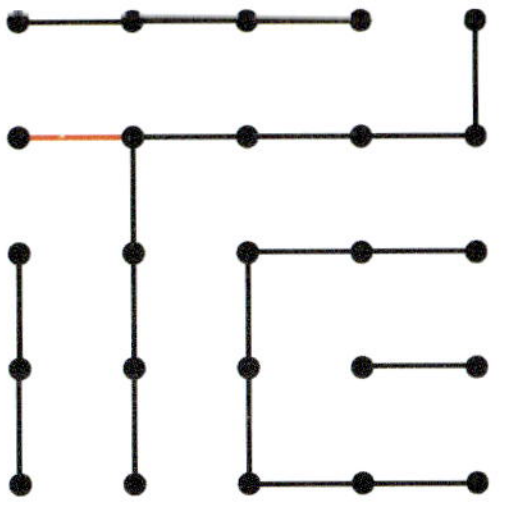

말이 끊어지지 않게 **연결 게임**

섀넌 스위칭 게임

Shannon Switching Game

섀넌 스위칭 게임(Shannon Switching Game)은 정보이론의 아버지라 불리는 미국의 수학자 겸 엔지니어인 클로드 섀넌(Claude Shannon)이 만든 게임이다. 이 게임은 조합 이론 및 그래프 이론과 깊은 관계가 있어 많은 수학자에게 관심을 받았고 다양한 연구가 진행되었다.

게임에 필요한 도구

게임판, 연필, 지우개

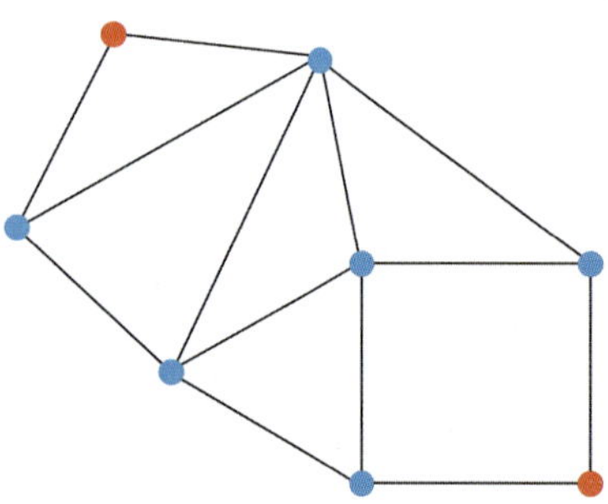

게임판

연필

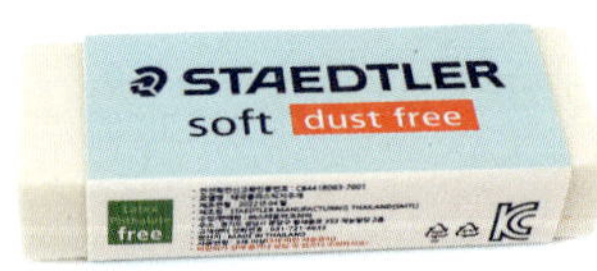

지우개

게임판은 정해진 두 개의 점이 있는 그래프이다. 한 명은 두 점을 연결하고, 다른 한 명은 선을 제거하는 역할을 하므로 선을 지울 수 있도록 연필을 이용해 게임판을 직접 그려서 하길 추천한다.

게임판 받기

02_연결 게임/섀넌 스위칭 게임.pdf

게임 규칙

두 개의 정해진 점(빨간색 점)이 있는 그래프가 그려진 게임판을 준비하고 다음과 같은 규칙에 따라 진행한다.

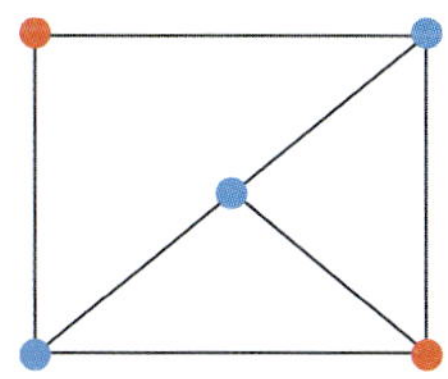

1) 게임을 하는 두 사람을 쇼트(Short)와 커트(Cut)라 한다.
2) 쇼트는 그래프의 선 중 하나를 선택해 색칠하고, 커트는 색칠되지 않은 선 중 하나를 제거한다.
3) 색칠한 선으로 빨간색 두 점을 연결하는 경로를 만들면 쇼트가 승리하고, 쇼트가 빨간색 두 점을 연결하는 경로를 만들지 못하면 커트가 승리한다.

섀넌 스위칭 게임은 쇼트가 연결해야 하는 두 점이 정해져 있으므로 게임을 시작하기 전에 어떤 두 점을 연결할지 결정해야 한다. 같은 그래프라 하더라도 연결해야 하는 두 점을 어떻게 정하는지에 따라 전략은 달라질 수 있다. 실제 게임의 진행 예를 살펴보자. 그림1은 쇼트가 먼저 시작했을 때 섀넌 스위칭 게임의 진행 예시이다. 게임은 쇼트의 승리로 끝났다.

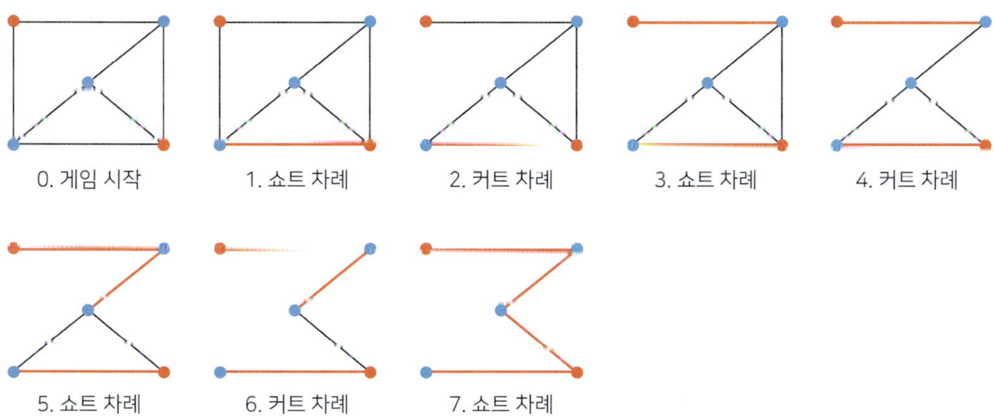

그림1 섀넌 스위칭 게임 진행 예시(쇼트의 승리)

그래프 이론

섀넌 스위칭 게임은 그래프에서 게임이 진행되기 때문에 게임의 전략을 알아보려면 먼저 그래프 이론과 관련된 내용을 알아야 한다. 따라서 그래프 이론과 관련된 몇 가지 개념을 살펴보자. 한 가지 알아야 할 것은 여기서 말하는 그래프가 함수의 그래프와는 다르다는 것이다. 그래프 이론에서 **그래프**란 유한개의 꼭짓점(Vertex)과 꼭짓점을 잇는 변(Edge)으로 된 집합을 말한다. (꼭짓점을 정점, 변을 간선이라고도 한다.)

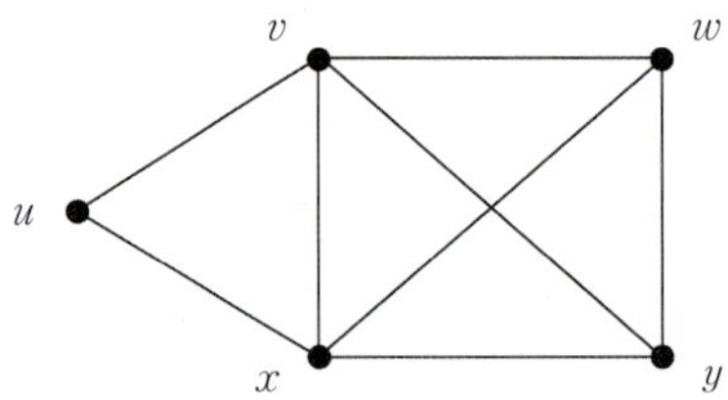

그림2 그래프의 예

어떤 그래프가 주어졌을 때 그 그래프의 꼭짓점과 변 가운데 일부로 이루어진 그래프를 그 그래프의 **부분 그래프**라 하고 그래프에서 각 꼭짓점에 연결된 변의 수를 **꼭짓점의 차수**라 한다. 그림3은 그림2의 부분그래프 중 하나이다.

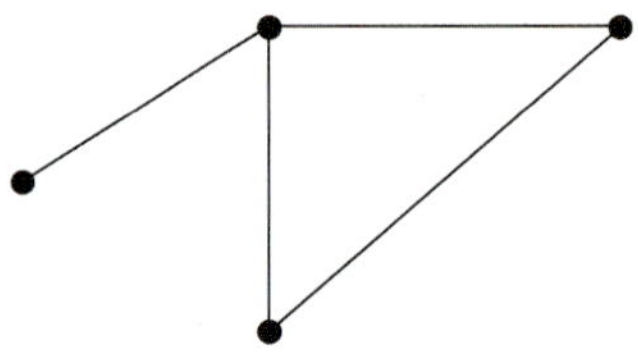

그림3 그림2의 부분그래프의 예

한 꼭짓점에서 출발해 이어진 변을 따라 변을 반복하지 않고 또 다른 꼭짓점으로 이동할 때, 순서대로 꼭짓점을 나열한 것을 **경로**라 한다. 또한 한 꼭짓점에서 출발하여 이 꼭짓점으로 되돌아오는 경로를 **회로**라 한다. 예를 들어 그림2의 그래프를 보자. 꼭짓점 u에서 꼭짓점 w로 가는 경로에는 uvw, uxw, $uxvw$, $uxyw$ 등이 있다. 경로 $uvwxu$는 꼭짓점 u에서 u로 되돌아오는 회로이다. 그래프의 임의의 두 꼭짓점 사이에 경로가 항상 존재하면 그 그래프를 **연결 그래프**라 한다. 그림2의 그래프 역시 어떤 두 꼭짓점을 선택해도 항상 경로가 존재하므로 연결 그래프이다.

연결 그래프 중 회로가 없는 그래프를 **트리**(Tree)라 한다. 그림4는 여러 가지 트리의 예이다.

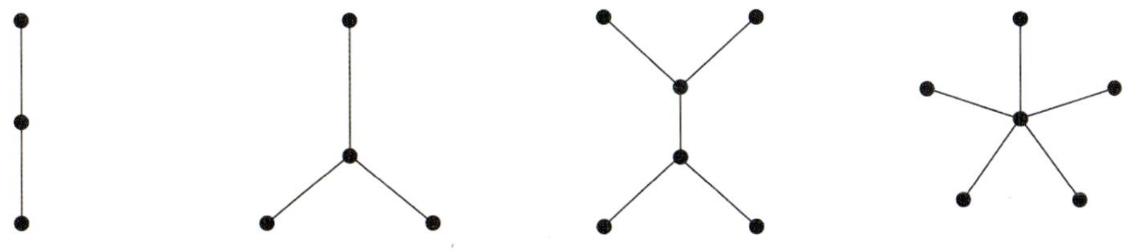

그림4 여러 가지 트리

연결 그래프에서 변을 삭제하여 얻어지는 트리를 그 그래프의 **생성트리**(Spanning Tree)라 한다. 즉, 생성 트리란 주어진 그래프의 부분그래프로 그 그래프의 변의 일부분과 모든 꼭짓점으로 이루어진 트리이다. 그림5에서 그래프 H와 I와 J는 그래프 G의 생성트리이다.

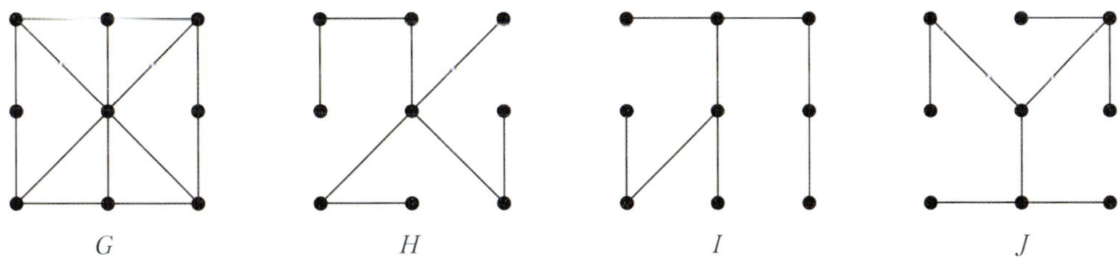

그림5 그래프와 생성트리

이상의 내용을 정리하면 다음과 같다.

그래프 이론의 기본 개념

1) 그래프 : 유한개의 꼭짓점과 꼭짓점을 잇는 변으로 된 집합
2) 부분그래프 : 주어진 그래프의 꼭짓점과 변 가운데 일부로 이루어진 그래프
3) 꼭짓점의 차수 : 꼭짓점에 연결된 변의 수
4) 경로 : 한 꼭짓점에서 출발해 이어진 변을 따라 변을 반복하지 않고 또 다른 꼭짓점으로 이동할 때, 순서대로 꼭짓점을 나열한 것
5) 회로 : 한 꼭짓점에서 출발하여 이 꼭짓점으로 되돌아오는 경로
6) 연결 그래프 : 임의의 두 꼭짓점 사이에 항상 경로가 존재하는 그래프
7) 트리 : 회로가 없는 연결 그래프
8) 생성트리 : 주어진 그래프의 부분그래프로 그 그래프의 변의 일부분과 모든 꼭짓점으로 이루어진 트리

게임 전략

섀넌 스위칭 게임은 그래프의 형태에 따라 승패가 결정되는 세 가지 상태가 존재한다. 누가 먼저 시작하든 쇼트가 승리하는 상태, 누가 먼저 시작하든 커트가 승리하는 상태, 먼저 시작하는 사람이 승리하는 상태가 바로 그것이다. 무승부인 경우는 없다. 각각에 대해 살펴보자.

아래 그림6은 쇼트가 승리하는 상태로 두 빨간색 점을 연결하는 직접 경로가 두 개 있어 커트가 먼저 시작해도 쇼트가 승리하게 된다.

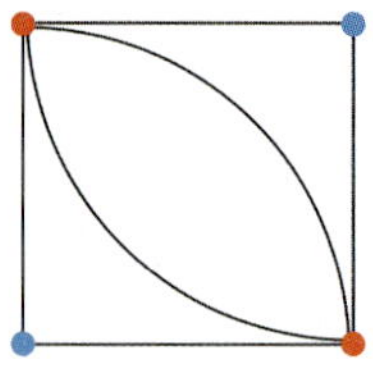

그림6 쇼트가 승리하는 상태

그림7은 커트가 승리하는 상태이다. 그래프에서 커트가 주황색 선 중 하나를 삭제하면 쇼트는 커트를 이길 수 없다. 따라서 쇼트가 먼저 시작해도 커트가 승리하게 된다.

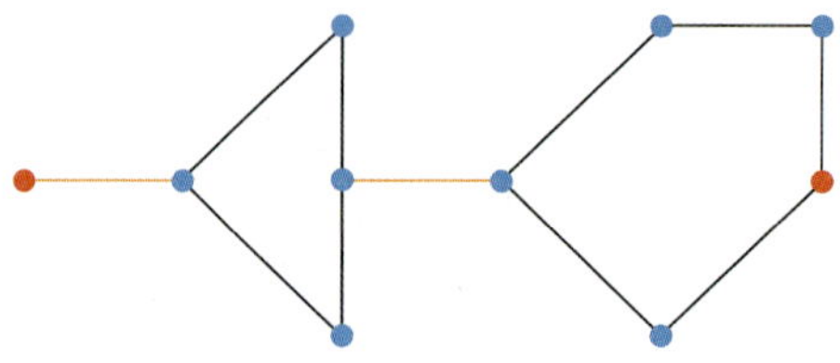

그림7 커트가 승리하는 상태

그림8은 먼저 시작한 사람이 승리하는 상태이다. 커트가 먼저 시작할 경우 가장 오른쪽에 있는 변을 제거하면 커트가 승리하게 된다.

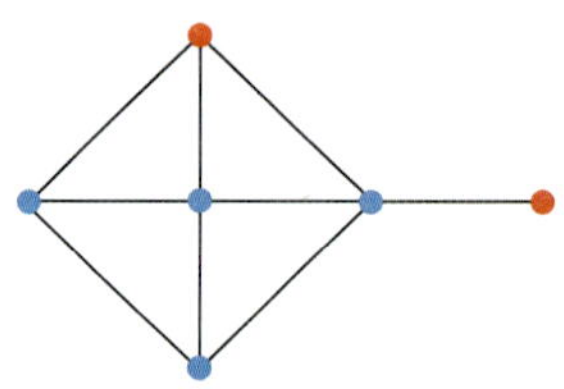

그림8 먼저 하는 사람이 승리하는 상태

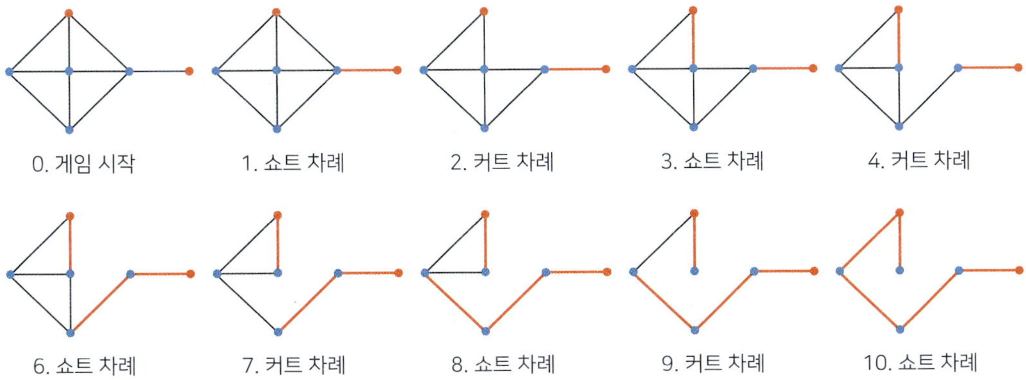

그림9 쇼트가 먼저 시작했을 때의 진행(쇼트의 승리)

쇼트가 먼저 시작하는 경우 그림9와 같은 진행으로 쇼트가 승리하게 된다. 이렇게 섀넌 스위칭 게임은 그래프의 형태에 따라 쇼트가 승리하는 상태일 수도 있고, 커트가 승리하는 상태일 수도 있으며, 먼저 시작하는 사람이 승리하는 상태일 수도 있다.

그렇다면 여기서 자연스럽게 다음과 같은 질문이 떠오른다. 그래프가 어떤 조건을 만족할 때 쇼트가 승리하고, 어떤 조건을 만족할 때 커트가 승리하는 것일까? 먼저 시작하는 사람이 승리하는 상태는 그래프가 어떤 조건을 만족할 때일까?

이에 대해 알아보도록 보자. 이를 처음 보인 사람은 수학자 앨프리드 리먼(Alfred Lehman)이다. 그는 1964년 조합론의 한 분야인 매트로이드(Matroid) 이론을 사용해 이에 대한 완벽한 해법을 제시했다. 이후 리처드 맨스필드(Richard Mansfield)는 상대적으로 쉬운 방법으로 이를 다시 증명했다. 하지만 맨스필드의 증명 역시 이해하기는 쉽지 않기 때문에 여기서는 정리의 결과를 중심으로 내용을 살펴보고 증명은 어렵지 않은 수준의 내용만 소개하기로 한다.

본격적인 내용을 알아보기 위해서는 몇 가지 보조 정리가 필요하다. 먼저 알아볼 것은 트리에 관한 성질로 증명 없이 받아들이도록 한다. (증명이 어려워서는 아니니 궁금한 사람은 관련 전공 서적을 찾아보길 바란다.)

보조정리1 : 트리의 성질

1) 트리에는 임의의 두 꼭짓점을 연결하는 경로가 유일하게 존재한다.
2) 연결 그래프 G가 트리일 필요충분조건은 n개의 꼭짓점과 $n-1$개의 변을 갖는 것이다.
3) 트리에서 한 개의 변을 제거해 두 그래프로 연결이 끊어지면 이 두 그래프는 트리이다.

보조정리1을 이용해 생성트리에 관한 보조정리2를 증명할 것이다.

보조정리2 : 생성트리의 성질

연결 그래프 G가 공통 변의 집합이 V인 두 개의 생성트리를 갖는다고 하자. 한 생성트리에서 V에 속하지 않는 변을 하나 제거해 서로 연결되지 않는 두 개의 트리가 만들어졌을 때 V에 속하지 않으면서 다른 생성트리에 있는 변 하나로 연결이 끊어진 두 트리를 다시 연결할 수 있다.

증명〉 그래프 G의 생성트리를 H_1, H_2라 하자. 이때 생성트리 H_1에서 V에 속하지 않는 변 e_1을 제거해 두 개의 그래프로 연결이 끊어지면 보조정리1-3)에 의해 두 그래프는 트리임을 알 수 있다. 이를 T_1, T_2라 하자.

변 e_1의 양 꼭짓점을 x, y라 하고 꼭짓점 x는 T_1의 점, 꼭짓점 y는 T_2의 점이라 하자. 생성트리 H_2에는 꼭짓점 x에서 꼭짓점 y로의 경로 P가 존재한다. 경로 P는 T_1의 꼭짓점 x에서 시작해 T_2의 꼭짓점 y로 끝나기 때문에 경로 P에는 T_1에 있는 꼭짓점 하나와 T_2에 있는 꼭짓점 하나를 양 끝점으로 하는 변 e_2가 존재한다. 또한 e_2는 V에 속하지 않는다. e_2가 V에 속하면 생성트리 H_1에 회로가 존재하여 모순이 되기 때문이다. 따라서 H_1에서 변 e_1를 제거한 후 e_2를 추가한 그래프는 연결 그래프가 된다. 또한 이 그래프는 H_1과 꼭짓점과 변의 수가 같은 연결 그래프이므로 보조정리1-2)에 의해 트리다. 즉, G의 생성트리이다. ■

보조정리2의 내용을 살펴보자. 아래 그림10에서 그래프 H_1, H_2는 그래프 G의 생성트리로 서로 공통된 변을 갖지 않는다. (공통 변을 갖는 경우도 비슷하게 생각할 수 있다.)

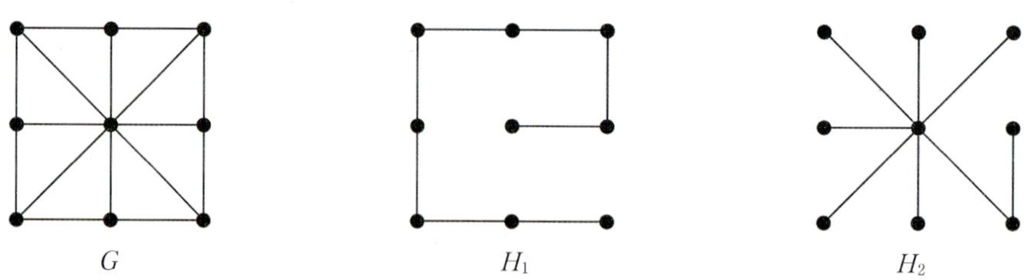

그림10 그래프와 공통된 변이 없는 두 생성트리

이때 그림11처럼 생성트리 H_1에서 변 e_1을 제거한 그래프는 서로 분리된 트리 T_1, T_2이다.

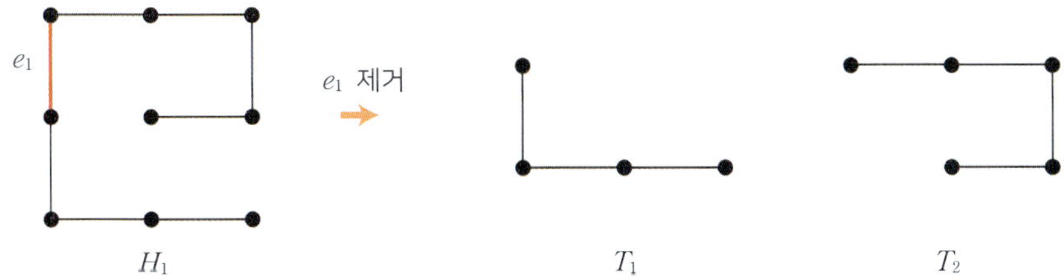

그림11 그래프 H_1에서 변 e_1을 제거해 만들어진 트리 T_1, T_2

변 e_1의 양 꼭짓점을 x, y라 할 때 그림12처럼 생성트리 H_2에는 꼭짓점 x에서 꼭짓점 y로의 경로 P가 존재한다. 또한 경로 P에는 T_1에 있는 꼭짓점 하나와 T_2에 있는 꼭짓점 하나를 양 끝점으로 하는 변 e_2가 존재한다.

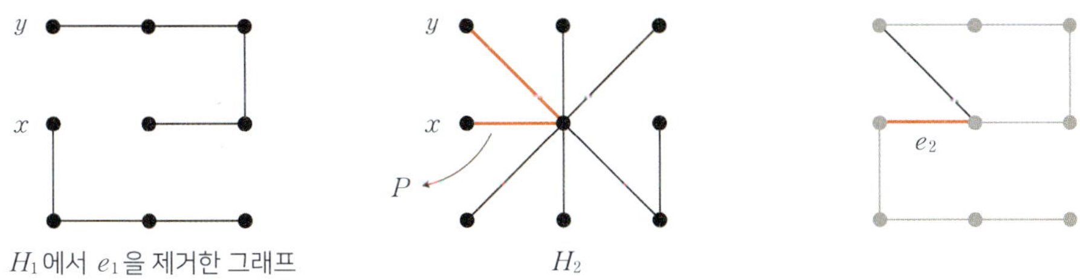

그림12 꼭짓점 x에서 꼭짓점 y로의 경로 P와 경로 P에 있는 변 e_2

그래프 H_1에서 e_1을 제거한 그래프에 변 e_2를 추가하면 그림13처럼 이 그래프는 그래프 G의 생성트리임을 알 수 있다.

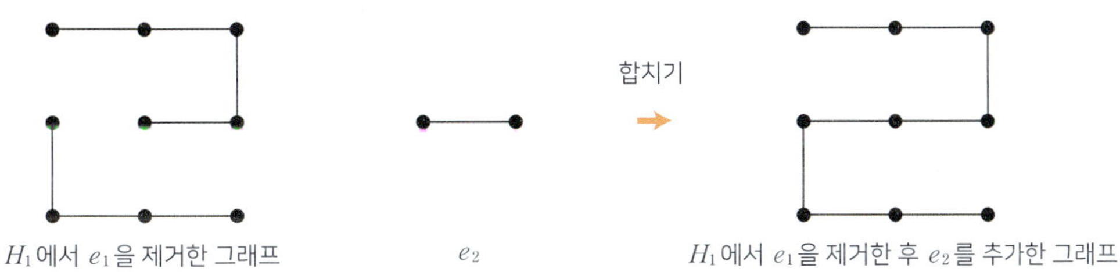

그림13 그래프 G의 생성트리가 되는 그래프

이제 누가 먼저 시작하든 쇼트가 승리하는 상황이 만족하는 조건에 관한 정리를 알아볼 준비가 되었다. 이에 대해 알아보자.

쇼트의 승리 상태에 관한 정리

섀넌 스위칭 게임의 게임 상태 그래프 G에서 쇼트의 목표는 두 꼭짓점 u, v를 연결하는 것이라 하자. 그래프 G가 누가 먼저 시작하든 쇼트가 승리하는 게임 상태일 필요충분조건은 아래 조건을 만족하는 그래프 G의 부분그래프 H가 존재하는 것이다.

1) 꼭짓점 u, v는 H에 속한다.

2) 그래프 H는 두 개의 생성트리 T_1, T_2를 갖고 T_1, T_2는 공통 변을 갖지 않는다.

증명〉 정리의 두 조건을 다음과 같이 표시하자.

P : 그래프 G는 누가 먼저 시작하든 쇼트가 승리하는 게임상태이다.

Q : 그래프 G의 부분그래프 H가 존재하여 H는 두 개의 생성트리 T_1, T_2를 갖고 T_1, T_2는 공통 변을 갖지 않는다. 또한 꼭짓점 u, v는 H에 속한다.

조건 P, Q는 서로 필요충분조건이므로 '$P \Rightarrow Q$'와 '$Q \Rightarrow P$'를 모두 보여야 한다. 하지만 여기서는 '$Q \Rightarrow P$'만 보이도록 한다. '$P \Rightarrow Q$'에 대한 증명이 궁금하다면 앨프리드 리먼(Alfred Lehman)이나 리처드 맨스필드(Richard Mansfield)의 증명을 보길 바란다.

그래프 G에 대해 정리에서 말한 부분그래프 H가 존재하면 쇼트가 두 번째로 시작해도 승리 전략을 가짐을 보이자. 그래프 H의 두 생성트리 T_1, T_2를 다음과 같이 다시 표시하자.

$$T_1^{(0)} = T_1, T_2^{(0)} = T_2$$

커트가 먼저 게임을 시작해 커트와 쇼트가 한 번씩 게임을 진행한 경우를 생각하자. 경우는 두 가지가 있다. 한 가지는 커트가 $T_1^{(0)}$과 $T_2^{(0)}$ 중 하나에서 변을 제거하는 것이다. 이를 $T_1^{(0)}$이라 해도 일반성을 잃지 않는다. 즉, 커트가 $T_1^{(0)}$에서 변 e_1을 제거한다고 하자. 보조정리2에 의하여 $T_2^{(0)}$에 변 e_2가 존재해 $T_1^{(0)}$에서 e_1을 제거한 후 e_2를 추가한 그래프는 H의 생성트리가 된다. 따라서 쇼트는 e_2에 색칠한다. $T_1^{(0)}$에서 e_1을 제거한 후 e_2를 추가한 그래프를 $T_1^{(1)}$이라 하고, $T_2^{(1)} = T_2^{(0)}$이라 하면 $T_1^{(1)}, T_2^{(1)}$는 하나의 공통 변을 갖는 H의 생성트리이다.

다른 한 가지는 커트가 $T_1^{(0)}$과 $T_2^{(0)}$ 둘 다에 속하지 않는 변을 제거하는 것이다. 그러면 쇼트는 $T_1^{(0)}$

에서 적당한 변 e_3를 선택해 색칠한다. 보조정리2에 의하여 $T_2^{(0)}$에 변 e_4가 존재해 $T_2^{(0)}$에 e_4를 제거한 후 e_3를 추가한 그래프는 그래프 H의 생성트리가 된다. 이를 $T_2^{(1)}$라 하고, $T_1^{(1)} = T_1^{(0)}$라 하면 $T_1^{(1)}, T_2^{(1)}$는 하나의 공통 변을 갖는 H의 생성트리이다.

결과적으로 어떻게 게임이 진행되든 커트와 쇼트가 한 번씩 게임을 하고 생긴 $T_1^{(1)}, T_2^{(1)}$는 하나의 공통 변을 갖는 H의 생성트리가 된다.

다시 게임이 진행되어 커트가 $T_1^{(1)}, T_2^{(1)}$의 공통 변이 아닌 변 e_5를 제거했다고 하자. 이때 e_5가 $T_1^{(1)}, T_2^{(1)}$ 중 하나의 변이라면 이를 $T_2^{(1)}$이라 해도 일반성을 잃지 않는다. 보조정리2에 의하여 $T_1^{(1)}$에 변 e_6이 존재해 $T_2^{(1)}$에서 e_5을 제거한 후 e_6를 추가한 그래프는 H의 생성트리가 된다. 따라서 쇼트는 e_6에 색칠한다. 이때 e_6는 $T_1^{(1)}, T_2^{(1)}$의 공통 변이 아니다. $T_2^{(1)}$에서 e_5을 제거한 후 e_6를 추가한 그래프 $T_2^{(2)}$이라 하고, $T_1^{(2)} = T_1^{(1)}$이라 하자.

e_5가 $T_1^{(1)}, T_2^{(1)}$ 중 어디에도 속하지 않으면 쇼트는 $T_1^{(1)}, T_2^{(1)}$의 공통 변이 아닌 $T_2^{(1)}$의 적당한 변 e_7에 색칠한다. 보조정리2에 의해 $T_1^{(1)}$에 변 e_8이 존재해 $T_1^{(1)}$에서 e_8을 제거한 후 e_7을 추가한 그래프는 H의 생성트리가 된다. 이때 e_8은 $T_1^{(1)}, T_2^{(1)}$의 공통 변이 아니다. $T_1^{(1)}$에서 e_8을 제거한 후 e_7을 추가한 그래프 $T_1^{(2)}$라 하고, $T_2^{(2)} = T_2^{(1)}$이라 하자.

결과적으로 커트가 제거한 e_5가 어디에 속하든 게임 진행 후 생긴 $T_1^{(2)}, T_2^{(2)}$는 두 개의 공통 변을 갖는 H의 생성트리이다. 이 과정을 k번 반복한다면 H의 생성트리 $T_1^{(k)}, T_2^{(k)}$가 생기고 $T_1^{(k)}, T_2^{(k)}$는 k개의 공통 변을 갖는다.

H에 있는 꼭짓점의 수가 m개라면 보조정리1-2)에 의해 H의 생성트리는 $m-1$개의 변을 갖는다. 또한 앞의 과정을 $m-1$번 반복해 $T_1^{(m-1)}, T_2^{(m-1)}$이 생겼을 때 $T_1^{(m-1)}, T_2^{(m-1)}$는 $m-1$개의 공통 변을 갖는다. 그런데 $T_1^{(m-1)}, T_2^{(m-1)}$는 각각 $m-1$개의 변을 갖고 있으므로 $T_1^{(m-1)} = T_2^{(m-1)}$이다. 즉, $T_1^{(m-1)}$의 모든 변은 $T_2^{(m-1)}$와의 공통 변이고 이 변은 모두 쇼트가 색칠한 변이다.

쇼트의 목표는 꼭짓점 u와 v를 연결하는 경로를 만드는 것인데 u, v는 H에 속하므로 보조정리 1-1)에 의해 H의 생성트리 $T_1^{(m-1)}$(또는 $T_2^{(m-1)}$)에는 u와 v를 연결하는 경로가 존재한다. 이 경로의 변들은 모두 쇼트가 색칠한 변이다. 결과적으로 쇼트가 두 번째로 시작할 때 쇼트의 필승전략이 존재한다.

또한 쇼트가 두 번째로 시작해도 승리하므로 먼저 시작한다면 적당한 선 하나를 선택해 색칠하고 이후 두 번째로 시작했을 때의 필승전략에 따라 게임을 하면 승리할 수 있다. 따라서 누가 먼저 시작하든 쇼트의 필승전략이 존재한다. ■

쇼트의 승리 상태에 관한 정리를 통해 누가 먼저 시작하든 커트가 승리하는 상태와 먼저 시작하는 사람이 승리하는 상태가 어떤 조건을 만족하는지 알 수 있다.

커트의 승리 상태와 먼저 시작하는 사람이 승리하는 상태에 관한 정리

섀넌 스위칭 게임의 게임 상태 그래프 G에서 쇼트의 목표는 두 꼭짓점 u, v를 연결하는 것이라 하자. 이때 두 꼭짓점 u, v를 바로 연결하는 새로운 변 e를 그래프 G에 추가한 그래프를 G^*라 하자.

1) 그래프 G가 먼저 시작하는 사람이 승리하는 게임 상태일 필요충분조건은 G가 쇼트가 승리하는 상태가 아니면서 그래프 G^*가 쇼트가 승리하는 게임 상태인 것이다.

2) 그래프 G가 누가 먼저 시작하든 커트가 승리하는 게임 상태일 필요충분조건은 G와 G^* 모두 쇼트가 승리하는 상태가 아닌 것이다.

증명〉 모든 게임 상태는 쇼트가 승리하는 상태, 커트가 승리하는 상태, 먼저 시작하는 사람이 승리하는 상태 중 하나이다.

1) ($\Rightarrow$) 그래프 G가 먼저 시작하는 사람이 승리하는 상태라 하자. 그러면 그래프 G는 쇼트가 승리하는 상태는 아니며 동시에 쇼트가 먼저 시작하면 승리하는 상태이다. 그래프 G^*에서 커트가 먼저 할 경우 꼭짓점 u, v를 바로 연결하는 변 e를 삭제해야 한다. 다른 변을 삭제하면 쇼트가 변 e를 색칠해 승리하기 때문이다. 이후 진행은 그래프 G에서 쇼트가 먼저 시작하는 것과 같은데 그래프 G에서 쇼트가 승리하는 전략이 존재하므로 G^*에서 쇼트가 두 번째로 시작해도 필승전략이 존재한다. 즉, G^*는 쇼트가 승리하는 게임 상태이다.

($\Leftarrow$) 그래프 G가 쇼트가 승리하는 상태가 아니며 동시에 그래프 G^*는 쇼트가 승리하는 상태라 하자. 그래프 G가 쇼트가 승리하는 상태가 아니므로 그래프 G는 먼저 시작하는 사람이 승리하는 상태이거나 커트가 승리하는 상태이다. G^*는 쇼트가 승리하는 상태이므로 쇼트가 두 번째로 시작해도 필승전략이 존재한다. G^*에서 커트가 먼저 할 경우 꼭짓점 u, v를 바로 연결하는 변 e를 삭제해야 한다. 이후 진행은 그래프 G에서 쇼트가 먼저 시작하는 것과 같은데 쇼트의 필승전략이 존재하므로 그래프 G에서 쇼트가 먼저 시작하면 승리하게 된다. 따라서 그래프 G는 커트가 승리하는 상태가 아니다. 결과적으로 그래프 G는 먼저 시작하는 사람이 승리하는 상태이다.

2) 쇼트의 승리 상태에 관한 정리와 1)에 의해 자명하다. ■

이렇게 누가 먼저 시작하든 쇼트가 승리하는 상태, 누가 먼저 시작하든 커트가 승리하는 상태, 먼저 시작하는 사람이 승리하는 상태가 각각 어떤 조건을 만족하는지 알아보았다. 이제 예를 통해 이를 살펴보도록 하자. 그림14와 같은 그래프에서 섀넌 스위칭 게임을 한다고 할 때 이 게임 상태는 누가 승리하는 게임 상태일까?

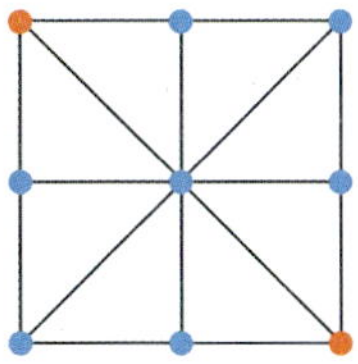

그림14 섀넌 스위칭 게임 예시1

이 게임 상태에는 그림15와 같이 공통 변이 없는 두 생성트리가 존재한다. 따라서 이 게임 상태는 누가 먼저 시작하든 쇼트가 승리하는 게임 상태이다.

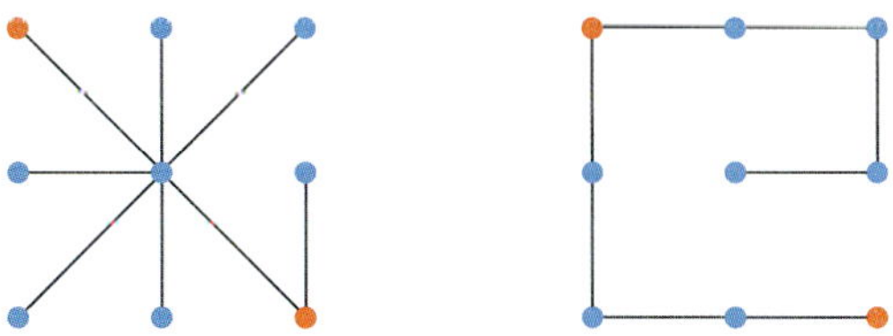

그림15 그림14 게임 상태 그래프의 두 생성 트리

아래 그래프를 보자. 이 게임 상태는 누가 승리하는 게임 상태일까?

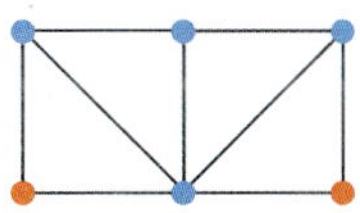

그림16 섀넌 스위칭 게임 예시2

이 게임 상태는 빨간 두 점을 직접 연결하는 변을 추가하면 공통 변이 없는 두 생성트리가 존재하는 게임상태이다. 따라서 이 게임 상태는 먼저 시작하는 사람이 이기는 게임 상태이다.

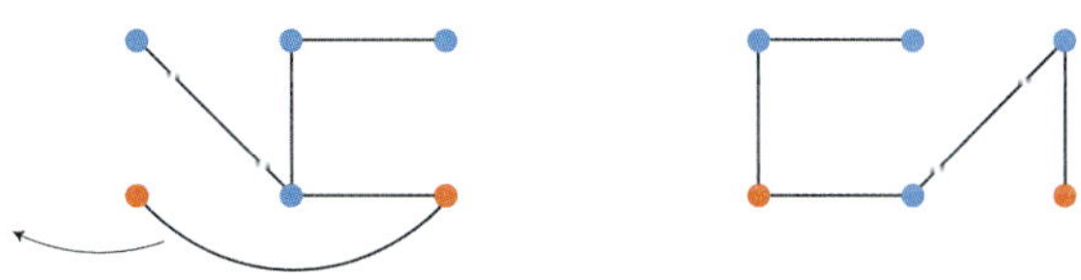

그림17 그림16 게임 상태 그래프에 한 변을 추가해 만든 그래프의 두 생성트리

실제 그림16의 그래프에서 게임을 진행한다고 할 때 그림18과 같은 진행으로 커트가 먼저 시작하면 커트가 승리하게 되고, 쇼트가 먼저 시작하면 쇼트가 승리하게 된다.

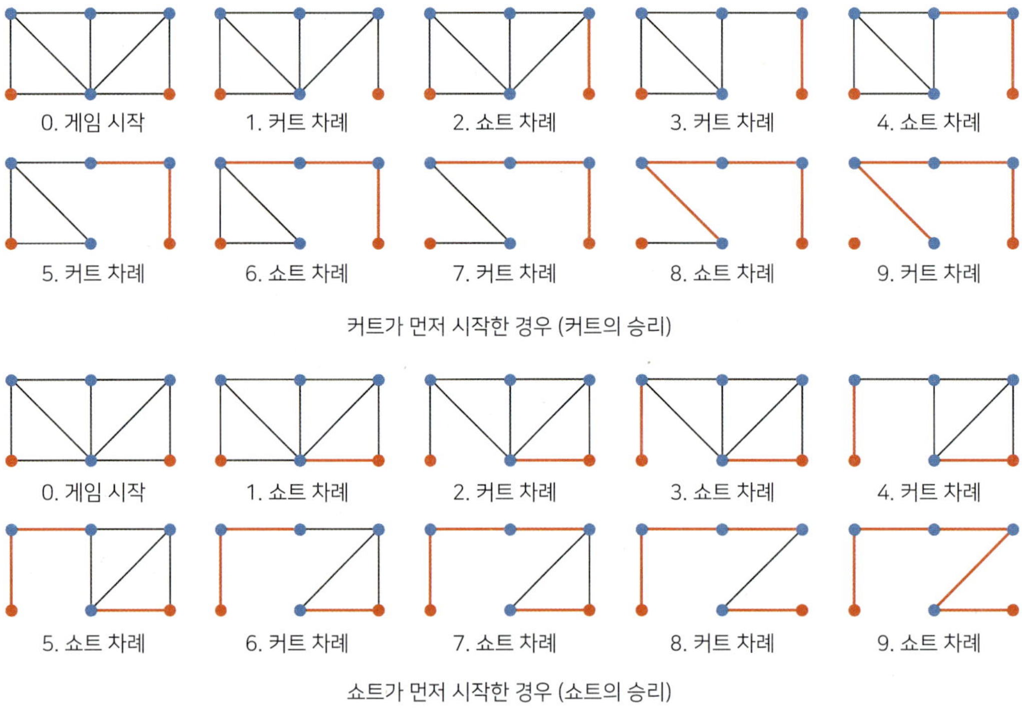

그림18 그림16 게임 상태에서 게임 진행 예시

그림19의 게임 상태의 경우 9개의 꼭짓점이 있다. 이 그래프에 공통 변이 없는 두 개의 생성트리가 존재하려면 적어도 16개의 변이 있어야 한다. 하지만 그래프에는 14개의 변만 있어 공통 변이 없는 두 생성트리는 존재하지 않는다. 또한 변 하나가 추가돼도 변이 15개이기 때문에 빨간 두 점을 직접 연결하는 변을 추가한 그래프에도 공통 변이 없는 두 생성트리가 존재하지 않는다. 부분그래프를 따져봐도 마찬가지다. 따라서 이 게임 상태는 누가 먼저 시작해도 커트가 승리하는 게임 상태이다.

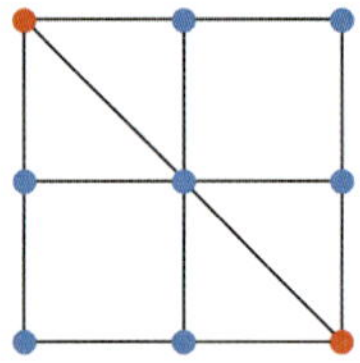

그림19 섀넌 스위칭 게임 예시3

이렇게 섀넌 스위칭 게임은 게임에 대한 그래프를 통해 누구에게 필승전략이 존재하는지 파악할 수 있다. 그리고 실제 게임을 진행할 때 쇼트의 승리 상태에 관한 정리의 증명 과정을 통해 쇼트의 전략을 생각할 수 있다. 쇼트의 전략은 한 생성트리가 두 트리로 끊어졌을 때 다른 생성트리의 변을 통해 두 트리를 연결하는 것이다. 아래 게임을 보자.

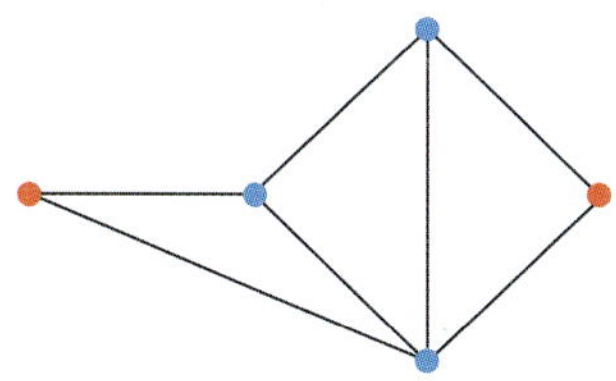

그림20 섀넌 스위칭 게임 예시4

이 게임 상태는 그림21과 같이 한 변을 추가해 두 생성트리를 만들 수 있으므로 먼저 시작하는 사람이 승리하는 게임 상태이다.

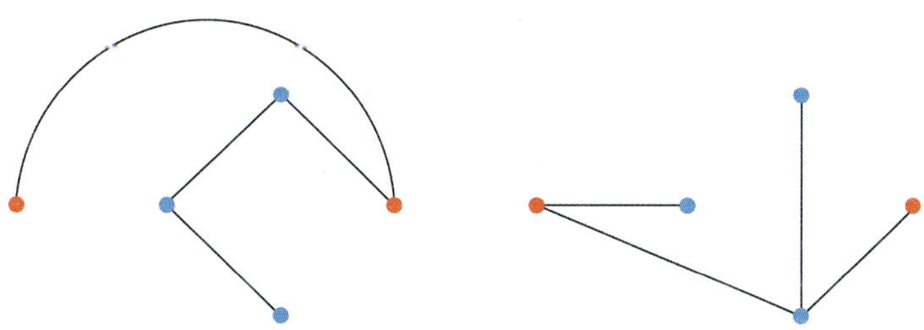

그림21 그림20 게임 상태 그래프에 한 변을 추가해 만든 그래프의 두 생성트리

쇼트가 먼저 시작할 경우 그림22와 같은 과정으로 승리하게 된다. 과정을 잘 보면 커트가 한 생성트리를 끊어 두 개의 트리를 만들었을 때, 다른 생성트리의 변으로 두 트리를 연결했음을 알 수 있다.

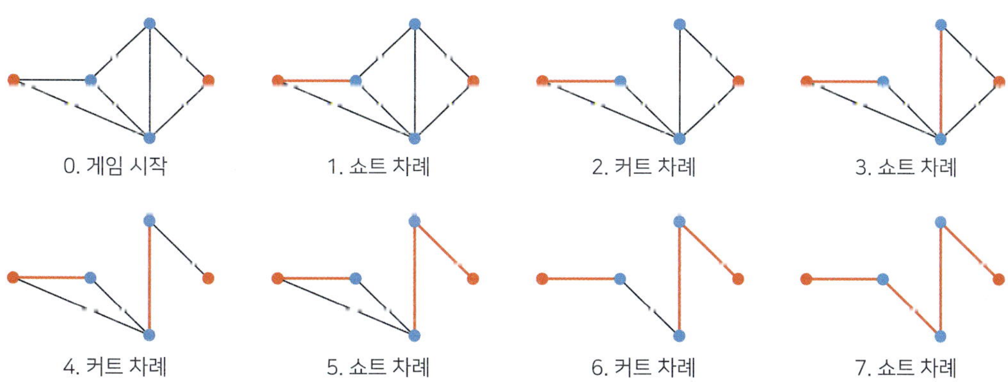

그림22 그림20 게임 상태에서 쇼트가 먼저 시작할 때 승리하는 전략

브리지잇 Bridg-It

브리지잇(Bridg-It)은 미국의 수학자이자 경제학자인 데이비드 게일(David Gale)에 의해 1950년 후반에 만들어진 연결 게임으로 게일(Gale)이라는 이름으로 《사이언티픽 아메리칸(Scientific American)》에 처음 소개되었다. 직사각형 격자에서 진행하는 브리지잇은 앞에서 살펴본 섀넌 스위칭 게임의 특수한 경우이기도 하다.

게임에 필요한 도구

게임판, 두 가지 색의 펜

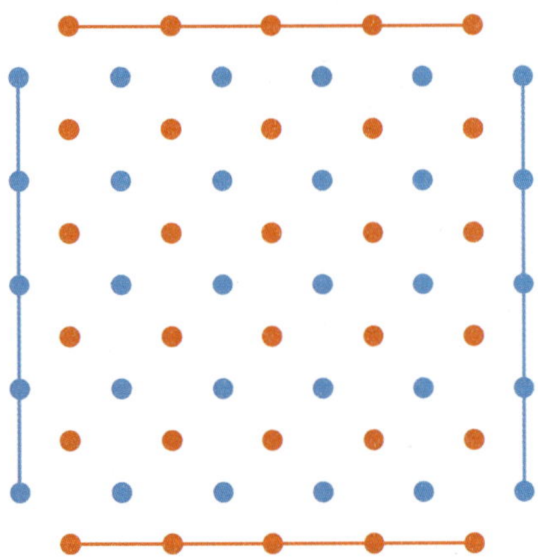

게임판

두 가지 색의 펜

게임판에는 두 가지 색의 점이 교대로 찍혀 있으며 파란색 점 5×6, 빨간색 점 6×5로 파란색 점의 개수와 빨간색 점의 개수는 서로 같다.

게임판 받기

02_연결 게임/브리지잇.pdf

게임 규칙

아래 그림과 같은 브리지잇 게임판을 준비하고 다음과 같은 규칙에 따라 진행한다.

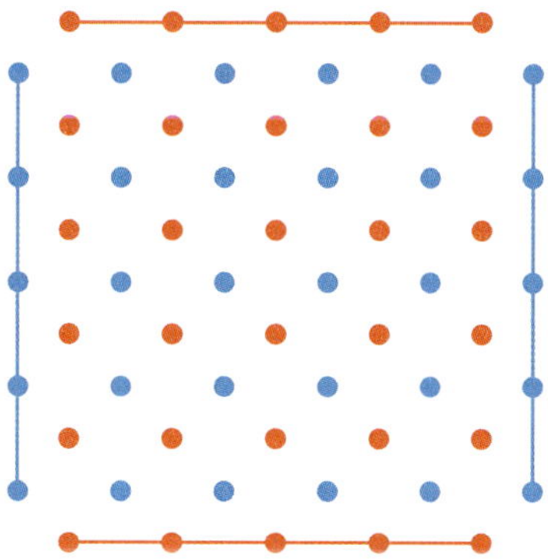

1) 두 사람은 자신의 색을 정한 후 교대로 자기 색의 인접한 두 점을 연결한다. 한 점과 인접한 점은 그 점의 바로 위, 아래, 오른쪽 또는 왼쪽에 있는 같은 색의 점이다.
2) 두 점을 연결할 때 이미 만들어진 선을 가로지르지 않는다.
3) 파란 점을 연결하는 사람은 왼쪽 끝과 오른쪽 끝을 연결하는 것을 목표로 하고, 빨간색 점을 연결하는 사람은 위와 아래를 연결하는 것을 목표로 한다.
4) 두 사람 중 자신의 양쪽 끝을 먼저 연결하는 사람이 승리한다.

아래 그림1은 브리지잇에서 빨간색을 연결하는 사람이 승리한 예로 위와 아래가 연결되었다.

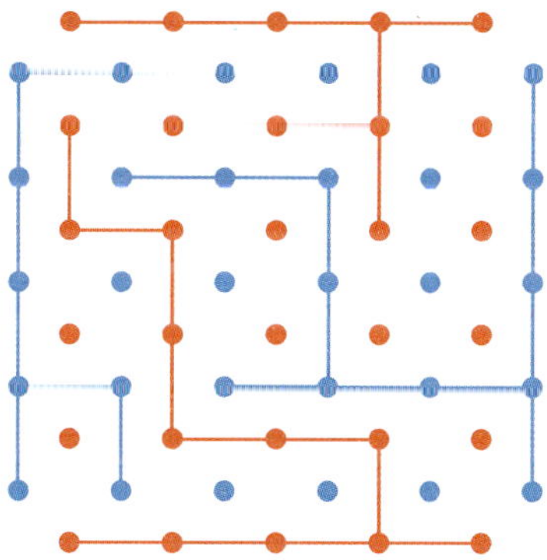

그림 1 브리지잇에서 빨간색을 연결하는 사람이 승리한 예

실제 게임의 진행 예를 살펴보자. 그림2는 파란색을 연결하는 사람이 먼저 시작했다고 했을 때의 진행 예로 파란색을 연결한 사람이 승리하였다.

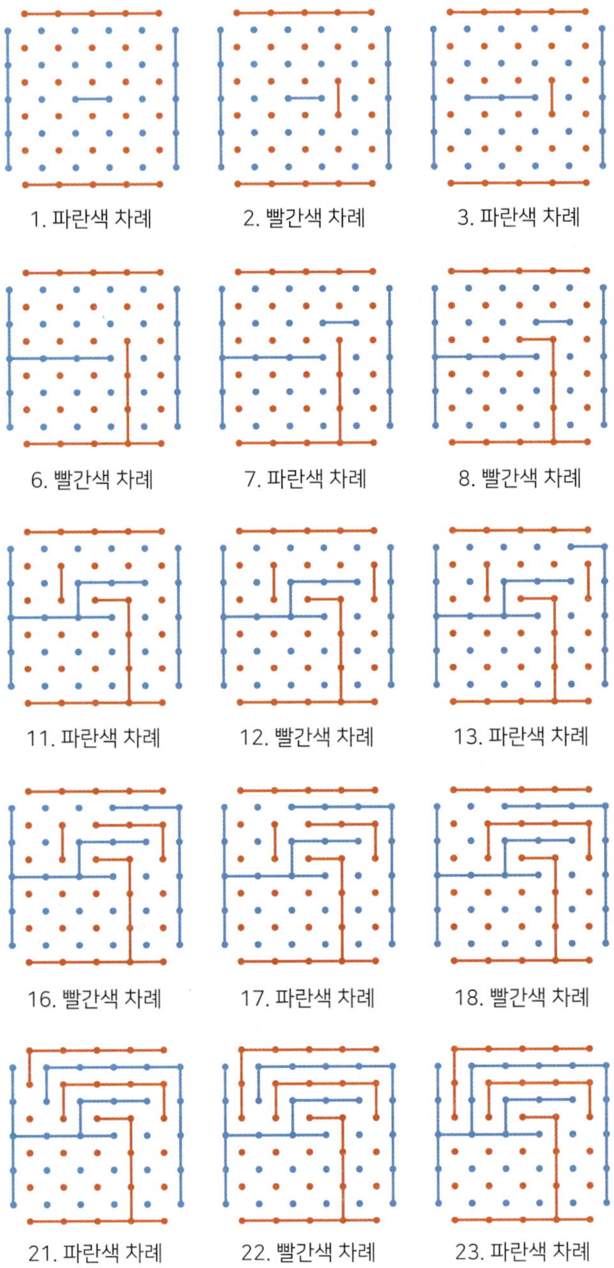

그림2 브리지잇 게임 진행 예시(파란색 승리)

게임의 역사

브리지잇은 1950년대 후반에 미국의 수학자이자 경제학자인 데이비드 게일(David Gale)이 만든 연결 게임으로 1958년 10월 유명한 퍼즐리스트인 마틴가드너에 의해 '게일(Gale)'이라는 이름으로 《사이언티픽 아메리칸(Scientific American)》에 처음 소개되었다.

1960년에 게일은 로드아일랜드주 센트럴 폴스의 해선펠드 브라더스(Hassenfeld Brothers) 주식회사에 의해 브리지잇(Bridg-It)이라는 상표명으로 판매되었다. 브릿지잇 보드에 점이 있고, 작은 플라스틱 다리로 보드에 있는 두 점을 연결하는 방식으로 게임이 진행된다. 이 게임에서는 각자 20개의 다리가 제공되는데 20개의 다리를 모두 사용한 후에도 승부가 결정이 나지 않으면 다리를 새로운 위치로 이동해 게임을 계속한다.

그런데 사실 브리지잇은 정보이론의 아버지라 불리는 미국의 수학자 겸 전기 엔지니어 클로드 섀넌(Claude Shannon)이 1951년에 만든 섀넌 스위칭 게임(Shannon Switching Game)의 특별한 경우이다. 섀넌 스위칭 게임은 쇼트(Short)와 커트(Cut)라 불리는 두 사람이 하는 게임으로 쇼트의 목표는 주어진 그래프에서 정해진 두 점을 연결하는 것이고 커트의 목표는 쇼트가 두 점을 연결하지 못하게 하는 것이다. 쇼트가 먼저 시작해 그래프에서 한 선분을 선택해 색칠하고, 커트는 색칠되지 않는 선분 중에 하나를 선택해 제거한다. 아래 그림의 섀넌 스위칭 게임에서 쇼트의 목표는 가장 위의 점과 가장 아래 점을 연결하는 것이다. 이 섀넌 스위칭 게임은 오른쪽에 있는 브리지잇과 본질적으로 같다.

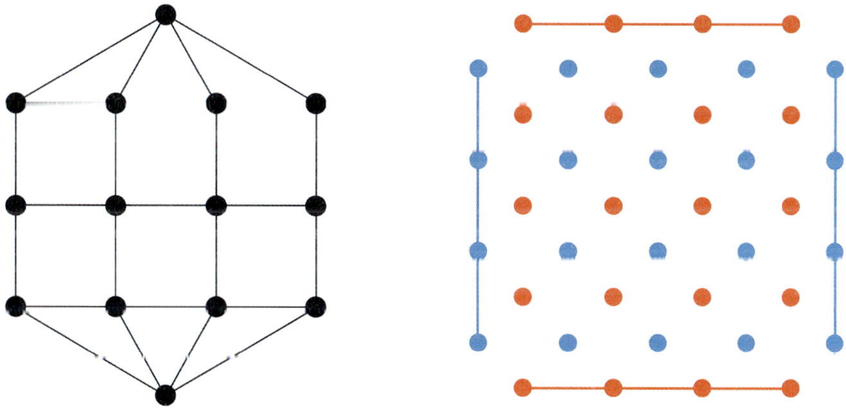

그림3 섀넌 스위칭 게임(왼쪽)과 브리지잇(오른쪽)

실제 게임 진행 과정을 통해 두 게임을 비교해 보자. 브리지잇에서 빨간색을 섀넌 스위칭 게임에서의 쇼트라 하고, 파란색을 커트라 할 때, 아래 그림은 브리지잇과 그에 대응하는 섀넌 스위칭 게임의 진행 과정을 보여준다. 이를 통해 두 게임이 같다는 것을 알 수 있다.

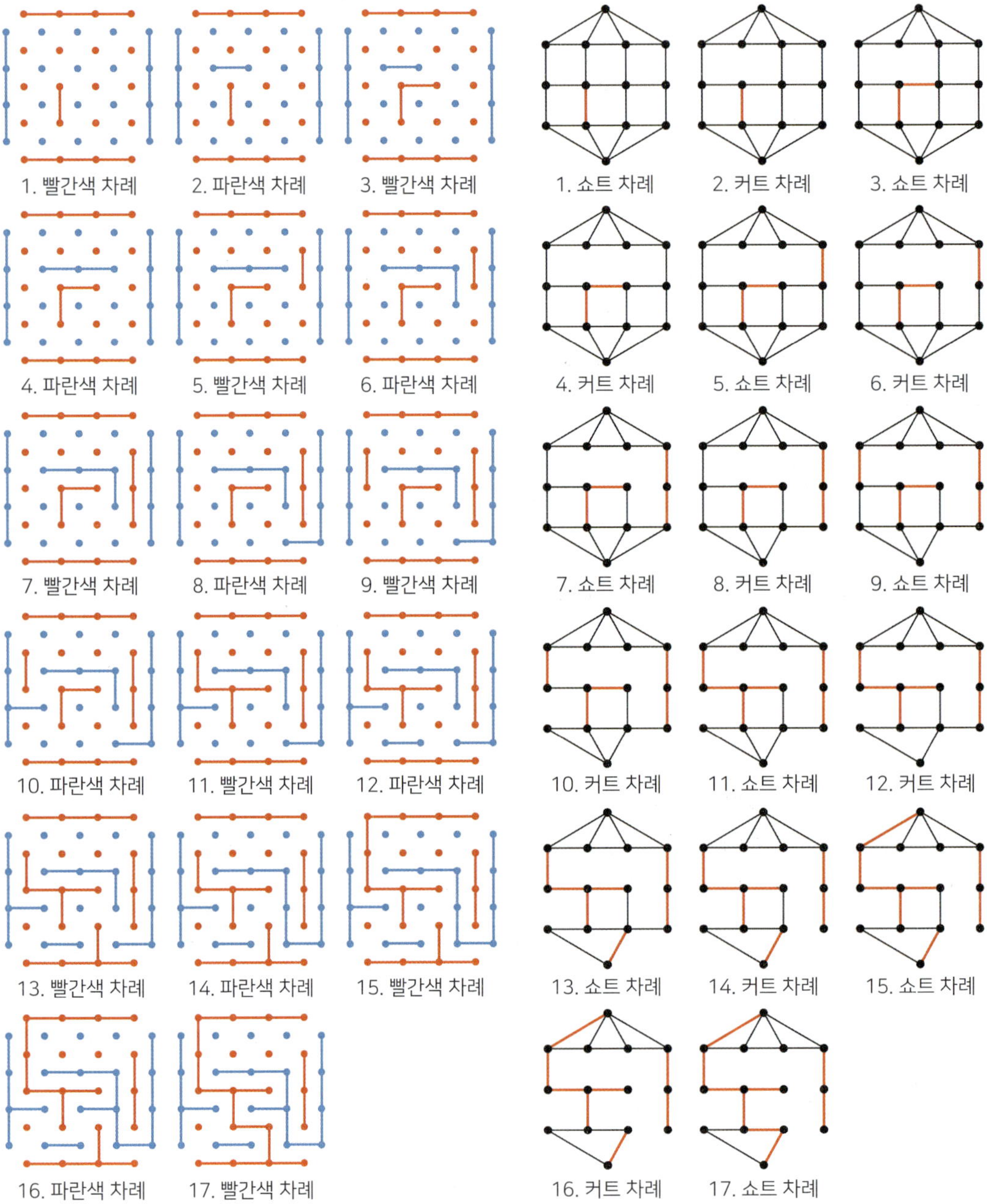

그림4 브리지잇(왼쪽)과 그에 대응하는 섀넌 스위칭 게임(오른쪽)의 진행 예시

1951년 섀넌은 최초의 게일 게임 기계를 만들었다. 섀넌은 그 기계를 새장(Bird Cage)이라고 불렀다. 이 기계는 저항기 네트워크를 바탕으로 한 아날로그 계산에 기초한 컴퓨터 회로를 통해 게임을 할 수 있도록 제작되었다. 그리고 이와 독립적으로 1958년 일리노이 공과대학교의 아머 연구재단의 두 명의 엔지니어인 W. A. 데이비드슨과 V. C. 래퍼티는 또 다른 게일 게임 기계를 설계했다.

변형 게임 : 트윅스트

트윅스트(TwixT)는 1957년 미국 보드게임 디자이너인 알렉스 랜돌프(Alex Randolph)가 만들었다. 알렉스 랜돌프는 많은 게임을 개발했는데 트윅스트는 그의 초기작 중 하나이다. 1961년 3M 회사를 통해 정식 발매된 트윅스트는 1976년 미국의 보드게임 회사 아발론 힐로 라이선스가 넘어가면서 이후에는 아발론으로부터 라이선스를 받은 여러 회사가 이 게임을 생산하였다.

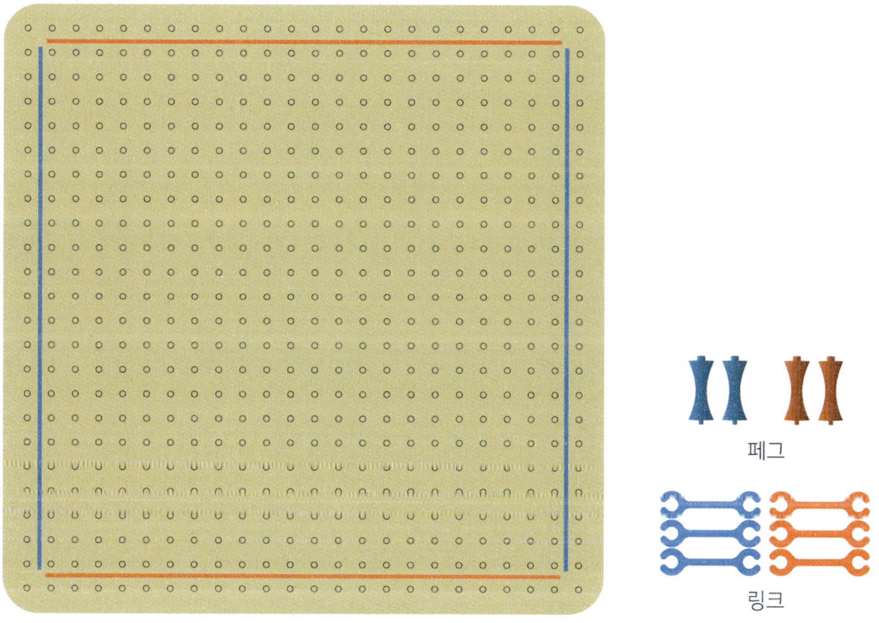

그림5 트윅스트 게임판(왼쪽)과 페그와 링크(오른쪽)

트윅스트는 24 × 24 구멍으로 구성된 정사각형 게임판을 사용한다. 구성품은 게임판과 함께 구멍에 꽂을 수 있는 페그 조각과 페그끼리 연결할 수 있는 1 × 2 크기의 링크이다. 보통 밝은색과 어두운색으로 된 두 가지 종류의 페그와 링크가 있고 두 사람은 각각 한 종류의 페그와 링크를 받은 후 다음과 같은 규칙에 따라 게임을 진행한다.

1) 밝은색 페그와 링크를 사용하는 사람은 맨 윗줄과 아랫줄을 연결하는 것을 목표로 하고 어두운색의 페그와 링크를 사용하는 사람은 가장 왼쪽 줄과 가장 오른쪽 줄을 연결하는 것을 목표로 한다. 보통 밝은색을 사용하는 사람이 먼저 시작해 교대로 게임을 진행한다.
2) 두 사람은 자신의 차례에 필수적으로 페그 한 개를 올려놓아야 한다. 단, 페그를 올려놓기 전에 자신의 링크 중 원하는 링크를 제거할 수 있고, 페그를 올려놓은 다음에는 원하는 만큼 링크를 올려놓을 수 있다.

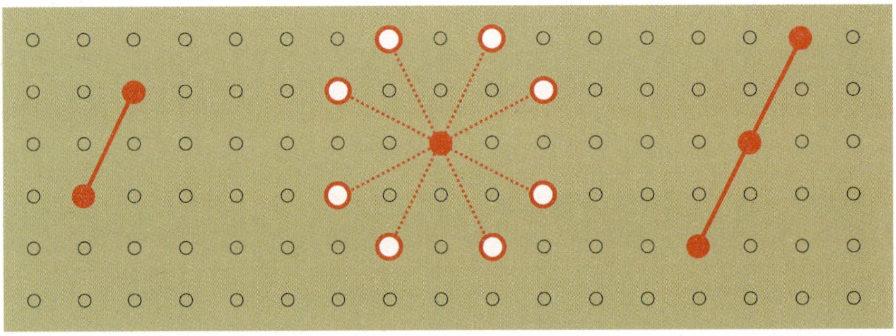

그림6 링크의 기본 연결법(왼쪽)과 연결 가능 방향(가운데)과 더블 링크 연결(오른쪽)

3) 링크는 두 개의 연결 가능한 페그가 있어야 놓을 수 있고, 상대방의 링크를 가로질러 놓을 수는 없다.
4) 자신의 경계 줄을 먼저 연결하는 사람이 승리하고, 둘 다 연결할 수 없으면 무승부로 끝난다.

이 게임은 처음 하는 사람이 유리하다. 이를 위해 파이(Pie) 규칙이 제안된다. 파이 규칙이란 먼저 하는 사람이 한 수를 두고 나서 두 번째 사람이 먼저 한 사람과 바꿔서 게임을 할지 결정하는 규칙이다. 즉, 두 번째 사람이 첫 번째 사람이 되는 것이다. 물론 두 번째 사람이 원치 않으면 바꾸지 않고 그냥 할 수도 있다. 이 규칙은 교환(Swap) 규칙이라고도 하며 게임을 좀 더 균형 있게 해준다.

2011년 미국 게임 산업에 뛰어난 업적을 남긴 사람이나 게임, 출판물 등에 수상을 하는 시상식인 오리진 어워드에서 트윅스트는 이 게임을 만든 알렉스 랜돌프와 함께 오리진 어워드의 명예의 전당에 올랐다. 트윅스트 외에도 명예의 전당에 오른 보드게임에는 던전 앤 드래곤, 카탄, 야츠 등이 있다.

필승전략

브리지잇은 첫 번째로 하는 사람이 승리할 수 있는 전략이 있다. 바로 수학게임 전문가인 올리버 그로스(Oliver Gross)가 개발한 짝짓기(Pairing) 전략이다.

짝짓기 전략

파란색을 연결하는 사람이 먼저 한다고 하자. 첫수는 아래 그림의 왼쪽 위의 파란색 선과 같은 위치에 그린다. 그 후 상대방이 자신의 차례에 선을 그을 때마다 다음 차례에 그 선과 만나는 점선의 다른 끝을 지나는 선을 그린다.

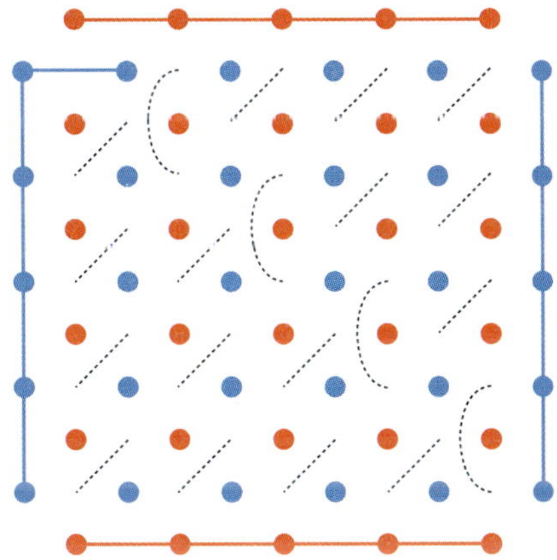

이 기발한 전략은 첫 번째로 하는 사람의 필승전략을 보여준다. 위 그림에서는 5 × 6 게임판에서의 전략을 나타내고 있지만 어떤 크기의 게임판에서도 적용할 수 있다. 그로스는 자신의 전략을 '미련한 상대와 어리석게 경기하고, 빈틈없는 상대와 약삭빠르게 경기하지만, 그럼에도 불구하고 승리한다'는 의미에서 '민주적'이라고 말했다고 한다.

게임을 하는 중에 짝짓기 전략을 계속 이용할 필요는 없다. 게임판 가장사리로 갈수록 짝짓기 전략에서 그어야 하는 선은 때때로 불필요하기 때문이다. 따라서 게임을 진행할 때 계속해서 짝짓기 전략을 사용하기보다는 상황에 맞게 적절히 사용하는 것이 좋다. 그래야 좀 더 효율적으로 게임을 진행할 수 있다. 물론 전략을 그대로 적용해도 된다. 시간이 걸릴 뿐 확실한 승리를 보장하기 때문이다. 짝짓기 전략을 사용한 게임의 진행을 생각해 보자. 그림7은 호준이와 윤호가 진행한 게임이며, 호준이가 파란색으로 게임을 하며 짝짓기 전략을 사용했다.

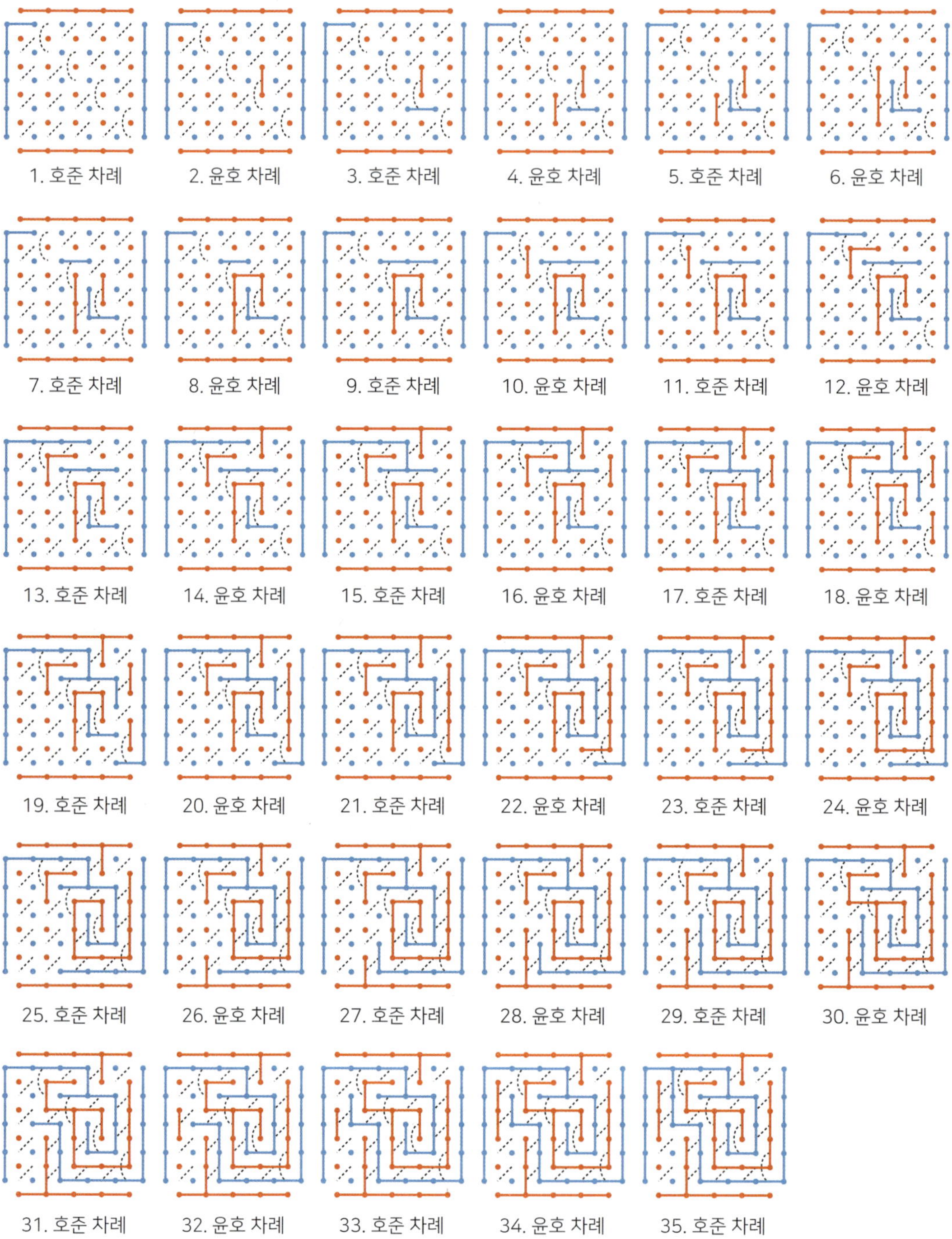

그림7 짝짓기 전략을 사용하여 게임을 진행하는 모습(파란색 호준의 승리)

게임의 진행 상황을 보자. 처음에 왼쪽 위에 파란 선을 그리는 것으로 시작한 호준은 2턴에서 윤호의 선에 대해 짝짓기 전략을 이용하여 3턴에서 이에 대응하는 선을 그었다. 이후 계속하여 호준이는 짝짓기 전략을 이용하여 선을 그었고 35턴에서 게임에 승리했다.

그로스의 짝짓기 전략은 모든 크기의 브리지잇 게임판으로 확장할 수 있다. 3×4 게임판과 4×5 게임판에서의 짝짓기 전략은 아래와 같이 사용할 수 있다.

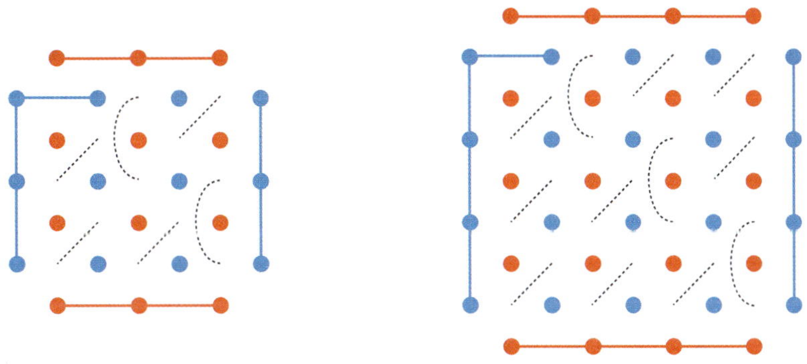

그림8 3×4 게임판과 4×5 게임판에서의 짝짓기 전략

어째서 이 전략을 사용하면 승리할 수 있는 것일까? 전략에서 알려주는 선은 어떻게 선택한 것일까? 사실 짝짓기 전략은 놀랍게도 섀넌 스위칭 게임에서 소개한 쇼트의 승리 상태에 관한 정리를 담고 있다. 섀넌 스위칭 게임에서 쇼트가 승리하기 위해서는 게임 상태를 그래프로 표현했을 때 공통 변이 없는 두 개의 생성트리를 갖는 부분그래프가 존재해야 한다. 그런데 짝짓기 전략에 의해 선택된 선을 긋는 것은 섀넌 스위칭 게임으로 생각했을 때 두 개의 생성트리를 이용하여 두 정점을 연결하는 경로를 만들어 가는 것과 같다. 앞에서 살펴본 쇼트의 승리 상태에 관한 정리는 다음과 같다. (자세한 이해를 원하면 앞에서 소개한 섀넌 스위칭 게임 이론을 보길 추천한다.)

쇼트의 승리 상태에 관한 정리

섀넌 스위칭 게임의 게임 상태 그래프 G에서 쇼트의 목표는 두 꼭짓점 u, v를 연결하는 것이라 하자. 그래프 G가 누가 먼저 시작하든 쇼트가 승리하는 게임 상태일 필요충분조건은 아래 조건을 만족하는 그래프 G의 부분그래프 H가 존재하는 것이다.

1) 꼭짓점 u, v는 H에 속한다.

2) 그래프 H는 두 개의 생성트리 T_1, T_2를 갖고 T_1, T_2는 공통 변을 갖지 않는다.

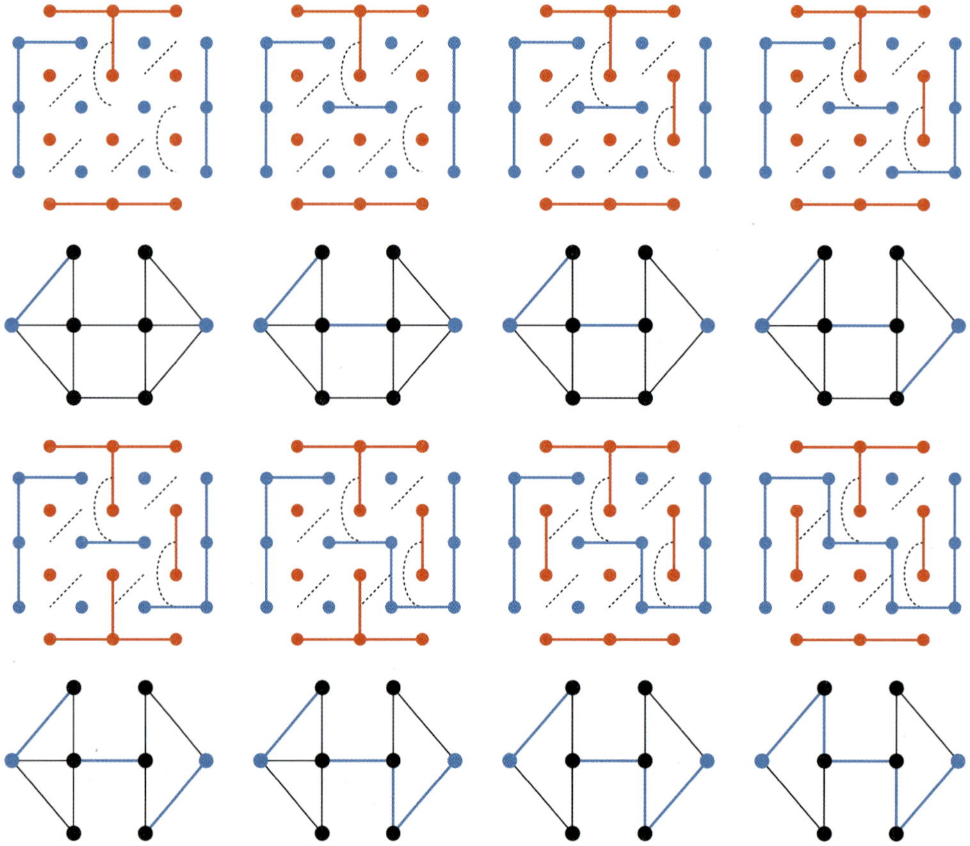

그림9 짝짓기 전략을 사용한 브리지잇과 이에 대응하는 섀넌 스위칭 게임(쇼트가 파란색 점 연결)

짝짓기 전략은 사실상 쇼트의 승리 상태에 관한 정리의 브리지잇 버전이라고 할 수 있는데 이를 이해하기 위해 짝짓기 전략이 브리지잇에서 적용될 때 섀넌 스위칭 게임에서는 어떻게 구현되는지 살펴보자. 그림9는 3×4 게임판에서 짝짓기 전략을 사용한 브리지잇 게임과 이에 대응되는 섀넌 스위칭 게임의 진행 과정이다. 위 그림의 섀넌 스위칭 게임에서 쇼트의 목표는 파란색 두 점을 연결하는 것이다. 섀넌 스위칭 게임에서 커트가 선을 삭제하는 대신에 빨간색으로 표기하면 그림10과 같다.

그림10에서 홀수 번의 빨간색 선과 이에 대응하는 짝수 번의 파란색 선을 화살표로 연결하면 그림11의 왼쪽과 같다. 굵은 파란색 선을 제외하면 빨간색 선과 파란색 선은 한 개씩 짝지어진다. 여기에 그림11의 오른쪽처럼 게임에서 사용하지 않는 선 h를 추가하면 섀넌 스위칭 게임 그래프는 공통 변이 없는 두 개의 생성트리로 나타낼 수 있다. 따라서 쇼트의 승리 상태에 관한 정리에 의해 쇼트의 필승전략이 존재하는데 그것의 구체적 방법이 브리지잇의 짝짓기 전략이다. 즉, 짝짓기 전

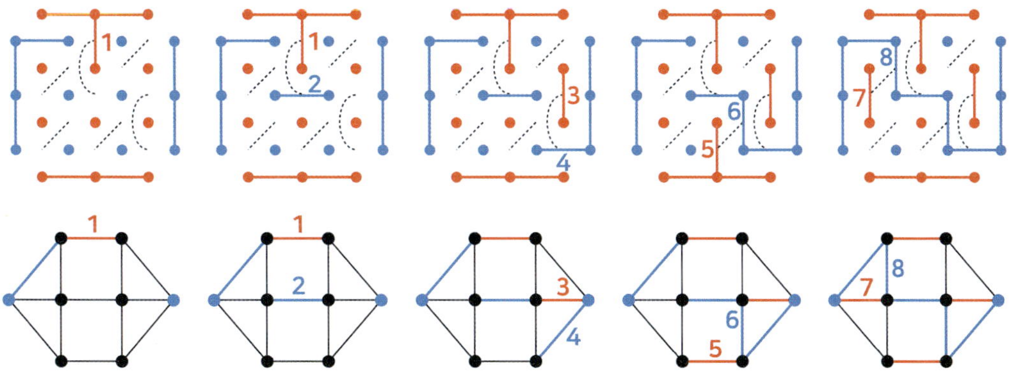

그림10 짝짓기 전략을 사용한 브리지잇과 커트가 빨간색으로 색칠한 섀넌 스위칭 게임

략을 섀넌 스위칭 게임에 적용해 생각하면 기드가 생성트리에서 한 선을 지웠을 때 쇼트가 다른 생성트리에서 어떤 선을 그어야 두 정점을 연결하는 트리를 만들 수 있는지 알려주는 것이라 할 수 있다. 한 마디로 쇼트의 승리 상태에 관한 정리가 필승전략의 존재성을 이야기한다면 짝짓기 전략은 쇼트의 승리 상태에 관한 정리를 이용하는 구체적인 방법을 알려주는 것이라 할 수 있고 이것이 브리지잇에서는 올리버 그로스의 짝짓기 전략 그림으로 표현되는 것이다.

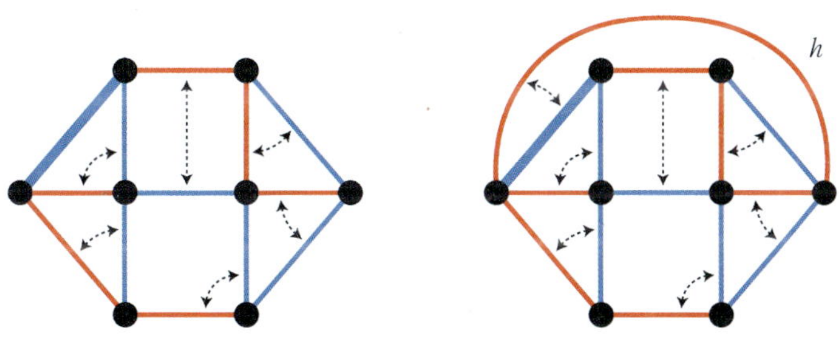

그림11 공통 변이 없는 생성트리를 갖는 섀넌 스위칭 게임

오닉스 Onyx

오닉스(Onyx)는 보드게임 디자이너 래리 백(Larry Back)이 1995년에 만든 게임이다. 오닉스는 다른 연결 게임과 달리 상대방 말을 잡을 수 있는 '캡처 규칙'이 존재한다. 래리 백은 연결 게임 중 캡처 규칙이 있는 게임이 거의 없다는 사실을 깨닫고 오닉스를 만들었다고 한다.

게임에 필요한 도구

게임판, 바둑돌

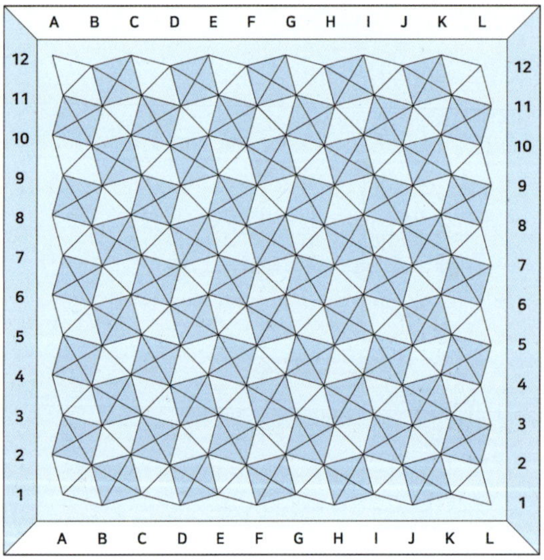

게임판

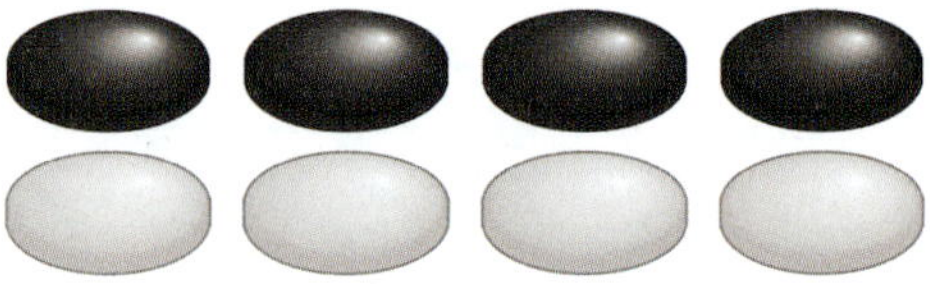
바둑돌

게임판 받기

02_연결 게임/오닉스.pdf

게임 규칙

아래 그림과 같이 말을 배치하고 다음 규칙에 따라 진행한다.

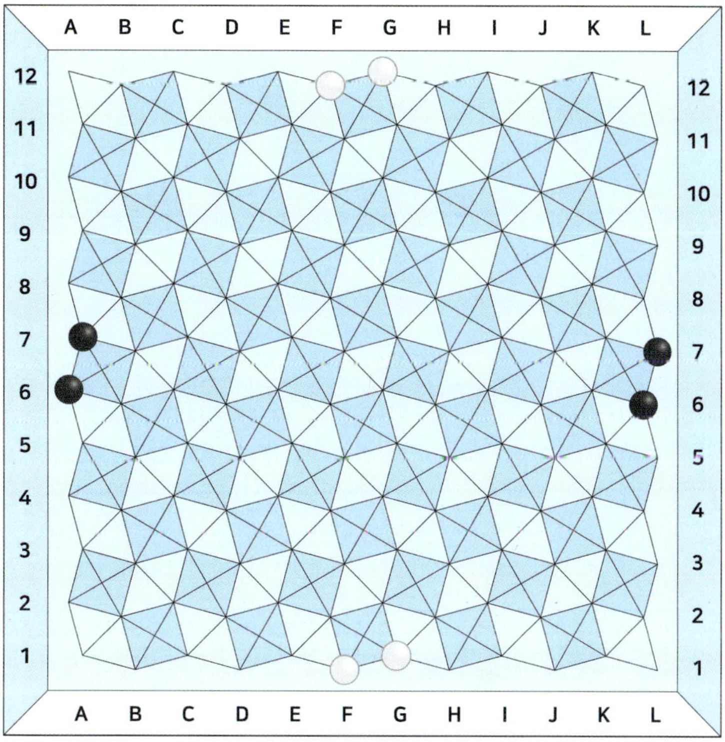

1) 검은색 말이 먼저 시작하고 두 사람은 교대로 보드의 빈 곳(교점) 중 한 곳에 자신의 말을 놓는다.

2) 정사각형의 꼭짓점이 모두 비어있을 때만 정사각형의 중앙에 말을 놓을 수 있다.

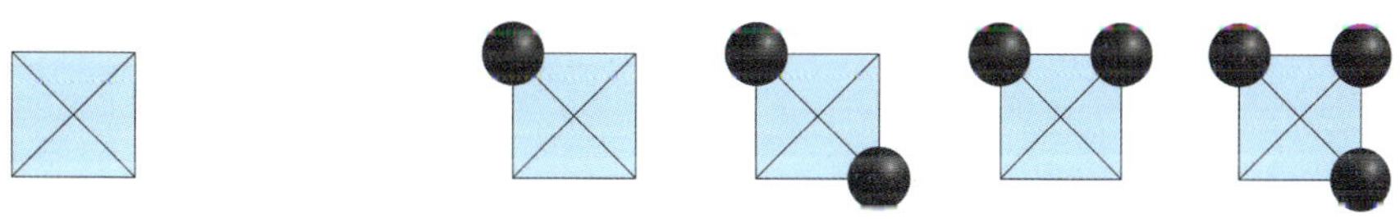

중앙에 말을 놓을 수 있는 경우 / 중앙에 말을 놓을 수 없는 경우

3) 정사각형의 중앙이 비어있고 대각선으로 연결된 두 꼭짓점에는 상대방 말이 있으며 한 꼭짓점에 자신의 말이 있을 때 나머지 한 꼭짓점에 자신의 말을 두어 상대방 말 두 개를 잡을 수 있다.

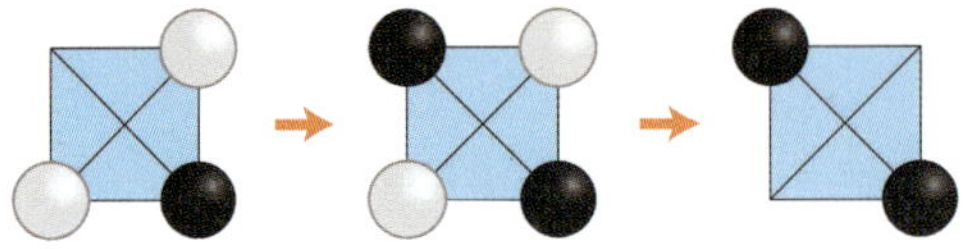

상대방 말 두 개를 잡는 모습

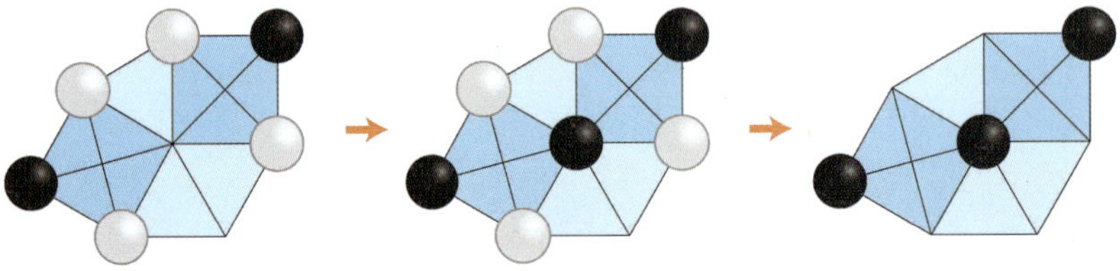

상대방 말 네 개를 동시에 잡는 모습

4) 흰색 말을 두는 사람은 보드의 위쪽 모서리의 12개의 점 중 하나와 아래쪽 모서리의 12개의 점 중 하나를 연속적인 흰색 말의 열로 연결하면 승리한다. 검은색 말을 두는 사람은 왼쪽 모서리의 12개의 점 중 하나와 오른쪽 모서리의 12개의 점 중 하나를 연속적인 검은색 말의 열로 연결하면 승리한다.

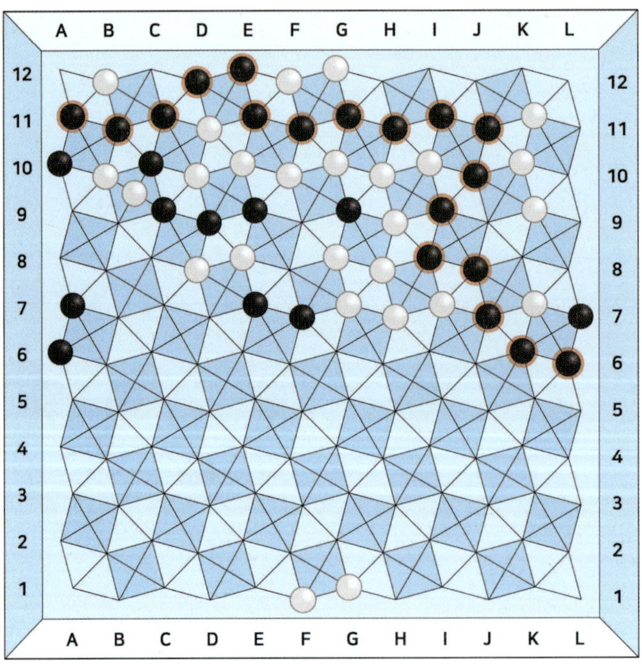

검은색 말이 승리한 모습

게임의 역사

1984년 보드게임 디자이너 래리 백은 캡처 규칙이 있는 연결 게임이 부족하다는 것을 깨닫고 캡처 규칙이 있는 연결 게임을 만들기로 한다. 처음엔 헥스의 변형을 통해 게임을 만들어 보려 했지만 헥스의 변형으로는 캡처 규칙이 있는 게임을 만들 수 없다는 것을 깨닫고 새로운 형태의 게임을 구상한다.

연결 게임의 보드에서 정사각형 모양을 사용할 경우 아래 그림과 같이 서로 연결되지 않는 교착 상태가 발생할 수 있다. 그리고 이 때문에 무승부가 생길 수 있다.

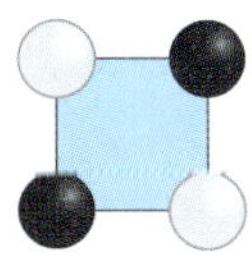

따라서 래리 백은 이런 교착 상태에서 마지막 말을 놓는 사람이 상대방 말을 잡는 것으로 캡처 규칙을 정한다. 그러면 무승부가 생기는 문제도 해결할 수 있고 자연스럽게 연결 게임에 캡처 규칙을 적용할 수 있기 때문이다.

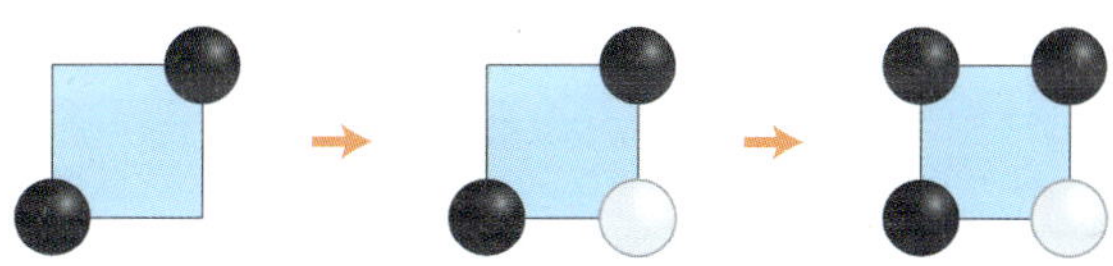

하지만 정사각형 모양으로만 된 보드에서는 서로 말을 놓을 수 없는 상황이 생길 수 있다. 아래 그림에서 점선으로 된 원이 있는 위치의 경우 말을 먼저 놓는 사람이 상대방에게 말을 잡힌다. 결과적으로 이 경우 서로 말을 연결하지 못하게 되며 게임 진행이 정상적으로 안 된다. 래리 백은 이를 해결하기 위해 고민했지만 뾰족한 방법을 찾지 못한다.

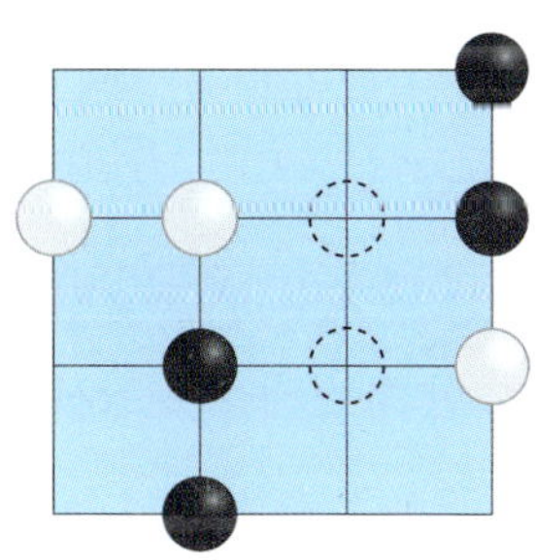

2년 후 그는 다른 게임을 만들 목적으로 아래와 같은 새로운 보드를 고안한다.

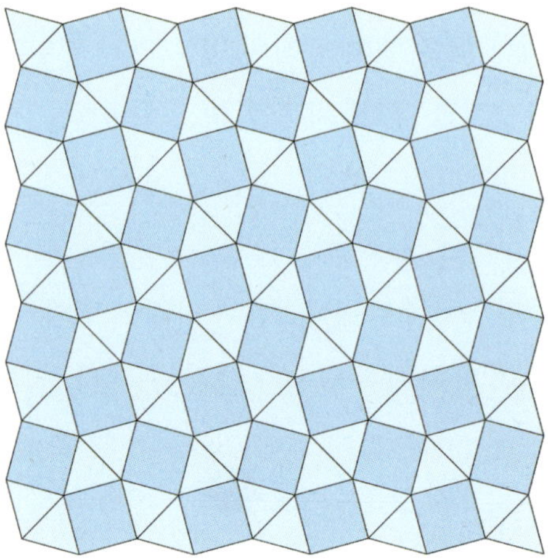

그러다 갑자기 캡처 규칙이 있는 연결 게임을 떠올렸고 사각형 모양만 사용한 보드의 문제점을 해결할 수 있다는 것을 알게 된다. 하지만 바로 다른 문제가 발생한다는 것을 깨닫는다. 아래 그림에서 왼쪽 그림과 같은 배치를 생각해 보자.

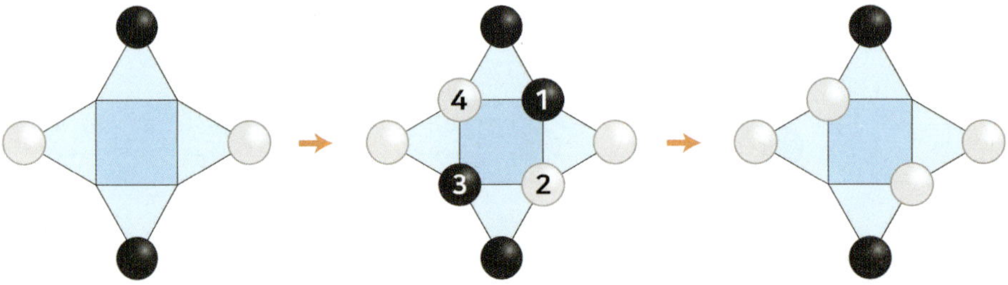

그림의 가운데 그림과 같은 수순처럼 검은색이 사각형의 네 점 중 하나인 1의 위치에 먼저 말을 놓았다고 하자. 하얀색은 검은색의 연결을 막기 위해 2의 위치에 둬야 한다. 그러면 마찬가지로 검은색은 하얀색의 연결을 막기 위해 3의 위치에 둬야 하는데 하얀색이 4의 위치에 두면 검은색은 하얀색에게 모두 잡힌다. 결과적으로 사각형의 네 점 중 한 곳에 먼저 두는 사람이 불리한 상황이 되므로 서로 말을 놓는 것을 피하게 된다. 사각형 모양만 사용했을 때의 문제는 해결했지만 다른 형태의 교착 문제가 발생한 것이다. 이에 대한 해결책을 생각하지 못한 그는 이에 실망하고 게임을 보류한 채 9년의 시간을 보낸다.

1995년 래리 백은 정사각형을 사용할 경우 항상 교착 문제가 생긴다고 판단하고 이에 대한 해결책으로 정사각형을 4개의 직각삼각형으로 나누는 방안을 생각한다. 이렇게 되면 정사각형의 형태는 유지되면서 정사각형의 가운데 위치에도 말을 놓을 수 있게 된다. 그리고 이 보드가 현재 오닉스 보드다.

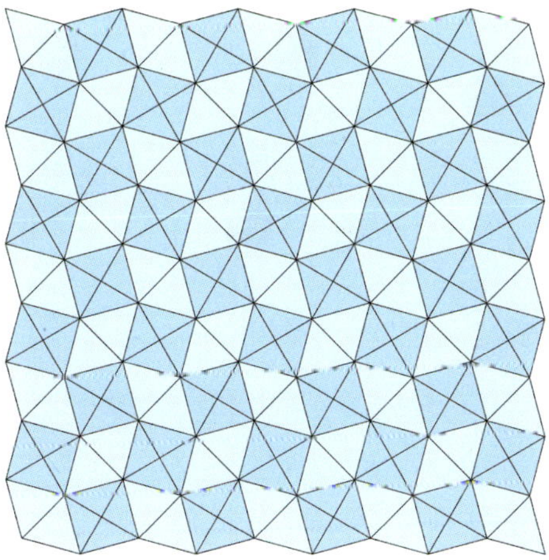

그는 기존에 정했던 캡처 규칙을 그대로 사용하기 위해 추가 규칙을 정해야 했는데 바로 정사각형의 가운데에 말이 없을 때 캡처할 수 있다는 규칙이다. 정사각형을 4개의 직각삼각형으로 나눈 보드에서는 아래 그림과 같이 가운데 위치에 말을 놓으면 검은색의 연결이 보장되고 교착 문제도 발생하지 않는다. 교착 문제가 해결되는 것이다.

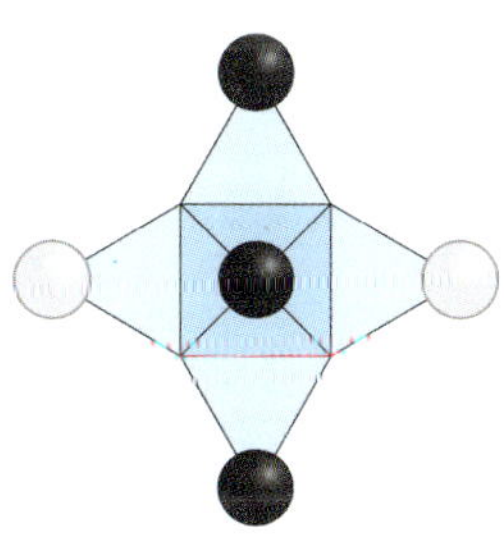

다만 정사각형 가운데 말을 놓으면 캡처가 덜 발생해 게임의 긴장감이 떨어진다. 또한 이런 특수한 경우가 아니면 가운데 말을 놓는 수는 크게 필요하지 않다. 그래서 그는 추가 규칙을 정한다. 바로 정사각형의 네 꼭짓점이 비어있을 때만 정사각형의 중앙에 말을 놓을 수 있다는 규칙이다. 이렇게 오닉스는 11년만에 완성되었다.

오닉스의 전략

래리 백은 오닉스의 여러 전략을 소개했다. 이 중 몇 가지를 알아보자. 게임을 하다 보면 자주 나오는 형태가 있는데 대표적인 형태는 아래 그림과 같다.

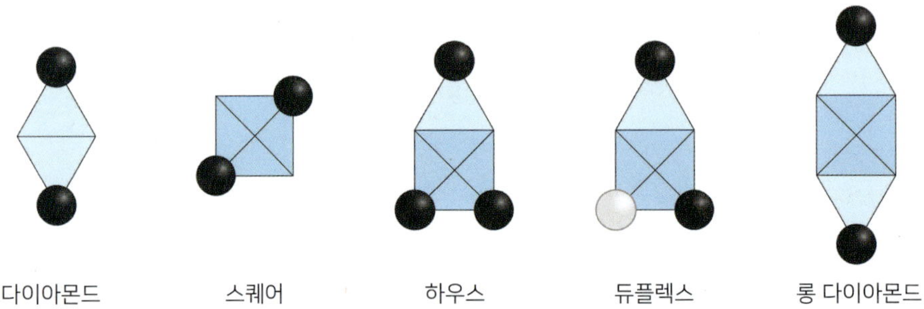

오닉스의 다섯 가지 대표적인 형태

각각에 대해 살펴보자.

다이아몬드(Diamond)

다이아몬드는 내 말 두 개를 안전하게 연결할 수 있는 형태이다. 상대가 어떻게 두더라도 내 말의 연결을 막을 수 없다.

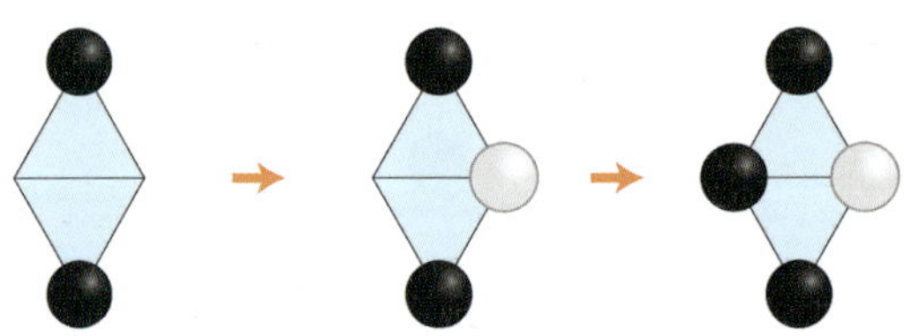

스퀘어(Square)

스퀘어는 다이아몬드처럼 내 두 말의 연결을 보장한다. 하지만 캡처 규칙에 따라 상대에게 두 말을 잡힐 수 있으므로 조심해야 한다.

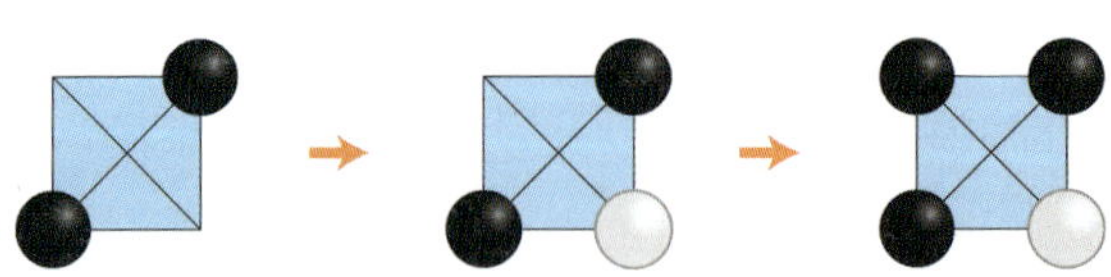

하우스(House)

하우스는 아래와 같은 수순으로 안전한 연결이 보장된다.

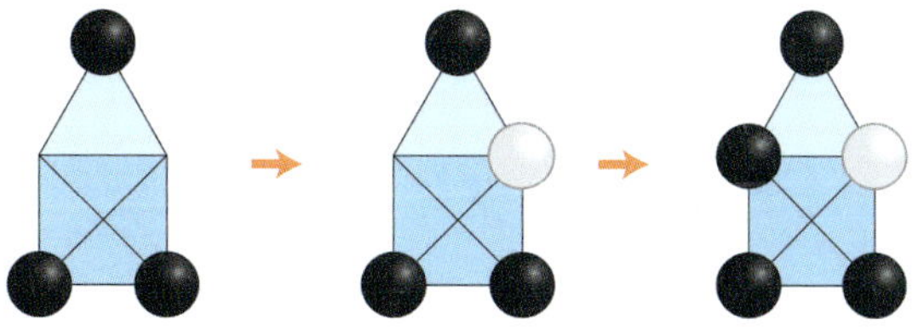

듀플렉스(Duplex)

듀플렉스는 아래와 같은 수순으로 안전한 연결이 보장된다.

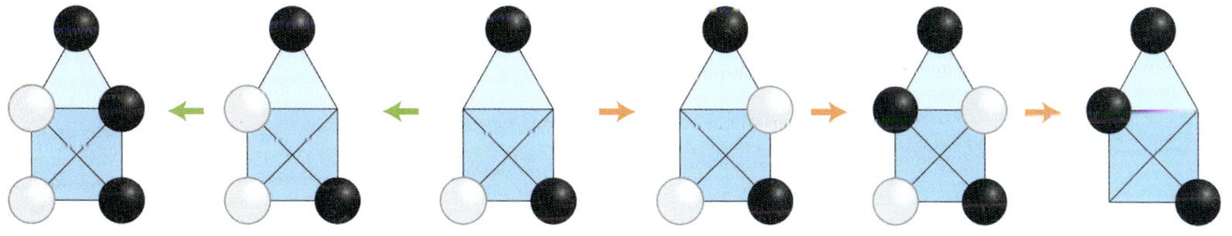

롱 다이아몬드(Long Diamond)

롱 다이아몬드는 흰색 말을 정사각형의 중앙에 둘 경우 검은색의 연결을 막을 수 있다.

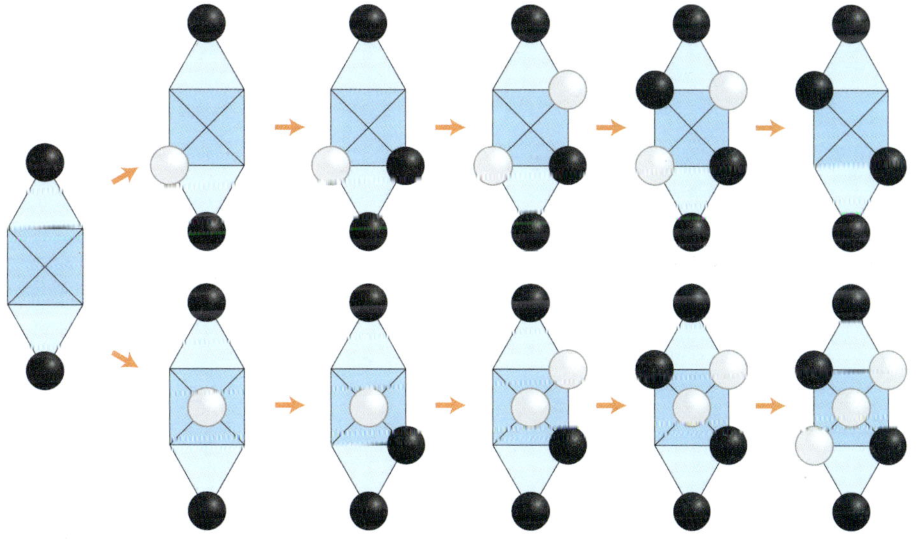

가장자리(The Edge)

아래 그림은 검은색이 보드의 아래쪽 모서리에 연결할 수 있는 상황을 보여준다. 점선으로 표시된 곳에 상대 말이 없다면 아래쪽 모서리까지 연결이 보장된다. 왜 연결이 보장되는지는 직접 생각해 보자.

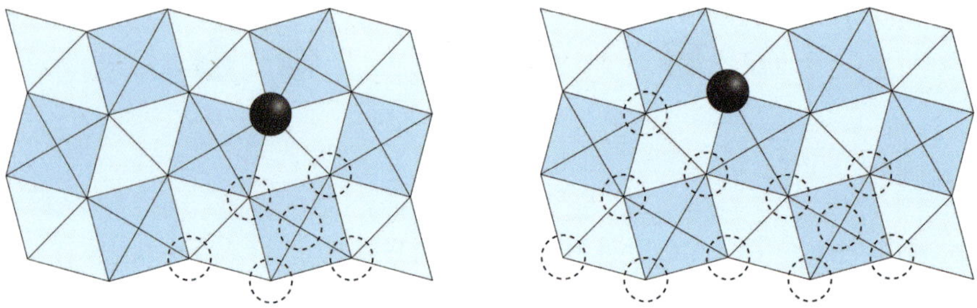

오닉스 문제

래리 백은 아래와 같이 두 개의 미니 오닉스 문제를 제시했다. 한번 풀어 보자.

문제 검은색 말을 둘 차례이다. 단 한 수로 검은색이 승리할 수 있는 위치를 찾으시오.

1)

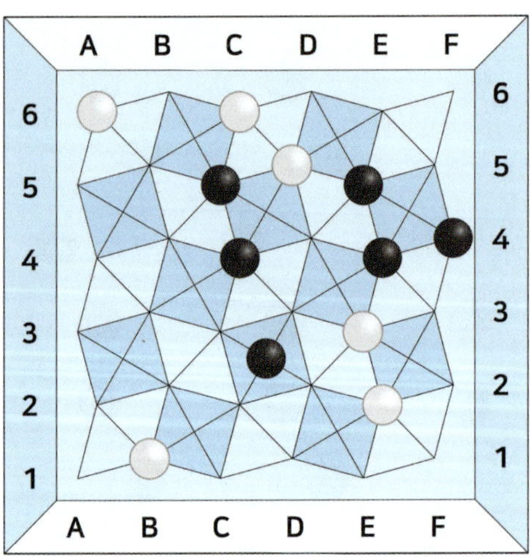

2)

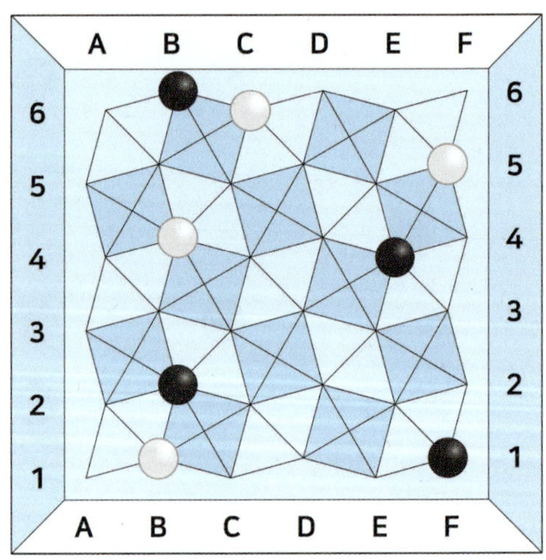

풀이 승리하는 수는 다음과 같다. 자세한 설명은 생략한다.

1)

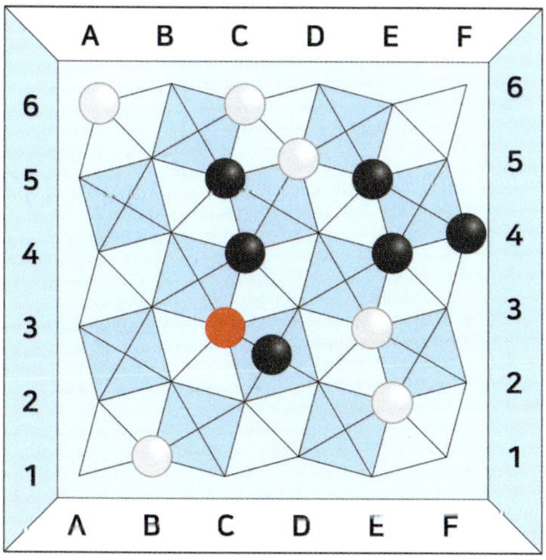

2)

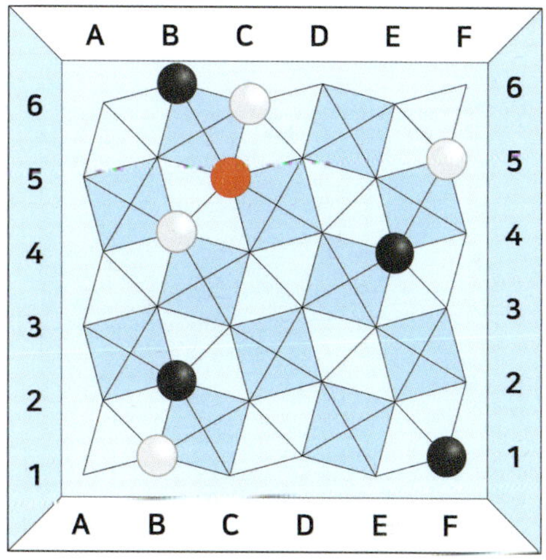

Chapter 03

우연과 확률을 이용하는 주사위 게임

어떤 게임을 할까요?

1 백개먼(Backgammon)

2 피그(Pig)

3 야찌(Yahtzee)

4 거짓말쟁이의 주사위(Liar's Dice)

5 파클(Farkle)

6 왕관과 닻(Crown and Anchor)

7 자정(Midnight)

우연과 확률을 이용하는 **주사위 게임**

백개먼 Backgammon

백개먼(Backgammon)은 두 사람이 주사위를 이용해 보드 주위로 말을 움직이는 게임이다. 세계적으로 바둑이나 체스만큼 널리 알려진 게임으로 매년 세계선수권대회도 열리고 있다.

게임에 필요한 도구

게임판, 흰색 체커 15개, 검은색 체커 15개, 주사위 2개, 더블링 큐브

게임판

주사위 2개

더블링 큐브

흰색과 검은색 체커 각각 15개

백개먼에서는 일반 주사위와 다른 더블링 큐브가 사용된다. 더블링 큐브에는 2, 4, 8, 16, 32, 64의 숫자가 새겨져 있다. 일반 주사위를 사용할 경우 각 주사위 눈만큼 2를 반복해서 곱한 수로 생각해 사용할 수 있다. 체커는 바둑돌로 대신할 수 있다.

게임판 받기

03_주사위 게임/백개먼.pdf

게임 규칙

백개먼은 포인트라 불리는 24개의 삼각형으로 구성된 보드에서 두 명이 하는 게임이다. 보드는 6개의 포인트를 한 세트로 4개의 사분면으로 나뉘며 사분면은 검은색의 홈 보드와 외부 보드, 흰색의 홈 보드와 외부 보드로 이루어져 있다. 홈 보드와 외부 보드는 중앙의 바(Bar)로 분리되고 시작할 때 말의 배치는 아래와 같다.

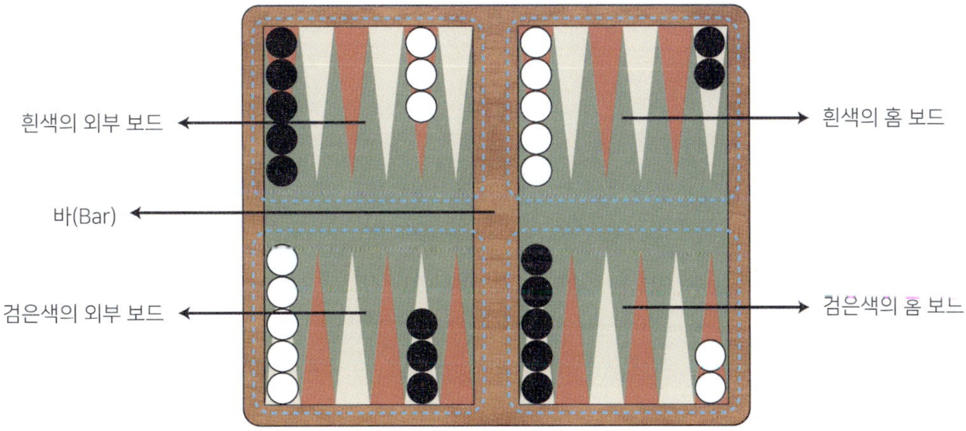

포인트는 자신의 홈 보드를 바라보는 방향으로 아래 그림처럼 번호가 매겨진다. 예를 들어 검은색의 1번 포인트는 흰색의 24번 포인트이다. 두 개의 주사위를 사용하여 자신의 말을 이동하는 게임으로 다음과 같은 규칙에 따라 게임을 진행한다.

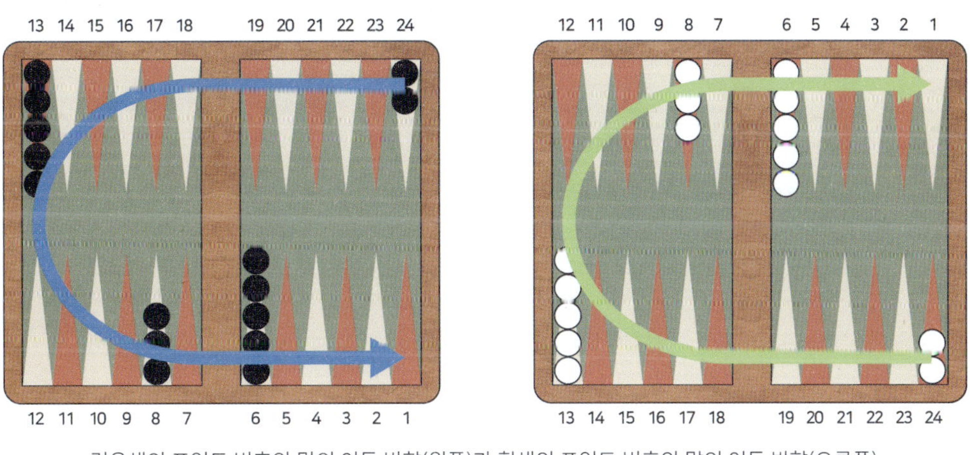

검은색의 포인트 번호와 말의 이동 방향(왼쪽)과 흰색의 포인트 번호와 말의 이동 방향(오른쪽)

이동규칙

1) 주사위를 하나씩 굴린 후 더 높은 숫자가 나온 사람이 먼저 게임을 시작한다.
2) 두 사람은 교대로 게임을 하며 자신의 차례에 두 개의 주사위를 함께 굴린다. 이때 주사위는 오른쪽 보드에 굴려야 하고 바깥쪽으로 나가거나 체커 위에 올라가면 다시 굴린다.
3) 주사위 숫자에 따라 이동할 수 있는 포인트 수가 결정된다. 체커는 항상 자신의 홈 보드를 향해 말굽 모양의 경로를 따라 앞으로만 이동할 수 있다.
4) 체커가 이동할 수 있는 포인트는 상대방 체커가 한 개 이하로 있는 곳이다. 이곳을 열린 지점이라 한다.

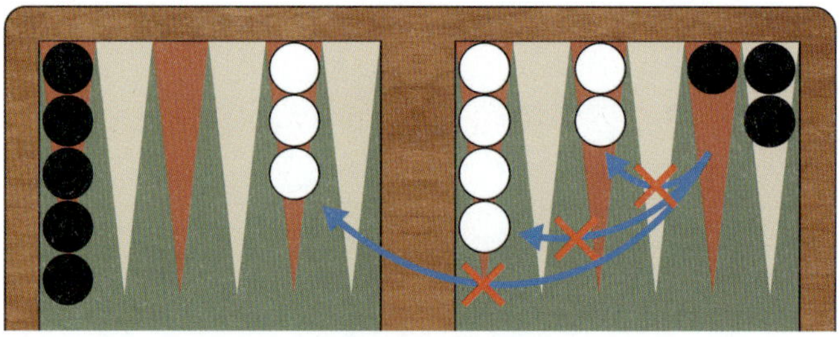

체커가 이동할 수 없는 위치

5) 두 주사위의 숫자로 각각 한 번씩 이동한다. 예를 들어 주사위 숫자 2, 4가 나왔다면 자신의 체커 하나를 열린 지점으로 두 칸 이동하고, 다른 체커를 열린 지점으로 네 칸 이동한다. 이때 같은 체커를 두 번 이동해도 된다. 같은 체커를 두 번 이동하는 경우 중간 지점은 열린 지점이어야 한다.

주사위 숫자 2, 4가 나온 경우 체커의 이동

6) 주사위를 굴려 같은 숫자 두 개가 나오면 더블이라 하며 해당 숫자만큼 네 번 이동한다. 단, 첫 번째 던질 때는 더블이 허락되지 않는다. 두 주사위가 같은 숫자가 나오면 하나를 다시 굴려야 한다.

2, 3 이 나온 경우 하나의 체커 이동 : 두 칸 이동 후, 세 칸 이동은 가능하지만, 상대 체커로 인해 세 칸 이동 후 두 칸은 불가능

7) 두 주사위 숫자에 대해 이동이 가능하면 반드시 이동해야 한다. 두 숫자 중 하나의 숫자만 이동 가능하면 그 숫자만 이동한다. 만약 두 숫자 각각에 대한 이동은 가능하나 모두 적용할 수 없는 경우엔 더 큰 숫자에 대해 이동한다. 두 숫자 모두 이동이 불가능하다면 차례가 종료되고 다음 사람으로 차례가 넘어간다. 더블인 경우, 네 번의 이동에 대해 최대한 가능한 횟수만큼 이동해야 한다.

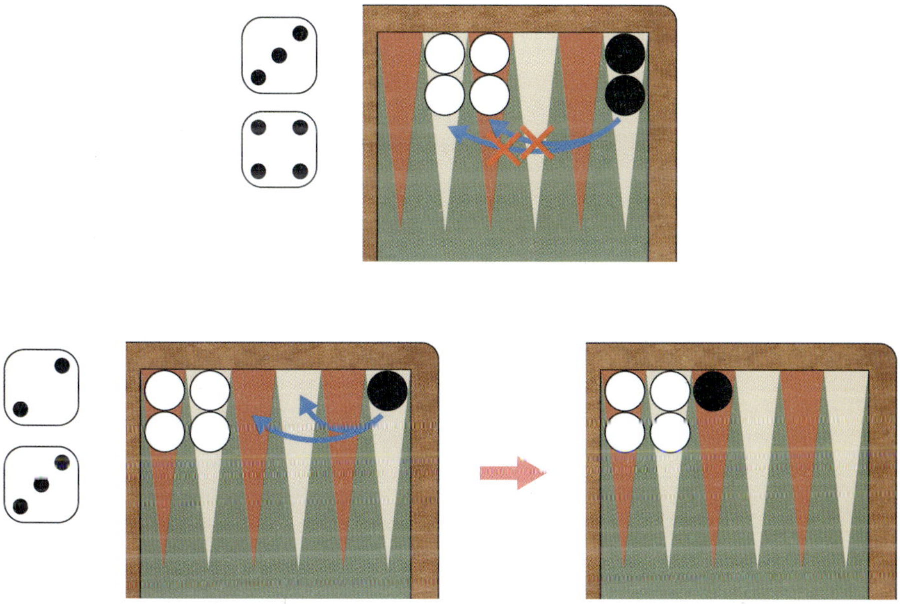

이동이 불가능해 차례가 종료되는 경우(위쪽)와 두 숫자 중 하나만 이동 가능해 더 큰 숫자를 이동한 경우(아래쪽)

8) 각 포인트에 둘 수 있는 체커의 수에는 제한이 없다.

히팅(Hitting)과 엔터링(Entering)

1) 상대의 체커가 하나만 있는 열린 지점을 오점(Blot)이라 한다. 자신의 체커를 오점으로 이동했을 경우 상대의 체커를 히트(Hit)했다고 하고 상대의 체커를 바(Bar)로 옮긴다.

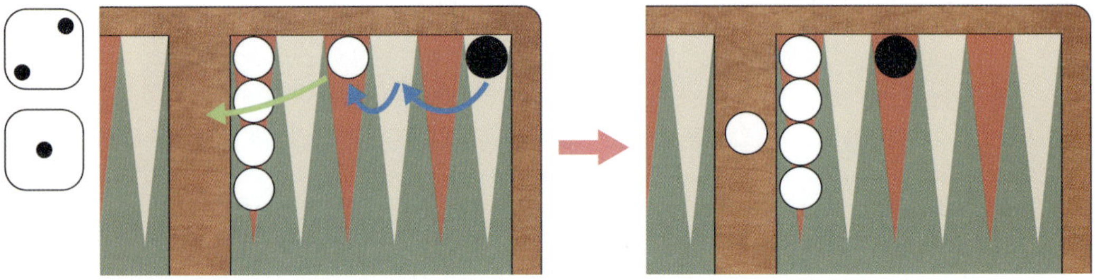

히팅으로 인해 바로 옮겨진 체커

2) 바에 옮겨진 체커를 하나 이상 가지고 있는 사람은 본인의 차례에 최우선으로 그 체커를 상대 홈 보드에 넣어야 하며 이를 엔터링(Entering)이라 한다. 바에 있는 체커는 주사위 눈의 숫자 중 하나에 해당하는 열린 지점으로 엔터링을 할 수 있다. 예를 들어 1이 나오면 24번 포인트(상대방 1번 포인트)로 6이 나오면 19번 포인트(상대방 6번 포인트)로 들어갈 수 있다.

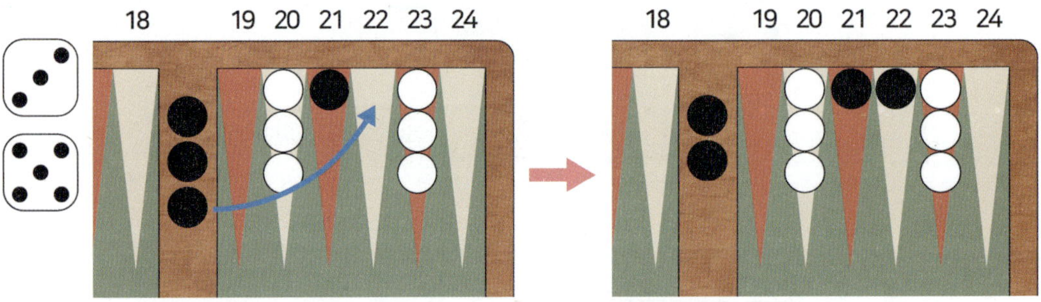

바(Bar)에 있는 체커 엔터링하기(주사위 숫자 3에 대해서만 엔터링 가능)

3) 바에 있는 체커가 없어질 때까지 다른 체커를 이동할 수 없으며 두 주사위를 모두 사용해도 엔터링을 할 수 없는 경우 차례가 종료된다. 바에 있는 체커 중 일부를 엔터링할 수 있는 경우 가능한 한 많이 엔터링한 후 차례를 종료해야 한다.

4) 바에 있는 체커를 모두 엔터링한 후에는 사용하지 않은 주사위 수가 있다면, 그 수에 맞춰 자신의 체커를 이동한다.

베어링 오프(Bearing Off)

1) 15개의 체커를 모두 본인의 홈 보드로 이동한 경우(1~6번 포인트) 본인의 체커를 밖으로 제거할 수 있으며 이를 베어링 오프라고 한다. 베어링 오프를 할 땐 주사위 숫자에 해당하는 포인트의 체커를 하나 제거한다. 예를 들어 5번 포인트에 있는 체커를 제거하려면 주사위 숫자 5가 나와야 한다.

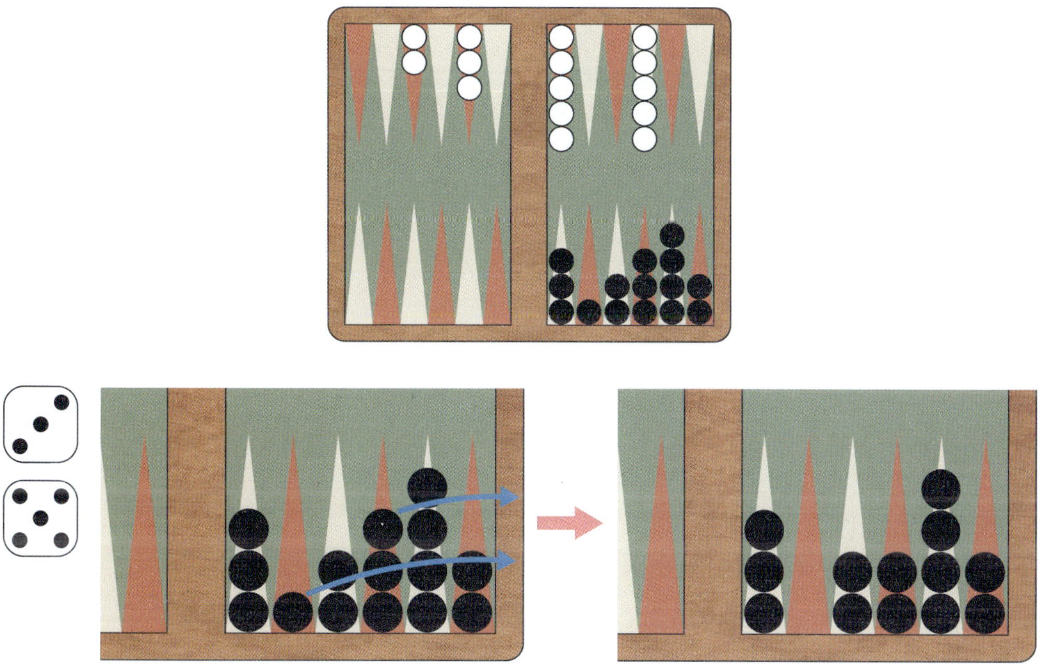

베어링 오프가 가능한 상황(위)과 베어링 오프로 체커 제거하기(아래)

2) 베어링 오프는 강제 사항이 아니며 자신의 체커를 이동하거나 베어링 오프를 할 수 있다.

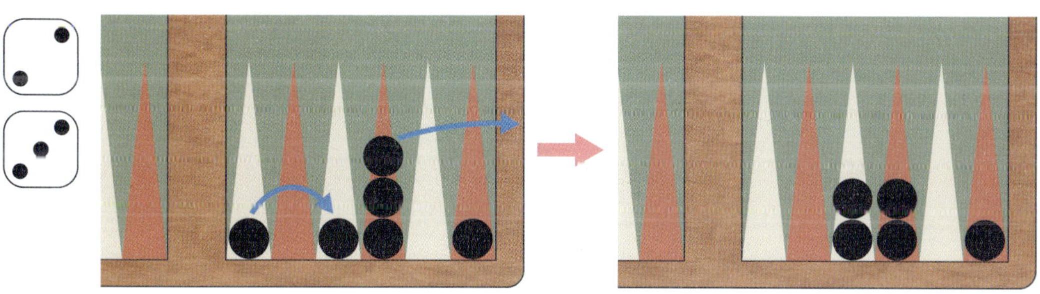

체커 하나는 이동하고 다른 하나는 베어링 오프하기

3) 주사위 숫자에 해당하는 포인트에 체커가 없어 베어링 오프를 할 수 없고 이동할 수 있는 체커도 없다면 주사위 숫자보다 낮은 포인트에 있는 체커를 베어링 오프할 수 있다. 단 남은 체커 중 가장 높은 포인트에 있는 체커를 제거해야 한다.

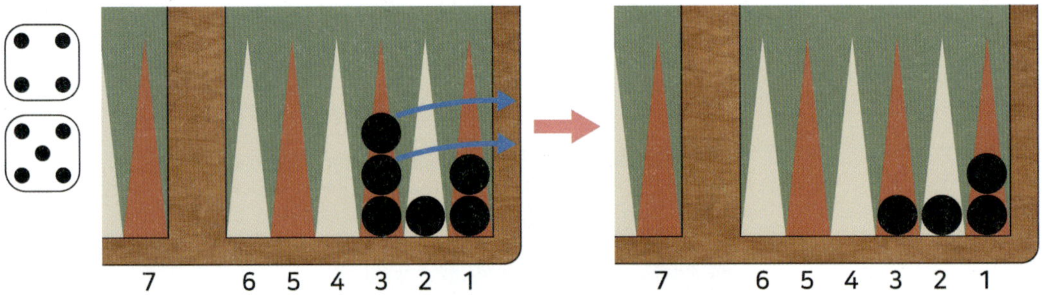

주사위 숫자보다 낮은 포인트에만 체커가 있을 때, 남은 체커 중 가장 높은 포인트에 있는 체커 제거하기

승리조건

백개먼은 여러 번의 게임을 진행해 정해진 점수를 먼저 획득하는 사람이 승리하는 게임이다. 각 판의 점수 획득 조건은 다음과 같다.

1) 싱글(Single) : 모든 체커를 상대보다 먼저 베어링 오프하면 게임이 종료되며 1점을 획득한다.
2) 개먼(Gammon) : 게임 종료 시 상대방이 베어링 오프를 한 개도 못한 경우 2점을 획득한다.
3) 백개먼(Backgammon) : 게임 종료 시 상대방이 베어링 오프를 한 개도 하지 못하고, 상대의 체커 중 하나라도 내 홈보드에 있거나 바에 있는 경우 3점을 획득한다.

더블링 큐브(Doubling Cube)

더블링 큐브는 2, 4, 8, 16, 32, 64가 새겨진 주사위로 게임 점수를 높이는 데 사용한다. 사용법은 다음과 같다.

1) 게임 중 자신에게 유리하다고 판단되면 자신의 차례에 주사위를 굴리기 전 더블링 큐브의 숫자 2가 위로 보이도록 놓아 더블 게임을 제안한다. 더블 게임이 되면 게임 종료 시 점수가 두 배가 된다. 주사위는 굴리지 않고 상대에게 차례를 넘긴다.
2) 상대는 더블 게임을 수락하거나 거절할 수 있고 수락하면 더블 게임으로 진행된다. 거절하면 게

임은 즉시 종료되며 상대는 패배한다. 점수는 더블 게임 제안 전의 점수를 받는다.

3) 더블 게임을 수락한 상대는 더블링 큐브를 제어할 수 있다. 즉, 수락한 상대만이 이후 추가 더블 게임을 제안할 수 있고 한 사람이 연속해서 더블 게임을 제안할 수는 없다. 이후 더블 게임이 제안되면 게임 점수는 계속해서 배로 늘어난다.

4) 더블링 큐브에는 64까지의 숫자가 있지만 더블 게임 제안에는 한계가 없다. 즉, 64배 이후에도 128배, 256배로 계속해서 늘어날 수 있다.

5) 더블링 큐브 사용 시 크로퍼드 규칙(Crawford Rule)을 적용할 수 있다. 크로퍼드 규칙은 게임을 좀 더 공평하게 만들기 위해 고안되었다. 점수가 높은 사람의 점수가 승리 점수와 1점의 차이가 날 경우(매치포인트) 크로퍼드 게임이라 하고 이 게임에서는 더블링 큐브를 사용할 수 없다. 크로퍼드 규칙은 한 번만 적용되며 이후 더블링 큐브를 정상적으로 사용할 수 있다.

게임의 역사

백개먼이 언제부터 시작됐는지에 대한 정확한 기원은 알려져 있지 않다. 한 가지 확실한 것은 백개먼이란 이름이 문서에 처음 등장한 것은 1635년이라는 것이다. 그 이전에도 백개먼과 같은 형태의 보드(혹은 비슷한 형태의 보드)를 사용하고 주사위로 말을 움직이며 레이스를 하는 게임이 있었기에 이런 게임을 백개먼의 기원으로 보곤 한다.

백개먼의 기원으로 보는 대표적인 게임으로는 고대 메소포타미아 게임인 '우르의 왕실게임(The Royal Game of Ur)', 페르시아 게임인 '나드(Nard)', 고대 로마의 '십이 마킹 게임(Ludus Duodecim Scriptorum)' 등이 있다. 이 중 우르의 왕실 게임의 경우 기원전 3000년경에 시작됐기에 백개먼이 기원전 3000년경부터 시작했다고 보는 의견도 있다.

1850년에 현대와 같은 규칙이 만들어졌다. 이때 보드 중앙에 '바(Bar)'가 생겼고 상대에게 히팅된 체커는 '바'로 옮겨졌다. 다른 주사위 게임이 그렇듯 백개먼 역시 오랜 시간 동안 도박으로 인식되었다. 하지만 1920년 더블링 큐브(Doubling Cube)의 발명 이후 백개먼은 극적인 변화를 맞이하였다. 더블링 큐브는 백개먼을 더 전략적인 게임으로 바꿨고 도박이 아닌 두뇌 스포츠로 탈바꿈시켰다. 단순히 도박용으로 즐기던 게임에 매치플레이 규칙이 정립되었고 1964년에는 첫 정식 토너먼트가 미국에서 개최되었다. 현재는 매년 세계 선수권 대회가 열린다. 최근에는 신경망을 이용한 컴퓨터 기술로 더 다양한 전략이 연구되고 있다.

변형 게임

백개먼에는 여러 변형 게임이 있다. 이 중 몇 가지를 알아보자.

에이시-듀시(Acey-Deucey)

에이시-듀시는 백개먼과 마찬가지로 각각 15개의 체커와 2개의 주사위를 사용하며 아래 그림처럼 보드에 체커를 두지 않고 시작한다. 따라서 체커를 엔터링하는 것으로 게임을 시작하게 된다. 일반적인 규칙은 백개먼과 같지만, 다음과 같은 점에서 차이가 있다.

에이시-듀시 초기 배치

1) 주사위를 굴려 두 숫자가 같은 더블이 나오면 백개먼처럼 해당 숫자만큼 네 번 이동한다. 이후 주사위를 한 번 더 굴릴 수 있는 기회를 얻는다.
2) 더블링 큐브는 사용하지 않는다.
3) 주사위 숫자 1, 2를 에이시-듀시라 한다. 에이시-듀시가 나오면 1과 2에 맞게 체커를 이동한다. 이후 1부터 6까지 숫자 중 하나를 선택해 숫자만큼 네 번의 이동을 한다. 즉, 선택한 숫자에 대해 더블 규칙에 맞게 이동하는 것이다. 그리고 다시 주사위를 굴릴 기회를 얻는다. 만약 이때 다시 에이시-듀시가 나오면 앞의 과정을 반복한다.

하이퍼개먼(Hypergammon)

하이퍼개먼은 아래와 같은 배치로 게임을 시작하며 규칙은 백개먼과 같다.

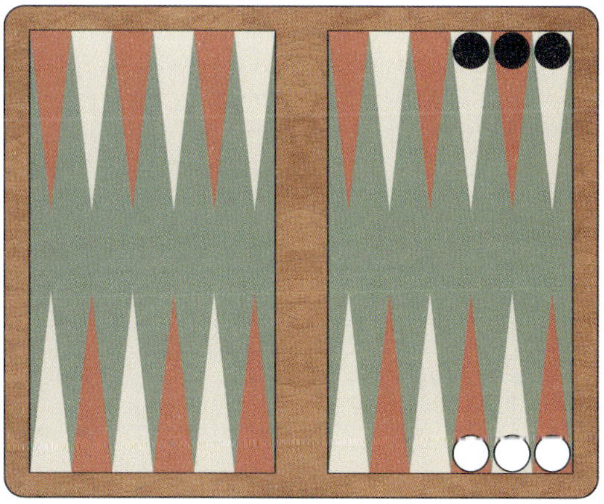

하이퍼개먼 초기 배치

낵개먼(Nackgammon)

낵개먼은 낵 밸러드(Nack Ballard)가 발명한 변형으로 뒤에서 소개할 백개먼 전략인 프라임과 백 게임에 더 초점이 맞춰진 게임이다. 백개먼보다 더 많은 기술이 필요하다. 백개먼의 기본 배치의 13번과 6번 포인트에서 체커 하나씩을 23번 포인트에 배치하여 시작하며 규칙은 백개먼과 같다.

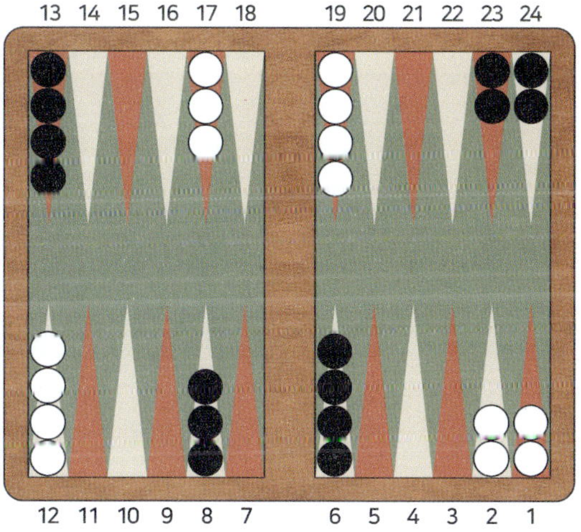

낵개먼 초기 배치

백개먼과 확률

백개먼을 할 때 가장 기초적인 전략은 주사위의 확률을 고려하는 것이다. 두 개의 주사위를 던질 때 나올 수 있는 조합은 모두 36가지로 아래와 같다.

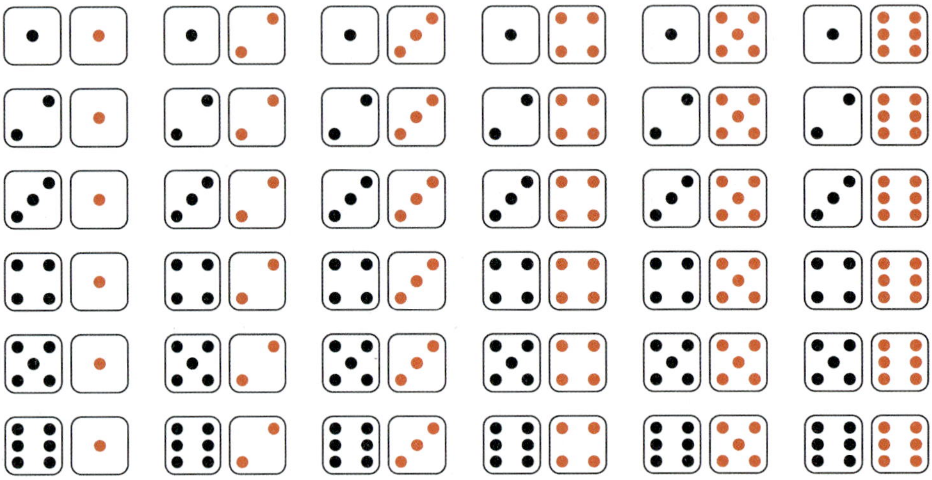

두 개의 주사위를 던질 때 나오는 36 가지 조합

이 36가지 조합을 통해 백개먼의 여러 게임 상황에서의 확률을 생각할 수 있다. 아래 그림과 같은 상황을 보자. 바에 있는 검은색 체커를 엔터링하기 위해선 주사위에서 4가 나와야 한다. 4가 나올 확률은 어떻게 될까? 위 그림을 통해 그 확률이 $\frac{11}{36}$임을 쉽게 알 수 있다.

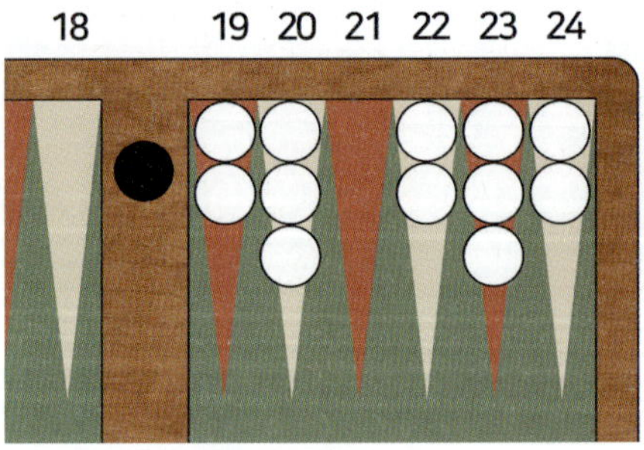

일반적으로 엔터링을 할 수 있는 포인트가 한 곳뿐이라면 엔터링을 할 확률은 $\frac{11}{36}$이다. 만약 엔터링을 할 수 있는 포인트가 두 곳이라면 어떨까? 간단한 계산을 통해 그 확률이 $\frac{20}{36}$임을 알 수 있다. 마찬가지로 엔터링이 가능한 곳이 세 곳, 네 곳인 경우도 생각할 수 있고 각 확률은 다음 표와 같다.

	1	2	3	4	5	6
확률	$\frac{11}{36}$	$\frac{20}{36}$	$\frac{27}{36}$	$\frac{32}{36}$	$\frac{35}{36}$	1

엔터링이 가능한 포인트 수에 따른 확률

다음으로 아래 그림과 같은 상황을 보자. 오점에 있는 흰색 체커 중 적어도 하나를 바(Bar)에 보낼 확률은 얼마일까? 2 또는 5가 나오거나 주사위 눈의 합이 2 또는 5가 되면 되므로 확률을 계산하면 $\frac{23}{36}$임을 알 수 있다.

마지막으로 아래 그림과 같은 상황을 보자. 검은색의 차례라 할 때, 검은색이 승리하기 위해서는 더블을 하거나 더블을 하지 못했다면 상대도 더블을 하지 못해야 한다. 더블을 할 확률은 $\frac{1}{6}$이므로 검은색이 승리할 확률은 $\frac{1}{6}+\frac{5}{6}\times\frac{5}{6}=\frac{31}{36}$이다. 반면 흰색이 승리하려면 검은색이 더블을 하지 못한 상태에서 자신의 차례에 더블을 해야 한다. 따라서 흰색이 승리할 확률은 $\frac{5}{36}$이다. 즉, 검은색이 승리할 확률은 6배 이상이라 할 수 있다. 그렇다면 더블링 큐브를 사용해 보는 것은 어떨까? 더블링 큐브를 사용하면 정확하게 둘의 상황이 반대가 되므로 이는 현명한 판단이 아니다. 이렇게 각 상황에서 확률을 생각하면 좀 더 전략적인 게임을 할 수 있다.

기본 전략

백개먼은 바둑이나 체스만큼 인기 있는 게임이기에 많은 전략이 개발되었다. 그중 몇 가지를 알아보자.

러닝 게임(The Running Game)

러닝 게임은 백개먼의 가장 기본적인 전략으로 경주하는 것처럼 자신의 모든 체커를 가능한 한 빨리 자신의 홈 보드로 보내는 것을 말한다. 이미 모든 체커가 상대 체커를 지났거나 상대 체커보다 자신의 체커가 앞서고 있을 때 효과적이다.

홀딩 게임(The Holding Game)

홀딩 게임은 상대의 홈 보드에 있는 포인트에 자신의 체커를 두 개 이상 놓은 후 이동하지 않고 점령하고 있는 것을 말한다. 포인트에 닻을 내려놓고 있다는 의미에서 이 지점을 앵커(Anchor) 포인트라 한다. 그렇다면 최고의 앵커 포인트는 어디일까? 일반적으로 최고의 앵커 포인트는 20번 포인트로 알려져 있다. 홀딩 게임은 상대보다 뒤처졌을 때 효과적이다. 상대의 홈 보드에 본인의 앵커 포인트를 두면 자신의 체커 중 하나가 바에 보내질 경우를 대비하여 안전한 착지 장소를 제공할 수 있고, 상대의 체커가 전진하는 것을 방해할 수 있다.

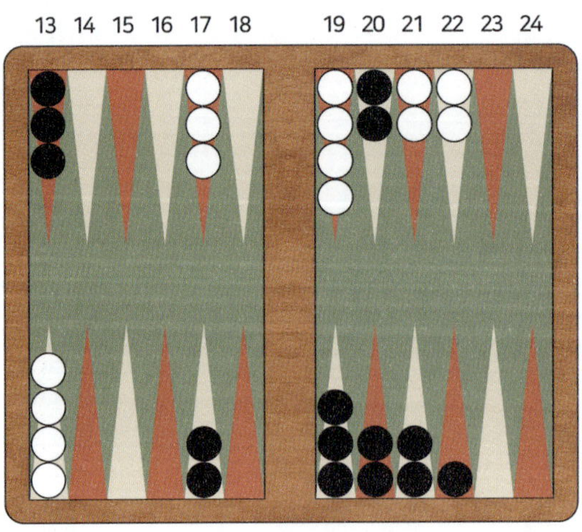

홀딩 게임 예시(앵커가 있는 20번 포인트)

프라이밍 게임(The Priming Game)

프라이밍 게임은 상대방 말의 이동을 막기 위해 상대방 체커 앞에 연속적인 앵커 포인트를 만드는 것을 말한다. 이렇게 연속적인 앵커 포인트를 프라임(Prime)이라 하고 6개의 앵커 포인트를 만드는 것이 이상적이다. 만약 아래 그림처럼 6개의 연속적인 앵커 포인트를 만든다면 주사위 숫자는 1부터 6까지이므로 상대는 체커를 이동할 수 없다. 보통 베어링 오프를 고려해 프라임은 2번 포인트에서 11번 포인트 사이에 만든다. 6개의 앵커 포인트로 된 프라임을 만들기는 쉽지 않지만 만들 수만 있다면 아주 강력한 공격이 될 수 있다. 보통 오점에 있는 상대 체커를 바(Bar)로 보내 가두는 방식으로 프라이밍 게임이 진행된다.

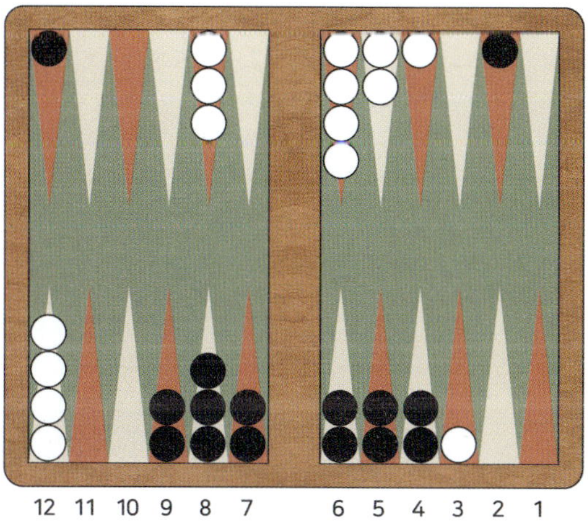

프라이밍 게임 예시

프라임 대 프라임 게임(The Prime vs. Prime Game)

프라임 대 프라임 게임은 두 사람이 모두 프라임을 만들어 상대를 공격하는 게임을 말한다. 이때는 프라임 포인트의 수, 프라임에 묶여 있는 체커의 수 등이 중요한 변수가 된다. 프라임 대 프라임 게임의 특이한 점은 둘 다 상대의 프라임을 피할 수 없을 때 상대적으로 뒤처진 사람이 승리할 가능성이 더 크다는 것이다. 그 이유는 두 사람 모두 프라임을 유지하고자 할 때 더 앞서고 있는 사람이 프라임에 있는 체커를 제외한 자신의 체커를 먼저 자신의 홈 보드를 옮기게 되기 때문이다. 따라서 결국 먼저 프라임을 포기할 수밖에 없고 상대에게 유리한 고지를 제공하게 된다.

백개먼 블리츠(The Backgammon Blitz)

블리츠는 상대방 체커를 바(Bar)에 가둬놓고 빠르게 자신의 체커를 홈 보드로 이동해 상대가 엔터링하지 못하게 하는 전략이다. 상대의 체커가 바(Bar)에 있는 상태에서 홈 보드의 모든 포인트를 앵커 포인트로 만든다면 상대는 주사위를 굴려보지도 못하고 계속해서 차례를 넘겨야 하며 게임을 구경만 하게 된다. 블리츠는 전략의 특성상 공격적으로 진행될 수밖에 없다. 초반에는 계속해서 오점에 있는 상대 체커를 공격하는 것으로 시작한다. 공격이 승리하면 개먼(Gammon) 상태로 게임이 종료되어 손쉽게 승점 2점을 얻을 수도 있다. 하지만 공격에 실패하면 빠르게 상대에게 승리를 넘길 수도 있다.

백개먼 블리츠의 예시

양방향 포워드 게임(The Two-Way Forward Game)

양방향 포워드 게임은 프라이밍 게임과 백개먼 블리츠의 하이브리드로 진행하는 게임이다. 먼저 3개나 4개로 된 프라임을 만드는 것으로 전략을 시작한다. 이후 상대방의 대응에 따라 프라이밍 게임으로 진행할지 백개먼 블리츠로 진행할지 결정해 게임을 하면 된다. 게임 상황에 따라 프라이밍 게임으로 진행하긴 어렵지만 백개먼 블리츠로 진행하기에 유리할 수 있고, 반대로 백개먼 블리츠로 진행하기는 어렵지만, 프라이밍 게임으로 진행하기 유리할 수 있다. 따라서 양방향 포워드를 적절히 활용하면 강력한 공격이 될 수 있다.

백 게임(The Back Game)

백 게임은 상대의 홈 보드에 두 개의 앵커 포인트를 만드는 전략으로 보통 불리한 상황에서 사용한다. 백 게임은 운의 영향을 많이 받는 전략으로 주사위 숫자가 어떻게 나오는지에 따라 성공이 좌우되기 때문에 이를 계획한다고 해도 성공하기는 어렵다.

두 개의 앵커 포인트를 유지하다가 상대가 베어링 오프를 시도하려고 할 때, 상대 체커를 공격해 바(Bar)로 보내고 이를 유지하여 역전을 노리는 전략이다. 따라서 공격의 타이밍이 중요하다. 상대의 체커를 바(Bar)로 보낸 다음에도 엔터링한 체커를 다시 공격해야 하므로 적어도 공격 전에 자신의 체커 중 10개 정도는 전진하여 홈 보드 근처에 있게 해야 한다.

공격에 실패하면 개먼(Gammon)이나 백개먼(Backgammon)으로 패배할 수 있다. 즉, 상대에게 최소 2점의 승점을 주는 것이다. 상대의 1번과 2번 포인트에 앵커 포인트를 만드는 백 게임은 그리 강하지 않다. 보통 상대의 1번과 3번 포인트, 2번과 3번 포인트, 2번과 4번 포인트에 앵커 포인트를 만드는 것을 최고의 백 게임으로 여긴다.

백개먼 게임의 경험이 많지 않은 사람은 백 게임 전략을 상당히 좋게 평가하는 경향이 있다. 하지만 처음부터 백 게임을 추구하는 것은 좋은 선택이 아니다. 보통 상대에게 공격을 많이 당해 바에 보내지는 체커가 많을 때 자연스럽게 만들어지는 경우가 많다. 하지만 이 경우도 백 게임으로 진행할지는 신중하게 결정할 필요가 있다. 다시 한번 말하지만 백게임은 상대보다 상당히 뒤처졌을 때 채택해야 하는 전략이다.

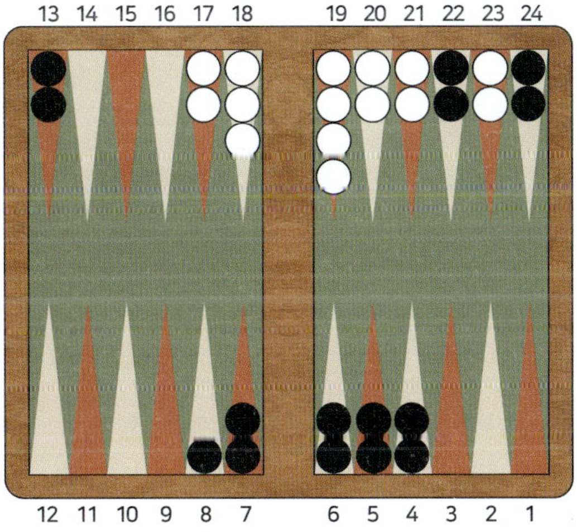

백 게임의 예시

오프닝 전략

백개먼은 주사위를 첫 번째로 던지는 오프닝 동작에 관해 많은 연구가 이루어졌다. 오프닝에서는 더블이 허용되지 않으므로 가능한 주사위 조합은 15가지뿐이다. 이런 오프닝 동작에 관한 연구는 최근에 큰 발전을 이뤘다. 이는 인공지능의 발전으로 가능했다. 인공지능을 통해 오프닝에 대한 연구가 진행됐고 오프닝 전략에 이 결과가 많이 반영되었다. 오프닝 문제는 아래 그림과 같은 초기 배치에서 검은색이 먼저 움직이는 경우에 대해 생각한다.

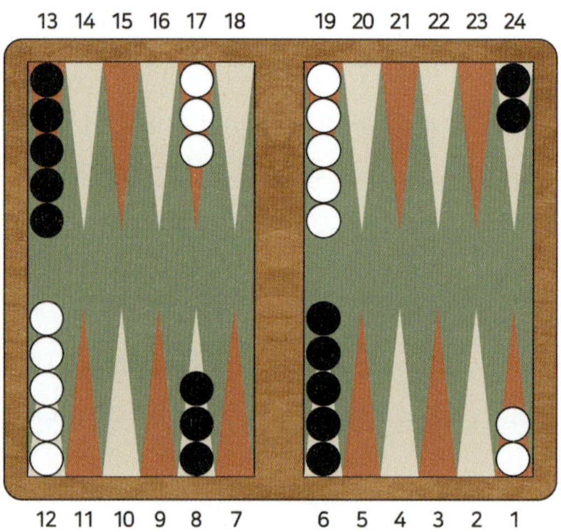

다음 표는 GNU 백개먼(GNU Backgammon)이라는 인공지능 프로그램으로 백개먼의 오프닝을 분석한 것이다. GNU 백개먼은 여러 봉사자가 협력해 만든 인공지능으로 이러한 오프닝을 분석하는 데 총 7개월이 걸렸다고 한다. 표를 보는 법을 간단히 알아보자. 주사위의 눈이 3과 2가 나왔다면 표에서는 3 – 2로 표시하였다. 최적 이동은 주사위 눈에 대해 승리하기 위한 가장 좋은 이동을 말한다. 대안 이동은 최적 이동에 준할 만큼 좋은 이동을 말한다. 말을 이동하는 방법은 표준 백개먼 표기법으로 표시되었다. 예를 들어 11/13은 11번 포인트에 있는 체커를 13번 포인트로 옮겨야 한다는 의미이다. 이런 분석을 통해 과거 가장 좋다고 알려진 이동이 사실은 차선책임이 밝혀지기도 했고 전혀 관심받지 못했던 이동이 새롭게 관심을 받기도 했다.

여기서 자연스럽게 떠오르는 질문은 이 중 가장 좋은 오프닝 동작이 무엇이냐는 것이다. GNU 백개먼의 분석 결과에 따르면 가장 좋은 오프닝은 주사위 숫자가 3과 1이 나왔을 때, 8번 포인트와

주사위 눈	최적 이동	대안 이동1	대안 이동2	주사위 눈	최적 이동	대안 이동1	대안 이동2
2 − 1	13/11 6/5	24/23 13/11	-	6 − 2	24/18 13/11	-	-
3 − 1	8/5 6/5	-	-	4 − 3	13/10 13/9	24/21 /13/9	24/20 13/10
4 − 1	24/23 13/9	13/9 6/5	-	5 − 3	8/3 6/3	-	-
5 − 1	24/23 13/8	13/8 6/5	-	6 − 3	24/18 13/10	-	-
6 − 1	13/7 8/7	-	-	5 − 4	24/20 13/8	13/9 13/8	-
3 − 2	13/11 13/10	24/21 13/11	-	6 − 4	8/2 6/2	24/18 13/9	24/14
4 − 2	8/4 6/4	-	-	6 − 5	24/13	-	-
5 − 2	24/22 13/8	13/11 13/8	-				

오프닝에서 주사위 눈에 따른 최적의 이동

6번 포인트에 있는 체커를 각각 하나씩 5번 포인트로 옮기는 것이다. 그렇다면 15가지 최적 이동 중에 가장 나쁜 오프닝은 무엇일까? 바로 주사위 숫자 4와 1이 나왔을 때, 24번 포인트의 체커를 23번 포인트로 옮기고 13번 포인트의 체커를 9번 포인트로 옮기는 것이다. 구체적인 순위는 아래 표와 같다.

순위	주사위 눈	최적 이동	순위	주사위 눈	최적 이동	순위	주사위 눈	최적 이동
1	3 − 1	8/5 6/5	6	5 − 4	24/20 13/8	11	6 − 2	24/18 13/11
2	4 − 2	8/4 6/4	7	4 − 3	13/10 13/9	12	5 − 1	24/23 13/8
3	6 − 1	13/7 8/7	8	6 − 4	8/2 6/2	13	3 − 2	13/11 13/10
4	5 − 3	8/3 6/3	9	2 − 1	13/11 6/5	14	5 − 2	24/22 13/8
5	6 − 5	24/13	10	6 − 3	24/18 13/10	15	4 − 1	24/23 13/9

오프닝에서 최적 이동의 순위

우연과 확률을 이용하는 **주사위 게임**

피그 Pig

피그 게임은 1945년 미국의 마술사 존 스칸(John Scarne)이 인쇄물로 처음 소개하였다. 하지만 그 기원은 더 오래된 민속놀이에 있다. 규칙은 간단하지만, 게임의 전략은 결코 간단하지 않다는 것이 피그 게임의 매력이다. 다양한 변형 게임이 있으며 몇몇 변형 게임은 상업적으로 판매되고 있다. 대표적인 상업 게임은 돼지 모양의 주사위를 사용하는 패스 더 피그(Pass the Pigs)이다.

게임에 필요한 도구

점수판, 주사위, 연필

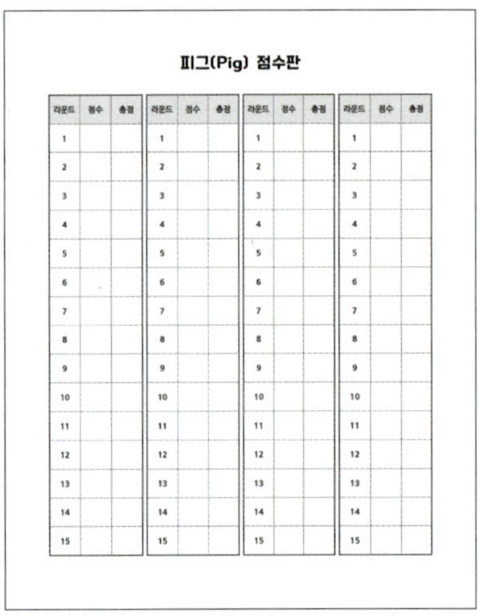

피그(Pig) 점수판

라운드	점수	총점	라운드	점수	총점	라운드	점수	총점	라운드	점수	총점
1			1			1			1		
2			2			2			2		
3			3			3			3		
4			4			4			4		
5			5			5			5		
6			6			6			6		
7			7			7			7		
8			8			8			8		
9			9			9			9		
10			10			10			10		
11			11			11			11		
12			12			12			12		
13			13			13			13		
14			14			14			14		
15			15			15			15		

점수판

주사위

연필

피그 게임을 할 때 매 턴마다 얻은 점수를 계산해야 하기 때문에 점수판과 연필이 필요하다. 점수판은 매 턴마다 얻은 점수를 기록하면 되므로 간단한 표의 형태면 된다.

점수판 받기

03_주사위 게임/피그.pdf

게임 규칙

주사위 한 개를 준비하고 다음과 같은 규칙에 따라 게임을 진행한다.

1) 두 사람은 교대로 자신의 차례에 원하는 만큼 반복해서 주사위를 던진다.
2) 언제든 주사위 던지는 것을 멈추고 다음 사람에게 넘길 수 있다.
3) 자신의 차례에 주사위를 던져 나온 값을 본인의 점수에 더한다.
4) 주사위를 던지다 1이 나오면 자신의 차례에 얻은 점수는 모두 없어지고 다음 사람의 차례로 넘어간다.
5) 먼저 100점을 얻은 사람이 승리한다.

피그 게임의 묘미는 주사위 던지는 것을 언제 멈춰야 하는지를 정하는 데 있다. 자신의 차례에 점수를 충분히 얻었다고 판단되면 주사위 던지는 것을 멈춰야겠지만 이를 결심하기는 쉽지 않다. 어떻게 보면 인생과도 비슷한 피그 게임을 한번 즐겨보자!

변형 게임

피그 게임에는 여러 변형 게임이 있다. 이에 대해 알아보자.

투 다이스 피그(Two Dice Pig)

투 다이스 피그는 두 개의 주사위로 진행하며 다음과 같은 규칙에 따라 게임을 진행한다.

1) 두 사람은 교대로 자신의 차례에 원하는 만큼 반복해서 두 개의 주사위를 던진다.
2) 언제든 주사위 던지는 것을 멈추고 다음 사람에게 넘길 수 있다.
3) 자신의 차례에 주사위를 던져 나온 값을 본인의 점수에 더한다.
4) 주사위 중 하나에 1이 나오면 자신의 차례에 얻은 점수는 모두 없어지고 차례가 넘어간다.
5) 두 주사위 모두 1이 나오면 지금까지 얻은 모든 점수를 잃고 다음 사람으로 차례가 넘어간다.
6) 먼저 100점을 얻은 사람이 승리한다.

피기(Piggy)

피기는 투 다이스 피그의 변형으로 다음과 같은 규칙에 따라 게임을 진행한다.

1) 두 사람은 교대로 자신의 차례에 원하는 만큼 반복해서 두 개의 주사위를 던진다.
2) 언제든 주사위 던지는 것을 멈추고 다음 사람에게 넘길 수 있다.
3) 자신의 차례에 주사위를 던져 나온 값을 본인의 점수에 더한다.
4) 두 주사위가 같은 눈이 나오면 자신의 차례에 얻은 점수는 모두 없어지고 차례가 넘어간다.
5) 먼저 100점을 얻은 사람이 승리한다.

피기 세븐(Piggy Sevens)

피기 세븐은 피기의 변형으로 다음과 같은 규칙에 따라 게임을 진행한다.

1) 두 사람은 교대로 자신의 차례에 원하는 만큼 반복해서 두 개의 주사위를 던진다.
2) 언제든 주사위 던지는 것을 멈추고 다음 사람에게 넘길 수 있다.
3) 자신의 차례에 주사위를 던져 나온 값을 본인의 점수에 더한다.
4) 두 주사위 눈의 합이 7이 되면 자신의 차례에 얻은 점수는 모두 없어지고 차례가 넘어간다.
5) 먼저 100점을 얻은 사람이 승리한다.

빅 피그(Big Pig)

빅 피그는 두 개의 주사위로 진행하며 다음과 같은 규칙에 따라 게임을 진행한다.

1) 두 사람은 교대로 자신의 차례에 원하는 만큼 반복해서 두 개의 주사위를 던진다.
2) 언제든 주사위 던지는 것을 멈추고 다음 사람에게 넘길 수 있다.
3) 자신의 차례에 주사위를 던져 나온 값을 본인의 점수에 더한다.
4) 두 주사위가 모두 1이면 25점을 얻고, 같은 눈이 나오면 눈의 합의 두 배가 되는 점수를 얻는다.
5) 주사위 중 하나에 1이 나오면 자신의 차례에 얻은 점수는 모두 없어지고 차례가 넘어간다.
6) 먼저 100점을 얻은 사람이 승리한다.

프레이의 피그(Frey's Pig)

빅 피그에서는 두 주사위 모두 1이 나오면 25점을 얻고 게임을 계속 진행하지만, 프레이의 피그에서는 두 주사위 모두 1이 나오면 25점을 얻고 다음 사람으로 차례가 넘어간다. 이 점을 빼면 프레이의 피그는 빅 피그와 같은 규칙으로 진행한다.

호그(Hog)

호그는 여러 개의 주사위를 사용하는 게임으로 다음과 같은 규칙에 따라 게임을 진행한다.

1) 두 사람은 교대로 주사위를 던진다.
2) 자신의 차례에 원하는 개수만큼 주사위를 선택하여 한 번 던진다.
3) 주사위 눈 중 1이 없다면 굴린 주사위 눈의 합을 본인의 점수에 더하고, 1이 있으면 점수를 얻지 못한다. 점수를 얻든 얻지 못하든 다음 사람으로 차례가 넘어간다.
4) 먼저 100점을 얻은 사람이 승리한다.

스컹크(SKUNK)

스컹크 게임은 여러 명이 함께하는 게임으로 한 명의 사회자와 여러 명의 참가자가 있다. 게임은 다음과 같은 규칙에 따라 진행한다.

1) S, K, U, N, K의 총 5라운드로 진행되며 각 라운드가 시작되면 게임에 참여한 모든 사람은 자신의 자리에서 일어난다.
2) 사회자는 각 라운드에 주사위를 반복해서 던지며 주사위를 던질 때마다 각 참여자에게 자리에 앉아 라운드를 그만할지, 서서 계속할지 결정하도록 한다.
3) 사회자는 라운드 진행 중 모든 참여자가 자리에 앉거나 주사위가 1이 나오면 라운드를 종료한다.
4) 게임의 참여자는 본인이 서 있을 때, 나온 주사위의 값을 본인의 점수에 더한다. 만약 1이 나올 때까지 서 있었으면 그 라운드에서 얻은 점수를 모두 잃는다.
5) 총 5라운드를 진행한 후 가장 높은 점수를 얻은 참가자가 승리한다.

필승전략

컴퓨터 과학자 토드 W. 넬러(Todd W. Neller)와 클리프턴 G.M. 프레서(Clifton G.M. Presser)는 2004년 발표한 논문 〈Optimal Play of the Dice Game Pig〉를 통해 피그 게임의 필승전략을 밝혔다. 피그 게임의 간단한 규칙을 생각하면 필승전략 역시 단순할 것으로 예상되지만 피그 게임의 필승 전략은 생각보다 복잡하다. 그리고 이것이 게임을 흥미롭게 한다. 이에 대해 알아보자.

1999년 독일의 보드게임 디자이너 라이너 크니치아(Reiner Knizia)는 피그 게임의 전략으로 '20 유지 전략'을 소개하였다. 20 유지 전략은 주사위의 합이 20 미만이면 주사위를 계속해서 던지는 전략이다. 그가 이런 전략을 이야기한 것은 주사위를 반복해서 던질 때 주사위 합의 기댓값이 20이기 때문이다. 피그 게임은 1이 나오면 턴이 종료되기 때문에 2, 3, 4, 5, 6 중 하나가 나와야 다시 주사위를 던질 수 있다. 따라서 첫 번째 주사위를 던질 때 2, 3, 4, 5, 6 중 하나가 나올 확률, 두 번째 주사위를 던질 때 2, 3, 4, 5, 6 중 하나가 나올 확률 등을 계산하여 기댓값을 구하면 다음과 같다.

$$\frac{1}{6}(2+3+4+5+6)+\frac{5}{6}\times\frac{1}{6}(2+3+4+5+6)+\left(\frac{5}{6}\right)^2\times\frac{1}{6}(2+3+4+5+6)+\cdots$$
$$=\frac{1}{6}(2+3+4+5+6)\left(1+\frac{5}{6}+\left(\frac{5}{6}\right)^2+\cdots\right)=\frac{20}{6}\times\frac{1}{1-\frac{5}{6}}=20$$

그는 이 전략을 따를 것을 주장하였지만 동시에 이 전략을 따르지 말아야 할 상황도 있음을 같이 언급하였다. 예를 들어 상대가 98점, 내가 78점이고 주사위를 던져 20점을 얻은 상황이라 하자. 20 유지 전략에 따르면 주사위 던지는 것을 멈춰야 하지만 상대가 바로 다음 차례에서 100점이 될 가능성이 높기 때문에 이는 현명한 선택이 아니다.

결과적으로 게임이 진행될 때 주사위를 던지는 것과 멈추는 것 중 어떤 것이 최선의 전략인지를 판단하려면 현재 나의 점수와 상대방의 점수 그리고 현재 턴에서 주사위를 던져 얻은 점수가 얼마인지를 고려해야 한다. 넬러와 프레서 역시 이런 점에서 나의 점수가 i, 상대방의 점수가 j, 턴에서 주사위를 던져 현재까지 얻은 점수가 k일 때 승리 확률을 $P_{i,j,k}$라하고 이를 계산하려 하였다.

그렇다면 $P_{i,j,k}$는 어떻게 계산할 수 있을까? 나의 점수가 i, 상대방의 점수가 j, 턴에서 주사위를 던져 현재까지 얻은 점수가 k일 때 주사위를 던져 승리할 확률을 $P_{i,j,k,roll}$이라 하고, 주사위 던지는 것을 멈췄을 때 승리할 확률을 $P_{i,j,k,hold}$라 하면 최적의 전략으로 게임을 하는 사람은 이 중 확률이 더 높은 경우를 선택할 것이다. 따라서 i, j, k 상황에서 최적의 전략으로 게임을 하는 사람이 승리할 확률은 다음과 같다.

$$P_{i,j,k} = \max(P_{i,j,k,roll}, P_{i,j,k,hold})$$

그리고 $P_{i,j,k,roll}$과 $P_{i,j,k,hold}$는 다음과 같이 계산할 수 있다.

$$P_{i,j,k,roll} = \frac{1}{6}((1 - P_{j,i,0}) + P_{i,j,k+2} + P_{i,j,k+3} + P_{i,j,k+4} + P_{i,j,k+5} + P_{i,j,k+6})$$
$$P_{i,j,k,hold} = 1 - P_{j,i+k,0}$$

주사위를 던져 1이 나오거나 주사위 던지는 것을 멈춘다면 상대방이 다음 차례를 시작할 때 승리하지 못할 확률이 내가 승리할 확률이기 때문에 위와 같은 식이 세워진다. 위의 식에서 알 수 있듯 i, j, k의 값에 따라 다양한 확률값이 서로 관련되고 $P_{i,j,0}$은 $P_{j,i,0}$에 따라, $P_{j,i,0}$은 $P_{i,j,0}$에 따라 그 값이 결정되는 등 주기성을 보이기 때문에 이를 계산하는 것은 상당히 복잡하다.

넬러와 프레서는 컴퓨터를 활용해 위와 같은 방정식 약 505,000개를 풀었고 이를 통해 피그 게임에서의 필승전략을 파악할 수 있었다. 그들이 찾은 최선의 전략을 그래프로 나타낸 것이 그림1이다. 게임 참가자 1의 점수를 i, 게임 참가자2의 점수를 j, 게임 참가자1이 현재 턴에서 지금까지 얻은 점수를 k라 할 때, 참가자1이 주사위를 더 굴려야 하는지, 아니면 주사위 던지는 것을 멈춰야 하는지

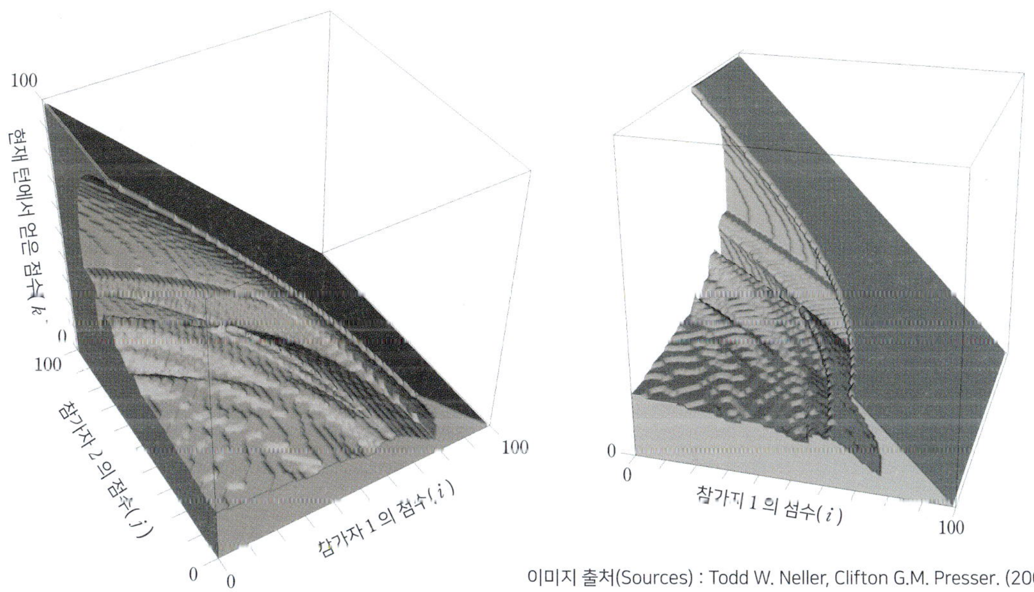

이미지 출처(Sources) : Todd W. Neller, Clifton G.M. Presser. (2004). Optimal Play of the Dice Game Pig. The UMAP Journal 25(1), pp. 33.

그림1 주사위를 굴려야 할지 멈춰야 할지를 보여주는 최선의 피그 게임 전략의 경계 그래프

를 나타낸 그래프이다. 만약 (i, j, k)의 좌표를 표시했을 때, 그래프의 안쪽에 표시되면 참가자1은 주사위를 더 던져야 한다. 반면 (i, j, k)의 좌표를 표시했을 때, 그래프의 바깥쪽에 표시되면 참가자1은 주사위 던지는 것을 멈춰야 한다. 예를 들어 참가자1의 점수 $i = 0$, 참가자2의 점수 $j = 40$, 참가자1이 현재 턴에서 지금까지 얻은 점수 $k = 10$이라면 (0, 40, 10)의 좌표를 표시할 수 있는데 이 위치는 그래프 안쪽이다. 따라서 주사위를 계속해서 던지는 것이 참가자1의 최선의 전략이다.

그래프를 보면 게임을 하는 두 참가자의 점수가 모두 낮을 때, 20 유지 전략은 상당히 유효함을 알 수 있다. 하지만 한 선수의 점수가 높다면 20 유지 전략을 취하는 것은 좋지 않다. 예를 들어 참가자1의 점수 $i = 20$, 참가자2의 점수 $j = 95$, 참가자1이 현재 턴에서 지금까지 얻은 점수 $k = 0$이라면 100점에 도달할 때까지 계속해서 주사위를 던지는 것이 참가자1의 최선의 전략이다.

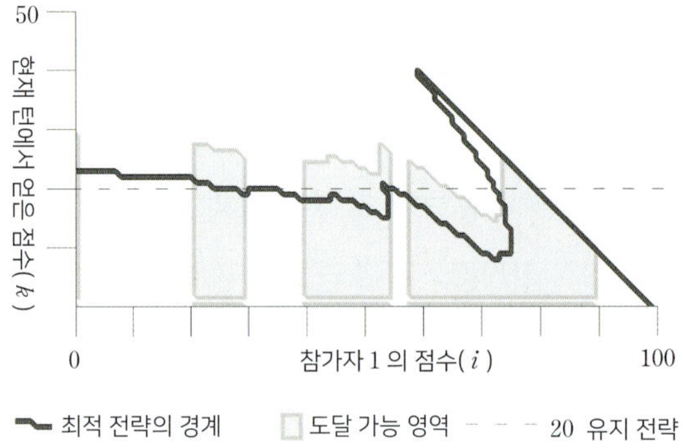

이미지 출처(Sources) : Todd W. Neller, Clifton G.M. Presser. (2004). Optimal Play of the Dice Game Pig. The UMAP Journal 25(1), pp. 34.

그림2 참가자2의 점수 j가 30일 때, 최선의 피그 게임 전략 그래프의 단면

그림2는 참가자2의 점수 j가 30일 때, 최선의 피그 게임 전략 그래프의 단면을 나타낸 것이다. 그래프에서 진한 선이 주사위를 던질지 말지에 대한 경계를 나타낸다. 즉, 좌표를 찍었을 때 진한 선 아래라면 주사위를 계속 던져야 하지만 진한 선 위라면 주사위 던지는 것을 멈춰야 한다. 그래프를 보면 20 유지 전략은 전반적으로 유효함을 알 수 있다. 하지만 참가자1이 참가자2를 큰 점수차로 이기고 있을 때 20 유지 전략을 고집할 필요가 없음을 알 수 있다. 참가자1의 점수가 70점인 상황을 보자. 이때 참가자2의 점수는 30점이다. 이때 참가자1의 최선의 전략은 턴에서 얻은 점수가 약 10점이 될 때까지만 던지는 것이다. 이것이 참가자1의 승리 확률을 높이는 방법이다.

그래프에서 회색 음영으로 처리된 부분은 실제 게임에서 도달 가능한 상태를 나타낸 것이다. 다시 말해 최선의 전략으로 게임을 진행할 때 도달 가능한 상태도 있지만 도달 가능하지 않은 상태도

있다는 것이다. 왜 도달 가능하지 않은 상태가 존재할까? 예를 들어 참가자1의 점수 $i = 0$, 참가자2의 점수 $j = 30$, 참가자1이 현재 턴에서 지금까지 얻은 점수 $k = 0$이라면 참가자1의 최선의 전략은 현재 턴에서 얻은 점수가 21점 미만일 때는 계속해서 주사위를 던지는 것이다. 따라서 최선의 전략으로 게임을 할 때 참가자1의 점수가 21점 미만이며 참가자2의 점수가 30점인 상태에서 참가자2로 차례가 넘어가는 경우는 발생하지 않는다. 그림3의 왼쪽 그림은 최선의 전략으로 게임이 진행될 때 도달 가능한 상태를 나타낸 그래프이다.

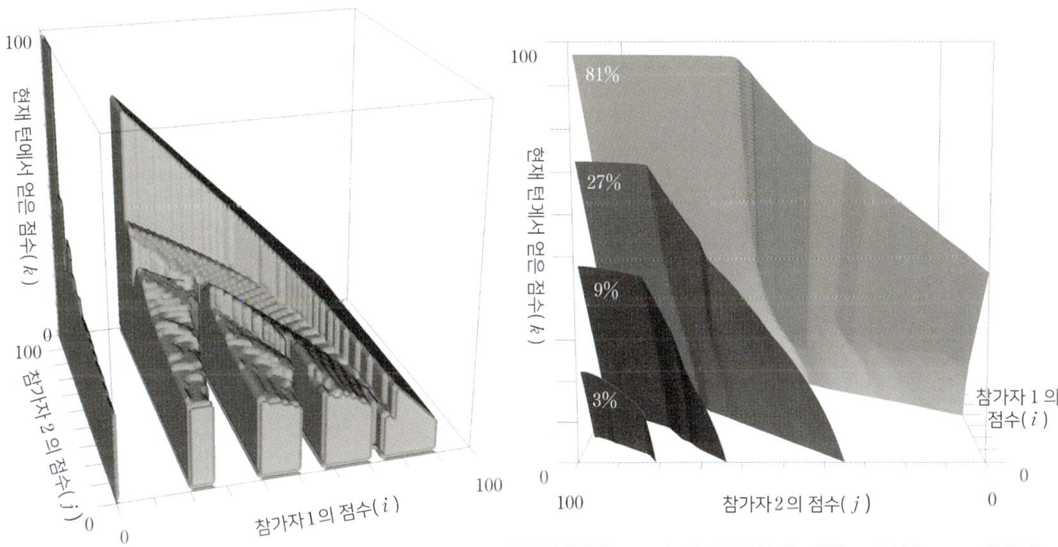

이미지 출처(Sources) : Todd W. Neller, Clifton G.M. Presser. (2004). Optimal Play of the Dice Game Pig. The UMAP Journal 25(1), pp. 35-36.

그림3 최선의 전략으로 게임이 진행될 때 도달 가능한 상태에 대한 그래프(왼쪽)와 참가자1의 승리 확률 등고선(오른쪽)

그림3의 오른쪽 그림은 최선의 전략으로 게임이 진행될 때 각 게임 상태에서 참가자1의 승리 확률의 등고선을 나타낸 그래프이다. 연구 결과에 따르면 두 사람이 모두 최선의 전략으로 게임을 진행할 때 먼저 시작한 사람이 승리할 확률은 약 53.06%라고 한다. 최선의 전략으로 게임을 하는 참가자와 20 유지 전략을 사용하는 참가자가 시합하면 어떻게 될까? 이때 최선의 전략으로 게임을 하는 참가자가 먼저 시작하면 승리할 확률은 약 58.74%라고 한다. 반면 20 유지 전략을 사용하는 참가자가 먼저 시작하면 이 참가자가 승리할 확률은 약 47.76%라고 한다. 즉, 최선의 전략으로 게임을 하는 참가자가 두 번째로 시작하면 이때 승리할 확률은 약 52.24%인 것이다. 따라서 동전을 사용하여 두 참가자 중 누가 먼저 시작하는지를 결정한다고 하면 최선의 전략을 사용하는 참가자가 승리할 확률은 약 $(58.74 + 52.24)/2\,\% = 55.49\%$이다.

야찌 Yahtzee

야찌(Yahtzee)는 주사위 5개를 이용하는 주사위 게임으로, 초기 주사위 게임인 요트(Yacht)의 영향을 받아 제작된 게임이다. 주사위 게임 특유의 무작위성과 대결 구도를 기반으로 대중에게 많은 인기를 얻었고 현재에도 두터운 팬층이 있다.

게임에 필요한 도구

점수판, 주사위 5개, 연필

야찌(YAHTZEE) 점수판

상단 영역	점수계산	게임1	게임2	게임3	게임4	게임5	게임6
Aces	1눈의 합						
Twos	2눈의 합						
Threes	3눈의 합						
Fours	4눈의 합						
Fives	5눈의 합						
Sixes	6눈의 합						
상단 영역 점수 합 (①)							
상단 영역 보너스 점수 (②) (상단 점수 합이 63점 이상이면 보너스 점수 35점)							
하단 영역	점수계산						
3 of a Kind	모든 눈의 합						
4 of a kind	모든 눈의 합						
Full House	25						
Small Straight	30						
Large Straight	40						
Yahtzee	50						
Chance	모든 눈의 합						
Yahtzee Bonus (추가 Yahtzee 당 100점)							
하단 영역 점수 합 (③)							
총 점수 합 (①+②+③)							

점수판

주사위 5개

연필

야찌는 주사위 5개와 점수판이 있으면 게임을 할 수 있어 어디서든 쉽게 게임을 즐길 수 있다.

점수판 받기

03_주사위 게임/야찌.pdf

게임 규칙

야찌는 한 명 이상이 할 수 있는 주사위 게임으로 보통 여섯 명 이내로 하길 추천한다. 아래와 같이 다섯 개의 주사위와 점수를 기록할 수 있는 점수판을 준비한 후 다음 규칙에 따라 게임을 진행한다.

1) 게임은 총 13라운드로 진행되며 각 참가자는 규칙에 따라 주사위를 던진 후 점수를 받는다.
2) 자신의 차례에 주사위를 최대 세 번 던질 수 있다. 당연히 한 번이나 두 번만 던져도 된다.
3) 처음에 다섯 개의 주사위를 던진 후, 원하는 주사위를 보관하고 나머지 주사위를 다시 던질 수 있다. 두 번째 던진 후 마찬가지로 원하는 주사위를 보관한다. 그리고 남은 주사위를 다시 던질 수 있다. 이때 처음에 보관했던 주사위도 다시 던질 수 있다. 세 번째 던진 주사위는 모두 보관해야 한다.

   아래의 예를 보자. 처음 던져서 나온 눈 중 3, 3을 보관한 후 세 개의 주사위를 다시 던졌다. 그런 다음 이 세 주사위를 모두 보관하고 처음 보관했던 주사위 중 하나를 다시 던져 최종 주사위 조합을 완성했다.

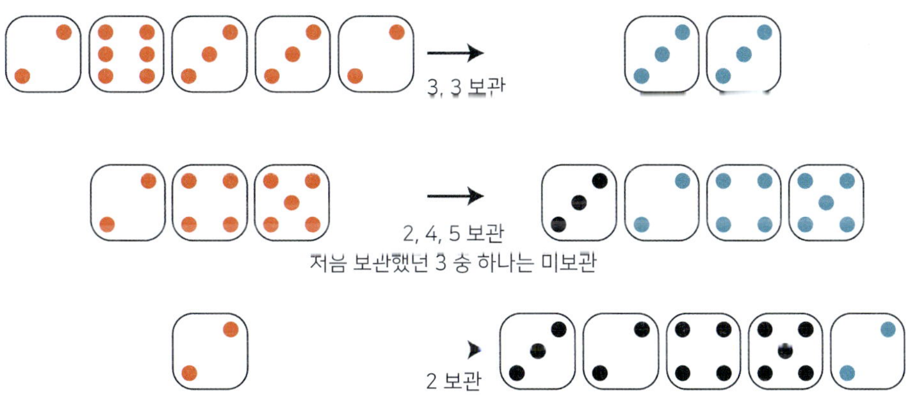

주사위를 던져 조합을 만드는 과정 예시

4) 원하는 조합이 만들어지면 점수판에 있는 13가지 점수를 얻을 수 있는 영역 중 하나를 선택해 규칙에 따라 점수를 기록한다. 이때 이미 점수가 기록된 영역은 선택할 수 없고 남아 있는 영역 중 선택해야 하며 기록하지 않고 넘길 수 없다. 따라서 때로 0점인 영역이 생길 수 있다.

5) 13가지 영역은 6개의 상단 영역과 7개의 하단 영역으로 구분되며 영역별 보너스 점수가 있다. 영역별 점수 계산 방법과 보너스를 획득하는 방법은 아래와 같다.

상단 영역		
이름	점수 계산 방법	예시
Aces	1이 나온 주사위 눈의 합	 = 4점
Twos	2가 나온 주사위 눈의 합	 = 4점
Threes	3이 나온 주사위 눈의 합	 = 9점
Fours	4가 나온 주사위 눈의 합	 = 20점
Fives	5가 나온 주사위 눈의 합	 = 5점
Sixes	6이 나온 주사위 눈의 합	 = 18점
Bonus	상단 영역의 점수의 총합이 63점 이상일 때, 35점의 추가 점수	

하단 영역		
이름	점수 계산 방법	예시
3 of a Kind	주사위 3개 이상의 눈이 같은 경우, 모든 주사위 눈의 합	 = 19점
4 of a Kind	주사위 4개 이상의 눈이 같은 경우, 모든 주사위 눈의 합	 = 13점
Full House	같은 눈의 주사위가 각각 2개, 3개인 경우, 고정 25점	 = 25점
Small Straight	주사위 4개 이상의 눈이 연속적인 경우, 고정 30점	 = 30점
Large Straight	주사위 5개의 눈이 연속적인 경우, 고정 40점	 = 40점
Yahtzee	주사위 5개의 눈이 모두 같은 경우, 고정 50점	 = 50점
Chance	모든 주사위 눈의 합	 = 19점
Yahtzee Bonus	Yahtzee가 나와 50점을 받은 후, 추가 Yahtzee당 100점 추가	

6) 13가지 영역 중 Yahtzee 영역에 점수를 기록한 후 다시 Yahtzee가 나오면 조커 규칙이 적용된다. 조커 규칙은 Yahtzee를 조커로 사용하는 규칙으로 다음과 같이 적용한다.

① Yahtzee 주사위 눈에 해당하는 상단 영역이 비어있는 경우, 먼저 해당 영역의 점수를 기록해야 한다. 예를 들어 4 – 4 – 4 – 4 – 4가 나온 경우 상단 영역의 Fours에 점수를 기록한다.

② 주사위 눈에 해당하는 상단 영역에 이미 점수를 기록한 경우, 하단 영역 중 하나에 점수를 기록한다. Chance, 3 of a Kind, 4 of a Kind에는 주사위 눈의 합을 점수로 기록하고 Full House, Small Straight, Large Straight는 각 영역의 점수를 기록한다.

③ 주사위 눈에 해당하는 상단 영역 및 모든 하단 영역에 점수가 기록되었다면 비어있는 상단 영역 중 하나를 선택해 0점을 기록한다.

만약 Yahtzee 영역의 점수가 0점인 상태에서 다시 Yahtzee가 나오면 조커 규칙만 적용되지만 Yahtzee 영역의 점수가 50점인 상태에서 다시 Yahtzee가 나오면 조커 규칙과 함께 Yahtzee Bonus도 적용된다.

7) 13라운드가 모두 끝나면 모든 점수의 합을 계산한다.

8) 가장 높은 점수를 얻은 사람이 승리한다.

게임의 역사

야찌는 E.S. 로우사(E.S. Lowe Company)에서 1956년 처음 발매한 주사위 게임으로 주사위 게임 요트(Yacht), 포커 다이스(Poker Dice) 등에 뿌리를 두고 있다. 현재 소유권을 가진 해즈브로사(Hasbro Company)에 따르면 야찌는 익명의 캐나다 부부가 발명하였으며 주로 친구들과 요트에서 게임을 즐겼기에 'The Yacht Game'이라고 불렀다고 한다. 부부는 기업가 에드윈 S. 로우(Edwin S. Lowe)에게 친구들에게 선물로 줄 게임 세트를 만들 수 있는지 의뢰했고, 게임의 가능성을 파악한 로우는 1000개의 게임 세트를 제공하는 대신 부부로부터 게임에 대한 권리를 얻었다.

ES 로우사는 1953년부터 1973년까지 야찌를 판매했다. 이후 E.S. 로우사는 밀턴 브래들리사(Milton Bradley Company)에 인수되었고 1973년부터는 밀턴 브래들리사에서 판매했다. 앞서 언급했듯 야찌의 현재 소유권은 해즈브로사에 있는데 그 이유는 1984년 해즈브로사가 밀턴 브래들리사를 인수했기 때문이다. 현재 야찌는 매년 5천만 개 이상 판매되고 있다고 한다.

변형 게임

야찌에는 여러 변형 게임이 있다. 이 중 몇 가지를 알아보자.

요트(Yacht)

요트는 야찌에 큰 영향을 준 게임으로 야찌와 여러 면에서 규칙이 유사하다. 야찌와의 주요 차이점은 보너스 점수와 조커 규칙이 없다는 것이다. 규칙은 다음과 같다.

1) 게임은 총 12라운드로 진행되며 각 참가자는 규칙에 따라 주사위를 던진 후 점수를 받는다.
2) 자신의 차례에 주사위를 최대 세 번 던질 수 있다. 당연히 한 번이나 두 번만 던져도 된다.
3) 처음에 다섯 개의 주사위를 던진 후, 원하는 주사위를 보관하고 나머지 주사위를 다시 던질 수 있다. 두 번째 던진 후 원하는 주사위를 보관한다. 그리고 남은 주사위를 다시 던질 수 있다. 이때 처음에 보관했던 주사위도 다시 던질 수 있다. 세 번째 던진 주사위는 모두 보관해야 한다.
4) 원하는 조합이 만들어지면 점수판에 있는 12가지 점수를 얻을 수 있는 영역 중 하나를 선택해 규칙에 따라 점수를 기록한다. 이때 이미 점수가 기록되어 있는 영역은 선택할 수 없고 남아 있는 영역 중 선택해야 하며 기록하지 않고 넘길 수 없다. 따라서 0점인 영역이 생길 수 있다.
5) 12가지 영역의 영역별 점수 계산 방법은 아래와 같다.

이름	점수 계산 방법	이름	점수 계산 방법
Aces	1이 나온 주사위 눈의 합	Full House	같은 눈의 주사위가 각각 2개, 3개인 경우, 주사위 눈의 합
Twos	2가 나온 주사위 눈의 합	4 of a Kind	주사위 4개 이상의 눈이 같은 경우, 동일한 주사위 눈의 합
Threes	3이 나온 주사위 눈의 합	Little Straight	1 – 2 – 3 – 4 – 5가 나온 경우, 고정 30점
Fours	4가 나온 주사위 눈의 합	Big Straight	2 – 3 – 4 – 5 – 6이 나온 경우, 고정 30점
Fives	5가 나온 주사위 눈의 합	Choice	모든 주사위 눈의 합
Sixes	6이 나온 주사위 눈의 합	Yacht	주사위 5개의 눈이 모두 같은 경우, 고정 50점

6) 12라운드가 모두 끝나면 모든 점수의 합을 계산한다.
7) 가장 높은 점수를 얻은 사람이 승리한다.

얏지(Yatzy)

얏지는 스칸디나비아와 핀란드에서 인기 있는 게임으로 다음과 같은 규칙에 따라 게임을 진행한다.

1) 게임은 총 15라운드로 진행되며 각 참가자는 규칙에 따라 주사위를 던진 후 점수를 받는다.
2) 자신의 차례에 주사위를 최대 세 번 던질 수 있다. 당연히 한 번이나 두 번만 던져도 된다.
3) 처음에 다섯 개의 주사위를 던진 후, 원하는 주사위를 보관하고 나머지 주사위를 다시 던질 수 있다. 두 번째 던진 후 원하는 주사위를 보관한다. 그리고 남은 주사위를 다시 던질 수 있다. 이때 처음에 보관했던 주사위도 다시 던질 수 있다. 세 번째 던진 주사위는 모두 보관해야 한다.
4) 원하는 조합이 만들어지면 점수판에 있는 15가지 점수를 얻을 수 있는 영역 중 하나를 선택해 규칙에 따라 점수를 기록한다. 이때 이미 점수가 기록되어 있는 영역은 선택할 수 없고 남아 있는 영역 중 선택해야 하며 기록하지 않고 넘길 수 없다. 따라서 때로 0점인 영역이 생길 수 있다.
5) 15가지 영역의 영역별 점수 계산 방법은 아래와 같으며 상단 영역의 경우 보너스 점수가 있다.

상단 영역	점수 계산 방법	하단 영역	점수 계산 방법
Ones	1이 나온 주사위 눈의 합	One Pair	두 주사위의 눈이 같은 경우, 두 주사위 눈의 합
Twos	2가 나온 주사위 눈의 합	Two Pairs	같은 눈의 두 주사위가 두 쌍인 경우, 두 쌍의 주사위 눈의 합
Threes	3이 나온 주사위 눈의 합	3 of a Kind	주사위 3개의 눈이 같은 경우, 세 주사위 눈의 합
Fours	4가 나온 주사위 눈의 합	4 of a Kind	주사위 4개의 눈이 같은 경우, 네 주사위 눈의 합
Fives	5가 나온 주사위 눈의 합	Small Straight	1 – 2 – 3 – 4 – 5가 나온 경우, 15점
Sixes	6이 나온 주사위 눈의 합	Large Straight	2 – 3 – 4 – 5 – 6이 나온 경우, 20점
Bonus		Full House	같은 눈의 주사위가 각각 2개, 3개인 경우, 모든 주사위 눈의 합
상단 영역의 점수의 총합이 63점 이상일 때, 50점의 추가 점수		Chance	모든 주사위 눈의 합
		Yatzy	주사위 5개의 눈이 모두 같은 경우, 고정 50점

6) 15라운드가 모두 끝나면 모든 점수의 합을 계산한다.
7) 가장 높은 점수를 얻은 사람이 승리한다.

자유 조커 규칙에 따른 야찌

야찌를 할 때 자유 조커 규칙을 따라 게임을 진행할 수 있다. 자유 조커 규칙은 Yahtzee에 점수를 기록한 상태에서 다시 Yahtzee가 나왔을 때 점수를 기록할 영역을 선택할 수 있도록 하는 규칙이다. 즉, Yahtzee 주사위 눈에 해당하는 상단 영역이 비어있어도 하단 영역에서 선택해 점수를 기록할 수 있다. 다만 이 경우에 Full House, Small Straight, Large Straight 중 하나를 선택하면 0점을 받는다.

게임 전략

야찌에서 받을 수 있는 가장 높은 점수는 1575점이다. 이것이 가능한 이유는 Yahtzee Bonus 때문이다. 게임 중 13개의 Yahtzee가 나온다면 Yahtzee Bonus에서만 1200점을 받게 된다. 그리고 나머지도 모두 만점을 받는다면 375점을 받게 되어 총점은 1575점이 된다. 물론 그 가능성은 불가능하다고 할 정도로 희박하다. 반면 가장 낮은 점수는 5점이다. 영역 중 Chance의 경우 주사위 눈의 합을 점수로 받기 때문에 이 영역에서 최소 5점은 받게 되기 때문이다.

야찌에서의 목표는 가능한 한 높은 점수를 받는 것이므로 누구나 1575점 같은 높은 점수를 원할 것이다. 하지만 각 라운드에 5개의 주사위를 최대 세 번까지 던지고 이것이 13 라운드로 진행되기 때문에 게임 상황은 상당히 복잡하게 전개된다. 더구나 상대의 점수는 어떻게 되는지, 현재까지 어떤 영역에 점수를 기록했는지, 조커 규칙이 적용되는 상황인지 아닌지에 따라 전략은 계속해서 달라질 수밖에 없다. 연속적인 판단의 과정에서 어떻게 하면 최선의 전략으로 게임을 할 수 있을까? 상황마다 가장 좋은 선택이 무엇인지는 말할 수 없지만 그나마 상대적으로 생각하기 쉬운 것은 첫 번째 라운드에서의 선택이다.

첫 번째 라운드에서의 선택

필 우드워드(Phil Woodward)는 2003년 그의 논문 〈Yahtzee®: The Solution〉을 통해 야찌의 첫 번째 라운드에서 최선의 전략을 분석했는데 그 결과는 다음 표와 같다. 표에서 B열은 A열의 숫자가 첫 번째 던진 주사위의 결과일 때 보관해야 할 주사위를 나타낸다. C열은 A열의 숫자가 두 번째 던진 주사위의 결과일 때 보관해야 하는 주사위다. 마지막 D열은 A열의 숫자가 최종 조합으로 완성된 주사위의 결과일 때 선택해야 하는 영역을 나타낸다.

A	B	C	D	A	B	C	D	A	B	C	D
11111	11111	11111	YZ	12455	55	55	1s	23355	55	55	3s
11112	1111	1111	1s	12456	5	456	1s	23356	33	33	3s
11113	1111	1111	1s	12466	66	66	1s	23366	66	66	CH
11114	1111	1111	1s	12555	555	555	5s	23444	444	444	4s
11115	1111	1111	1s	12556	55	55	1s	23445	2345	2345	LS
11116	1111	1111	1s	12566	66	66	CH	23446	44	44	CH
11122	111	11122	FH	12666	666	666	6s	23455	2345	2345	LS
11123	111	111	1s	13333	3333	3333	3s	23456	23456	23456	HS
11124	111	111	1s	13334	333	333	3s	23466	66	66	CH
11125	111	111	1s	13335	333	333	3s	23555	555	555	5s
11126	111	111	1s	13336	333	333	3s	23556	55	55	CH
11133	111	11133	FH	13344	44	44	3s	23566	66	66	CH
11134	111	111	1s	13345	33	345	3s	23666	666	666	6s
11135	111	111	1s	13346	33	33	3s	24444	4444	4444	4s
11136	111	111	1s	13355	55	55	3s	24445	444	444	4s
11144	111	11144	FH	13356	33	33	3s	24446	444	444	4s
11145	111	111	1s	13366	66	66	3s	24455	55	55	CH
11146	111	111	1s	13444	444	444	4s	24456	44	44	CH
11155	111	11155	FH	13445	44	44	1s	24466	66	66	CH
11156	111	111	1s	13446	44	44	1s	24555	555	555	5s
11166	111	11166	FH	13455	55	55	1s	24556	55	55	CH
11222	222	11222	FH	13456	3456	3456	SS	24566	66	66	CH
11223	22	22	1s	13466	66	66	CH	24666	666	666	6s
11224	22	22	1s	13555	555	555	5s	25555	5555	5555	5s
11225	22	22	1s	13556	55	55	CH	25556	555	555	5s
11226	22	22	1s	13566	66	66	CH	25566	66	66	CH
11233	33	1133	1s	13666	666	666	6s	25666	666	666	3k
11234	1234	1234	LS	14444	4444	4444	4s	26666	6666	6666	6s
11235	5	11	1s	14445	444	444	4s	33333	33333	33333	YZ
11236	6	11	1s	14446	444	444	4s	33334	3333	3333	3s
11244	44	44	1s	14455	555	555	1s	33335	3333	3333	3s
11245	5	11	1s	14456	44	44	CH	33336	3333	3333	3s
11245	4	11	1s	14466	66	66	CH	33344	333	33344	FH
11255	55	55	1s	14555	555	555	5s	33345	333	333	3s
11256	5	11	1s	14556	55	55	CH	33346	333	333	3s
11266	66	66	1s	14566	66	66	CH	33355	333	33355	FH
11333	333	11333	FH	14666	666	666	6s	33356	333	333	3s
11334	33	1133	1s	15555	5555	5555	5s	33366	333	33366	FH
11335	33	1133	1s	15556	555	555	5s	33444	444	444	FH
11336	33	1133	1s	15566	66	66	CH	33445	44	44	3s
11344	44	44	1s	15666	66	66	6s	33446	44	44	CH
11345	345	345	1s	16666	6666	6666	6s	33455	55	55	CH
11346	4	34	1s	22222	22222	22222	YZ	33456	33	3456	SS
11355	55	55	1s	22223	2222	2222	2s	33466	66	66	CH
11356	5	11	1s	22224	2222	2222	2s	33555	555	555	FH
11366	66	66	1s	22225	2222	2222	2s	33556	55	55	CH
11444	444	444	FH	22226	2222	2222	2s	33566	66	66	CH
11445	44	44	1s	22233	222	22233	FH	33666	666	666	FH
11446	44	44	1s	22234	222	222	2s	34444	4444	4444	4s
11455	55	55	1s	22235	222	222	2s	34445	444	444	4s
11456	5	456	1s	22236	222	222	2s	34446	444	444	4s
11466	66	66	1s	22244	222	22244	FH	34455	55	55	CH
11555	555	555	FH	22245	222	222	2s	34456	44	3456	SS
11556	55	55	1s	22246	222	222	2s	34466	66	66	CH
11566	66	66	1s	22255	222	22255	FH	34555	555	555	5s
11666	666	666	FH	22256	222	222	2s	34556	55	3456	SS
12222	2222	2222	2s	22266	222	22266	FH	34566	66	3456	SS
12223	222	222	2s	22333	333	22333	FH	34666	666	666	3k
12224	222	222	2s	22334	33	234	2s	35555	5555	5555	5s
12225	222	222	2s	22335	33	33	2s	35556	555	555	5s
12226	222	222	2s	22336	33	33	2s	35566	66	66	CH
12233	33	33	2s	22344	44	44	2s	35666	666	666	3k
12234	1234	1234	LS	22345	2345	2345	LS	36666	6666	6666	6s
12235	22	22	2s	22346	22	234	2s	44444	44444	44444	YZ
12236	22	22	2s	22355	55	55	2s	44445	4444	4444	4s
12244	44	44	2s	22356	22	22	2s	44446	4444	4444	4s
12245	22	22	2s	22366	66	66	2s	44455	444	444	FH
12246	22	22	2s	22444	444	444	FH	44456	444	444	4s
12255	55	55	2s	22445	44	44	2s	44466	444	444	FH
12256	22	22	2s	22446	44	44	2s	44555	555	555	FH
12266	66	66	2s	22455	55	55	2s	44556	55	55	CH
12333	333	333	3s	22456	22	22	2s	44566	66	66	CH
12334	33	1234	LS	22466	66	66	2s	44666	666	666	FH
12335	33	33	3s	22555	555	555	FH	45555	5555	5555	5s
12336	33	33	3s	22556	55	55	2s	45556	555	555	3k
12344	44	1234	LS	22566	66	66	2s	45566	66	66	CH
12345	12345	12345	HS	26666	666	666	FH	45666	666	666	3k
12346	1234	1234	LS	23333	3333	3333	3s	46666	6666	6666	6s
12355	55	55	1s	23334	333	333	3s	55555	55555	55555	YZ
12356	5	235	1s	23335	333	333	3s	55556	5555	5555	5s
12366	66	66	1s	23336	333	333	3s	55566	555	555	FH
12444	444	444	4s	23344	44	44	3s	55666	666	666	3k
12445	44	44	1s	23345	2345	2345	LS	56666	6666	6666	6s
12446	44	44	1s	23346	33	234	3s	66666	66666	66666	YZ

1s : Aces / 2s : Twos / 3s : Threes / 4s : Fours / 5s : Fives / 6s : Sixes
3k : 3 of a Kind / 4k : 4 of a Kind / FH : Full House / SS : Small Straight / LS : Large Straight / YZ : Yahtzee / CH : Chance

야찌 첫 번째 라운드에서의 최선의 전략

최적의 전략

올라프 반쿠라(Olaf Vancura)는 2001년 그의 책 《어드밴티지 야찌(Advantage Yahtzee)》를 통해 '최적의 전략'으로 게임을 할 때 자유 조커 규칙에 따른 야찌 점수의 기댓값을 계산하였다. 물론 여기서 최적의 전략이 모든 가능한 경우를 고려해 가장 좋은 선택을 하는 것을 말하는 것은 아니다. 사실 야찌는 가능한 경우의 수가 너무나 많기 때문에 모든 경우를 다 고려하는 것은 불가능하다.

올라프 반쿠라는 게임이 종료된 후 종료 시점부터 게임을 거꾸로 따져보며 각 상황에서 가장 좋은 선택이 무엇이었는지 계산함으로써 최선의 전략을 알아보았다. 그가 이 계산을 위해 사용한 방법은 동적 계획법(Dynamic Programming)이다. 동적 계획법은 주어진 문제를 여러 개의 작은 문제로 나눈 후 작은 문제의 해를 활용하여 주어진 문제를 해결하는 방법을 말한다. 올라프 반쿠라는 100000번의 시뮬레이션을 통해 각각의 최적 전략을 계산하였고 이를 기반으로 영역별 점수의 기댓값과 야찌 점수의 기댓값을 알아보았다. 그 결과는 아래 표와 같다.

영역	점수의 기댓값	0 점일 확률(%)
Aces	1.88	10.84
Twos	5.28	1.80
Threes	8.57	0.95
Fours	12.16	0.60
Fives	15.69	0.50
Sixes	19.19	0.53
Bonus	23.84	31.88
3 of a Kind	21.66	3.26
4 of a Kind	13.10	36.34
Full House	22.59	9.63
Small Straight	29.46	1.80
Large Straight	32.71	18.22
Yahtzee	16.87	66.26
Chance	22.01	0.00
Yahtzee Bonus	9.58	91.76
총 점수	254.59	0.00

야찌에서 최선의 전략을 따를 때 영역별 점수의 기댓값과 0 점일 확률

결과에서 알 수 있듯이 '최적의 전략'에 따른 야찌 점수의 기댓값은 254.59이다. 여기서 한 가지 알 수 있는 것은 보통 사람이 야찌를 할 때 게임의 평균 점수가 254.59를 넘기 어렵다는 점이다. 누군가가 그간 해온 야찌의 평균 점수가 254.59 이상이라고 한다면 그간 몇 번 안 해본 야찌 게임에 행운이 따른 것임이 분명하다.

영역 점수의 기댓값이 높은 순으로 보면 Large Straight, Small Straight, Full House 순이다. Small Straight와 Large Straight 영역 점수의 기댓값이 다른 영역에 비해 높은 이유는 각각 30점과 40점으로 높은 점수가 할당되어 있고, 발생 확률이 높기 때문이라고 할 수 있다. 0일 확률이 높은 순으로 보면 Yahtzee, 4 of a Kind, Large Straight 순이다. 이를 고려하면 게임에서 점수를 기록할 때 이 영역을 먼저 기록하는 것이 유리하다고 볼 수 있다.

올라프는 라운드별로 영역의 기댓값도 계산하였고 이는 아래 그림과 같다. 그래프를 보면 Yahtzee와 Large Straight의 경우 다른 영역보다 빠르게 기댓값이 작아지는 것을 알 수 있다. 이는 해당 영역 달성의 어려움과 관련이 있다. 라운드가 진행됨에 따라 그래프 중 일부는 서로 교차하는 모습을 보인다. 이를 통해 채워지지 않은 영역의 상대적 가치가 어떻게 변화하는지 알 수 있다. 만약 게임 초반에 0점을 기록해야 한다면 기댓값이 가장 낮은 4 of a Kind가 적당할 것이다. 반면 게임 후반에는 해당 시점에서 기댓값이 가장 낮은 Yahtzee가 좋은 선택이다.

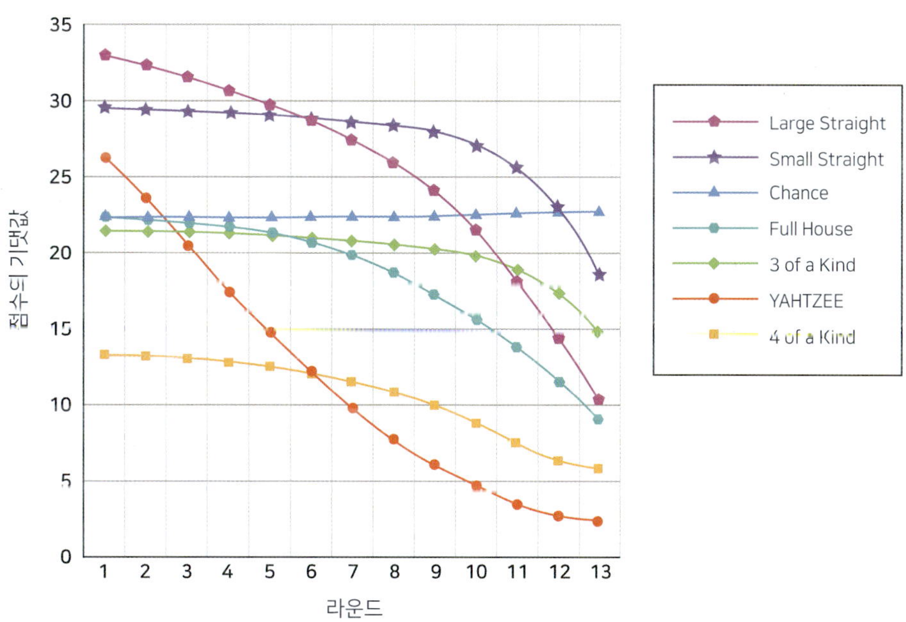

라운드 진행에 따른 영역별 점수의 기댓값

거짓말쟁이의 주사위 Liar's Dice

거짓말쟁이의 주사위(Liar's Dice)는 서로 속고 속이며 상대방이 거짓말을 하고 있는지 판단하는 주사위 게임이다. 16세기 중반부터 유행한 역사가 오래된 게임이며, 영화 '캐리비안의 해적'에도 등장하였다.

게임에 필요한 도구

참가자당 주사위 5개, 컵 1개

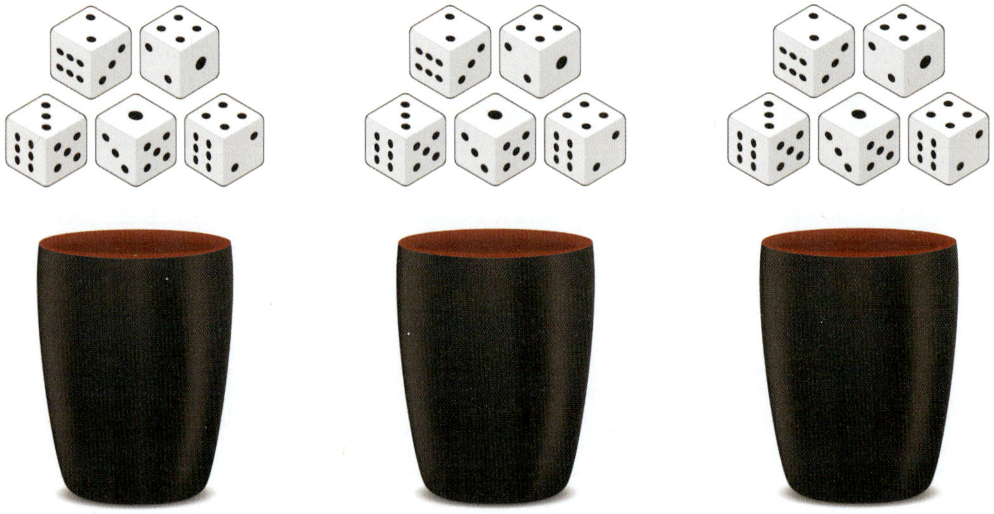

참가자당 주사위 5개, 컵 1개

거짓말쟁이 주사위는 참가하는 사람마다 5개의 주사위와 1개의 컵을 가지고 하는 게임이다. 만약 컵이 없다면 5개의 주사위를 가릴 수 있는 상자나 종이컵, 윗부분을 잘라낸 우유갑 등을 사용하는 것도 가능하다.

게임 규칙

거짓말쟁이의 주사위는 두 명 이상이 하는 게임으로 각자 컵에 5개의 주사위를 넣고 주사위가 보이지 않도록 컵을 뒤집어 놓은 채로 게임을 시작한다. 게임은 다음과 같은 규칙에 따라 진행한다.

1) 각자 자기 컵의 주사위를 흔들어 잘 섞은 후 자신의 주사위 눈을 확인한다. 이때 다른 사람이 주사위 눈을 볼 수 없도록 한다.
2) 처음 시작하는 사람은 전체 주사위 중 특정 눈인 주사위가 최소 몇 개일지 추측하여 눈의 수와 개수를 부른다. 예를 들어, '2,3개'라고 외치면 전체 중 2의 눈이 3개 이상이라고 추측한 것이다.
3) 다음 사람은 아래 두 행동 중 하나를 한다.
   ① 베팅(Betting) : 이전 사람의 베팅을 받아들이고, 새로운 베팅을 한다. 이 경우에는 앞선 사람이 베팅한 것보다 더 크게 베팅해야 한다. 즉, 눈의 수나 주사위의 개수 중 하나를 더 크게 부르든가 둘 다 더 크게 불러야 한다. 더 작게 부르는 것은 안 된다. 예를 들어 앞 사람이 '2, 3개'를 불렀다면, '4,3개', '2,5개', '3,4개' 등으로 베팅이 가능하다.
   ② 도전(Challenge) : 이전 사람이 거짓말로 베팅했다고 생각하면, '도전!' 또는 '거짓말!' 등을 외치며 모든 컵을 오픈한다. 컵을 오픈하였을 때, 전체 주사위 중 해당 눈의 개수가 베팅한 것보다 적으면 직전에 베팅한 사람이 거짓말을 한 것으로 보고 이 사람은 주사위를 하나 잃게 된다. 만약 전체 주사위 중 해당 눈의 개수가 추측보다 크거나 같으면 직전에 베팅한 사람이 맞은 것이므로 도전을 외친 사람이 주사위를 하나 잃게 된다.
4) 앞의 과정을 반복해 주사위를 모두 잃은 사람이 게임에서 지게 된다. 3명 이상이 게임을 할 때에는 1명이 남을 때까지 게임을 반복한다.

채현의 주사위

현지의 주사위

예를 들어 채현이와 현지가 위와 같이 주사위가 나온 상태에서 아래와 같이 게임을 했다고 하자.

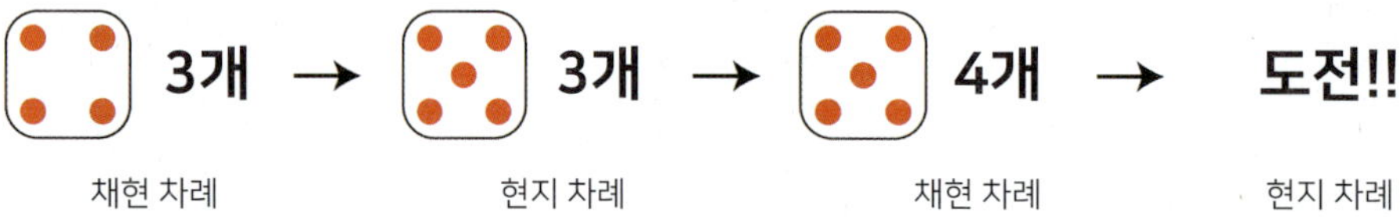

전체 주사위에서 5의 눈이 4개 있으므로 채현이의 베팅이 맞았다. 따라서 도전을 외친 현지는 하나의 주사위를 잃게 된다.

거짓말쟁이의 주사위에서는 블러핑이 사용된다. 블러핑이란 자신의 패가 좋지 않을 때 상대를 속이기 위해 허풍을 떠는 전략이다. 블러핑을 사용해 베팅한 주사위를 모두 갖고 있지 않지만 마치 베팅한 주사위를 모두 가진 것처럼 행동할 수 있다. 블러핑을 적절히 사용하면 상대에게 혼란을 주어 게임의 승리를 가져올 수도 있다.

블러핑의 경우 초기에 이루어지는 블러핑과 후반에 이루어지는 블러핑을 나눠 생각해 볼 수 있다. 초기 블러핑의 주목적은 상대가 과도하게 베팅하도록 유도하는 것이다. 후반에 이루어지는 블러핑은 보통 위험 부담이 크기 때문에 잘 이루어지지 않는다.

게임의 역사

거짓말쟁이의 주사위는 그 유래가 정확히 알려진 바는 없지만, 16세기 중반 남아메리카에서 스페인어로 쓰인 게임의 흔적이 발견되어 이를 게임의 시초로 보고 있다. 학자들은 이에 대해 두 가지 견해를 보이는데, 처음부터 남아메리카의 원주민들 사이에서 게임이 시작되었다고 보기도 하고, 스페인 사람들이 게임을 개발하였고, 스페인이 남아메리카를 정복하면서 퍼지게 되었다고 보기도 한다. 이후 17세기에는 카리브해 전역으로 퍼져나가며 유행하였다.

거짓말쟁이 주사위는 2006년에 개봉한 영화 '캐리비안의 해적: 망자의 함'에서도 등장한다. 망자의 함의 위치를 알아내는 장면에서 열쇠를 얻기 위해 해적들과 게임을 벌이는데 이 게임이 바로

'거짓말쟁이의 주사위'이다.

거짓말쟁이의 주사위가 유명해지면서 여러 상업적인 버전이 새로 등장했는데, 페루도(Perudo), 두도(Dudo), 블러프(Bluff) 등의 이름으로 불리며 보드게임으로 제작되었다. 이 게임들은 거짓말쟁이의 주사위와 규칙이 일치하기도 하고 조금씩 변형되기도 했다.

변형 게임

거짓말쟁이의 주사위에는 몇몇 변형 게임이 있다. 이에 대해 알아보자.

1을 와일드카드로 사용

대표적인 변형 게임은 주사위의 눈 1을 '와일드카드'로 사용하는 것이다. 이때 1의 눈은 어떤 수도 될 수 있으며 주사위를 모두 공개하였을 때, 1의 눈이 나온 주사위는 베팅한 수로 취급한다.

베팅 규칙의 변형

거짓말쟁이의 주사위의 경우 베팅을 할 때, 주사위 눈의 수와 베팅하는 주사위 개수가 이전 베팅보다 적어져서는 안 된다. 즉, 둘 중 하나를 이전 베팅과 같게 한 상태에서 다른 하나를 크게 하거나 혹은 둘 다 크게 해야 한다. 이 규칙을 완화한 변형 규칙이 있다. 하나는 다음과 같다.

1) 이전 베팅보다 주사위 개수를 더 많게 하고 주사위 눈의 수는 임의로 선택한다.
2) 이전 베팅과 주사위 개수는 같게 하고 주사위 눈을 더 크게 선택한다.

이 변형 규칙에서는 주사위 눈을 더 작게 선택하는 것이 가능하다. 다른 변형은 다음과 같다.

1) 이전 베팅보다 주사위 눈의 수는 더 크게 하고 주사위 개수는 임의로 선택한다.
2) 이전 베팅과 주사위 눈의 수는 같게 하고 주사위 개수를 더 많게 한다.

이 변형 규칙에서는 주사위 개수를 더 적게 선택하는 것이 가능하다.

게임의 경우의 수와 전략

거짓말쟁이의 주사위에서는 언제 다른 사람의 베팅에 도전할지, 만약 도전하지 않는다면 어떤 값을 베팅할지를 결정하는 것이 중요하다. 이때 이런 결정이 항상 합리적 판단에 기반하는 것은 아니다. 거짓말쟁이의 주사위 게임에서는 포커 게임과 마찬가지로 자신의 주사위의 눈과 관계없이 상대방을 속이기 위한 베팅, 즉 블러핑(Bluffing)을 해서 게임의 판을 혼란스럽게 할 수 있기 때문이다. 하지만 일반적으로 사실에 기반한 베팅을 하고자 할 때 전체 주사위 중 특정한 눈이 나올 확률을 고려하면 의사결정에 도움이 될 수 있다.

먼저 하나의 주사위를 던졌을 때 특정한 눈이 나올 확률은 $\frac{1}{6}$, 나머지 눈이 나올 확률이 $\frac{5}{6}$이고 각 주사위는 서로 독립이므로 n개의 주사위가 주어졌을 때 어떤 특정한 눈이 r번 나타날 확률은 ${}_nC_r\left(\frac{1}{6}\right)^r\left(\frac{5}{6}\right)^{n-r}$이다. 따라서 어떤 특정 값을 갖는 주사위의 수는 $B\left(n, \frac{1}{6}\right)$인 이항분포를 따른다.

한편, 거짓말쟁이의 주사위에서 참가자의 베팅이 참이 되려면 특정한 눈이 r개 이상이어야 하므로 그 확률은 다음과 같다.

$$P = \sum_{x=r}^{n} {}_nC_x\left(\frac{1}{6}\right)^x\left(\frac{5}{6}\right)^{n-x}$$

이 식을 이용해서 전체 주사위 개수에 대해 특정 주사위가 x개 이상일 확률을 표로 나타내면 아

전체 주사위 수	특정 눈의 주사위가 x개 이상일 확률(%)									
5	1	2	3	4	5					
	59.812	19.624	3.549	0.334	0.013					
10	1	2	3	4	5	6	7	8	9	10
	83.849	51.548	22.477	6.972	1.546	0.244	0.027	0.002	0	0
15	1	2	3	4	5	6	7	8	9	10
	93.509	74.038	46.778	23.152	8.977	2.734	0.660	0.126	0.019	0.002
	11	12	13	14	15					
	0	0	0	0	0					
20	1	2	3	4	5	6	7	8	9	10
	97.392	86.958	67.134	43.345	23.125	10.184	3.714	1.125	0.284	0.060
	11	12	13	14	15	16	17	18	19	20
	0.011	0.002	0	0	0	0	0	0	0	0

래와 같다. 표에서는 전체 주사위의 수가 5, 10, 15, 20개일 때의 확률을 계산하였다. 확률이 0으로 표기된 경우는 실제 확률이 0이라기보다는 0에 근사한다고 생각하면 된다.

이제 앞의 표를 이용하여 전략을 생각해보자. 세 명이 게임을 진행하고 첫 번째 사람이 3의 눈 2개를 베팅했다고 하자. 총 15개의 주사위 중 3의 눈이 2개 이상 나올 확률은 약 74%이므로 이 주장은 참일 확률이 높다. 따라서 다음 사람은 이에 도전하기보다는 다른 숫자를 베팅하는 것이 유리하다. 그렇다면 어떻게 베팅해야 할까? 베팅을 하기 전에 먼저 자신의 주사위를 확인해야 한다. 예를 들어, 자신의 주사위에서 3의 눈이 1개 나왔다고 하자. 이때 최소 베팅은 3의 눈 3개를 부르는 것이다. 처음 베팅한 사람이 3의 눈 2개를 갖고 있기 때문에 그런 베팅을 했을 수도 있지만, 전혀 갖고 있지 않을 수도 있다. 따라서 처음 베팅한 사람의 의도를 파악하기보다는 순수하게 수학적으로 접근해 보자. 만약 3의 눈 3개를 불러 베팅할 때, 이 전략이 성공하려면 내 주사위를 제외한 나머지 10개의 주사위에서 3의 눈이 2개 이상 나와야 한다.

10개의 주사위에서 3의 눈이 2개 이상 나올 확률은 자신이 가진 주사위에서의 확률과는 독립적이다. 따라서 자신이 가진 5개의 주사위의 확률은 고려하지 않고, 나머지 10개의 주사위에서 3의 눈이 2개 이상 나올 확률만 찾으면, 그것이 곧 베팅이 성공할 확률이다. 앞의 표를 살펴보면 이 확률은 약 52%임을 알 수 있다. 만약 3의 눈 4개를 베팅한다면 나머지 10개의 주사위에서 3의 눈이 3개 이상 나와야 하는데 이 확률은 약 22%이므로 현명하게 판단한 것이 아니다. 물론 첫 번째로 베팅한 사람이 3의 눈을 2개 갖고 있어서 그런 베팅을 했다고 판단한다면 자신의 주사위와 첫 번째로 베팅한 사람의 주사위를 제외한 5개의 주사위에서 3의 눈이 1개만 나오면 되고 이 확률은 약 60%로 해볼 만한 베팅이다. 어디까지 믿고 베팅할지는 어디까지나 참가자의 몫이다.

거짓말쟁이의 주사위는 주사위의 개수가 차례마다 달라지기 때문에 확률을 매번 구하는 것은 어려울 수 있다. 따라서 앞의 표를 이용하면 자신의 차례에서 유리한 전략이 무엇인지 찾을 수 있을 것이다.

한편 1을 '와일드카드'로 취급하는 버전도 대중적으로 많이 사용하는데 이때는 1을 제외하면 한 개의 주사위에서 특정한 수의 눈이 나올 확률은 $\frac{1}{3}$로 생각할 수 있으므로, 각 경우의 확률이 훨씬 커진다. 이 때문에 자신의 차례에서 유리한 베팅을 할 수 있는 경우가 기존보다 더 많아져 게임을 더 흥미롭게 만들 수 있다. 블러핑이 사용되는 거짓말쟁이의 주사위를 하며 수학적 계산과 심리전을 바탕으로 자신만의 게임 전략을 세워보는 것도 흥미로운 일이 될 것이다.

파클 Farkle

파클(Farkle)은 주사위 6개를 이용하는 게임으로 정확한 기원은 알려있지 않았다. 주사위를 굴려 특정 조합을 완성하면 점수를 얻을 수 있으며 점수의 총합으로 승패를 결정한다. 파클은 재미있고 도전적인 주사위 게임으로 다양한 변형 게임이 있다.

게임에 필요한 도구

점수판, 주사위 6개, 연필

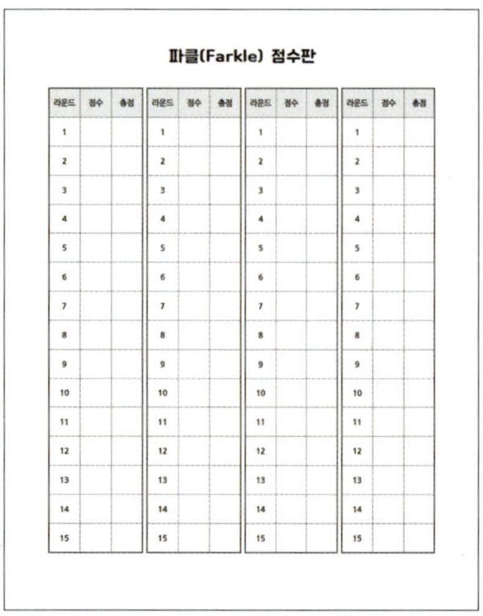

파클(Farkle) 점수판

라운드	점수	총점	라운드	점수	총점	라운드	점수	총점	라운드	점수	총점
1			1			1			1		
2			2			2			2		
3			3			3			3		
4			4			4			4		
5			5			5			5		
6			6			6			6		
7			7			7			7		
8			8			8			8		
9			9			9			9		
10			10			10			10		
11			11			11			11		
12			12			12			12		
13			13			13			13		
14			14			14			14		
15			15			15			15		

점수판

주사위 6개

연필

점수판 받기

03_주사위 게임/파클.pdf

게임 규칙

파클은 두 명 이상이 할 수 있는 주사위 게임이다. 아래와 같이 여섯 개의 주사위와 점수를 기록할 수 있는 점수판을 준비한 후 다음 규칙에 따라 게임을 진행한다.

1) 각자 한 개의 주사위를 굴리고 가장 높은 숫자가 나온 사람부터 게임을 시작한다.

2) 점수를 받을 수 있는 주사위 조합은 다음과 같다.

이름	주사위 조합	설명	점수
One 1		주사위 1이 한 개	100
One 5		주사위 5가 한 개	50
Three 1s		주사위 1이 세 개	1000
Three 2s		주사위 2가 세 개	200
Three 3s		주사위 3이 세 개	300
Three 4s	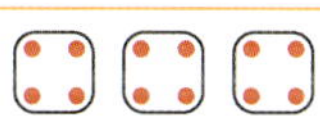	주사위 4가 세 개	400
Three 5s		주사위 5가 세 개	500
Three 6s	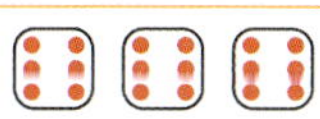	주사위 6이 세 개	600

3) 자신의 차례에 주사위 조합을 완성해 점수를 받는 방법은 다음과 같다.

① 먼저 주사위 6개를 한 번에 던진다.

② 주사위 결과 위의 조합 중 만들 수 있는 것이 있다면 그 주사위를 보관한다. 이때 가능한 모든 조합을 보관할 필요는 없으나 하나 이상의 주사위는 보관해야 한다.

③ 주사위를 보관하고 난 후, 남은 주사위를 다시 던져 추가 조합을 만들거나 차례를 종료할 수 있다. 차례를 종료하지 않는 한 남은 주사위를 던지고 추가 조합을 만드는 것은 반복된다.

④ 차례를 종료하면 그때까지 만든 조합에 해당하는 점수를 받는다.

⑤ 주사위를 던졌을 때 위의 조합 중 만들 수 있는 것이 없다면 '파클(Farkle)'을 한 것이다. 이때 '파클(Farkle)'이라 외치고 다음 사람으로 차례를 넘겨야 하며 그 차례에 얻었던 점수를 잃게 된다. 이는 6개 주사위를 던졌을 때도 마찬가지다. 즉, 6개의 주사위를 던지자마자 가능한 조합이 없어 0점으로 차례가 종료될 수 있다.

⑥ 한 번 만들어진 조합은 다른 조합과 재조합될 수 없다. 예를 들어 처음 6개의 주사위를 던져 5를 보관한 상태에서 남은 주사위를 다시 던져 5가 두 개 나왔다고 하자. 이때 앞에 보관했던 5와 뒤에 나온 두 개의 5를 합쳐서 세 개의 5로 이루어진 Three 5s를 만들 수 없다.

⑦ 해당 차례에 6개 주사위를 모두 이용해 조합을 만든 경우 '핫 다이스(Hot Dice)'라 하며 6개 주사위를 다시 던져 추가 점수를 얻을 기회가 주어진다. 물론 추가로 주사위를 던지지 않고 종료할 수 있다. 계속 핫 다이스가 된다면 이는 반복된다. 단, 추가 기회를 쓰던 중 조합을 만들 수 없는 '파클(Farkle)'이 나오면 그 차례에 누적된 모든 점수를 잃는다.

4) 게임을 진행하다가 누적 점수가 10000점 이상인 사람이 나오면 차례가 남은 사람까지만 게임을 진행한다.

5) 가장 높은 점수를 얻은 사람이 승리한다.

몇몇 예시를 통해 게임의 이해를 높여보자. 주사위를 던져 아래와 같이 나왔다고 하자.

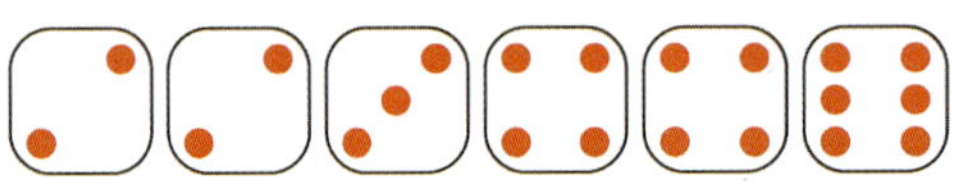

이 경우 점수를 받을 수 있는 조합이 존재하지 않는다. 따라서 '파클'을 한 것이고 0점을 받으며 차례는 바로 종료된다. 다음으로 주사위를 던져 아래와 같이 조합을 만들어 보관했다고 하자.

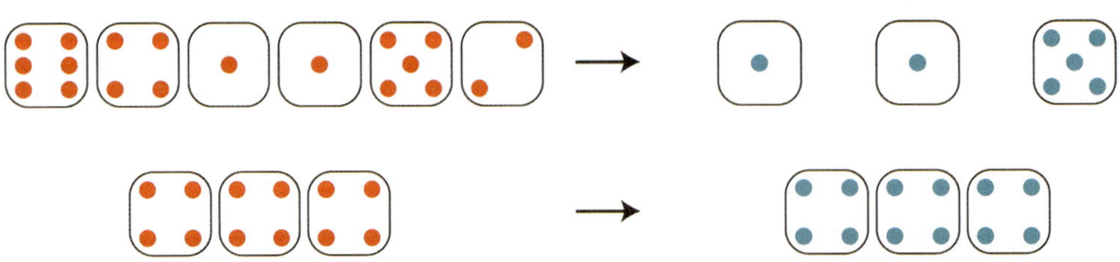

첫 번째 던졌을 때, 주사위 1, 1, 5를 보관해 One 1을 두 개 만들고 One 5를 하나 만들었다. 다음으로 남은 주사위 3개를 다시 던져 Three 4s를 만들어 보관했다. 결과적으로 여섯 개의 주사위 모두 조합을 만들어 보관했으므로 핫 다이스가 된 것이다. 그리고 One 1이 두 개로 200점, One 5가 한 개로 50점, Three 4s가 한 개로 400점을 얻었다. 총 합산 점수는 650점이다. 여기서 차례를 종료하면 650점을 얻고 차례는 종료된다. 하지만 핫 다이스는 주사위를 한 번 더 던질 기회가 있으므로 주사위를 다시 던졌다고 하자. 그리고 아래 그림과 같이 주사위가 나와 5 세 개를 보관했다고 하자.

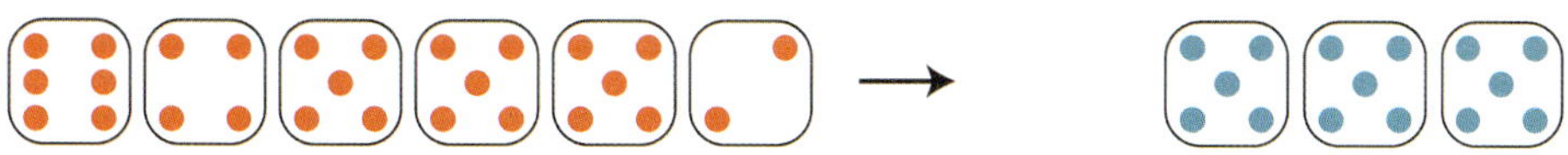

그리고 남은 주사위를 던져 다음과 같이 나왔다고 하자.

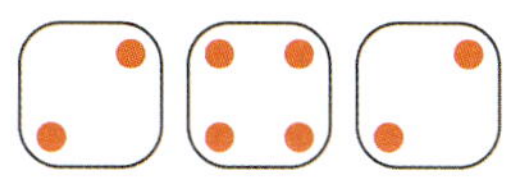

이때 점수를 받을 조합을 만들 수 없으므로 '파클'을 한 것이다. 따라서 앞에서 핫 다이스를 만들어 받은 650점은 잃게 되며 0점으로 차례는 종료된다.

파클에서 중요한 것은 주사위 던지기를 언제 멈출지 결정하는 것이다. 위험을 무릅쓰고 계속 던져서 추가 점수를 노릴지, 아니면 던지는 것을 멈추고 안정적으로 점수를 획득할지에 관한 판단이 중요하며 이것이 게임의 승패를 가른다고 할 수 있다.

변형 게임

파클에는 여러 변형 게임이 있다. 그중 몇 가지를 알아보자.

점수 규칙 변형

파클은 다양한 점수 규칙의 변형이 존재한다. 기본적인 규칙은 파클과 같고 기본 규칙의 점수 조합법에서 새로운 점수 조합법이 더 추가되는 것이 보통이다. 대표적으로 다음과 같은 추가적인 조합 방법이 있다. 조합별 점수는 게임마다 천차만별이며 여기서 제시한 것은 하나의 예시이다.

이름	주사위 조합 예시	설명	점수
Straight	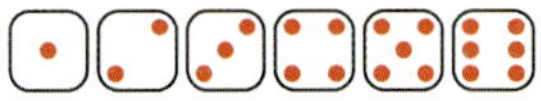	주사위 1 – 2 – 3 – 4 – 5 – 6	2000
3 Pairs	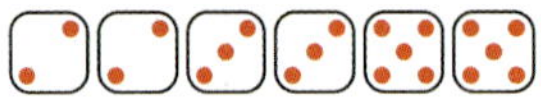	같은 눈의 두 주사위가 세 쌍	1000
Full House		같은 눈의 주사위가 각각 2개, 3개	1000
2 Triplets	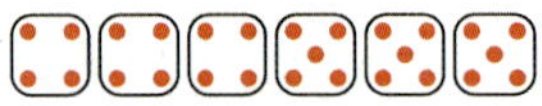	같은 눈의 세 주사위가 두 쌍	2500
4 of a Kind	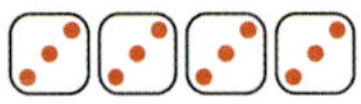	같은 눈의 주사위가 4개	2000
5 of a Kind	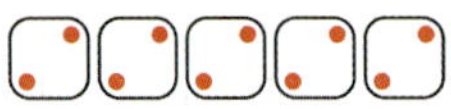	같은 눈의 주사위가 5개	4000
6 of a Kind	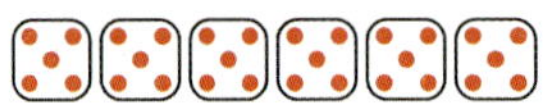	같은 눈의 주사위가 6개	8000

점수 규칙 변형

게임 규칙 변형

파클의 게임 규칙에는 다음과 같은 다양한 변형이 존재한다. 이 중 일부를 활용하여 경기를 운영할 수 있다.

1) 첫 득점에서 자신의 차례에 500점을 넘어야 한다. 이를 오프닝 점수라 하며 한 번 오프닝 점수를 달성하면 이후 차례에서는 주사위 던지는 것을 자유롭게 멈출 수 있다.
2) 승리를 위한 목표 점수를 10000점에서 다른 점수로 변경하여 게임을 한다.
3) 조합을 만들 수 없는 '파클'을 연속해서 세 번 할 경우 1000점을 감점한다.
4) 6개 주사위를 모두 이용해 조합을 만들어 핫 다이스가 된 경우 필수적으로 한 번은 추가로 주사위를 던져야 한다.
5) 게임에 승리하기 위해서는 정확하게 10000점을 득점해야 한다. 만약 10000점을 초과한 경우 해당 차례에서 얻은 점수를 가장 낮은 점수의 사람에게 준다.
6) 6개 주사위가 아닌 5개 주사위를 사용한다.

게임 전략

파클의 전략에 대해 알아보자.

파클과 확률

먼저 각 점수 조합을 만들 수 있는 확률을 생각해보자. 던지는 주사위의 수는 상황에 따라 다르지만 우선 처음에 6개의 주사위를 던지는 상황에 대해 생각해보자. 6개의 주사위를 던질 때, One 1을 만들 수 있는 경우는 6개의 주사위 중 하나 이상의 주사위에서 1이 나오는 것이다. 따라서 One 1을 만들 수 있는 확률은 다음과 같다.

$$1-\left(\frac{5}{6}\right)^6=\frac{31031}{46656}$$

이를 계산하면 약 66.51%이다. One 5가 나올 확률도 이와 같다. Three 1s의 경우 주사위 중 3개 이상에서 1이 나오면 되므로 전체 확률에서 1이 두 개 이하로 나오는 확률을 빼서 계산할 수 있다. 따라서 Three 1s을 만들 수 있는 확률은 다음과 같다.

$$1-\left(\frac{5}{6}\right)^6-{}_6C_1\left(\frac{1}{6}\right)\left(\frac{5}{6}\right)^5-{}_6C_2\left(\frac{1}{6}\right)^2\left(\frac{5}{6}\right)^4=\frac{1453}{23328}$$

이를 계산하면 약 6.23%이다. Three 2s부터 Three 6s까지도 이와 확률이 같다. 다음으로 Straight를 만들 수 있는 확률을 구해보자. 1부터 6까지 한 번만 나오면 되므로 확률은 다음과 같다.

$$\frac{6!}{6^6}=\frac{5}{324}$$

이를 계산하면 약 1.54%이다. 3 Pairs는 같은 눈의 두 주사위가 세 쌍이 있으면 되는데 이 세 쌍의 주사위 눈은 서로 달라야 한다. 따라서 6개의 숫자 중 3개의 숫자를 선택하고 각 숫자가 2개씩 있을 때 나열하는 경우를 생각하면 다음과 같이 확률을 구할 수 있다.

$${}_6C_3\times\frac{6!}{(2!)^3}\times\left(\frac{1}{6}\right)^6=\frac{25}{648}$$

이를 계산하면 약 3.86%이다. Full House의 경우 같은 눈의 주사위가 각각 2개, 3개 있어야 하고 이 두 그룹의 주사위 눈은 서로 달라야 한다. 따라서 서로 다른 숫자로 1개, 2개, 3개가 나오거나 3개, 3개가 나오거나 2개, 4개가 나오면 된다. 따라서 확률은 다음과 같다.

$$\left({}_6P_3 \times \frac{6!}{3!2!} + {}_6C_2 \times \frac{6!}{3!3!} + {}_6P_2 \times \frac{6!}{4!2!} \right) \times \left(\frac{1}{6}\right)^6 = \frac{1325}{7776}$$

이를 계산하면 약 17.04%이다. 2 Triplets는 같은 눈의 세 주사위가 두 쌍이 있으면 되는데 두 쌍의 주사위 눈은 서로 달라야 한다. 따라서 다음과 같이 확률을 구할 수 있다.

$${}_6C_2 \times \frac{6!}{3!3!} \times \left(\frac{1}{6}\right)^6 = \frac{25}{3888}$$

이를 계산하면 약 0.64%이다. 4 of a Kind의 경우 주사위 중 4개 이상에서 같은 눈이 나오면 되므로 확률은 다음과 같다.

$$6 \times \left({}_6C_4\left(\frac{1}{6}\right)^4\left(\frac{5}{6}\right)^2 + {}_6C_5\left(\frac{1}{6}\right)^5\left(\frac{5}{6}\right) + \left(\frac{1}{6}\right)^6 \right) = \frac{203}{3888}$$

이를 계산하면 약 5.22%이다. 비슷하게 5 of a Kind의 경우 주사위 중 5개 이상에서 같은 눈이 나오면 되므로 확률은 다음과 같다.

$$6 \times \left({}_6C_5\left(\frac{1}{6}\right)^5\left(\frac{5}{6}\right) + \left(\frac{1}{6}\right)^6 \right) = \frac{31}{7776}$$

이를 계산하면 약 0.40%이다. 마지막으로 6 of a Kind의 경우 가능한 경우가 6가지만 있으므로 확률을 계산하면 다음과 같다.

$$\frac{6}{6^6} = \frac{1}{7776}$$

이를 계산하면 약 0.01%이다. 이렇게 One 1부터 6 of a Kind까지 만들 수 있는 확률을 구해 보았다. 이를 정리하면 다음과 같다.

이름	확률	이름	확률
One 1, One 5	66.51%	2 Triplets	0.64%
Three 1s ~ Three 6s	6.23%	4 of a Kind	5.22%
Straight	1.54%	5 of a Kind	0.40%
3 Pairs	3.86%	6 of a Kind	0.01%
Full House	17.04%		

6개의 주사위를 굴릴 때 각 점수 조합을 만들 수 있는 확률

다음으로 주사위 개수에 따른 점수 조합을 만들 수 없는 '파클'이 나올 확률을 구해보자. 점수 조합은 기본 규칙에서 소개한 1이나 5가 나오는 경우와 같은 숫자 3개를 조합하는 경우만 생각하기로 한다. 먼저 주사위가 한 개인 경우 1이나 5가 안 나오면 파클이므로 파클일 확률이 2/3임을 쉽게 알 수 있다. 주사위가 두 개인 경우도 두 주사위에 모두 1과 5가 나오면 안 되므로 확률이 4/9임을 쉽게 알 수 있다.

주사위가 세 개인 경우를 생각하자. 이 경우 파클이려면 세 주사위 숫자가 모두 다르거나 두 주사위만 숫자가 같아야 하고 그 숫자는 2, 3, 4, 6 중 하나여야 한다. 따라서 확률은 다음과 같다.

$$\left({}_4C_3 \times 3! + {}_4P_2 \times \frac{3!}{2!}\right) \times \left(\frac{1}{6}\right)^3 = \frac{5}{18}$$

이를 계산하면 약 27.78%이다. 주사위가 네 개인 경우 네 주사위 숫자가 모두 다르거나 서로 같은 주사위가 있어도 두 개 이하로 있어야 하고 그 숫자는 2, 3, 4, 6 중 하나여야 한다. 따라서 확률은 다음과 같다.

$$\left(4! + {}_4C_3 \times 3 \times \frac{4!}{2!} + {}_4C_2 \times \frac{4!}{2!2!}\right) \times \left(\frac{1}{6}\right)^4 = \frac{17}{108}$$

이를 계산하면 약 15.74%이다. 주사위가 다섯 개인 경우도 비슷하다. 서로 같은 주사위가 있어도 두 개 이하로 있어야 하고 그 숫자는 2, 3, 4, 6 중 하나여야 한다. 따라서 확률은 다음과 같다.

$$\left(4 \times \frac{5!}{2!} + {}_4C_3 \times 3 \times \frac{5!}{2!2!}\right) \times \left(\frac{1}{6}\right)^5 = \frac{25}{324}$$

이를 계산하면 약 7.72%이다. 주사위가 여섯 개인 경우 파클이 되는 경우는 서로 다른 숫자로 1개, 1개, 2개, 2개가 나오는 경우와 2개, 2개, 2개가 나오는 경우다. 그 이유는 주사위 눈이 될 수 있는 숫자가 2, 3, 4, 6뿐이기 때문이다. 따라서 확률을 구하면 다음과 같다.

$$\left({}_4C_2 \times \frac{6!}{2!2!} + {}_4C_3 \times \frac{6!}{2!2!2!}\right) \times \left(\frac{1}{6}\right)^6 = \frac{5}{162}$$

이를 계산하면 약 3.09%이다. 이상을 정리하면 다음 표와 같다.

남은 주사위 수	6	5	4	3	2	1
확률	3.09%	7.72%	15.74%	27.78%	44.44%	66.66%

주사위 개수에 따른 파클이 나올 확률

최적의 전략

컴퓨터 과학자 매튜 부시(Matthew Busche)와 토드 W. 넬러(Todd W. Neller)는 2017년 발표한 논문 〈Optimal Play of the Farkle Dice Game〉을 통해 파클의 필승전략을 밝혔다. 부시와 넬러는 현재 차례인 사람의 점수 b, 상대의 점수 d, 현재 굴려야 하는 주사위의 수 n, 현재 차례에서 만든 주사위 조합으로 얻은 점수 t를 고려하여 승리할 확률에 대한 방정식을 세웠고 컴퓨터 모델링을 통해 게임의 승리전략을 분석하였다.

그들이 찾은 최선의 전략을 그래프로 나타낸 것이 그림1이다. 그래프는 현재 굴려야 하는 주사위 수 n에 대해 주사위 굴리는 것은 멈춰야 할지, 아니면 더 굴려야 할지를 보여준다. 각 n에 대한 그래프에서 (b, d, t)의 좌표를 표시했을 때, 그래프 안쪽에 표시되면 현재 차례인 사람은 주사위를 더 굴려야 한다. 반면 (b, d, t)의 좌표를 표시했을 때, 그래프 바깥쪽에 표시되면 현재 차례인 사람은 주사위를 굴리는 것을 멈춰야 한다. 예를 들어 굴려야 하는 주사위 수가 $n = 5$일 때, 현재 차례인 사람의 점수 $b = 5000$, 상대의 점수 $d = 9000$, 현재 차례에서 만든 주사위 조합으로 얻은 점수 $t = 1000$이라면 $(5000, 9000, 1000)$의 좌표를 표시할 수 있는데 그래프 안쪽에 표시된다. 따라서 주사위를 계속해서 던지는 것이 최선의 전략이다.

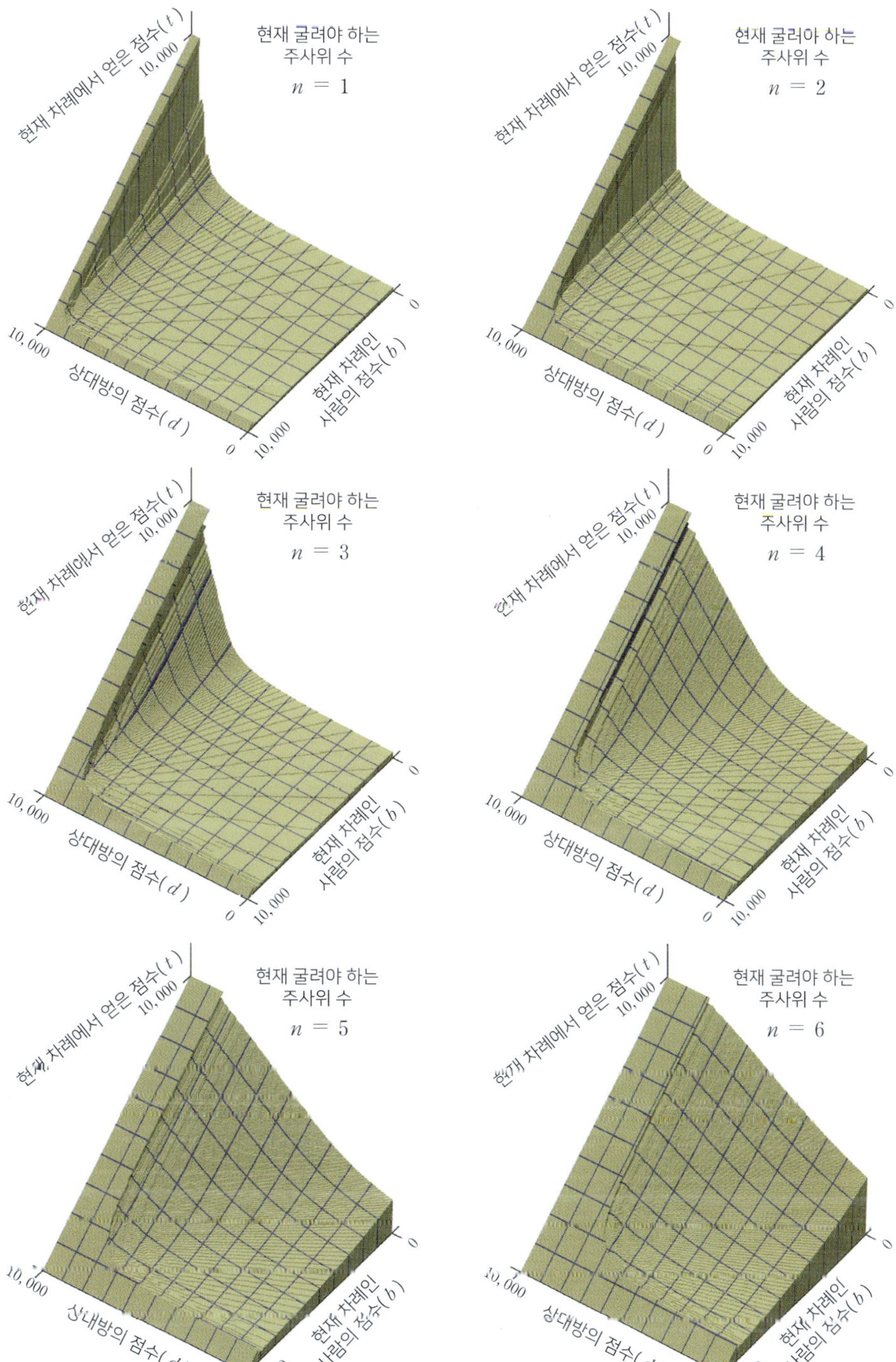

이미지 출처(Sources) : Matthew Busche Todd W. Neller. (2017). Optimal Play of the Farkle Dice Game. Advances in Computer Games: 15th International Conferences, ACG 2017, Leiden, The Netherlands, July 3-5, 2017, Revised Selected Papers 15. Springer International Publishing.

그림 1 주사위를 굴려야 할지 멈춰야 할지를 보여주는 최선의 파클 전략의 경계 그래프

그래프를 보면 현재 굴려야 하는 주사위 수 n이 주사위를 계속해서 굴릴지, 멈출지를 판단하는 데 큰 영향을 미친다는 것을 알 수 있다. n의 값이 커짐에 따라 그래프는 더 위로 솟아오른 모습을 볼 수 있는데 이는 같은 (b, d, t)의 좌표에 대해 n이 클 때는 그래프 안쪽에 표시되지만, n이 작을 때는 그래프 바깥쪽에 표시되는 경우가 많음을 의미한다. 그래프 안쪽에 표시된다는 것은 주사위를 계속 굴려야 한다는 것이고, 바깥쪽에 표시된다는 것은 주사위 굴리는 것을 멈춰야 한다는 것이므로 같은 (b, d, t)에 대해 현재 굴려야 하는 주사위 수 n이 클수록 계속해서 주사위를 굴리는 것이 최선의 전략이 되는 경우가 많다는 것이다. n의 값이 크면 조합을 만들 수 없는 '파클'을 할 가능성이 낮으므로 이런 경향을 보이는 것으로 해석할 수 있다.

게임을 하다 보면 어느 순간 10000점이 될 때까지 계속해서 주사위를 굴리는 것이 최선의 전략이 되는 경우가 있다. 그림1에서는 L자 형태로 그 모습이 관찰된다. 아래 그림2에서는 n이 1일 때와 6일 때 L자 형태를 비교한 것이다.

이미지 출처(Sources) : Matthew Busche, Todd W. Neller. (2017).

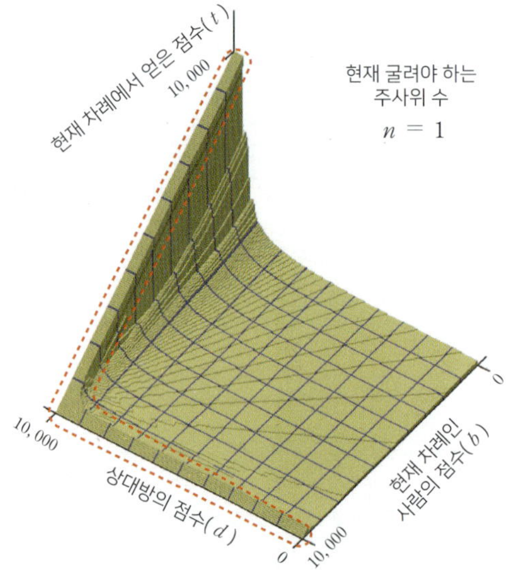

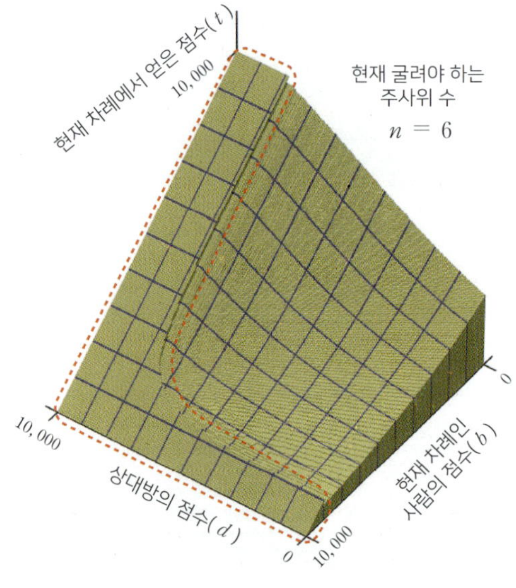

그림2 $n = 1$일 때와 $n = 6$일 때 L자 형태 비교

그래프를 보면 L자 형태인 영역은 두 사람 중 한 명이 10000점에 가까울 때임을 알 수 있다. 즉, 두 사람 중 한 명이 10000점에 가깝다면 현재 차례인 사람의 최선의 전략은 10000점이 될 때까지 계속해서 주사위를 굴리는 것이라 할 수 있다. 그래프에서 또 알 수 있는 사실은 현재 굴려야 하는 주사위 수가 적을수록 L자 형태 두께가 얇아진다는 것이다. 이 역시 주사위를 던졌을 때 '파클'을

할 가능성과 관련된 현상임을 알 수 있다.

부시와 넬러는 먼저 시작하는 사람과 두 번째로 시작하는 사람의 승리 확률도 계산하였다. 그들의 분석에 따르면 최적의 전략으로 게임을 진행할 때 먼저 시작하는 사람이 승리할 확률은 약 53.70%이고 두 번째로 시작하는 사람이 승리할 확률은 약 46.30%이다. 부시와 넬러는 좀 더 공정한 게임을 위해 두 번째로 시작하는 사람이 200점을 기본 점수로 얻는 상태에서 시작하길 권했다. 이 경우 먼저 시작하는 사람이 승리할 확률은 약 50.40%이고 두 번째로 시작하는 사람이 승리할 확률은 약 49.60%로 좀 더 공정한 게임이 가능하다.

부시와 넬러는 승리를 위한 최선의 전략 외에도 최대 득점 전략에 관해서도 탐구하였다. 승리하기 위한 최선의 전략에서는 자신의 점수, 상대의 점수, 현재 굴려야 하는 주사위 수, 현재 차례에서 얻은 점수를 고려해 승리 확률이 최대가 되기 위한 전략을 생각하지만, 최대 득점 전략에서는 현재 굴려야 하는 주사위 수와 현재 차례에서 얻은 점수만 고려해 득점을 최대화하기 위한 전략을 생각한다. 그들은 승리를 위한 최선의 전략을 탐구할 때와 마찬가지로 득점의 기댓값에 대한 방정식을 세웠고 컴퓨터 모델링을 통해 이를 분석하였다.

분석 결과 최대 득점 전략을 따를 때 각 차례에서 얻을 수 있는 점수의 기댓값은 446.57144점이다. 승리를 위한 최선의 전략을 사용하는 사람과 최대 득점 전략을 사용하는 사람이 시합을 하면 어떻게 될까? 먼저 시작하는 사람이 최대 득점 전략을 사용하고 두 번째로 하는 사람이 승리를 위한 최선의 전략을 사용한다고 했을 때, 먼저 시작하는 사람이 승리할 확률은 약 51.38%이다. 반면 승리를 위한 최선의 전략을 사용하는 사람이 먼저 시작하고 최대 득점 전략을 사용하는 사람이 두 번째로 시작한다고 했을 때, 두 번째로 시작하는 사람이 승리할 확률은 약 43.85%이다. 따라서 최대 득점 전략을 사용하는 사람이 승리를 위한 최선의 전략을 사용하는 사람과 시합을 한다면 승리할 확률은 평균적으로 약 47.61%이다. 바꿔 말하면 승리를 위한 최선의 전략을 사용하는 사람이 승리할 확률은 평균적으로 약 52.39%이다.

승리를 위한 최선의 전략이나 최대 득점 전략을 실제 게임에서 사용할 수 있다면 유용할 것이다. 하지만 워낙 다양한 상황이 존재하고 각 상황에서의 전략을 일반적으로 나타내기는 어렵기 때문에 실제 게임에서는 사용하기에 어려운 점이 있다.

부시와 넬러는 상황을 단순화하여 최대 득점 전략을 사용할 수 있는 표를 만들었다. 단순화한 것이기 때문에 최대 득점 전략과 완전히 일치하지는 않지만 근사한 전략을 펼칠 수 있다. 표를 구성하는 값이 많지 않기 때문에 충분히 실제 게임 상황에서 적용해 볼 만하다.

현재 굴려야 하는 주사위의 수 n	추가 득점하리라 예상되는 점수의 기댓값 $V(n, t)$						
	0	50	100	150	200	250	300
5	2900	2250	1600	950	550	250	0
4	1000	700	350	150	0		
3	400	250	0				
2	250	0					
1	0						

최대 득점 전략의 근사 표

현재 굴려야 하는 주사위의 수 n, 현재 차례에서 만든 주사위 조합으로 얻은 점수 t에 대해 최대 득점 전략에 따라 추가 득점할 것으로 예상되는 점수의 기댓값을 $V(n, t)$라 하자. 표에서 가장 왼쪽 열이 현재 굴려야 하는 주사위의 수 n의 값이고 가장 위의 줄이 $V(n, t)$의 값이다. 표의 값 중 2900을 기준으로 오른쪽과 아래쪽에 있는 값이 t의 값이다. 예를 들어 $V(5, 1600) = 100$, $V(4, 150) = 150$이다. 표에 없는 t의 값에 대해서는 t 이하의 값 중 표에 나와 있는 가장 큰 값에 대응하는 $V(n, t)$의 값을 생각하면 된다. 예를 들어 $V(5, 1000)$의 값을 생각해보자. $n = 5$일 때, $t = 1000$ 이하의 값 중 표에 나와 있는 가장 큰 값은 950이다. 따라서 $V(5, 1000) = V(5, 950) = 150$이다. 비슷하게 $V(4, 1200) = 0$, $V(3, 350) = 50$임을 알 수 있다.

표에는 주사위 6개인 경우가 나와 있지 않은데 주사위 6개는 주사위를 던지는 모든 상황 중 '파클'을 할 가능성이 가능 낮은 상황이므로 무조건 주사위를 던지는 것으로 생각한다. 비슷한 관점에서 주사위가 1개 남았을 때는 무조건 주사위 던지는 것을 멈춘다. 표에서 기본적으로 알 수 있는 것은 주사위가 5개일 때 t가 2900 이상이면 주사위 던지는 것을 멈춰야 한다는 것이다. 마찬가지로 주사위가 4개일 때 t가 1000 이상이면 주사위 던지는 것을 멈춰야 한다. 더 적은 개수의 주사위에 대해서도 비슷하게 생각할 수 있다.

이제 몇 가지 예를 통해 파클을 진행할 때 위의 표를 어떻게 활용할 수 있는지 알아보자. 핫 다이스를 해서 주사위가 6개를 다시 던져야 하는 상황으로 현재 차례에서 주사위 조합을 통해 600점의 점수를 얻었다고 하자. 이때 주사위를 던졌더니 (2, 2, 4, 5, 5, 3)가 나왔다. 여기서 할 수 있는 선택은 두 가지인데 5를 하나 보관하거나 5를 두 개 보관하는 것이다. 5를 하나 보관한다면 50점의 추가 점수가 생기므로 $n = 5$, $t = 650$이 된다. 이때 $V(5, 650) = 200$이다. 그러므로 650점인 상태에서 200점의 추가 점수를 기대할 수 있다. 즉, 차례가 끝났을 때 기대할 수 있는 점수는 850점이다. 5를 두 개 보관한다면 100점의 추가 점수가 생기므로 $n = 4$, $t = 700$이다. 이때 $V(4, 700) = 50$이다. 그러므로 700점인 상태에서 50점의 추가 점수를 기대할 수 있다. 즉, 차례가 끝났을 때 기대할 수 있는 점수는 750점이다. 그러므로 더 좋은 전략은 5를 하나 보관하는 것이다. 일반적으로 $t + V(n, t)$가 최대가 되는 방향으로 보관할 주사위를 선택해야 한다.

그렇다면 어떤 선택을 해도 $t + V(n, t)$의 값이 같게 나오는 경우는 어떻게 해야 할까? 예를 들어 $n = 5$, $t = 550$인 상태에서 주사위를 던졌더니 $(1, 1, 3, 3, 6)$이 나왔다고 하자. 주사위 1을 한 개 보관하면 $n = 4$, $t = 650$이 되고 $V(4, 650) = 100$이다. 즉, 차례를 종료했을 때 기대할 수 있는 점수는 다음과 같다.

$$t + V(n,t) = 650 + V(4, 650) = 650 + 100 = 750$$

주사위 1을 두 개 보관하면 $n = 3$, $t = 750$이고 $V(3, 750) = 0$이다. 즉, 차례를 종료했을 때 기대할 수 있는 점수는 마찬가지로 다음과 같다.

$$t + V(n,t) = 750 + V(3, 750) = 750 + 0 = 750$$

이렇게 $V(n, t) + t$의 값이 같게 나오는 경우엔 t의 값이 더 큰 경우를 선택한다. 표에서는 $V(n, t)$에 대한 추정값를 나타낸 것인데 근사표이다보니 실제 값은 이보다 작기 때문이다. 따라서 위의 경우는 주사위 1을 두 개 보관하는 것이 올바른 선택이다. 만약 t의 값도 같다면 주사위가 더 많이 남는 경우를 선택하도록 한다.

이렇게 최대 득점 전략의 근사 표를 활용하면 현재 상황에서 주사위를 더 굴려야 할지 멈춰야 할지 판단할 수 있고, 주사위를 굴렸을 때 어떤 주사위를 보관하는 것이 유리한지도 판단할 수 있다. 표를 활용하여 파클 게임을 해보도록 하자!

우연과 확률을 이용하는 **주사위 게임**

왕관과 닻 Crown and Anchor

왕관과 닻(Crown and Anchor)은 2차 세계대전 동안 영국과 미국의 군대에서 많은 인기를 끌었던 주사위 게임이다. '태양과 닻(Sun and Anchor)'이라는 이름으로도 널리 알려졌는데 '왕관과 닻'이라는 이름은 주로 영국을 포함한 일부 유럽에서 사용됐다. 여섯 개의 그림 중 원하는 곳에 베팅(Betting)을 하고 주사위를 던져 베팅한 그림이 나오면 베팅한 금액만큼 이익을 낼 수 있는 일종의 내기 게임으로 게임 규칙이 간단하여 누구나 쉽게 즐길 수 있다.

게임에 필요한 도구

게임판, 왕관과 닻 주사위 3개, 게임칩

게임판

왕관과 닻 주사위 3개

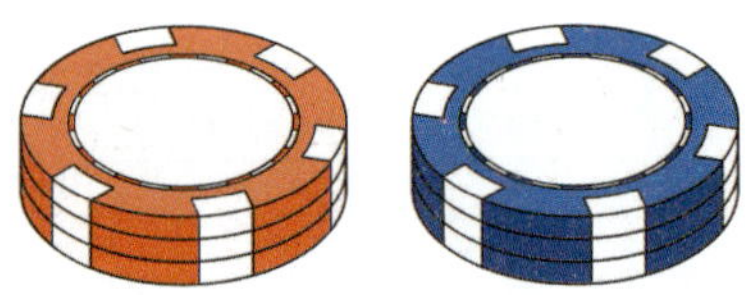

게임칩

왕관과 닻 주사위는 일반 주사위와 달리 6개의 심볼이 그려져 있다. 일반 주사위를 사용할 경우 1은 하트, 2는 왕관, 3은 다이아몬드, 4는 스페이드, 5는 닻, 6은 클로버로 생각해 게임을 할 수 있다. 게임칩은 바둑돌 등을 사용할 수 있다.

게임판 받기

03_주사위 게임/왕관과 닻.pdf

게임 규칙

왕관과 닻을 하기 위해서는 뱅커(Banker)와 도전자가 필요하다. 뱅커 역할은 게임 참가자가 한 번씩 돌아가며 맡고, 뱅커가 아닌 사람들은 도전자가 되어 뱅커와 1:1로 게임에 참여한다. 아래와 같은 게임판과 주사위를 준비하고 적당한 개수의 게임칩을 나눠 가진 뒤 다음 규칙에 따라 게임을 진행한다.

1) 도전자는 게임판의 6개의 그림 중 하나 이상의 그림에 원하는 만큼의 게임칩을 베팅하고 3개의 주사위를 던진다.

게임칩을 다이아몬드에 1개, 스페이드에 2개 베팅한 모습

2) 도전자가 베팅한 그림에 해당하는 주사위가 하나도 나오지 않은 경우, 도전자는 베팅한 게임칩을 모두 잃고 도전자가 베팅한 게임칩은 뱅커가 모두 가져간다.
3) 도전자가 베팅한 그림에 해당하는 주사위가 나온 경우 베팅한 게임칩은 돌려받는다. 그리고 뱅

커로부터 추가로 게임칩을 받는다. 만약 베팅한 그림과 같은 주사위가 1개라면 베팅한 게임칩 만큼 받고, 2개라면 배팅한 게임칩의 두 배, 3개라면 베팅한 게임칩의 세 배를 받는다.

4) 여러 개의 그림에 베팅하였을 경우 그림마다 3)의 규칙을 적용한다.

5) 모든 도전자가 게임에 참여한 후 뱅커 역할을 바꾸어 다시 1)~4)의 게임을 진행한다.

6) 게임 종료 후 가장 많은 게임칩을 가진 사람이 승리한다.

게임의 이해를 돕기 위해 몇 가지 예시 게임을 보자.

위의 게임의 경우 도전자는 하트, 왕관, 다이아몬드에 순서대로 2, 1, 1개의 게임칩을 베팅했고 주사위는 스페이드, 닻, 클로버가 나왔다. 베팅한 그림이 주사위에서 하나도 나오지 않았으므로 베팅한 모든 칩을 잃는다.

위의 게임은 베팅한 칩 중 스페이드만 나왔다. 따라서 닻과 클로버에 베팅한 칩은 잃게 되고 스페이드에 베팅한 칩은 돌려받으며 베팅한 칩만큼 추가로 1개의 칩을 더 받는다. 결과적으로 3개의 칩을 배팅해서 2개의 칩을 받았다.

위의 게임은 베팅한 칩 중 하트와 스페이드가 나왔다. 따라서 하트와 스페이드에 베팅한 칩을 돌려받고 베팅한 칩만큼 한 개씩 칩을 더 받는다. 즉, 추가로 2개의 칩을 받는다. 왕관에 베팅한 칩은 잃게 된다. 결과적으로 3개의 칩을 배팅해서 4개의 칩을 받았다.

위의 게임은 베팅한 칩 중 왕관과 다이아몬드가 나왔다. 주사위에서 왕관이 두 개 나왔으므로 왕관에 베팅한 칩을 돌려받은 후, 이 칩의 두 배인 2개의 칩을 뱅커로부터 더 받는다. 다이아몬드의 경우엔 베팅한 2개를 돌려받고 베팅한 칩만큼 추가로 2개의 칩을 더 받고, 하트에 베팅한 칩은 잃게 된다. 결과적으로 4개의 칩을 베팅해서 7개의 칩을 받았다.

게임 속 확률

이 게임은 뱅커와 도전자 중 누구에게 더 유리한 게임일까? 수학적인 확률 계산을 통해 그 결과를 알아보자. 도전자가 특정 그림에 1개의 칩을 베팅했을 때, 주사위를 던진 후 돌려받는 칩의 개수를 확률변수 X라 하자. 주사위를 던져 같은 그림이 나오는 주사위가 0개이면 도전자는 베팅했던 1개의 칩을 잃게 되어 돌려받는 칩은 0개가 된다. 같은 그림인 주사위가 1개 나오면 1개를 추가로 받게 되어 돌려받는 칩은 2개가 되고 마찬가지로 같은 그림인 주사위가 2개 나오면 3개, 3개의 주사위에서 모두 같은 그림이 나오면 4개의 칩을 돌려받게 된다. 그러므로 확률변수 X가 취할 수 있는 값은 $0, 2, 3, 4$가 된다. 먼저 $X = 0$일 확률을 구해보면 세 주사위에서 모두 특정 그림이 나오지 않을 확률이므로 확률을 구하면 다음과 같다.

$$\frac{5}{6} \times \frac{5}{6} \times \frac{5}{6} = \frac{125}{216}$$

$X = 2$일 확률은 두 개의 주사위는 특정 그림이 나오지 않고, 한 개의 주사위에서만 특정 그림이 나오는 경우이다. 그런데 주사위는 3개가 있으므로 특정 그림이 나오는 주사위를 정하는 경우의 수가 3가지이므로 확률을 구하면 다음과 같다.

$${}_3C_1 \times \frac{1}{6} \times \frac{5}{6} \times \frac{5}{6} = \frac{75}{216}$$

$X = 3$일 확률은 한 개의 주사위는 특정 그림이 나오지 않고, 두 개의 주사위에서는 특정 그림이 나오는 경우이다. 이 경우에도 주사위는 3개가 있으므로 특정 그림이 나오지 않는 주사위를 정하는 경우의 수가 3가지이다. 따라서 그 확률은 구하면 다음과 같다.

$${}_3C_2 \times \frac{1}{6} \times \frac{1}{6} \times \frac{5}{6} = \frac{15}{216}$$

$X = 4$일 확률은 세 주사위에서 모두 특정 그림과 같은 그림이 나오는 경우이므로 확률을 구하면 다음과 같다.

$$\frac{1}{6} \times \frac{1}{6} \times \frac{1}{6} = \frac{1}{216}$$

결과적으로 X의 확률분포표는 다음과 같다.

X	0	2	3	4	계
$P(X = x)$	$\frac{125}{216}$	$\frac{75}{216}$	$\frac{15}{216}$	$\frac{1}{216}$	1

이제 X 의 기댓값을 구해보자.

$$E(X) = 0 \times \frac{125}{216} + 2 \times \frac{75}{216} + 3 \times \frac{15}{216} + 4 \times \frac{1}{216} = 0.921296\cdots$$

즉, 1개의 칩을 베팅할 때마다 도전자는 약 0.9213개의 칩을 받는 것을 기대할 수 있고, 이는 베팅한 칩의 개수보다 적다. 다시 말해 이 게임은 확률적으로 뱅커에게 유리한 게임이라고 볼 수 있다. 따라서 똑똑한 뱅커라면 절대 게임에 도전하는 사람을 마다하지 않을 것이다.

자정 Midnight

자정(Midnight)은 6개의 주사위를 가지고 하는 주사위 게임이다. 주사위 눈 1과 4가 게임 규칙에서 중요하며 최대 점수는 24까지 나올 수 있어 1 – 4 – 24라고도 부른다.

게임에 필요한 도구

주사위 6개

주사위 6 개

자정은 6개의 주사위가 필요하다. 주사위를 제외하고 특별한 준비물이 필요하지는 않으나 점수를 기록할 종이와 연필이 있으면 좀 더 편리하게 게임을 진행할 수 있다.

게임 규칙

자정은 최소 두 명 이상이면 할 수 있는 게임으로 다음 규칙에 따라 진행된다.

1) 자신의 차례에 6개의 주사위를 동시에 굴린다.
2) 6개의 주사위 중에서 적어도 1개의 주사위를 보관한다.
3) 보관한 주사위를 제외하고 나머지 주사위를 다시 굴리며 더는 굴릴 주사위가 없을 때까지 앞의

과정을 반복한다. 단, 보관한 주사위는 다시 굴릴 수 없다.

4) 마지막으로 주사위를 보관할 때까지 1과 4의 눈이 나온 주사위가 반드시 포함되어야 하며, 이를 제외한 나머지 주사위 눈의 합이 점수가 된다.

5) 만약 마지막까지 1과 4의 눈이 나온 주사위를 보관하지 못하면, 점수는 0이 된다.

6) 점수가 가장 높은 사람이 승리한다.

게임에서 최대로 얻을 수 있는 점수는 1과 4를 제외한 나머지 4개의 주사위가 모두 6일 때이므로 24점이다. 예를 들어 지훈이가 아래와 같이 게임을 진행했다면, 지훈이가 얻은 점수는 19점이다.

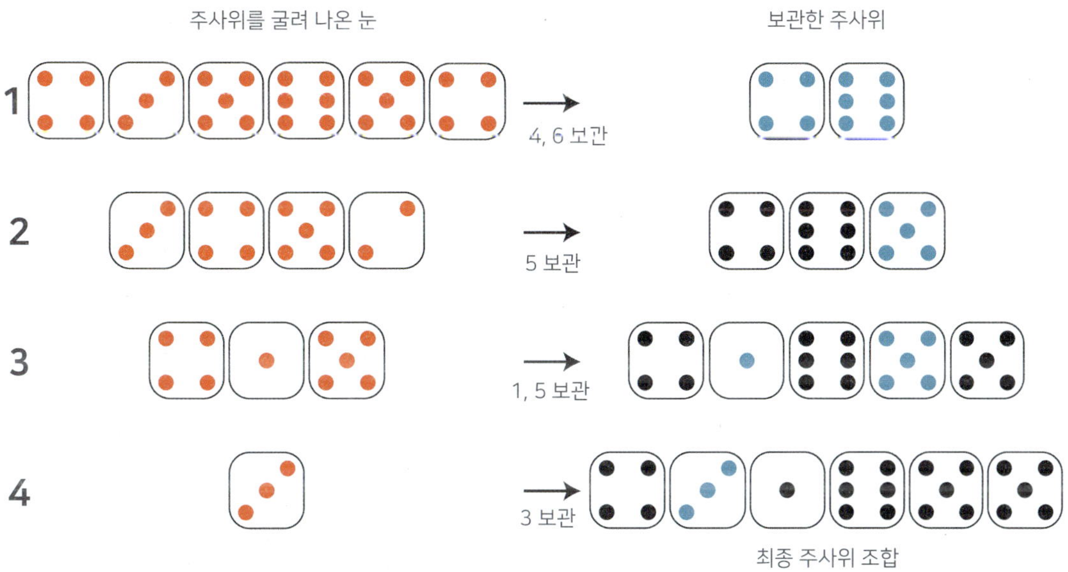

그림 1 자정 게임 진행 예시

변형 게임

자정의 변형 게임으로는 2 – 4 – 24가 있다. 이름에서 알 수 있듯이 2의 눈이 나온 주사위와 4의 눈이 나온 주사위를 보관해야 하며 나머지 규칙은 자정과 같다. 이 게임 또한 최대 24점까지 점수를 얻을 수 있으므로 2 – 4 – 24라고 불린다. 사실 자정의 규칙을 유지하면서 보관해야 하는 숫자를 바꾸어 게임을 진행할 수 있으므로 다양한 변형 게임을 해볼 수 있다.

게임의 경우의 수와 전략

자정에는 1과 4의 눈을 항상 보관해야 한다는 규칙이 있기 때문에 주사위를 끝까지 던지더라도 총점이 0점이 될 가능성이 항상 존재한다. 만약 앞의 사람이 1, 4의 눈을 보관하지 못하여 0점이 된다면, 자신의 차례에서는 1점 이상만 득점하면 게임에서 승리하게 된다. 따라서 이러한 상황에서는 총점을 높이는 것을 고려하지 않고, 득점할 확률을 높이는 것이 곧 필승전략이다.

상대방이 0점일 때 최선의 전략

주사위를 굴렸을 때 1 또는 4의 눈이 나오면 보관하고, 그렇지 않으면 1개씩만 주사위를 보관한다.

자신의 차례에서 주사위를 계속 1개씩만 보관한다면 던질 수 있는 최대 주사위의 개수는 21개이다. 따라서 위의 전략으로 게임을 진행한다면 던질 수 있는 최대의 주사위 개수를 확보할 수 있고 이 중 1과 4의 눈이 나오기만 하면 되므로 득점할 가능성이 커진다. 점수를 얻을 확률을 직접 계산해보자. n개의 주사위를 던질 때, 두 사건 A, B를 다음과 같다고 하자.

A : n개의 주사위에서 모두 1의 눈이 나오지 않을 확률

B : n개의 주사위에서 모두 4의 눈이 나오지 않을 확률

1개의 주사위를 던질 때 특정 눈이 나오지 않을 확률은 $\frac{5}{6}$이므로 $P(A)=P(B)=\left(\frac{5}{6}\right)^n$이다. 또한 1개의 주사위를 던질 때 1과 4가 모두 나오지 않을 확률은 $\frac{4}{6}$이므로 $P(A\cap B)=\left(\frac{4}{6}\right)^n$이다. 이때 점수를 얻으려면 1과 4의 눈을 모두 가지고 있어야 하므로 점수를 얻을 확률은 다음과 같다.

$$1-P(A\cup B)=1-(P(A)+P(B)-P(A\cap B))=1-\left(\left(\frac{5}{6}\right)^n+\left(\frac{5}{6}\right)^n-\left(\frac{4}{6}\right)^n\right)$$

위 전략에 따라 게임을 진행하면 주사위를 한 번 던질 때마다 1개의 주사위를 보관하므로 주사위를 던진 횟수가 총 6회이고 각 차례가 될 때까지 점수를 얻을 확률을 계산하면 다음 표와 같다.

위의 전략을 이용하면 게임이 끝날 때까지 점수를 얻을 확률은 95.7%이다. 이는 매우 높은 확률

주사위 던진 횟수	누적해서 던진 총 주사위 수(n)	확률
1	6	41.8%
2	11	74.2%
3	15	87.2%
4	18	92.6%
5	20	94.8%
6	21	95.7%

이므로 한 개씩만 주사위를 보관한다면 상대방에게 패배할 가능성은 거의 없다.

높은 점수를 얻기 위한 전략

자정에서는 점수가 높은 사람이 승리하므로 점수가 높을수록 게임에서 승리할 확률이 커진다. 어떻게 해야 높은 점수를 얻을 수 있을까? 아쉽게도 자정에서 높은 점수를 얻기 위한 최선의 전략은 아직 알려지지 않았다. 하지만 쉽게 몇 가지 전략을 생각해 볼 수 있다. 자정에서 점수를 높일 수 있는 몇 가지 전략을 알아보자.

자정에서의 전략1

1. 1의 눈과 4의 눈을 보관하지 못했다면 항상 1과 4의 눈을 먼저 보관한다.
2. 이미 1과 4의 눈을 보관했다면 가능한 만큼 6의 눈을 보관한다.
3. 1과 2에 따라 보관할 주사위가 없다면 가장 큰 수의 눈을 갖는 주사위를 1개 보관한다.

이 전략은 1의 눈과 4의 눈을 보관하는 것을 가장 우선순위에 두고 이를 만족할 때 6의 눈을 최대한 확보하는 전략이다. 주사위에서 가장 큰 눈이 6이므로 누구나 기본적으로 생각할 수 있는 전략이다.

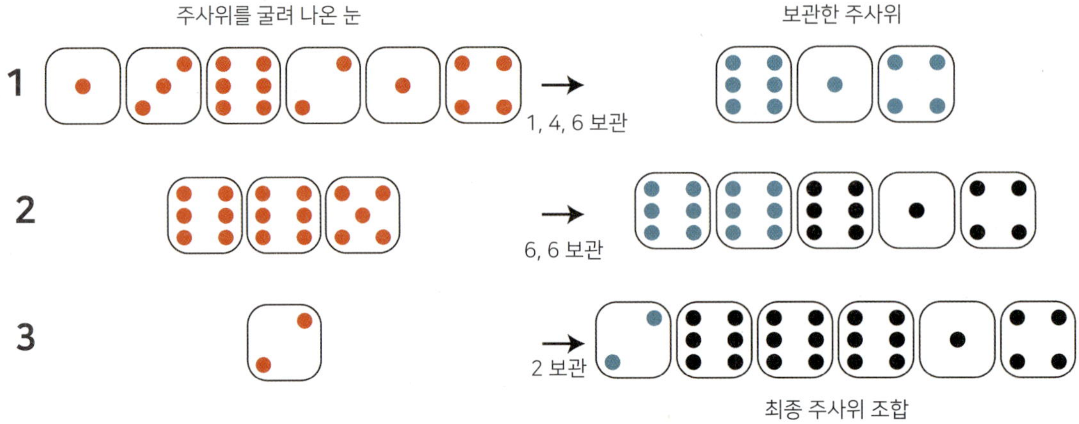

그림2 전략1에 따라 자정 게임을 진행한 예시

그림2는 이 전략에 따라 게임을 진행한 예시이다. 전략에 따라 첫 번째 주사위를 던졌을 때, 1과 4를 먼저 보관하였고 1, 4의 눈이 보관되었기에 6을 보관하였다. 두 번째 주사위를 던졌을 때는 이미 1, 4의 눈이 보관되어 있으므로 나온 6의 눈을 모두 보관하였다. 마지막으로 2의 눈을 보관하며 총점 20점으로 게임이 종료됐다.

그런데 이 전략이 최선일까? 두 번째로 주사위를 던졌을 때, 2개의 6의 눈과 1개의 5의 눈이 나왔는데 이때 5의 눈도 마저 보관했다면 총점 23점으로 게임이 종료됐을 것이다. 실제로 한 개의 주사위가 남은 상태에서 5 이상의 눈이 나올 확률은 $\frac{1}{3}$이므로 두 번째 던졌을 때 5의 눈을 보관하는 것이 현명한 판단이다. 따라서 주사위를 보관한 이후 남은 주사위에서 숫자가 높은 눈이 나올 확률이 어느 정도인지 생각해 전략을 수정할 필요가 있다.

자정에서의 전략2

1. 1의 눈과 4의 눈을 보관하지 못했다면 항상 1과 4의 눈을 먼저 보관한다.
2. 이미 1과 4의 눈을 보관했다면 가능한 만큼 6의 눈을 보관한다. 만약 가능한 만큼 6의 눈을 보관한 상태에서 남은 주사위가 2개 이하면 5의 눈도 보관한다.
3. 1과 2에 따라 보관할 주사위가 없다면 가장 큰 수의 눈을 갖는 주사위를 1개 보관한다.

이 전략은 전략1에서 남은 주사위의 개수가 적을 때에는 5의 눈을 보관하는 것을 추가한 전략이다. 예를 들어 마지막 두 개의 주사위에서 6, 5가 나오면 전략1을 따르면 6만 보관하게 되는데, 전략2를 따르면 6, 5를 모두 보관한다. 또한, 처음 주사위를 던졌을 때 1, 4, 6, 6, 5, 5가 나왔다면, 전략1을 따르면 1, 4, 6, 6을 보관하는 반면 전략2를 따르면 주사위를 모두 보관하게 된다.

남은 주사위가 2개일 때 5의 눈을 보관하지 않는다면, 이는 곧 나머지 두 개에서 6의 눈이 나올 것을 기대한다는 것과 같다. 하지만 두 개의 주사위를 던졌을 때 둘 중 하나의 눈이 6이 나올 확률은 $\frac{11}{36}$이고, 두 눈이 모두 5보다 작을 확률은 $\frac{16}{36}$이므로 남아있는 2개의 주사위에서는 6의 눈이 나올 확률보다 5보다 작은 눈이 나올 확률이 더 크다. 이는 하나의 주사위가 남았을 때도 마찬가지다. 따라서 보관하고 난 뒤 주사위가 2개 이하가 남는다면 5를 보관하는 것이 조금 더 유리하다. 아래 표는 두 전략에 따라 천만 번 시뮬레이션을 했을 때 각 점수가 나올 확률과 기댓값을 나타낸 표이다. 전략2의 기댓값은 약 18.56이고 전략1의 기댓값은 약 18.33으로 전략2의 기댓값이 더 크다는 것을 알 수 있다.

전략1				전략2			
점수	확률(%)	점수	확률(%)	점수	확률(%)	점수	확률(%)
0	4.33061	14	2.49186	0	4.33042	14	2.26837
4	0	15	4.41256	4	0	15	3.90432
5	0.00002	16	6.85172	5	0	16	5.86053
6	0.00017	17	9.43617	6	0.00021	17	8.04180
7	0.00111	18	11.85716	7	0.00116	18	11.63154
8	0.00579	19	14.15446	8	0.00526	19	13.20015
9	0.02251	20	13.05537	9	0.02172	20	12.67354
10	0.07564	21	11.26484	10	0.07467	21	11.80363
11	0.22237	22	8.94121	11	0.21702	22	12.02096
12	0.56446	23	6.54922	12	0.53959	23	9.19040
13	1.23657	24	4.52618	13	1.17894	24	3.03577
기댓값		18.3343571		기댓값		18.5619962	

그렇다면 전략2보다 더 좋은 전략은 없을까? 예를 들어 첫 번째로 주사위를 던졌을 때, 4, 4, 4, 5, 5, 6이 나온 경우를 생각해보자. 전략2에 따르면 1, 4를 먼저 보관해야 하므로 4만 보관하고 나머지는 다시 굴려야 한다. 하지만 6까지 보관을 하는 것이 더 좋은 선택이 아닐까라는 의문이 생길 수 있다. 이후에 1을 보관하지 못해 0점이 될 가능성은 상당히 낮을 거라고 판단되기 때문이다. 따라서 안전하다고 판단되는 수준에서 1, 4를 둘 다 보관하지 못했더라도 6이 나오면 이를 보관하는 전략을 생각해 볼 수 있다. 전략2를 수정해 0점이 나온 가능성을 최대한 높이지 않는 범위

에서 6을 조금 더 많이 보관하는 전략을 생각해보자. 바로 다음과 같은 전략이다.

자정에서의 전략3

1. 주사위를 첫 번째로 굴렸을 때, 1의 눈과 4의 눈을 보관하지 못했어도 6이 있다면 6을 하나 보관한다.
2. 이후부터는 전략 2를 따른다.

이 전략은 첫 번째로 주사위를 던졌을 때 1, 4가 둘 다 나오지 않았지만 6이 나온 상황에서 제한적으로 전략2와 다르게 보관하는 전략이다. 만약 첫 번째 주사위에서 1, 4가 둘 다 나왔거나 6이 나오지 않았다면 전략2와는 아무런 차이가 없다. 이런 전략이라면 조금이라도 기댓값을 높일 수 있지 않을까? 아래 표는 전략2와 전략3을 천만 번 시뮬레이션해서 비교한 표이다.

전략2				전략3			
점수	확률(%)	점수	확률(%)	점수	확률(%)	점수	확률(%)
0	4.33042	14	2.26837	0	7.70963	14	1.83256
4	0	15	3.90432	4	0	15	3.26298
5	0	16	5.86053	5	0.00002	16	5.05090
6	0.00021	17	8.04180	6	0.00008	17	7.05842
7	0.00116	18	11.63154	7	0.00080	18	10.77979
8	0.00526	19	13.20015	8	0.00365	19	12.69375
9	0.02172	20	12.67354	9	0.01440	20	12.33610
10	0.07467	21	11.80363	10	0.05070	21	11.64511
11	0.21702	22	12.02096	11	0.15551	22	12.34474
12	0.53959	23	9.19040	12	0.40291	23	10.13011
13	1.17894	24	3.03577	13	0.91108	24	3.62676
기댓값		18.5619962		기댓값		18.1236546	

전략2보다 전략3이 22점 이상 고득점을 할 확률이 더 높게 나타난 것을 알 수 있다. 하지만 두 전략의 기댓값을 구해보면 전략2가 약 18.56이고, 전략3이 약 18.12로 전략3의 기댓값이 오히려 더 낮다는 것을 알 수 있다. 이는 전략3에서 6을 먼저 보관함으로써 고득점을 받을 확률을 높이는 대신 1, 4를 모두 보관하지 못하는 경우가 늘어나게 된 것인데, 실제로 표를 살펴보면 0점이 될 확률은 두 배 가까이 커진 것을 알 수 있다. 결과적으로 전략3의 기댓값은 오히려 전략2보다 낮다. 그렇다면 1, 4를 보관하는 것을 가장 우선시하는 것이 가장 좋은 전략일까? 전략2보다 더 좋은 전략은 없을까? 한번 생각해볼 만한 문제이다. 각자 자신만의 멋진 전략을 생각해보기 바란다.

자정을 할 때 한 가지 더 알아야 할 것은 상대방의 점수에 따라 취해야 할 전략이 달라진다는 것이다. 상대방이 0점으로 게임이 끝나면 자신의 차례에서는 점수를 획득하는 것 자체가 목표일 수 있고, 상대방의 점수가 높다면 더 높은 점수를 얻는 것이 목표일 수 있다. 따라서 각 상황에 맞게 적절한 전략을 사용해 게임에서 유리한 고지를 점령하도록 해야 한다.

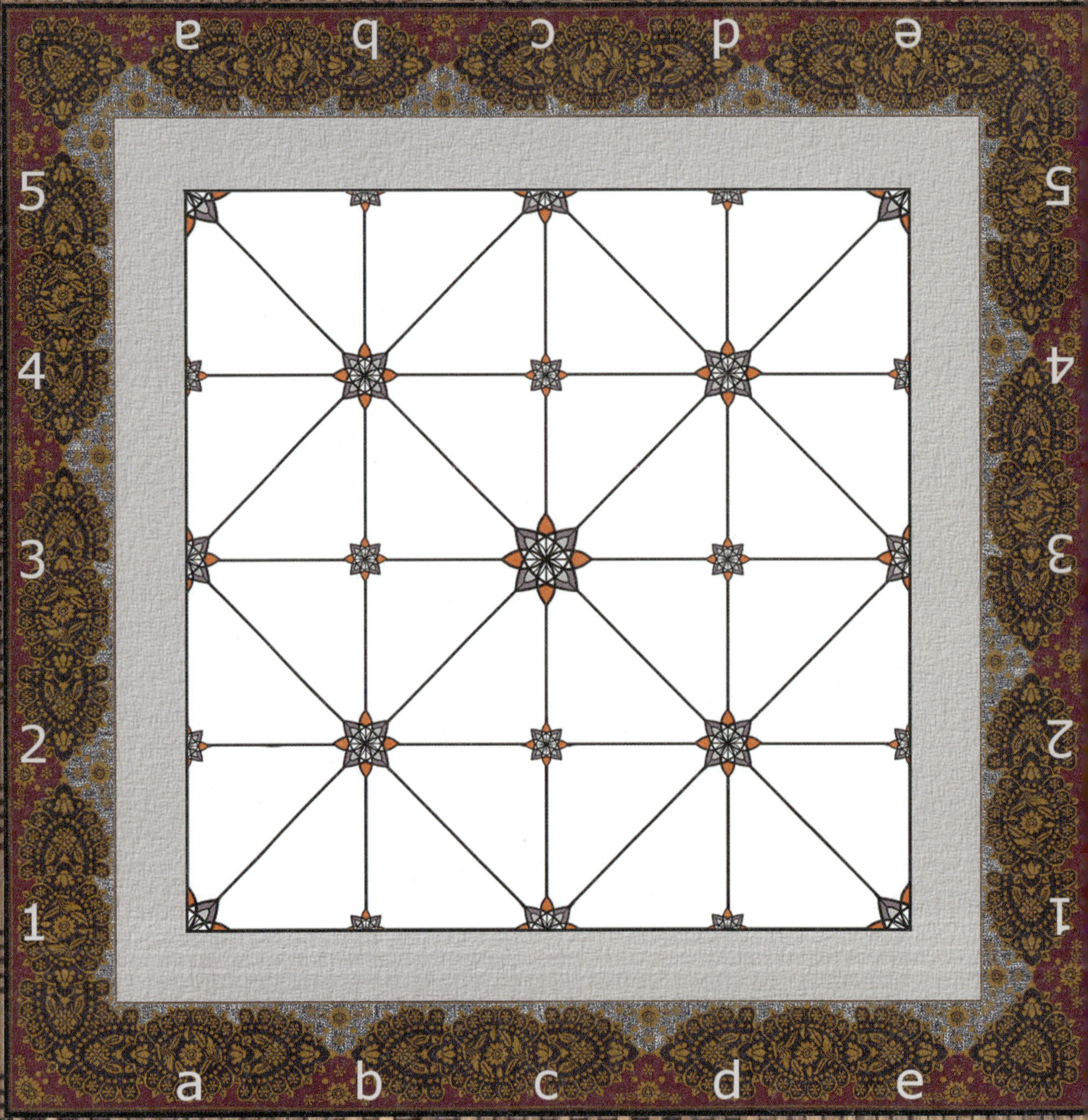
a b c d e
5
4
3
2
1
a b c d e

Chapter 04

누가 먼저 상대를 잡을 것인가
섬멸 게임

어떤 게임을 할까요?

1 **고누**

2 **페그 솔리테어(Peg Solitaire)**

3 **수라카르타(Surakarta)**

4 **일케르케(Alquerque)**

고누

고누는 우리나라 전통 놀이로 서민들 사이에서 즐겨하던 민속놀이이다. 정확한 기원은 알려져 있지 않지만 적어도 그 기원은 고려 시대까지 올라간다. 우리나라 외에도 일본이나 몽골 등 다른 나라에도 고누 게임이 있다. 고누는 그 종류가 상당히 다양한데 우리나라에 알려진 고누만 20가지 이상이다. 그중 몇 가지를 알아보자.

게임에 필요한 도구

게임판, 검은색 바둑돌, 흰색 바둑돌

게임판

검은색 바둑돌

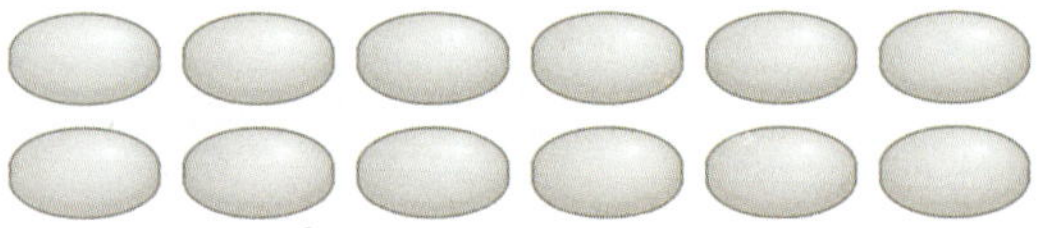

흰색 바둑돌

고누에서는 게임마다 필요한 말의 수가 다르다. 따라서 하고자 하는 고누 게임에 맞게 바둑돌을 준비하면 된다.

게임판 받기

04_섬멸 게임/고누.pdf

게임 규칙

고누는 우물고누, 호박고누, 참고누 등 그 종류가 상당히 다양하다. 그중 몇 가지를 알아보자.

우물고누

우물고누는 아래 그림과 같이 게임판 위에 각각 2개의 말을 배치한 후 다음 규칙에 따라 게임을 진행한다.

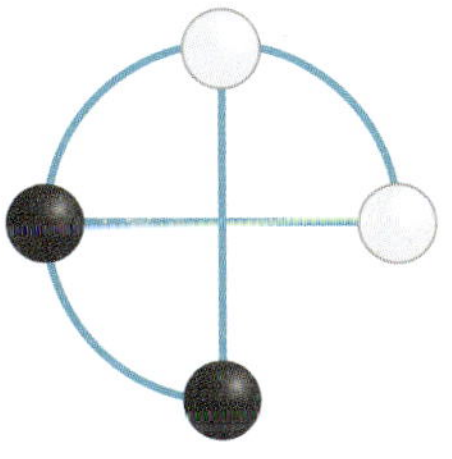

1) 두 사람은 교대로 자신의 차례에 말 중 하나를 이웃한 빈 곳으로 이동한다.
2) 단, 처음 시작할 때는 아래 그림과 같이 이동할 수 없다.

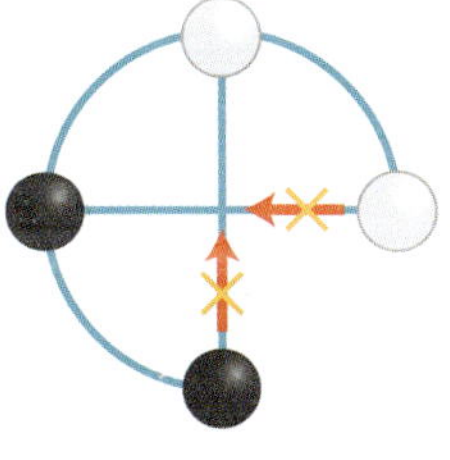

3) 상대방이 움직일 수 없도록 한쪽에 가두면 승리한다.

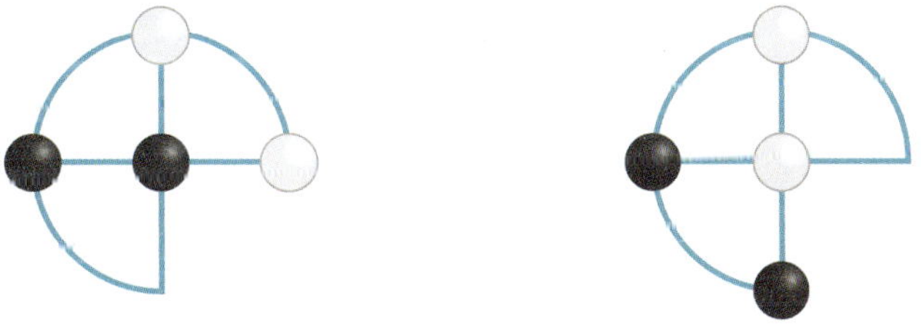

검은색이 승리한 경우(왼쪽)와 흰색이 승리한 경우(오른쪽)

호박고누

호박고누는 아래 그림과 같이 게임판 위에 각각 3개의 말을 배치한 후 게임을 진행한다.

1) 두 사람은 교대로 자신의 차례에 말 중 하나를 이웃한 빈 곳으로 이동한다.
2) 자신의 말은 자신의 집에서 바깥으로 나가는 방향으로만 이동할 수 있고, 자신의 집을 나가면 자신의 집이나 상대방의 집으로 들어갈 수 없다.

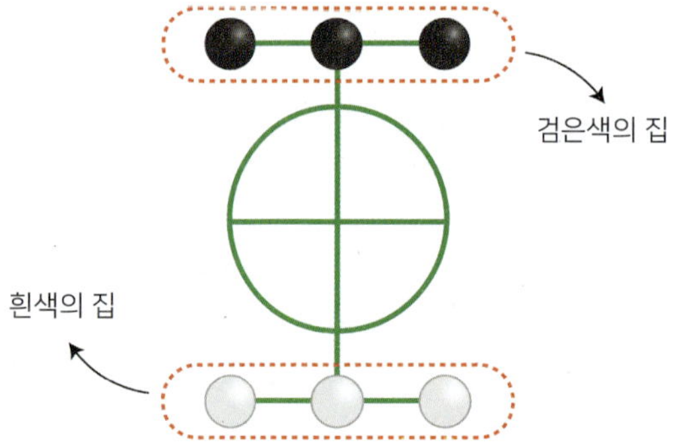

3) 상대방이 움직일 수 없도록 한쪽에 가두면 승리한다.

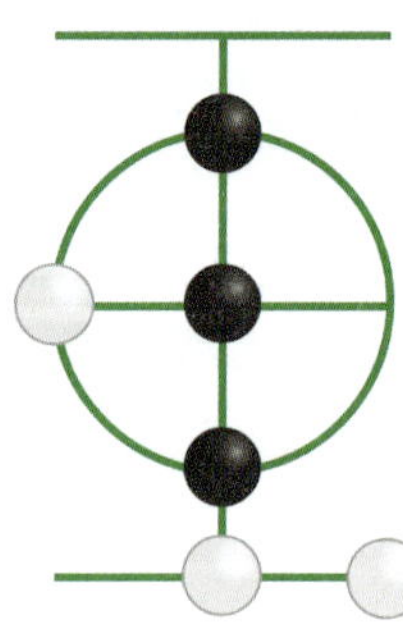

검은색이 승리한 경우(흰색 차례)

넉줄고누

넉줄고누는 아래 그림과 같이 게임판 위에 각각 4개의 말을 배치한 후 다음 규칙에 따라 게임을 진행한다.

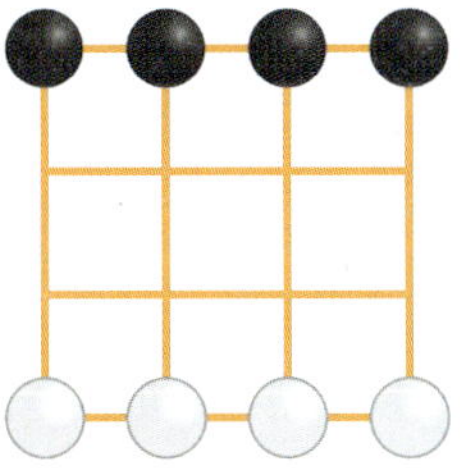

1) 두 사람은 교대로 자신의 차례에 말 중 하나를 이웃한 빈 곳으로 이동한다.
2) 자신의 말을 이동해 자신의 말 두 개 사이에 상대방 말을 끼우면 상대방 말을 잡을 수 있다. 경우에 따라 상대방 말을 동시에 두 개 잡을 수도 있다.

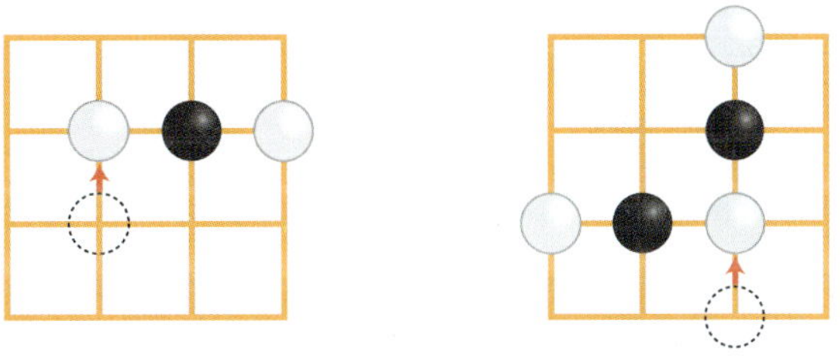

흰색이 검은색 말을 잡은 경우(왼쪽)와 두 개의 말을 동시에 잡은 경우(오른쪽)

3) 상대방이 자신의 말 두 개 사이에 들어온 경우에는 잡을 수 없다.

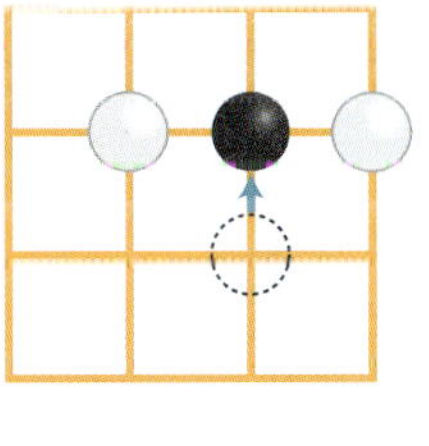

흰색이 검은색 말을 잡을 수 없는 경우

4) 상대방 말이 하나 남으면 승리한다.

참고누

참고누는 아래 그림과 같은 게임판에서 각각 12개의 말을 갖고 게임을 진행한다.

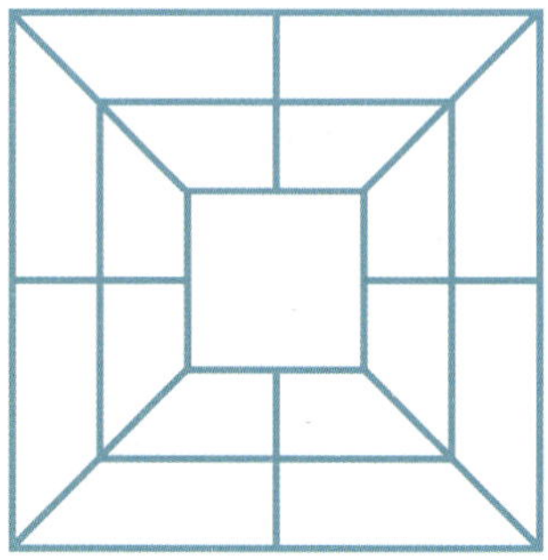

1) 두 사람은 교대로 자신의 말을 교차점 중 한 곳에 배치한다. 배치하던 중 자신의 말 세 개가 가로, 세로, 대각선 중 하나에 한 줄이 되면 '고누'라고 외치고, 상대방 말 중 하나를 제거한다. 그리고 그 자리에 표식 말을 놓아 아무도 그 위치에 말을 놓지 못하도록 한다.

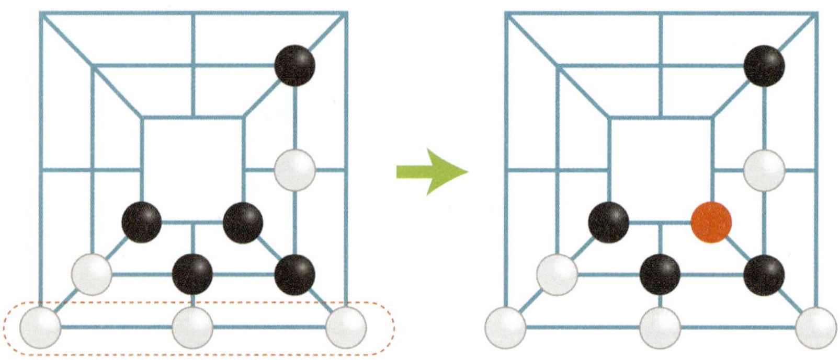

흰색 말이 한 줄을 만든 후, 검은색 말을 제거해 표식 말을 놓은 모습

2) 모든 말의 배치가 끝나면 놓여있는 표식 말을 모두 제거한다. 그리고 이후부터는 교대로 배치된 말 중 하나를 선택해 비어있는 곳으로 이동한다. 이때도 자신의 말 세 개가 한 줄이 되면 '고누'라고 외치고, 상대방 말 중 하나를 제거한다.
3) 상대방 말이 두 개 이하가 되면 승리한다.

참고누에서 '참'은 '고누 중의 으뜸'이란 의미를 담고 있다. 그만큼 다른 고누에 비해 많은 전략과 고도의 사고를 필요로 한다. 참고누는 곤질고누 또는 꽂고누라고도 불린다.

받고누

받고누는 아래 그림과 같이 게임판 위에 각각 3개의 말을 배치한 후 게임을 진행한다.

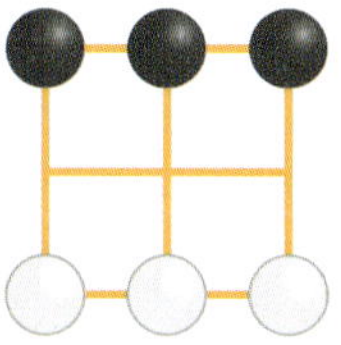

1) 두 사람은 교대로 자신의 말 중 하나를 이웃한 빈 곳으로 이동한다.
2) 상대방이 움직일 수 없도록 한쪽에 가두면 승리한다.

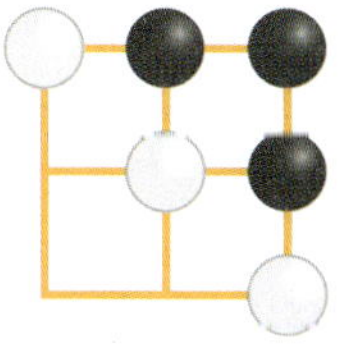

흰색이 승리한 경우(검은색 차례)

자전거고누

자전거고누는 아래 그림과 같이 게임판 위에 각각 4개의 말을 배치한 후 다음 규칙에 따라 게임을 진행한다.

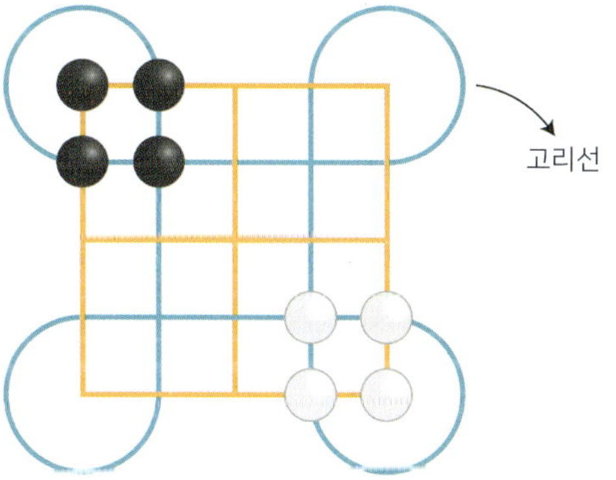

1) 두 사람은 교대로 게임을 진행하며 자신의 차례에 말을 이동하거나 고리선을 따라 회전하여 상대방 말을 잡는다.

2) 말을 이동할 때는 아래 왼쪽 그림처럼 오른쪽, 왼쪽, 앞, 뒤로 이동할 수 있다.

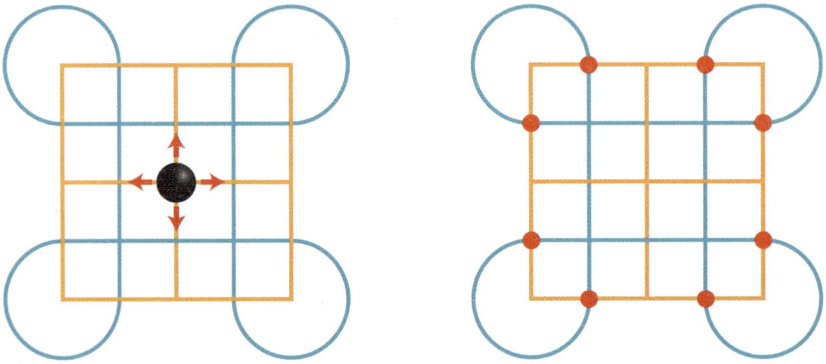

자전거고누에서 말의 이동(왼쪽)과 고리선을 따라 이동할 수 있는 위치(오른쪽)

3) 특별히 위의 오른쪽 그림과 같이 고리선이 가로선이나 세로선과 만나는 빨간색 점에서는 점과 연결된 고리선을 따라 이동하거나 상대 말을 잡을 수 있다. 이동할 때는 원하는 위치에서 멈출 수 있고 이동 중 내 말을 만나면 더는 갈 수 없다. 상대방 말을 잡을 때는 자신의 말과 상대 말이 같은 고리선 위에 있어야 하고 적어도 하나의 고리선을 따라 회전해야 상대 말을 잡을 수 있다. 한 번에 여러 고리선을 이동할 수 있고 상대 말을 잡은 후 잡은 말이 놓여있던 위치에서 멈춘다.

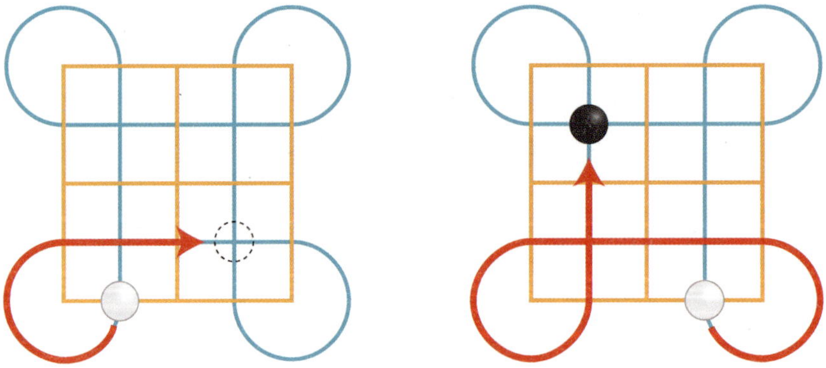

고리선을 따라 이동하는 경우(왼쪽)와 고리선을 따라 이동해 말을 잡은 경우(오른쪽)

4) 상대방 말을 모두 잡은 사람이 승리한다.

자전거고누는 아래와 같이 더 작은 보드를 사용하거나 말의 배치를 다르게 하여 진행할 수 있다.

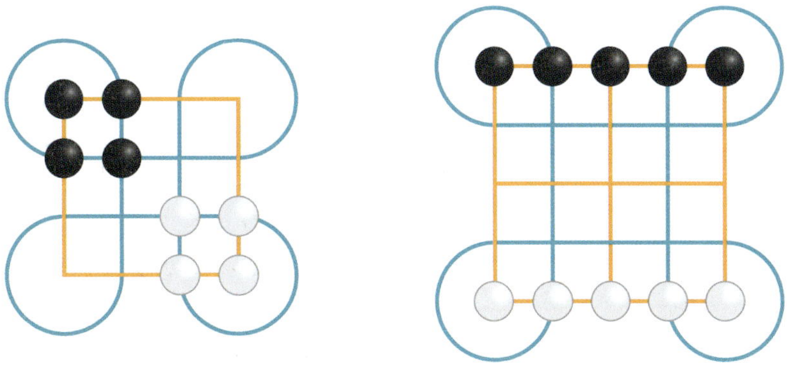

경우에 따라 고리선의 출구에 상대방 말이 있을 경우 고리선을 돌아 상대방 말을 잡을 수 없다는 규칙을 추가해서 소개하는 경우가 있다. 고리선의 입구와 출구는 말의 출발 위치에 따라 결정된다.

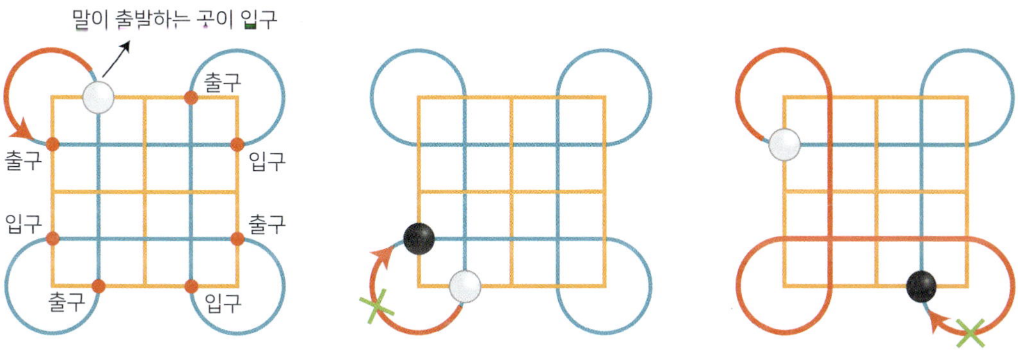

고리선의 입구에 있는 말이 출구의 말을 잡을 수 없다는 규칙

문살고누

문살고누는 아래 그림과 같이 게임판 위에 각각 5개의 말을 배치한 후 게임을 진행한다.

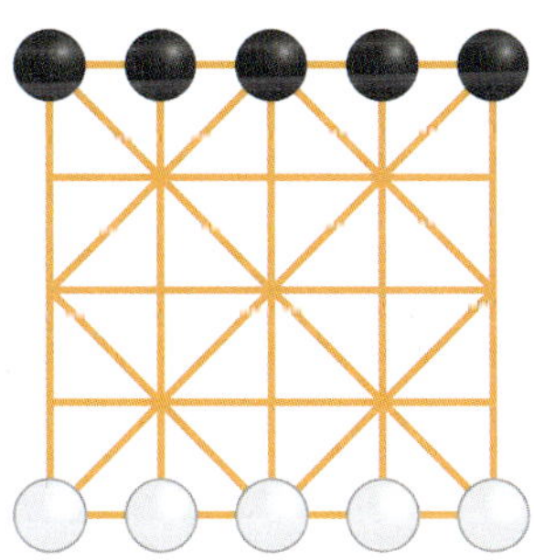

1) 두 사람은 교대로 자신의 말 중 하나를 이웃한 빈 곳으로 이동한다.

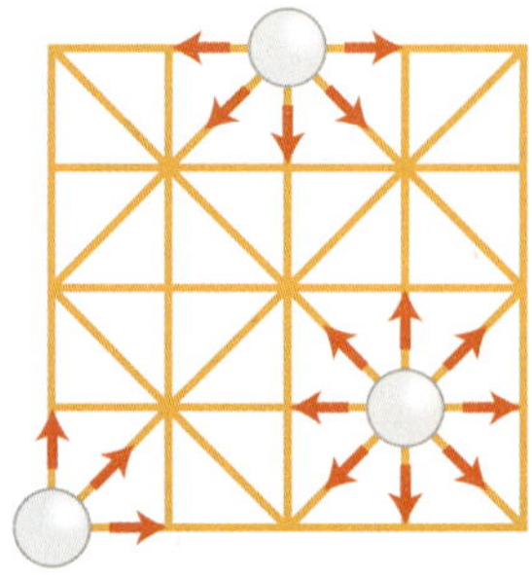

2) 이웃한 내 말이나 상대방 말을 뛰어넘을 수 있다. 상대방 말을 뛰어넘은 경우 상대방 말을 잡는다. 한 차례에 여러 번 뛰어넘을 수 있고, 뛰어넘은 상대방 말을 모두 잡는다.

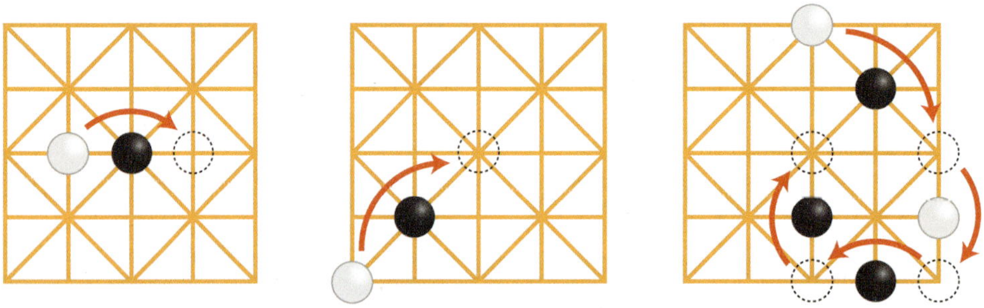

흰색이 검은색 말을 잡는 다양한 경우

3) 상대방 말을 모두 잡으면 승리한다.

오밭고누

오밭고누는 아래 그림과 같이 게임판 위에 각각 7개의 말을 배치한 후 게임을 진행한다.

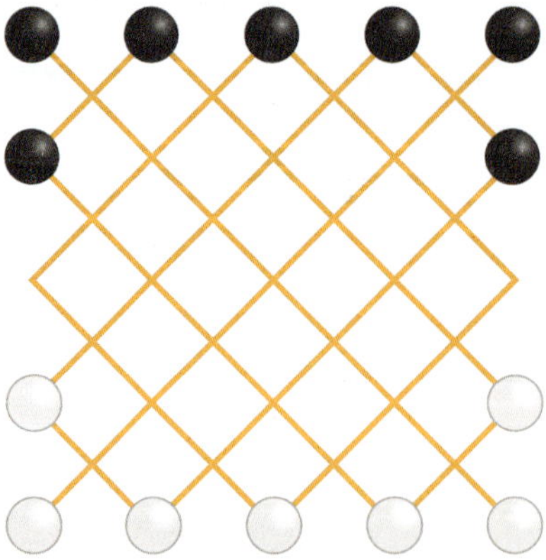

1) 두 사람은 교대로 자신의 차례에 말 중 하나를 이웃한 빈 곳으로 이동한다. 이때 말을 뒤로 이동하거나 다른 말을 점프할 수 없다.

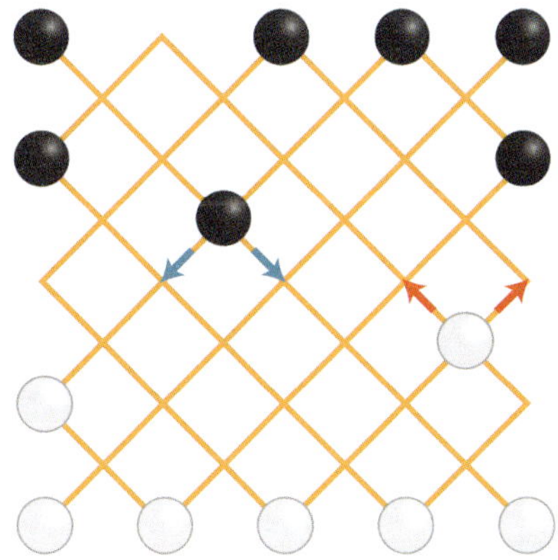

흰색 말과 검은색 말의 이동 가능한 방향

2) 상대방 말이 있던 위치에 자신의 모든 말을 먼저 옮기는 사람이 승리한다.

게임의 역사

고누는 우리나라 민속놀이로 구전으로 전해져오며 지금까지 이어져 왔다. 땅이나 나무 혹은 돌에 놀이판을 새겨 게임을 하였으며 주로 서민들이 즐겨 하던 놀이이다. 지역마다 고누를 부르는 명칭은 다양했는데 경기도에서는 고누, 고니, 꼬니 등으로 불렀고, 경상도에서는 꼰, 제주도에서는 꼰짜라고 불렀다.

안타깝게도 민간에서 즐겨하던 놀이다 보니 지금까지 알려진 고누에 대한 기록은 거의 없다. 몇몇 사료에서만 간단하게 언급되고 있을 뿐이다. 대표적으로는 고려 시대 문인 임춘이 지은 《공방전》과 조선 후기 학자 이가환이 쓴 《물보》가 있다. 공방전에서는 고누를 '격오(格五)'로 표기했으며, 물보에서는 '박희'편에 '우물고노(格五)'라는 말이 등장한다. 물보에서 등장한 '고노'를 고누의 고어로 보고 '겨루다'의 뜻을 가진 '고노다, 꼬누다/꼬누다' 가 고누의 어원이라는 주장도 있다.

고누는 전통 놀이인 만큼 몇몇 유물에서도 그 형태가 관찰되었다. 그중 하나는 황해도 봉천군 원산리 청자 가마터에서 수습한 갑발에 새겨진 참고누다. 갑발은 도자기를 구울 때 도자기에 불길이 직접 닿지 않게 하고 재가 앉는 것을 방지하기 위해 사용하는 도구이다. 2019년 전북 진안군 도통리의 청자 가마터에서도 참고누가 새겨진 갑발이 발견되었는데 진안군 도통리는 고려 초기 청자의 집단 생산 지역으로 고려 시대에도 고누가 있었음을 알 수 있다. 경북 칠곡군 구덕리 송림사의 오층 전탑에서도 참고누가 새겨진 전돌이 발견되었다. 송림사는 신라의 24대 국왕인 진흥왕 때 세워졌기에 고누의 기원이 삼국시대까지 거슬러 올라간다고 생각할 수 있으나 몽골 침입과 왜의 침략으로 몇 차례 중건된 적이 있기에 정확히 어느 시대에 제작된 물건인지를 판단하기는 어렵다.

18세기 조선 시대 작품인 《태평성시도》에도 고누가 등장하는데 고누가 등장하는 첫 회화 작품이기도 하다. 태평성시도는 약 2100명의 인물이 등장하는 회화 작품으로 번화한 도시의 풍경을 보여주는 재미있는 작품이다. 아래 그림엔 세 아동이 마당에서 우물고누를 하는 모습이 그려져 있다. 바로 위에 있는 방 안에는 윷놀이와 바둑을 하는 모습이 그려져 있는데 서로 대비되어 흥미롭다.

고누는 그 종류가 상당히 다양하며 알려진 것만 20종류가 넘는다. 대표적으로 참고누, 우물고누, 호박고누, 밭고누, 줄고누 등이 있다. 이 중 참고누는 서양의 모리스와 상당히 유사하다. 참고누의 경우 12개의 말을 사용하기에 열두 남자의 모리스와 비슷하다고 할 수 있다. 다만 열두 남자의 모리스는 세 개 이하의 말이 남을 때 빈 지점 중 어디로든 이동이 가능한 비행 단계가 있는 반면 참고누에는 비행 단계가 없나. 또한 열두 남자의 모리스와 달리 참고누는 표식말을 사용한다.

조선 후기 작품 태평성시도에 그려진 고누 놀이 모습(중앙 왼쪽)

필승전략

고누의 전략과 관련해 알려진 것은 많지 않다. 여기서는 우물고누, 호박고누, 자전거고누의 전략에 대해 알아보자.

우물고누

우물고누는 고누 중에서도 가장 단순한 형태의 게임이다. 사용하는 말은 네 개뿐이고 말을 놓을 수 있는 위치도 다섯 곳이 전부이다. 조합을 생각하면 가능한 말의 배치가 모두 30개뿐이라는 것을 쉽게 알 수 있다. 물론 각 배치에 대해 흑이 둘 차례인 경우와 백이 둘 차례인 경우로 각각 2가지가 있으므로 전체 가능한 게임 상태는 60가지라 할 수 있다. 따라서 가능한 모든 게임 진행에 대한 그래프를 통해 게임의 전략을 생각해 볼 수도 있다. 하지만 굳이 대칭적인 상황까지 반복해서 생각할 필요는 없을 것이다. 따라서 대칭적인 상태는 같게 생각해 게임 진행에 대한 그래프를 생각해보자. 예를 들어 아래 그림과 같은 게임 상황은 서로 같은 상황으로 생각할 것이다.

대칭을 고려했을 때 모든 게임 진행에 대한 그래프는 다음 쪽의 그림과 같다. 그래프를 보면 알 수 있듯이 흑이나 백 둘 다 특별한 실수를 하지 않는 한 게임은 무한히 반복된다. 그렇다면 실수를 하지 않기 위해 무엇을 조심해야 할까? 바로 아래 그림의 배치만 기억하면 된다. 흑은 자신의 차례에 아래 왼쪽 그림과 같은 배치를 만들지 않도록 해야 하고 백은 자신의 차례에 아래 오른쪽 그림과 같은 배치를 만들지 않도록 해야 한다. 그러면 게임에서 패배하는 일은 없을 것이다.

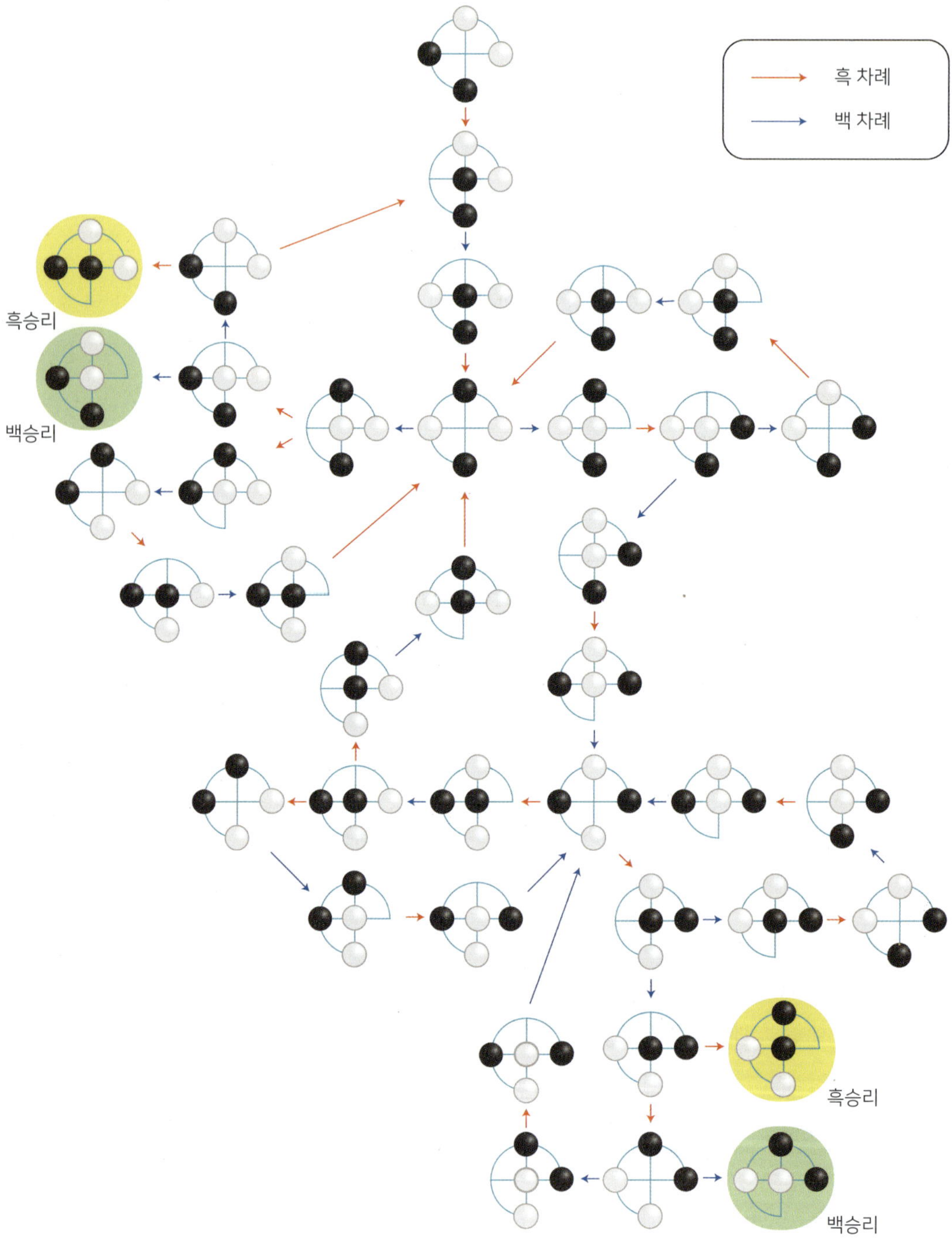

우물고누에서 가능한 모든 게임 진행에 대한 그래프

호박고누

호박고누는 우물고누 다음으로 간단한 고누 게임이다. 물론 그렇다고 해서 우물고누처럼 모든 게임 진행을 다 생각해 볼만큼 간단하지는 않다. 하지만 몇몇 특수형 형태를 통해 호박고누의 전략을 생각해 볼 수 있다. 이를 위해 각 위치를 아래 그림과 같이 부르도록 하자.

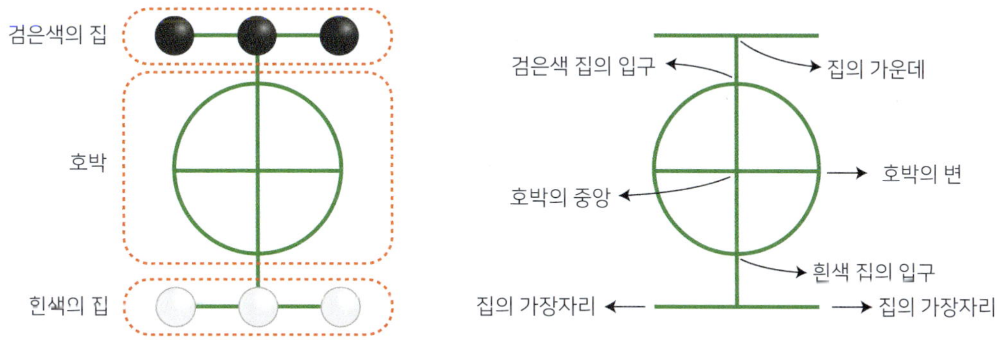

호박고누 게임판에서 각 위치의 명칭

먼저 알아볼 것은 무승부가 되는 말의 배치이다. 아래 그림과 같이 자신의 말 중 두 개는 호박에 배치하고 나머지 하나는 자신의 집의 가장자리 중 한 곳에 배치하면 무승부 전략이 존재한다.

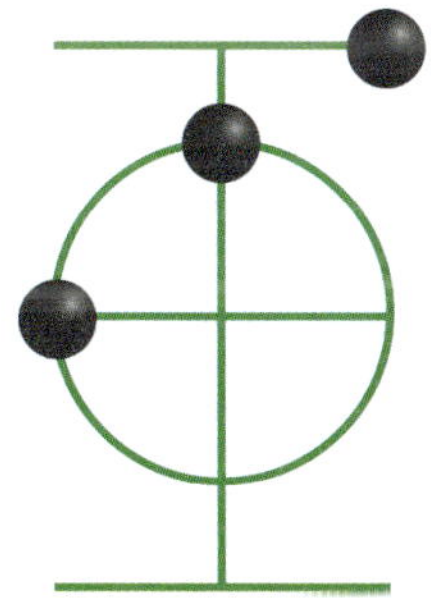

말 중 두 개는 호박에 배치하고 나머지 하나는 집의 가장자리에 배치한 경우

호박에 말을 둘 수 있는 곳은 모두 5군데이므로 위의 상태에서 상대방 흰색이 호박에 두 개 이하의 말을 둔 경우에는 검은색이 항상 호박에서 자신의 말을 이동할 수 있다. 만약 흰색 말 3개가 호박에 들어온다면 검은색은 자신의 집 가장자리의 말을 집의 가운데로 이동할 수 있고 다음 차례에 흰색은 이동할 수 있는 말이 없으므로 오히려 검은색이 승리하게 된다. 따라서 어떠한 경우에도 검은색은 게임에 지지 않는 무승부 전략을 갖게 된다. 따라서 자연스럽게 생각해 볼 문제는 자신의 말 두

개를 호박으로 이동할 수 있는 방법이 존재하느냐이다. 이것이 가능하다면 최소한 무승부를 보장할 수 있고 잘하면 게임에 승리할 수도 있기 때문이다. 흰색이 먼저 게임을 시작한다고 하고 이 문제에 대해 생각해 보자. 흰색이 자신의 말 두개를 검은색의 수에 상관 없이 호박으로 이동할 수 있을까? 결론부터 이야기하면 가능하다. 일단 게임의 초기 배치에서 두 턴은 아래 그림과 같이 진행된다.

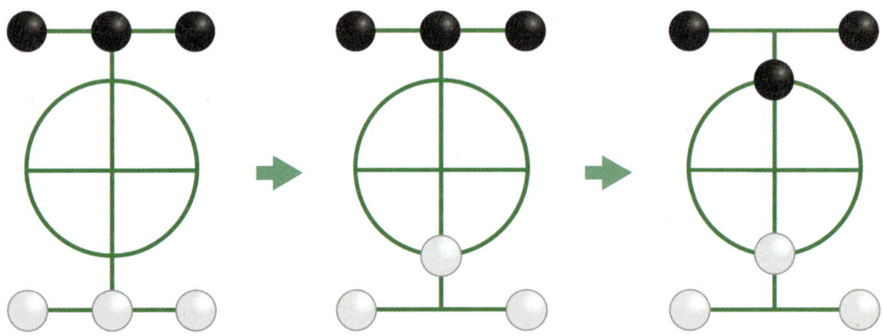

호박고누에서 처음 두 번째 턴까지의 게임 진행

이후 흰색이 아래 그림의 가운데와 같이 이동한다고 하자.

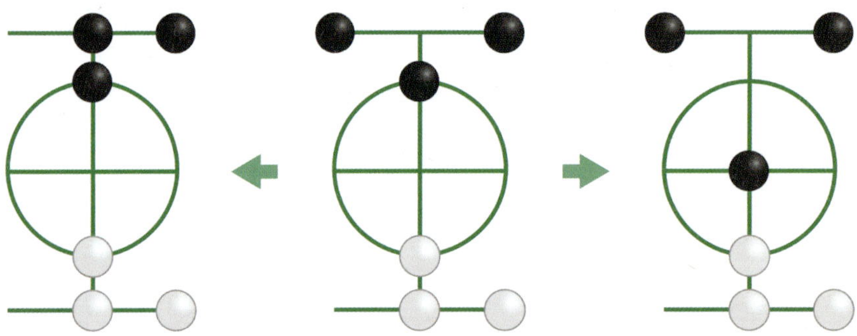

이때 검은색의 대응은 위의 그림처럼 크게 두 가지인데 하나는 흰색의 움직임을 따라해 자신의 집 가장자리의 말을 집의 가운데로 옮기는 것이고 다른 하나는 자신의 집 입구에 있는 말을 호박의 변이나 중앙으로 이동하는 것이다.

먼저 검은색이 자신의 집 가장자리의 말을 집의 가운데로 옮기는 경우를 생각해보자. 이때 흰색은 자신의 입구의 말을 호박의 중앙이나 변으로 옮겨야 하고 다음 차례에 검은색도 자신의 입구의 말을 호박의 중앙이나 변으로 옮겨야 한다. 이후 흰색은 자연스럽게 자신의 집 가운데 있는 말을 호

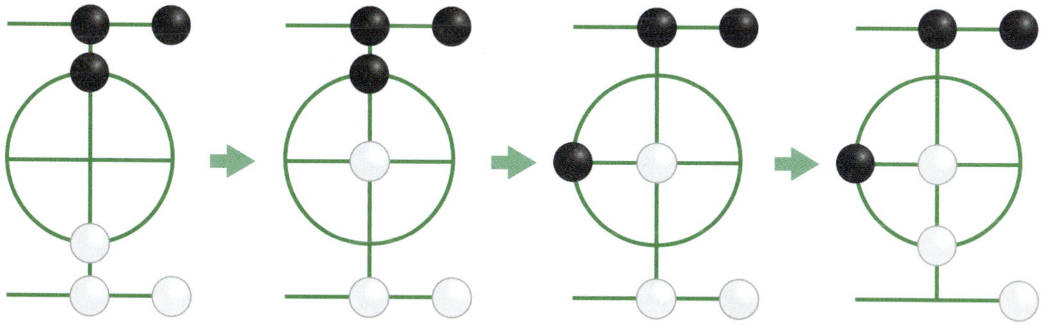

박으로 이동할 수 있게 된다. 따라서 흰색은 자신의 말 중 두 개를 호박에 배치하게 되고 무승부 전략을 갖게 된다. 진행은 위 그림과 같다.

다른 경우는 아래 그림과 같이 진행된다. 그림이 첫 번째 그림처럼 검정색이 자신의 집 입구의 말을 호박의 중앙(또는 변)으로 옮긴 경우 흰색은 자신의 집 입구의 말을 호박의 변(또는 중앙)으로 옮기게 된다. 이때 흰색은 말 하나만 더 나오면 호박에 두 개의 말을 배치하게 되므로 검은색은 호박의 중앙(또는 변)에 있는 자신의 말을 흰색 입구로 이동해 다른 흰색 말이 호박으로 나오지 못하도록 막아야 한다. 이때 흰색은 호박에 있는 자신의 말을 호박의 중앙(또는 변)으로 이동할 수 있고 검은색은 흰색 집 입구에 있는 말을 이동할 수 없으므로 어쩔 수 없이 자신 집의 말을 이동해야 한다. 이후 흰색이 검은색 집의 입구를 막으면 검은색은 흰색 집 입구의 말을 이동할 수밖에 없으므로 흰색은 자신의 말 두 개를 호박에 배치하게 된다.

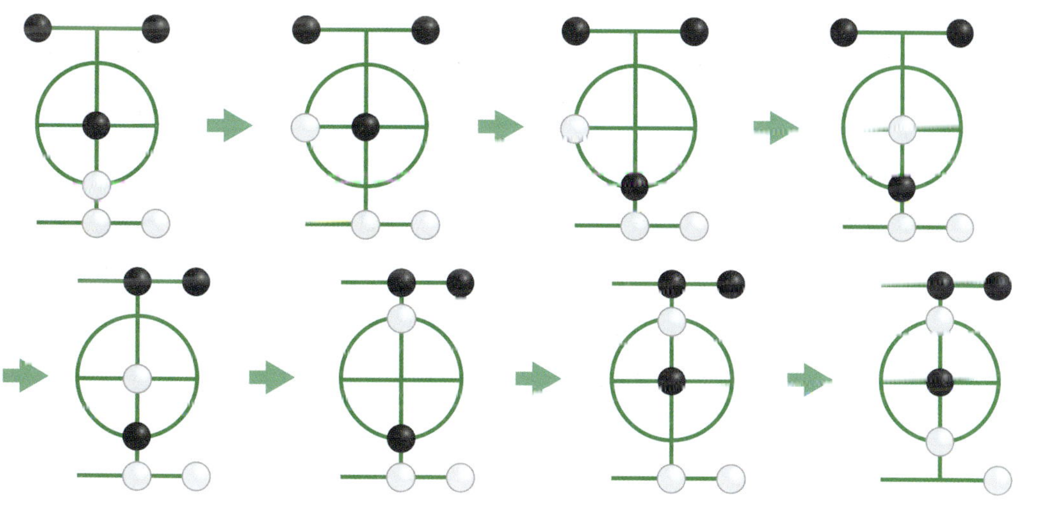

결과적으로 먼저 시작하는 흰색은 어떤 경우든지 최소한 무승부를 보장받는다. 그렇다면 두 번째로 시작하는 검은색은 어떨까? 앞서 알아봤듯 게임을 시작하고 두 번째 턴까지는 유일하게 진행되므로 그다음부터 생각하자. 세 번째 턴에서 흰색의 대응은 아래 그림처럼 두 가지로 생각할 수 있다. (입구에 있는 말을 호박의 변으로 이동하는 경우는 중앙으로 이동하는 경우와 사실상 거의 똑같다.)

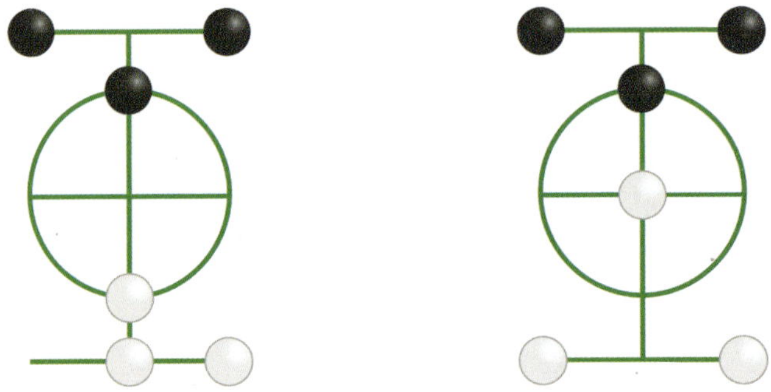

세 번째 턴에서 흰색이 대응할 수 있는 두 가지 경우

먼저 흰색이 자기 집의 가장자리에 있는 말을 집의 가운데로 옮기는 경우 이후 진행에서 흰색이 검은색 말 두 개가 호박에 나오는 것을 막으려 해도 아래 그림과 같은 진행이 가능해 검은색은 자신의 말 두 개를 호박에 배치할 수 있고 무승부를 보장받게 된다.

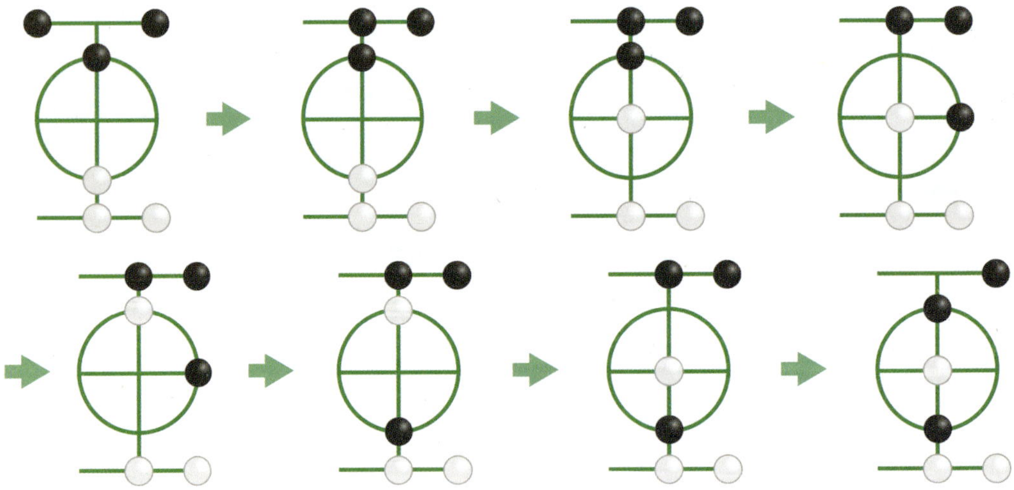

흰색이 자신의 집 입구에 있는 말을 호박의 중앙으로 옮기는 경우에 검은색은 아래 그림처럼 자신의 집 가장자리의 말을 집의 가운데로 옮길 수 있다.

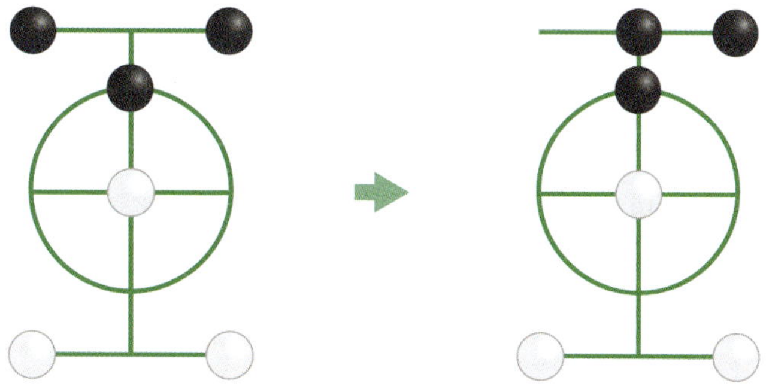

이후 흰색의 대응은 아래 그림처럼 세 가지가 있다.

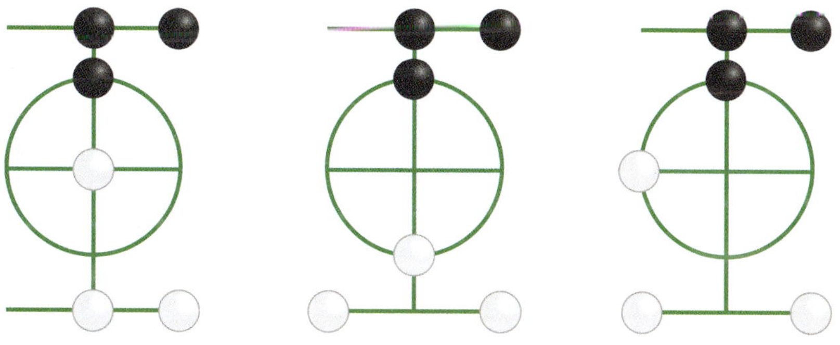

이 중 첫 번째 경우는 아래 그림과 같은 진행이 가능하고 검은색은 말 두 개를 호박에 배치해 무승부를 보장받게 된다.

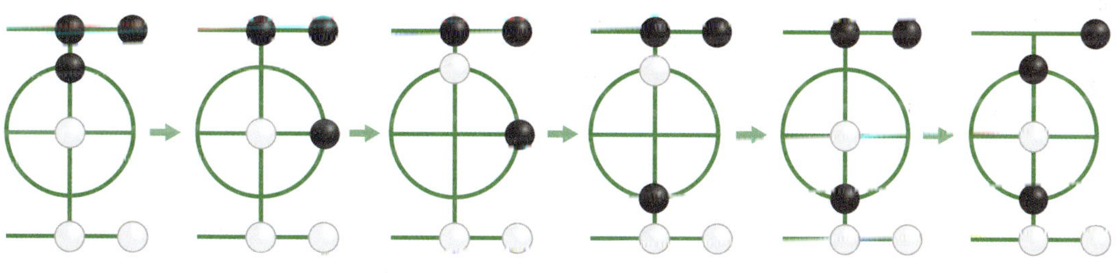

두 번째 경우도 다음 쪽의 그림과 같은 진행으로 무승부를 보장받게 된다.

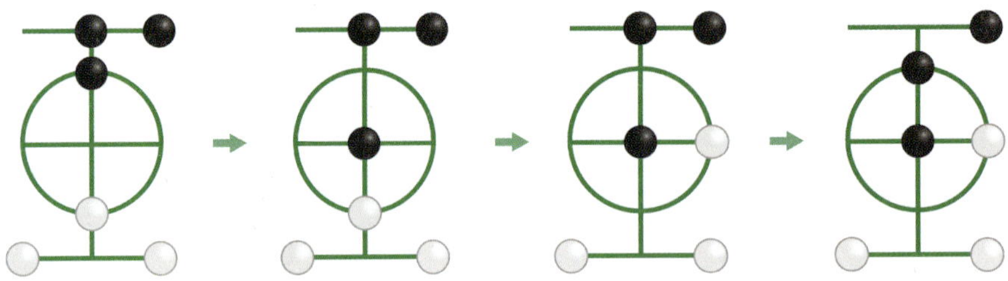

마지막으로 세 번째 경우도 아래 그림과 같은 진행으로 무승부를 보장받게 된다.

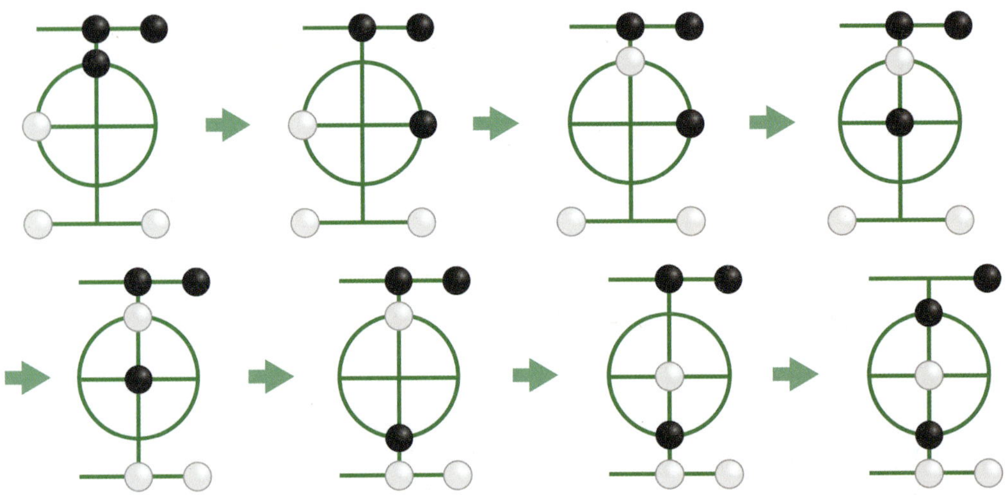

결과적으로 두 번째로 시작하는 검은색도 무승부를 보장받는다. 따라서 두 사람 모두에게 무승부 전략이 존재하므로 호박고누는 무승부 게임이 된다. 호박고누에서 초기 말의 배치를 아래 그림처럼 네 개로 하는 경우가 있는데 이 경우 역시 무승부가 된다는 것이 알려져 있다.

자전거고누

2022년 인천과학예술영재학교 1학년생 손이현, 모연우, 조이황, 장인호는 연구활동의 일환으로 아래 그림과 같은 게임판에서 진행되는 자전거고누의 필승전략에 관해 탐구하였다.

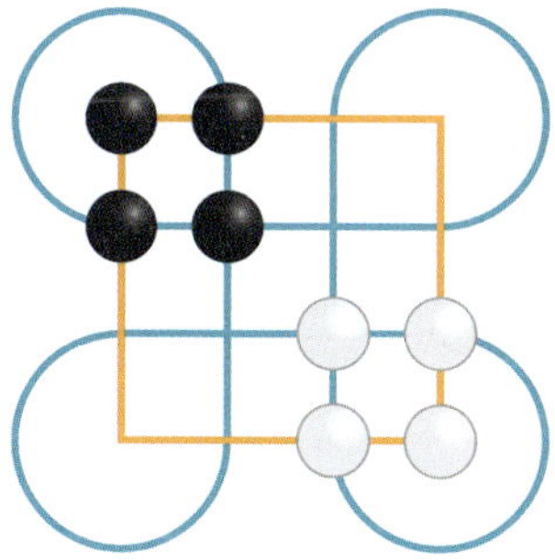

그들은 자전거고누에서 고리선 입구의 말이 출구에 있는 상대방 말을 잡을 수 없다는 규칙을 '출구 규칙'이라 명명하고 출구 규칙을 적용하는 경우와 적용하지 않는 경우를 나눠 필승전략에 대해 탐구하였다. 그들의 분석에 따르면 출구 규칙을 적용할 경우 자전거고누는 무승부 게임이고 출구 규칙을 적용하지 않을 경우 먼저 시작하는 사람에게 필승전략이 존재하며 게임은 23수 안에 끝나게 된다.

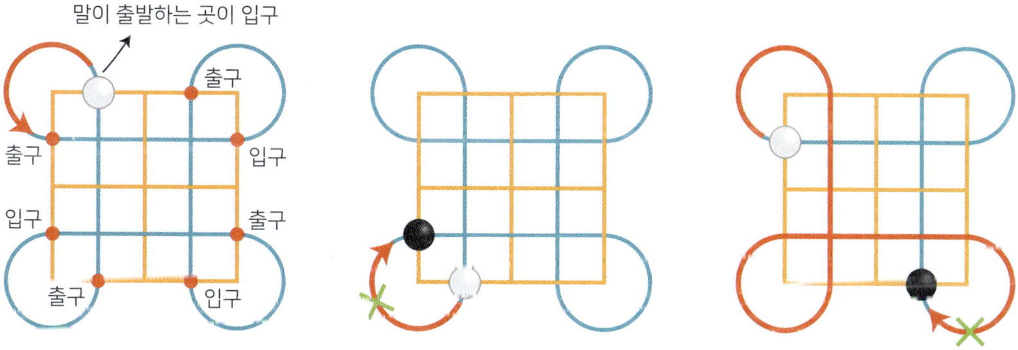

출구 규칙 : 고리선의 입구에 있는 말이 출구의 말을 잡을 수 없다는 규칙

그들이 자전거고누를 분석하기 위해 사용한 방법은 후진 귀납법이다. 후진 귀납법은 뒤에서 소개할 게임 중 하나인 그런디 게임에서 자세히 알아볼 개념이다. 여기서는 간단하게만 살펴보자.

게임이 진행되다 어떤 상황이 됐을 때 그 상황 이전에 게임을 한 사람(Previous Player)이 게임에 승리할 수 있는 상태면 이 상태를 P-포지션(P-position)이라 한다. 그 이전에 게임을 한 사람이 승리할 수 있는 상태라는 것은 지금 할 사람이 어떤 수를 둬도 그 이전에 한 사람이 이후에 최선의 수를 두면 게임에서 승리하게 되는 상태를 말한다. 비슷하게 이번 차례에 게임을 해야 하는 사람(Next Player)이 승리할 수 있는 상태면 이 상태를 N-포지션(N-position)이라 한다. 마찬가지로 이번 차례에 해야 하는 사람이 승리할 수 있는 상태라는 것은 이 사람이 최선의 수를 두면 다음에 할 사람이 어떤 수를 둬도 이번 차례에 해야 하는 사람이 승리하게 되는 상태를 말한다. 특별히 더는 게임을 진행할 수 없는 상태를 터미널 포지션(Terminal Position)이라 한다. 후진 귀납법은 터미널 포지션에서부터 출발해 그 이전에 가능한 게임 상태가 P-포지션인지 N-포지션인지 분석하는 방법이다.

연구 결과에 따르면 자전거고누는 대칭을 고려했을 때 총 284,925가지 게임 상태가 있다. 연구팀은 가능한 각 게임 상태에 대해 게임 상태가 P-포지션인지 N-포지션인지 아니면 무승부 상태인지를 조사하였다. 조사 결과 출구 규칙을 적용했을 때는 아래 표와 같다.

상대 말 수	게임 상태	현재 차례인 사람의 말 수			
		4	3	2	1
4	N-포지션	403628 (44.8%)	15424 (3.9%)	0	0
	무승부 상태	373800 (41.5%)	95704 (23.9%)	428 (0.4%)	0
	P-포지션	123472 (13.7%)	289272 (72.2%)	119692 (99.6%)	21840 (100%)
3	N-포지션	381156 (95.2%)	69148 (43.2%)	624 (1.4%)	0
	무승부 상태	18828 (4.7%)	72952 (45.5%)	10396 (23.8%)	24 (0.3%)
	P-포지션	416 (0.1%)	18060 (11.3%)	32660 (74.8%)	7260 (99.7%)
2	N-포지션	120116 (99.997%)	42660 (97.7%)	4168 (38.2%)	0
	무승부 상태	4 (0.003%)	1020 (2.3%)	6060 (55.5%)	376 (22.4%)
	P-포지션	0	0	692 (6.3%)	1304 (77.6%)
1	N-포지션	21840 (100%)	7280 (100%)	1672 (99.5%)	56 (23.3%)
	무승부 상태	0	0	8 (0.5%)	184 (76.7%)
	P-포지션	0	0	0	0

출구 규칙을 적용했을 때 자전거고누의 게임 상태

표를 보면 말의 수가 하나 이상 차이가 나면 말이 더 많은 사람이 유리한 경우가 절대적으로 많다는 것을 알 수 있다. 특히 현재 차례인 사람이 말 수가 더 많은 경우엔 이 사람이 승리하는 게임 상태인 N-포지션이 95% 이상이다. 현재 차례가 아니더라도 말 수가 더 많다면 이 사람이 승리하는 게임 상태인 P-포지션이 70% 이상이다.

상대 말 수	게임 상태	현재 차례인 사람의 말 수			
		4	3	2	1
4	N-포지션	631293(70.1%)	117736(29.4%)	4892(4.1%)	236(1.1%)
	무승부 상태	88582(9.8%)	35876(9.0%)	4632(3.8%)	0
	P-포지션	181025(20.1%)	246788(61.6%)	110596(92.1%)	21604(98.9%)
3	N-포지션	377352(94.2%)	110020(68.7%)	10976(25.1%)	388(5.3%)
	무승부 상태	8428(2.1%)	13324(8.3%)	4880(11.2%)	128(1.8%)
	P-포지션	14620(3.7%)	36816(23.0%)	27823(63.7%)	6764(92.9%)
2	N-포지션	119652(99.610%)	40856(93.5%)	7476(68.5%)	388(23.1%)
	무승부 상태	172(0.143%)	1376(3.2%)	652(5.9%)	132(7.9%)
	P-포지션	296(0.247%)	1448(3.3%)	2792(25.6%)	1160(69.0%)
1	N-포지션	21832(99.96%)	7248(99.6%)	1584(94.30%)	176(73.3%)
	무승부 상태	0	0	48(2.85%)	0
	P-포지션	8(0.04%)	32(0.4%)	48(2.85%)	64(26.7%)

출구 규칙을 적용하지 않을 때 자전거고누의 게임 상태

출구 규칙을 적용하지 않을 때는 위의 표와 같다. 출구 규칙을 적용했을 때와 비교해 보면 현재 차례인 사람이 승리하는 게임 상태가 상대적으로 더 많다는 것을 알 수 있다. 고리선 출구에 있는 상대방 말을 잡을 수 없다는 제약이 없어서 상대방을 공격하는 것이 더 쉽기 때문이라고 판단된다.

표에서 재미있는 사실을 하나 알 수 있는데 상대방보다 말 수가 더 적음에도 불구하고 상대를 이기는 게임 상태가 존재한다는 것이다. 연구팀은 이 부분에 대해서도 조사를 하였다. 다만 상대방보다 말이 적지만 바로 상대방 말을 잡아 상대방과 말 수가 같아진다면 상대방보다 말이 적다고 보기 힘들 것이다. 따라서 연구팀은 상대방보다 말이 적으면서 바로 상대방을 잡을 수 없음에도 승리하

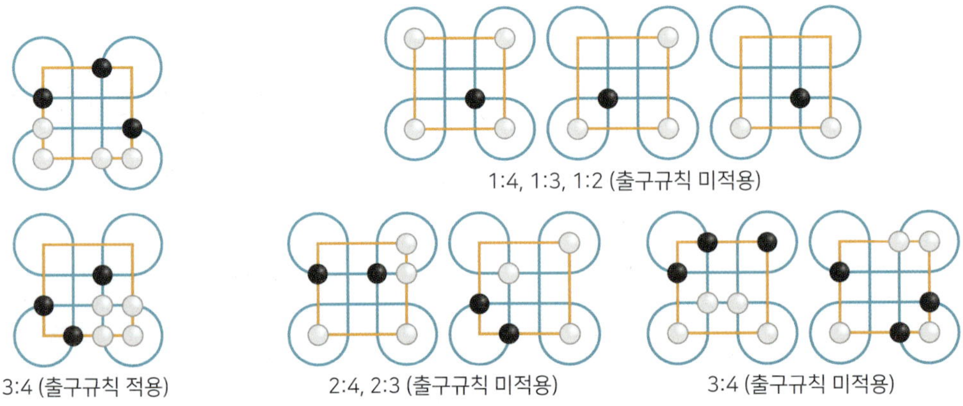

말이 더 적지만 승리하는 게임 상태(검은색 차례)

는 게임 상태에 대해 조사하였다. 출구규칙을 적용할 때는 3:4 상태에서, 출구규칙을 적용하지 않을 때는 1:4, 1:3, 1:2, 2:4, 2:3, 3:4 상태에서 승리하는 게임 상태가 있다는 것이 조사되었다. 이는 위 그림과 같다.

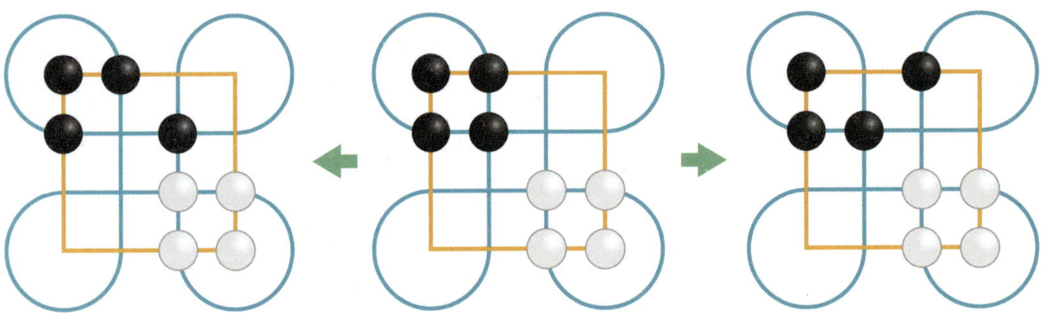

첫수에서 검은색이 할 수 있는 두 가지 수

연구팀은 자전거고누의 오프닝 동작에 관해서도 탐구하였다. 검은색이 먼저 시작한다고 했을 때 첫수를 어떻게 움직이는 것이 좋을지에 대해 알아본 것이다. 흑이 먼저 한다고 했을 때 대칭성을 고려하면 흑이 할 수 있는 첫수는 위 그림의 두 경우 중 하나이다. 연구팀의 조사 결과 위 그림의 왼쪽처럼 첫수를 움직였을 때 출구규칙을 적용한 경우엔 무승부 상태, 출구규칙을 적용하지 않을 때는 24수 안에 승리하게 된다는 것이 밝혀졌다. 위 그림의 오른쪽처럼 첫수를 두었을 때 출구규칙을 적용한 경우엔 무승부, 출구규칙을 적용하지 않을 때는 22수 안에 승리한다는 것이 밝혀졌다.

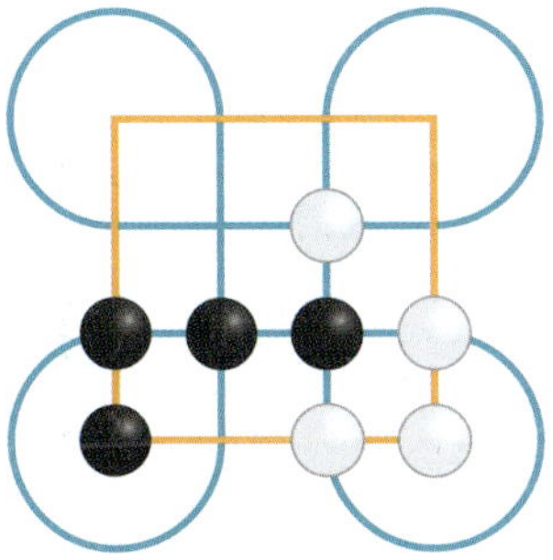

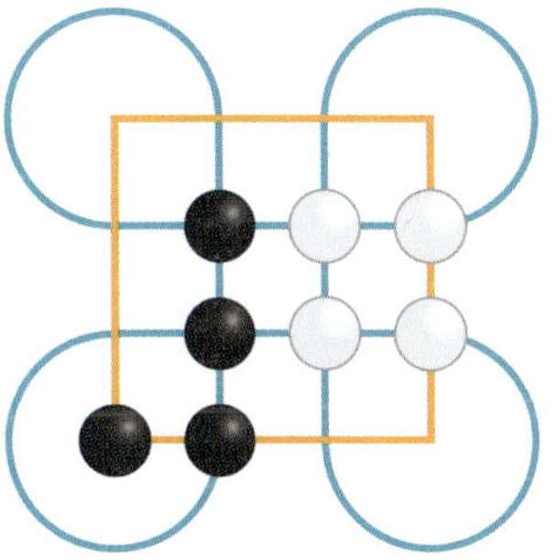

게임이 종료되기까지 가장 오래 게임을 진행하는 상태 : 출구규칙 적용한 경우(왼쪽)와 미적용한 경우(오른쪽)

연구팀이 마지막으로 알아본 것은 승패가 결정되기까지 가장 오래 게임을 진행해야 하는 상태이다. 조사 결과 출구규칙을 적용할 때는 52 턴, 출구규칙을 적용하지 않을 때는 36 턴 만에 승패가 결정되는 경우가 가장 오래 진행되는 게임 상태임이 밝혀졌다.

누가 먼저 상대를 잡을 것인가 **섬멸 게임**

페그 솔리테어 Peg Solitaire

페그 솔리테어는 구멍에 놓여있는 구슬을 움직여서 하나의 구슬만 남기고 모두 제거하는 일인용 게임이다. 혼자서 하는 게임이기 때문에 영국에서는 솔리테어(Solitaire)라고 간단하게 부르지만, 미국에서는 구슬을 말뚝에 비유하여 말뚝을 가지고 혼자 하는 게임이라는 뜻으로 페그 솔리테어(Peg Solitaire)라고 부른다.

게임에 필요한 도구

게임판, 바둑돌 32개

게임판

바둑돌 32개

페그 솔리테어는 보통 구슬이나 말뚝 모양의 나뭇조각을 사용해 게임을 진행한다. 하지만 바둑돌이나 동전 등을 사용해도 재미있게 게임을 할 수 있다.

게임판 받기

04_섬멸 게임/페그 솔리테어.pdf

게임 규칙

페그 솔리테어는 아래와 같이 게임판에 말을 배치하고 다음과 같은 규칙에 따라 게임을 진행한다.

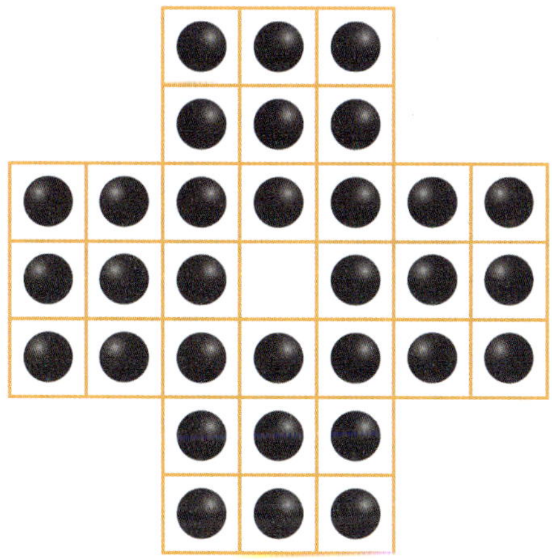

1) 보드에 있는 말 중 하나를 선택해 가로나 세로 방향으로 이웃한 말을 뛰어넘어 비어있는 칸으로 이동한 후, 뛰어넘을 때 아래 있던 말을 제거한다.

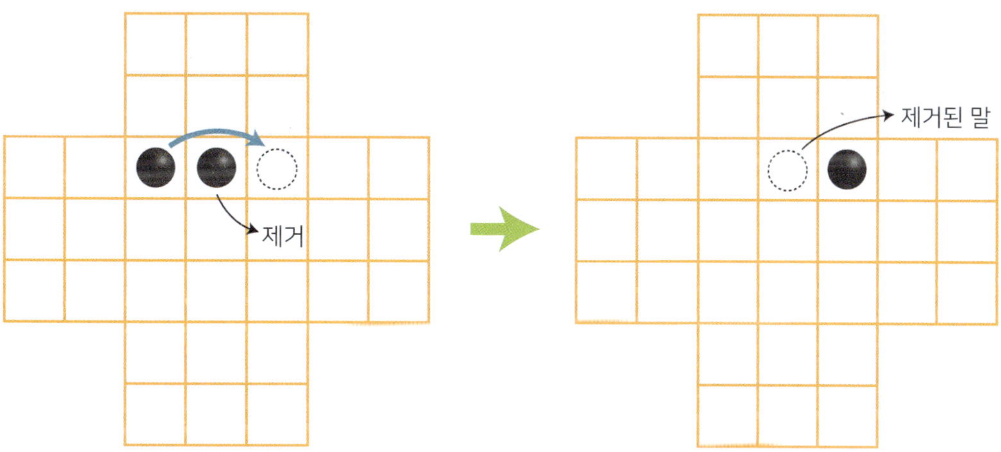

2) 1)의 과정을 반복해 말을 하나만 남기는 것이 목표이다.

간단한 규칙에 비해 페그 솔리테어를 해결하는 것은 쉽지 않다. 포기하지 말고 도전해 보자.

변형 게임

페그 솔리테어는 보통 십자가 형태의 게임판을 사용하지만 다른 여러 가지 변형 게임판도 있다. 몇 가지 예는 아래와 같다.

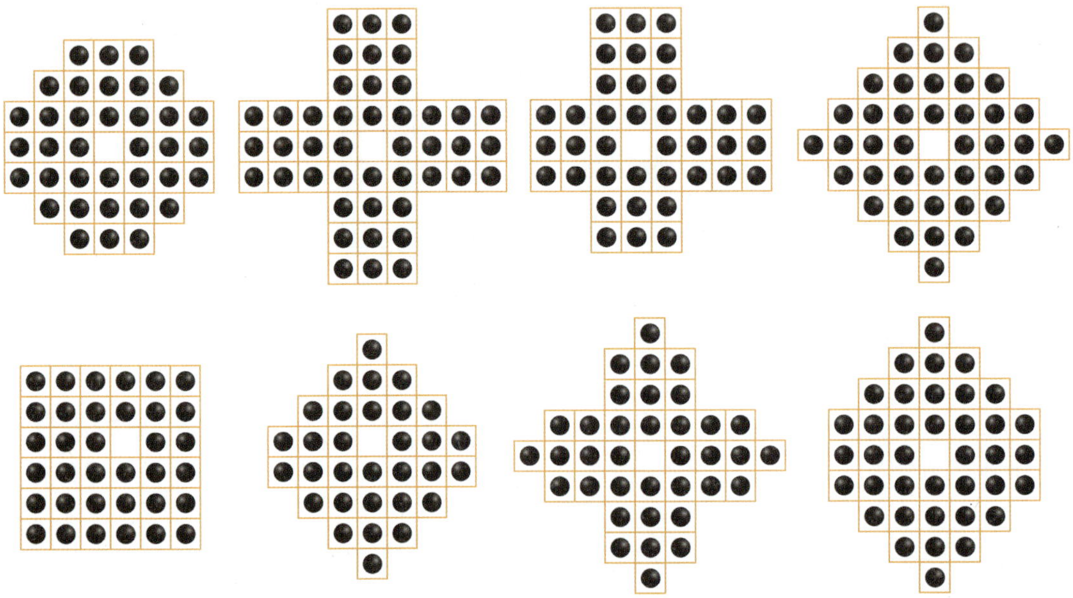

여러 가지 페그 솔리테어 게임판

게임의 역사

페그 솔리테어를 누가 만들었는지는 정확하게 알려져 있지 않지만, 프랑스에 있는 바스티유 감옥의 죄수가 심심하여 이 게임을 만들었다는 이야기가 전해져 온다. 1697년 8월호 프랑스 문학잡지 《머큐어 드 프랑스(Mercure de France)》에 페그 솔리테어의 규칙 및 샘플 문제에 대한 설명이 실렸는데 이를 통해 이 게임이 적어도 300년이 넘은 게임임을 알 수 있다. 잡지에는 프랑스의 귀족이자 수비즈의 공주인 안 드 로앙 샤보(Anne de Rohan-Chabot)가 페그 솔리테어를 하는 그림이 실려있다.

페그 솔리테어의 영국식 게임판은 십자 모양이고 유럽식 게임판은 팔각형 모양인데, 그림에서 안

1697 년 프랑스 잡지 《머큐리 드 프랑스》에 실린 수비즈의 공주 안 드 로앙 샤보가 페그 솔리테어를 하는 모습

드 로앙 샤보가 사용하는 게임판은 유럽식 게임판인 팔각형 모양임을 알 수 있다. 페그 솔리테어는 프랑스의 공주뿐만 아니라 귀족도 즐겨 하는 게임이었고, 19세기 말에는 프랑스 전역에 퍼져 귀족뿐만 아니라 평범한 국민도 페그 솔리테어를 즐겼다.

사람들은 페그 솔리테어를 단순히 게임으로 즐기는 것을 넘어 최소한으로 움직여서 하나의 구슬을 남기는 방법을 연구하기 시작했다. 여기서 기본적인 가정은 한 개의 말을 연속적으로 움직여 여러 말을 제거했다면 1회 움직인 것으로 본다는 것이다. 그 결과 1908년에 영국의 작가이자 퍼즐 제작자인 헨리 어니스트 듀드니(Henry Ernest Dudeney)는 19회 만에 구슬 한 개를 남기는 풀이를 발견하였고, 1912년에는 그보다 1회 적은 18회로 해결하는 방법을 영국 작가 어니스트 베르홀트(Ernest Bergholt)가 찾았다.

사람들은 이에 그치지 않고 어니스트 베르홀트가 찾은 18회보다 더 적게 움직이면서 구슬을 하나 남길 수 있는 방법을 찾으려 했다. 하지만 1964년 케임브리지 대학의 존 비즐리(John Beasley)가 구슬을 한 개만 남기는 최소의 움직임이 18회임을 증명함으로써 페그 솔리테어에서 최소로 움직이는 방법에 관한 연구가 비로소 끝나게 되었다.

페그 솔리테어의 해법

페그 솔리테어는 단순한 규칙에 비해 최종적으로 하나의 말만 남기기가 상당히 어렵다. 말을 움직이다 보면 주변에 뛰어넘을 말이 없어 끝까지 남게 되는 말이 생기기 때문이다. 수학자 라이프니츠(Leibniz)는 페그 솔리테어 마니아로 알려져 있다. 그는 1716년 한 편지에서 "솔리테어는 나를 매우 기쁘게 한다."라는 이야기를 남겼는데 페그 솔리테어를 즐겨하던 그의 단면을 보여준다. 하지만 라이프니츠 역시 페그 솔리테어를 풀 때면 상당히 애를 먹곤 했다. 그만큼 페그 솔리테어는 어려운 게임이다. 이런 페그 솔리테어의 전략을 알아보자.

먼저 알아볼 것은 영국의 작가이자 퍼즐 제작자인 헨리 어니스트 듀드니의 해법과 영국 작가인 어니스트 베르홀트의 해법이다. 그들의 해법은 그림 1, 2와 같으니 한번 자세히 살펴보자. 듀드니와 베르홀트의 해법은 놀랍지만, 페그 솔리테어를 한다고 했을 때 이 해법을 암기해서 풀기란 쉽지 않다. 또한 이 해법을 암기해서 풀었다고 해도 문제 해결에 대한 어떤 사고 과정 없이 단순히 따라 하는 것이기에 문제를 푸는 것 같지도 않을 것이다. 따라서 좀 더 암기하기 쉬우면서 스스로 해결의 전략을 세우는 방법에 대해 알아보자.

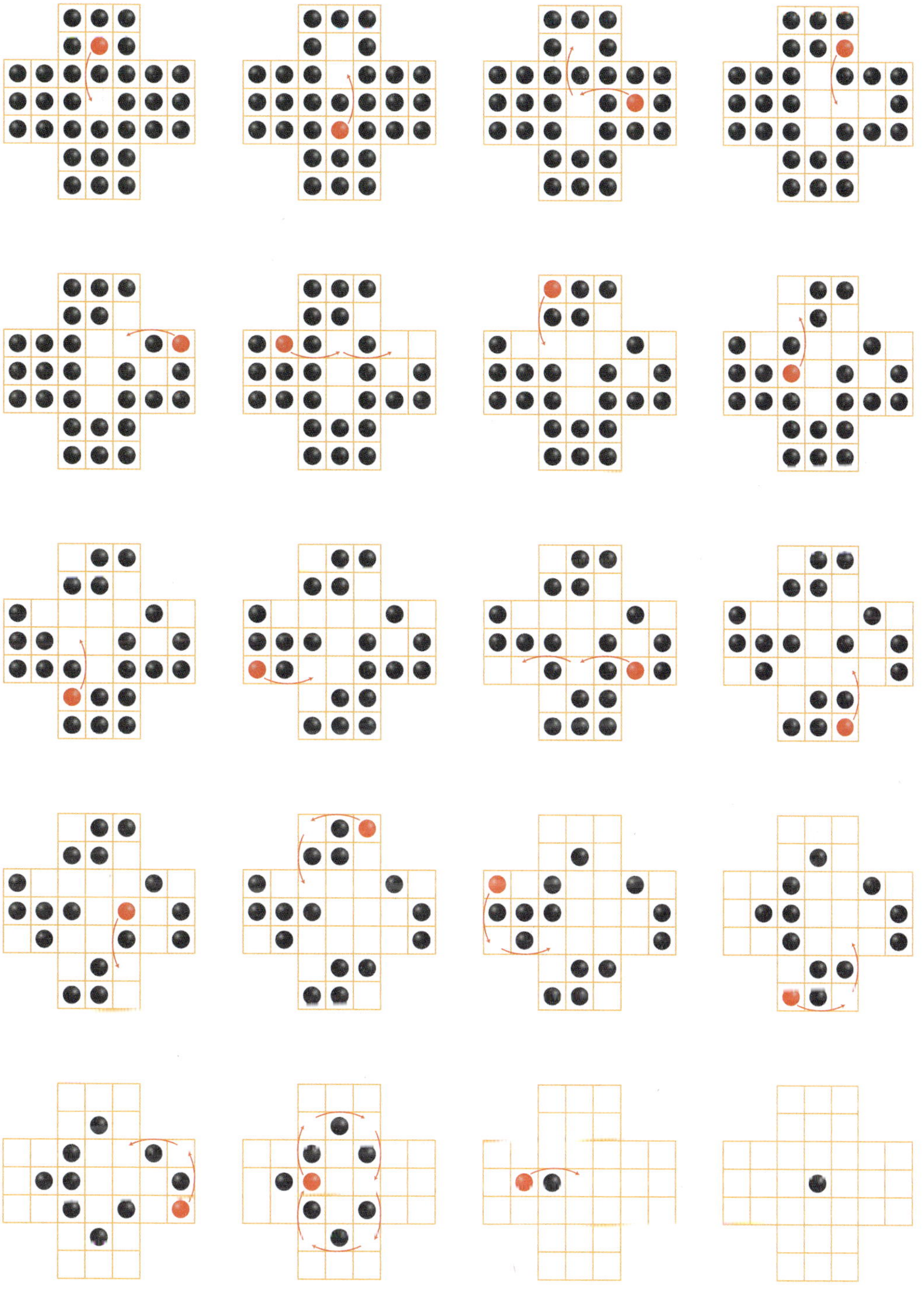

그림1 19회 만에 구슬을 한 개 남기는 헨리 어니스트 듀드니의 해법

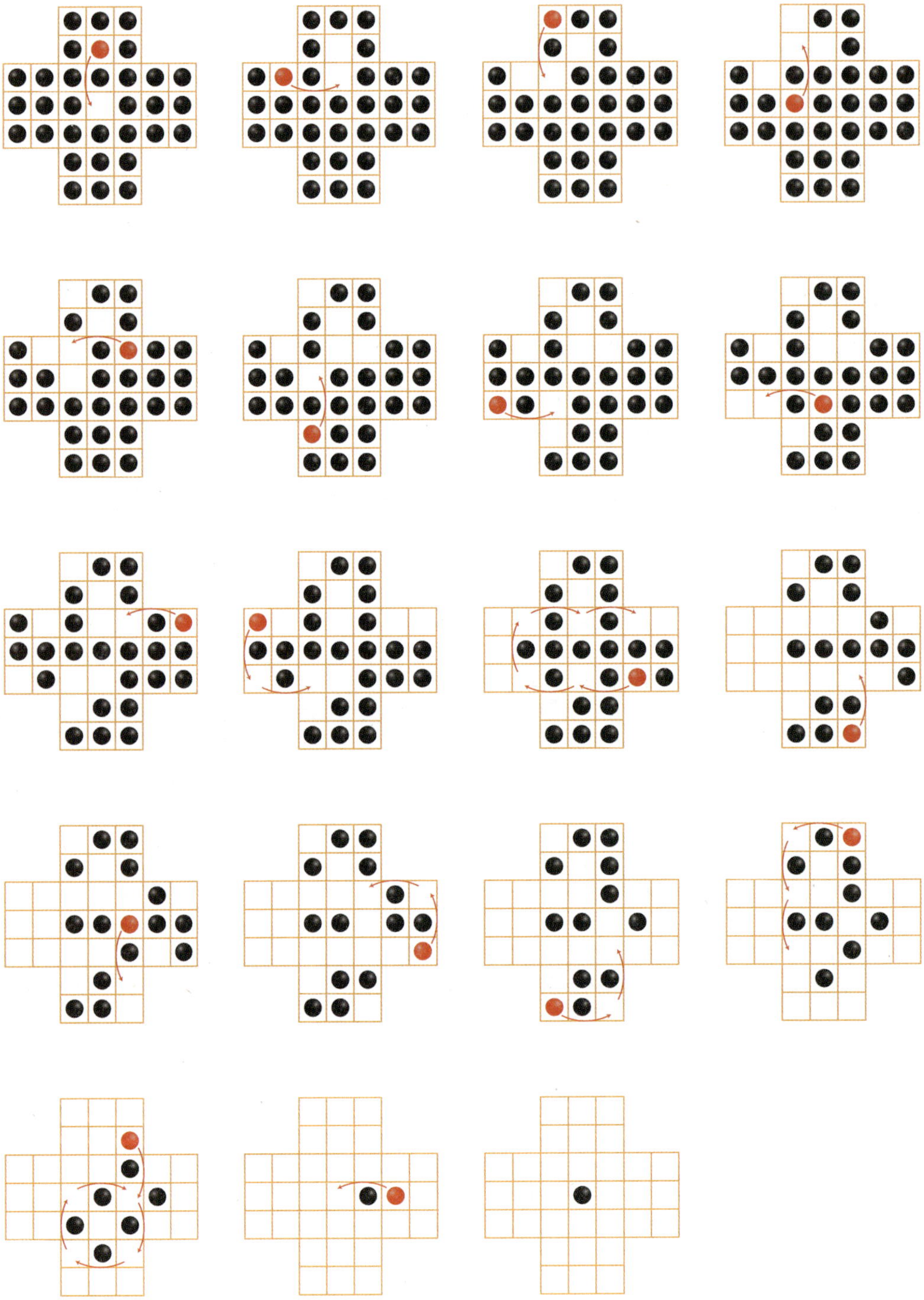

그림2 18 회 만에 구슬을 한 개 남기는 어니스트 베르홀트의 해법

페그 솔리테어를 해결하는 방법 중 하나는 전체 보드의 말을 여러 말의 집합인 **패키지**(Package)로 분해해서 패키지마다 해법을 통해 말을 제거하고 결국엔 전체 말을 제거해 문제를 해결하는 것이다. 패키지의 말이 모두 제거 가능한 특정 말의 배치를 **퍼지**(Purge)라 한다. 그림3은 가장 대표적인 퍼지로 세 개의 말로 된 패키지를 제거하기 때문에 3-퍼지라 불린다.

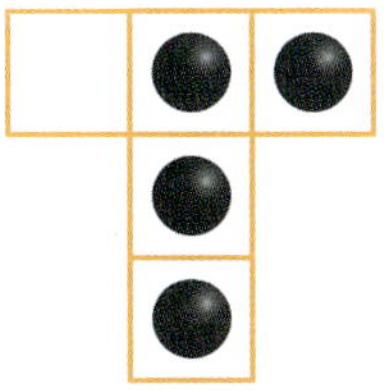

그림3 3-퍼지

3-퍼지의 해법은 그림4와 같고 최종적으로 가운데 세 개의 말이 제거됨을 알 수 있다. 제거된 가운데 세 개의 말이 패키지다.

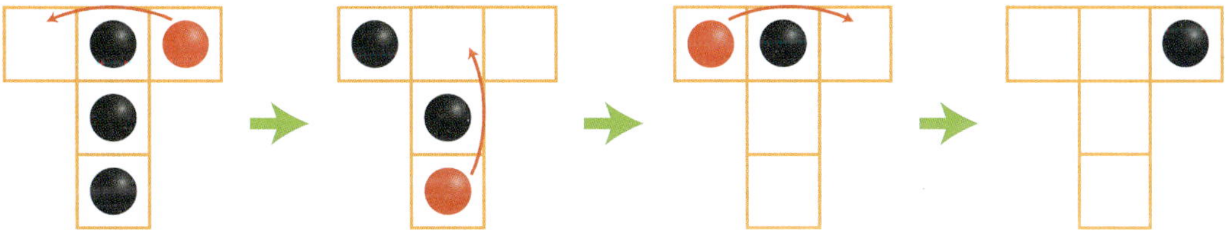

그림4 3-퍼지의 해법

3-퍼지의 초기 배치와 말이 제거된 최종 배치를 보면 제거되지 않는 말이 하나 있음을 알 수 있다. 퍼지에서는 보통 이렇게 초기 배치에서 한 곳에 말이 남게 되고 나머지 말은 모두 제거된다. 최종적으로 남는 말은 3-퍼지처럼 처음에 움직인 말과 같은 말일 수도 있고 다른 말일 수도 있다. 3-퍼지의 대칭성을 생각하면 그림5의 경우도 가능함을 알 수 있는데 그림4의 경우처럼 가운데 말 세 개가 제거된다.

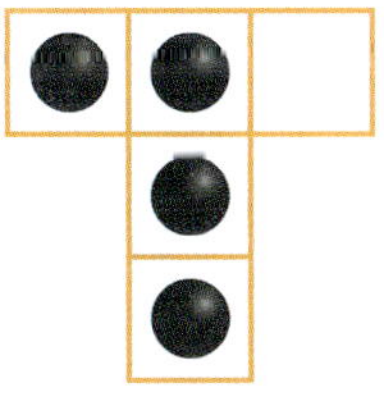

그림5 다른 형태의 3-퍼지

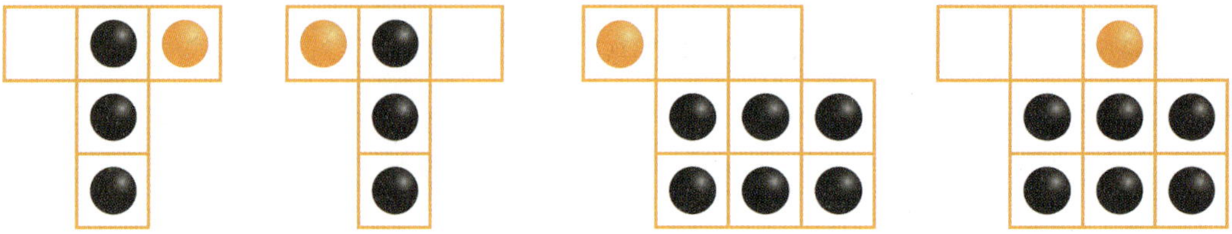

3-퍼지

6-퍼지

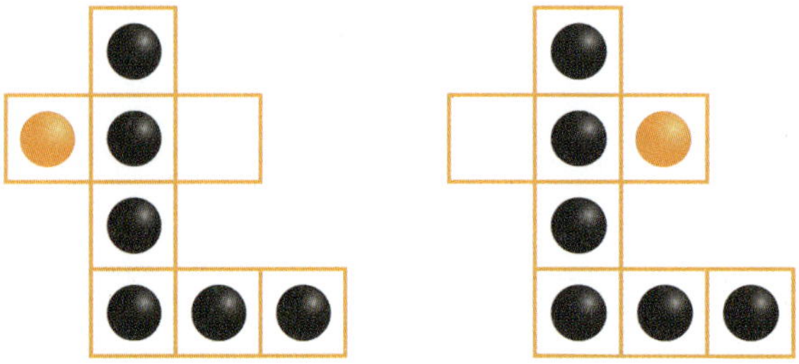

L-퍼지

그림6 여러 가지 퍼지

3-퍼지 외에도 그림6처럼 6-퍼지, L-퍼지가 있다. 그림에서 주황색 말의 위치에 마지막 말이 남게 된다. 해법은 그림7과 같다.

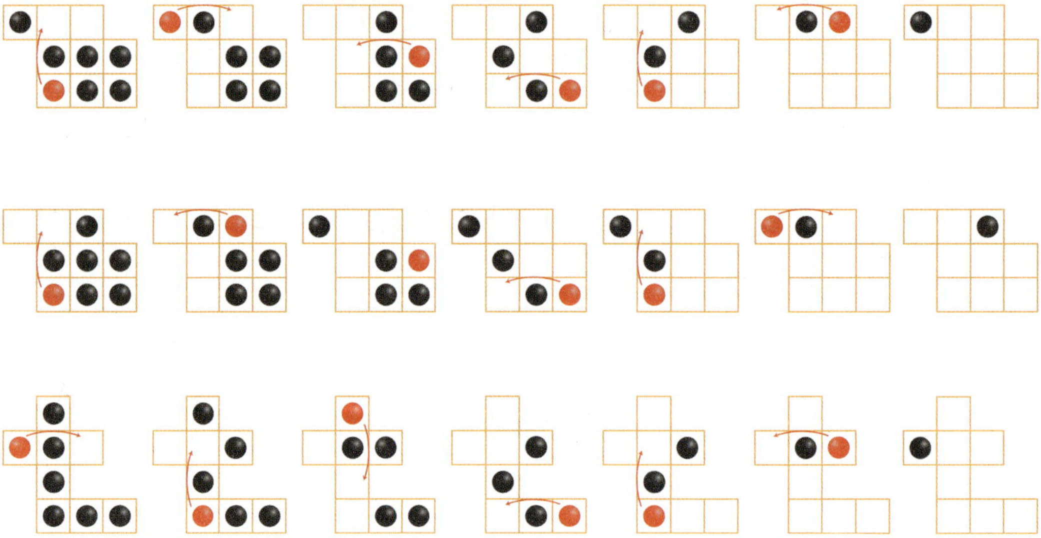

그림7 여러 가지 퍼지의 해법

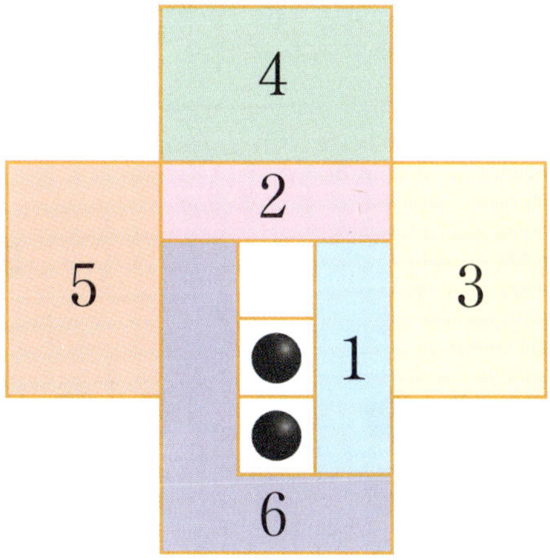

그림8 페그 솔리테어를 풀기 위해 패키지로 나누기

페그 솔리테어를 그림 8 처럼 여섯 개의 패키지로 나누고 그림에 쓰여 있는 순서에 따라 퍼지를 활용해 말을 제거하면 최종적으로 하나의 말만 남길 수 있다. 대략적인 과정은 그림 9와 같다.

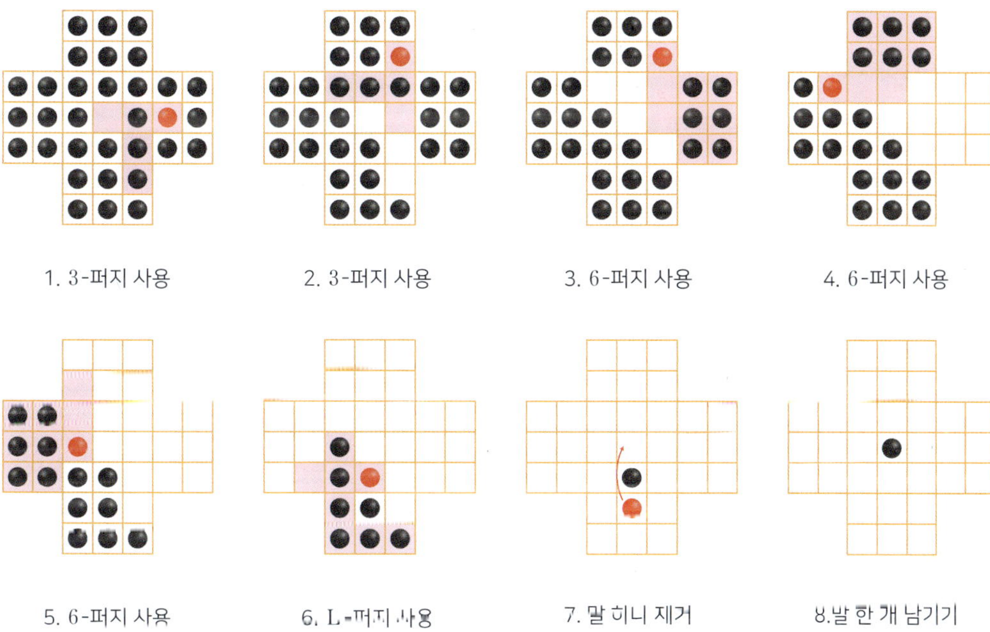

그림9 패키지로 나눠진 페그 솔리테어의 해결 과정

패키지와 퍼지를 이용하는 방법은 다른 형태의 페그 솔리테어 문제를 푸는 데도 적용할 수 있다는 장점이 있다. 그림10처럼 초기 말의 배치에서 중앙이 아닌 다른 칸이 비어 있는 문제를 생각해 보자.

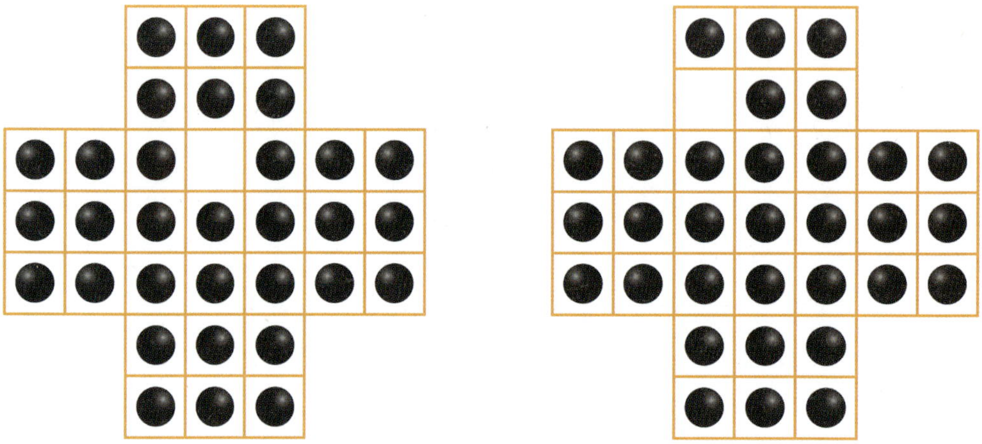

그림10 초기 배치가 다른 페그 솔리테어 문제

이 문제는 패키지와 퍼지를 이용해 그림11처럼 해결할 수 있다. 비슷하게 다른 형태의 보드나 말의 배치가 다른 페그 솔리테어 문제에서도 패키지와 퍼지를 이용해 해결하는 방법을 생각해 볼 수 있다.

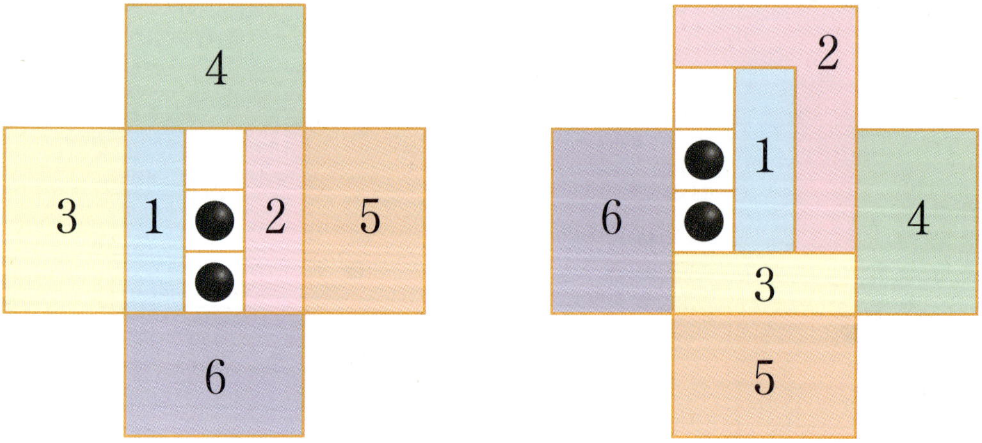

그림11 초기 배치가 다른 페그 솔리테어 문제의 해법

연산을 이용한 페그 솔리테어의 표현

그림12 페그 솔리테어에서 말의 이동

페그 솔리테어는 그림12처럼 게임이 진행된다. 이를 수학적으로 표현하는 좋은 방법은 연산을 도입해 표현하는 것이다. 그림13처럼 게임판에서 말이 놓이는 각 위치를 x, y, z, w라 하자.

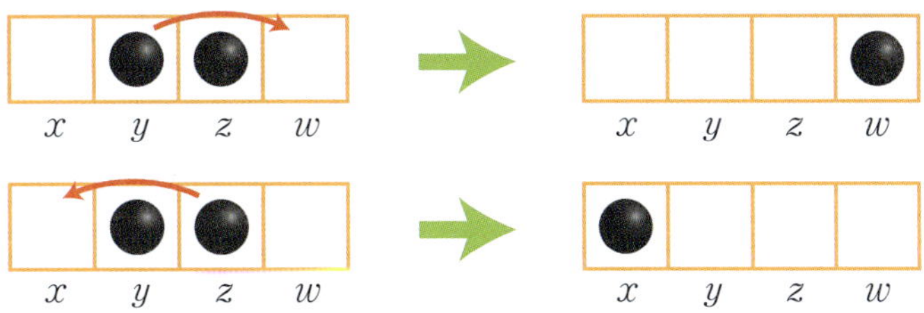

그림13 페그 솔리테어에서 말의 이동을 연산으로 나타내기

그림13의 위의 그림을 보면 y와 z에 말이 있는 상태에서 게임을 진행하면 y와 z는 말이 사라지고 w에 말이 생김을 알 수 있다. 이를 '곱셈' 연산을 도입해 $yz = w$로 표현할 수 있다. 마찬가지로 그림13의 아래 그림은 $yz = x$로 표현할 수 있다. (여기서 중요한 것은 어떤 말이 어떤 말을 넘느냐기보다는 어느 위치에 말이 있었고 게임을 진행한 후 어느 위치에 말이 있게 되냐는 것이다.)

이런 관점에서 자연스럽게 $x = yz = w$가 성립하므로 $x = w$가 된다. 따라서 페그 솔리테어에서 말을 둘 수 있는 모든 위치는 그림14처럼 x, y, z의 세 문자로 표현할 수 있다.

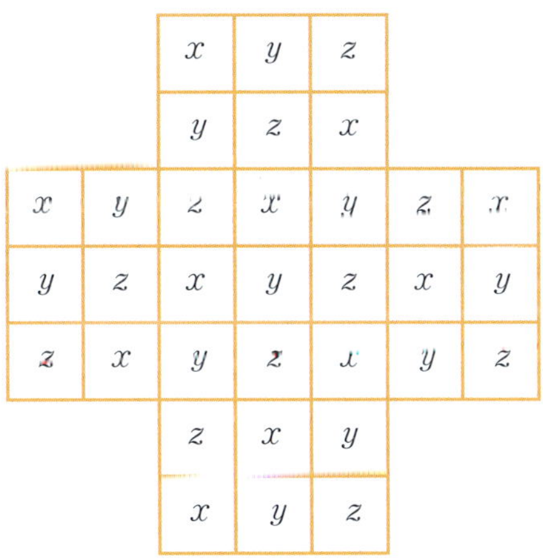

그림14 페그 솔리테어 보드에서 위치 표현

우리는 쉽게 다음이 성립함을 알 수 있다. (다시 말하지만 xy는 x와 y에 말이 있다는 것이다.)

$$xy = yx = z, yz = zy = x, zx = xz = y$$

이 표현을 이용해 몇 가지 상황을 살펴보자.

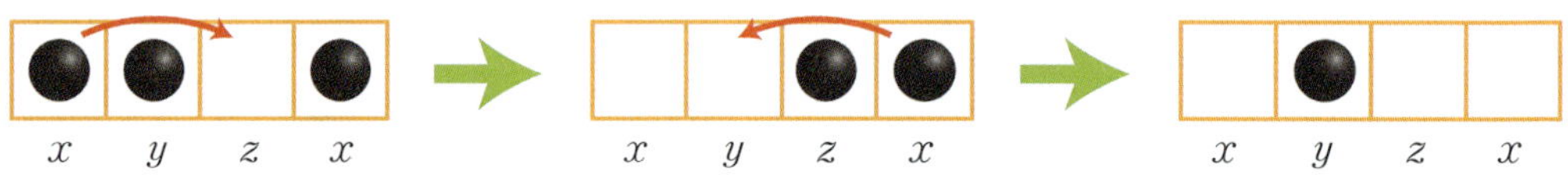

그림15 페그 솔리테어 진행 예시1

그림15의 경우 $xyx = zx = y$이다. 이때 $xxy = xyx$이므로 $xxy = y$이다. 곱셈에 대한 대수적 성질을 생각하면 $xx = x^2 = 1$로 두는 것이 자연스럽다. 그런데 이것이 게임에서 어떤 의미일까? 위의 상황에서 보듯 x의 위치 두 곳에 말이 있는 경우 다른 말의 도움으로 모두 제거될 수 있다고 해석할 수 있다. 그리고 이와 비슷하게 $y^2 = z^2 = 1$이라 할 수 있다.

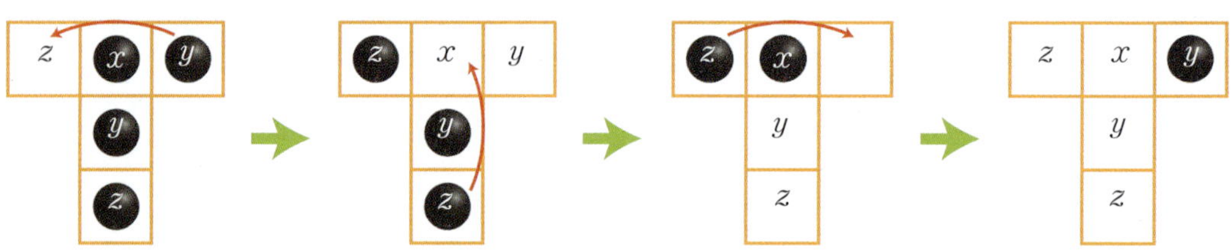

그림16 페그 솔리테어 진행 예시2

그림16의 경우 $xyyz = zyz = zx = y$이고 $xyzy = xyyz = y$이므로 $xyz = 1$이다. 이 역시 x, y, z에 말이 있을 때 다른 말의 도움으로 모두 제거될 수 있다고 해석할 수 있다. 이렇게 페그 솔리테어의 게임 과정을 $1, x, y, z$의 문자와 곱셈 연산으로 표현할 수 있는데 대수학에서 클라인 4원군(Klein Four-Group)이라 불리는 대수 구조와 정확히 같다. 여기서 군(Group)이란 어떤 집합에서 이항연산이 잘 정의(Well-Defined)될 때 생기는 대수적 구조 중 하나이다. 주어진 집합에서 연산과 관련해 결합법칙이 성립하고, 연산에 대한 항등원이 존재하며, 각 원소에 대해 역원이 존재하면 이를 군이라 한다. 사실 군이란 개념이 이렇게 짧은 소개로 이해할 수 있는 개념은 아니기에 좀 더 깊이 있는 이해를 원한다면 현대대수학과 관련된 전공책을 보길 추천한다.

클라인 4원군은 네 개의 원소를 갖는 군으로 아래 표와 같은 연산이 성립한다.

×	1	x	y	z
1	1	x	y	z
x	x	1	z	y
y	y	z	1	x
z	z	y	x	1

연산을 이용한 페그 솔리테어의 표현과 그 성질을 이용하면 마지막으로 남는 말의 위치가 어디인지 알 수 있다. 수학자 아리 비알로스토키(Arie Bialostocki)는 1998년 그의 논문에서 이 사실을 증명하였다.

다섯 위치 정리

페그 솔리테어에서 마지막 말의 위치는 아래 그림에서 빨간색 y가 있는 다섯 곳 중 하나이다.

		x	y	z		
		y	z	x		
x	y	z	x	y	z	x
y	z	x	y	z	x	y
z	x	y	z	x	y	z
		z	x	y		
		x	y	z		

증명〉 게임의 초기 배치에 대해 생각해 보자. 전체 보드에서 가운데 y에만 말이 없고 나머지에 말이 있으므로 x의 위치 11곳, y의 위치 10곳, z의 위치 11곳에 말이 있다. 따라서 이를 계산하면 다음과 같다.

$$x^{11}y^{10}z^{11} = (xyz)^{10}xz = xz = y$$

이것의 의미는 게임이 종료됐을 때 마지막 말이 있게 되는 위치가 y라는 것이고 그림17의 왼쪽 그림을 보면 y의 위치는 모두 11곳이다.

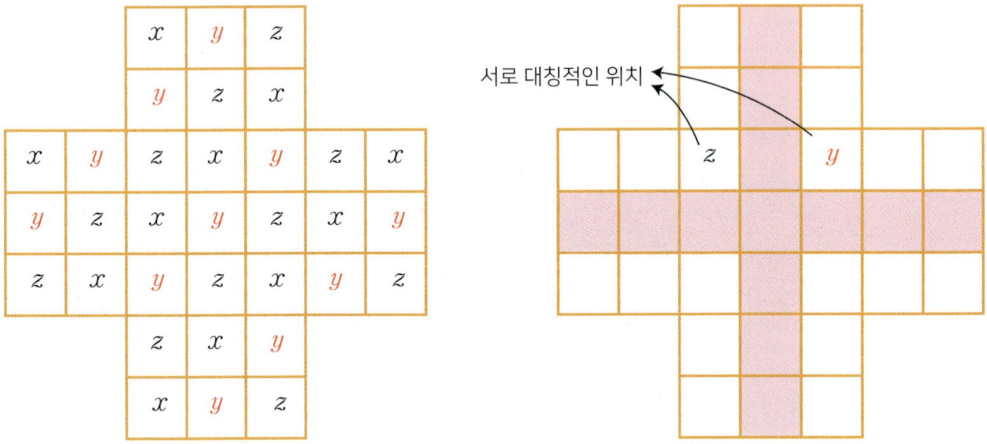

그림17 페그 솔리테어 보드에서 y의 위치(왼쪽)와 마지막 말의 위치 가정(오른쪽)

게임을 진행하다가 그림17의 오른쪽 그림에 있는 y의 위치에 마지막 말이 남았다고 가정하자. 왼쪽으로 두 칸 옆에 있는 z의 위치는 보드에서 세로로 칠해진 분홍색 칸을 축으로 했을 때 y와 서로 대칭인 위치에 있다. 따라서 마지막 말을 y의 위치에 남길 수 있다면 대칭적인 형태로 게임을 진행해 z의 위치에도 남길 수 있다. 그런데 이는 모순이다. 마지막 말은 y의 위치에만 남길 수 있기 때문이다. 따라서 11곳의 y의 위치 중 그림18의 왼쪽 그림처럼 대칭적인 위치에 다른 문자가 있는 경

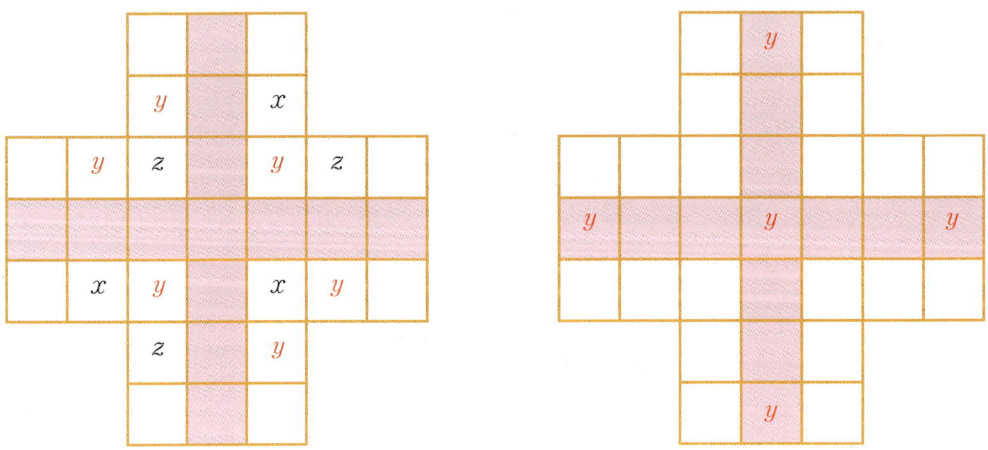

그림18 마지막 말이 남는 것이 불가능한 y의 위치(왼쪽)와 마지막 말이 남는 것이 가능한 y의 위치(오른쪽)

우엔 마지막 말이 남을 수 없고 그림18의 오른쪽 그림처럼 대칭적인 위치에 y가 있는 경우만 마지막 말이 남을 수 있다. 그러므로 마지막 말이 남을 수 있는 곳은 다섯 곳이다. ■

페그 솔리테어와 파고다(Pagoda) 함수

우리는 쉽게 페그 솔리테어의 여러 변형 문제를 생각할 수 있다. 예를 들어 하나의 말을 남기는 것이 아니라 특정 위치에 두 개의 말을 남기는 식으로 말이다. 그런데 모든 변형 문제가 항상 해결 가능한 것은 아니다. 어떤 문제는 해결이 가능하지만 어떤 문제는 해결이 불가능하다. 그렇다면 이를 어떻게 알 수 있을까? 여러 번 시도했는데도 문제가 안 풀린다면 해결이 불가능한 것일까? 당연히 그렇지 않다. 다행히 이때 사용할 수 있는 좋은 방법이 있다. 바로 **파고다 함수**(Pagoda Function)다.

파고다 함수

페그 솔리테어 게임판의 임의의 세 위치 X, Y, Z에 대해 X 위치의 말이 Y 위치의 말을 넘어 Z로 갈 수 있다고 하자. 파고다 함수는 페그 솔리테어 게임판의 각 칸에 실수를 대응시키는 함수로 세 위치 X, Y, Z의 파고다 함숫값을 순서대로 $pag\ X$, $pag\ Y$, $pag\ Z$라 하면 항상 다음을 만족한다.

$$pag\ X + pag\ Y \geq pag\ Z$$

파고다 함수는 위의 부등식만 만족하면 되므로 다양하게 정의될 수 있다. 그림19는 파고다 함수의 예로 각 칸에 쓰여 있는 숫자가 그 칸의 파고다 함숫값이다. 위 부등식이 성립하는지 확인해 보라.

<table>
<tr><td></td><td></td><td>1</td><td>1</td><td>1</td><td></td><td></td></tr>
<tr><td></td><td></td><td>1</td><td>1</td><td>1</td><td></td><td></td></tr>
<tr><td>1</td><td>1</td><td>1</td><td>1</td><td>1</td><td>1</td><td>1</td></tr>
<tr><td>1</td><td>1</td><td>1</td><td>1</td><td>1</td><td>1</td><td>1</td></tr>
<tr><td>1</td><td>1</td><td>1</td><td>1</td><td>1</td><td>1</td><td>1</td></tr>
<tr><td></td><td></td><td>1</td><td>1</td><td>1</td><td></td><td></td></tr>
<tr><td></td><td></td><td>1</td><td>1</td><td>1</td><td></td><td></td></tr>
</table>

<table>
<tr><td></td><td></td><td>1</td><td>0</td><td>1</td><td></td><td></td></tr>
<tr><td></td><td></td><td>1</td><td>1</td><td>1</td><td></td><td></td></tr>
<tr><td>1</td><td>0</td><td>1</td><td>1</td><td>1</td><td>0</td><td>1</td></tr>
<tr><td>0</td><td>1</td><td>1</td><td>2</td><td>1</td><td>1</td><td>0</td></tr>
<tr><td>1</td><td>0</td><td>1</td><td>1</td><td>1</td><td>0</td><td>1</td></tr>
<tr><td></td><td></td><td>1</td><td>1</td><td>1</td><td></td><td></td></tr>
<tr><td></td><td></td><td>1</td><td>0</td><td>1</td><td></td><td></td></tr>
</table>

그림19 파고다 함수의 예

파고다 함수는 다음과 같은 성질을 갖고 있다.

파고다 함수의 성질

페그 솔리테어를 할 때 게임판의 초기 말의 배치 상태부터 마지막 말의 배치 상태까지 순서대로 $S_0, S_1, \cdots, S_n$이라 하자. 이때 임의의 말의 배치 상태 S에서의 각 말에 대응하는 파고다 함숫값의 합을 $pag\ S$라 하면 다음이 성립한다.

$$pag\ S_0 \geq pag\ S_1 \geq \cdots \geq pag\ S_n$$

파고다 함수의 이와 같은 성질은 정의를 통해 쉽게 알 수 있다. 임의의 말의 배치 상태 S_k에서 게임판의 위치 $X_1, X_2, \cdots, X_m$에 말이 있다고 하자. 여기서 X_1의 말이 X_2의 말을 넘어 Y의 위치로 갔다면 새로운 배치 상태 S_{k+1}에서는 게임판의 위치 $Y, X_3, X_4, \cdots, X_m$에 말이 있게 된다. 이때 파고다 함수의 정의에 의해 다음이 성립한다.

$$\begin{aligned} pag\ S_k &= pag\ X_1 + pag\ X_2 + pag\ X_3 + \cdots + pagX_m \\ &\geq pag\ Y + pag\ X_3 + \cdots + pag\ X_m = pag\ S_{k+1} \end{aligned}$$

따라서 위 성질이 성립한다. 이 성질을 통해 페그 솔리테어 문제가 해결이 가능한 문제인지 불가능한 문제인지 판단해 볼 수 있다. 그림20의 문제를 보자. 이 문제는 왼쪽 그림의 배치를 오른쪽 그림의 배치로 만드는 것이다. 문제 해결이 가능할까 불가능할까?

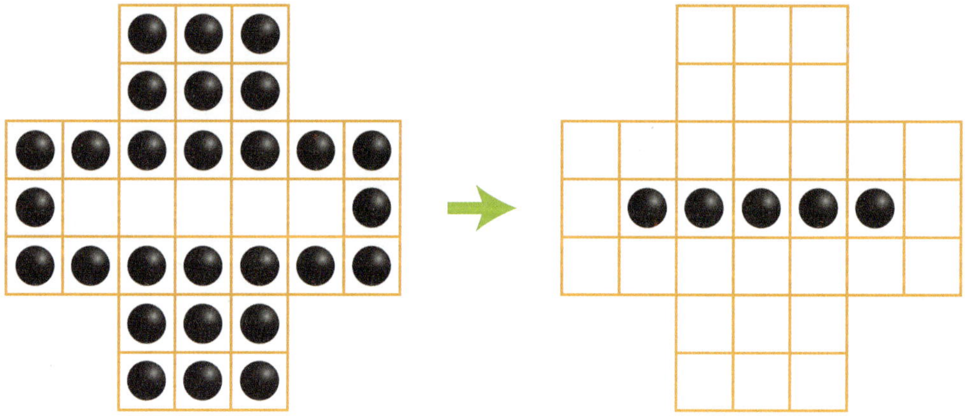

그림20 페그 솔리테어 문제

		−1	0	−1		
		1	1	1		
−1	1	0	1	0	1	−1
0	1	1	2	1	1	0
−1	1	0	1	0	1	−1
		1	1	1		
		−1	0	−1		

그림21 파고다 함수

이 문제를 해결하기 위해 그림21과 같은 파고다 함수를 생각할 것이다. 이 파고다 함수를 통해 초기 배치에서 각 말에 대응하는 파고다 함숫값의 합을 구하면 4이고, 마지막 배치에서 각 말에 대응하는 파고다 함숫값의 합을 구하면 6임을 알 수 있다. 그런데 파고다 함수의 성질에 의해 초기 배치에서 말의 파고다 함숫값의 합은 마지막 배치에서 말의 파고다 함숫값의 합보다 작을 수 없다. 따라서 이 문제는 해결 불가능한 문제다. 이렇게 파고다 함수를 이용하면 직접 풀어보지 않고도 해결이 불가능한 문제인지 판단해 볼 수 있다. 물론 이를 위해선 좋은 파고다 함수를 찾아야 한다. 그리고 해결이 가능한 문제라면 파고다 함수로 그 사실을 판단할 수 없다.

페그 솔리테어는 간단한 규칙으로 인해 누구나 쉽게 배우고 바로 게임을 즐길 수 있다. 또한 많은 수학적 성질을 갖고 있고 도전적인 여러 문제를 풀어볼 수 있어 흥미롭다. 직접 문제를 만들어 볼 수도 있으므로 나만의 문제를 만들어 페그 솔리테어를 즐겨보자!

누가 먼저 상대를 잡을 것인가 **섬멸 게임**

수라카르타 Surakarta

수라카르타는 게임판에 그려진 고리선을 따라 회전하면서 상대방의 말을 잡는 게임이다. 인도네시아에서 유래된 보드게임이기 때문에 인도네시아 섬 자바에 있는 고대 도시인 수라카르타와 같은 이름을 가지게 된 것으로 추정된다. 우리나라의 전통 놀이인 자전거고누는 수라카르타와 게임 방법이 매우 유사하다.

게임에 필요한 도구

게임판, 검은색 바둑돌 12개, 흰색 바둑돌 12개

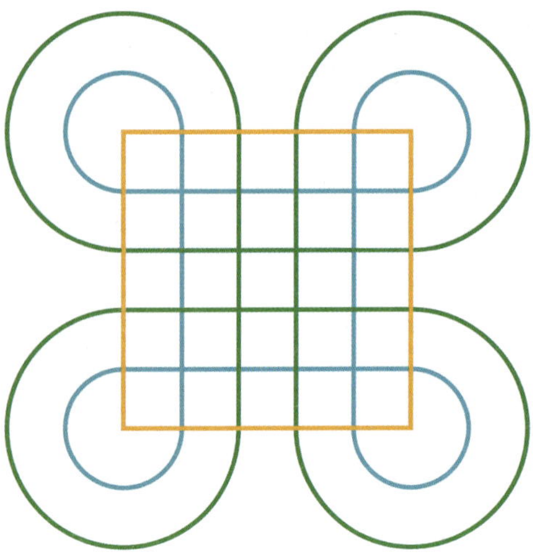

게임판

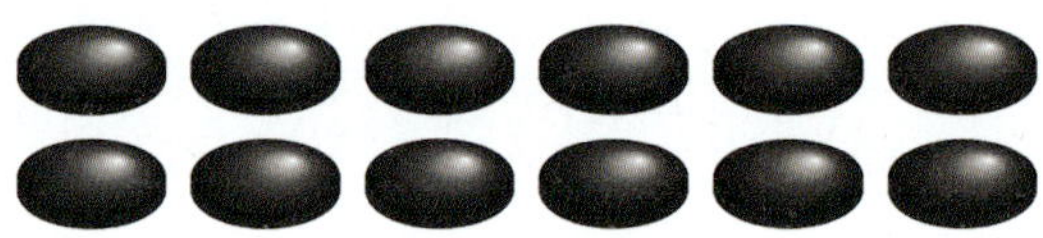

검은색 바둑돌 12개

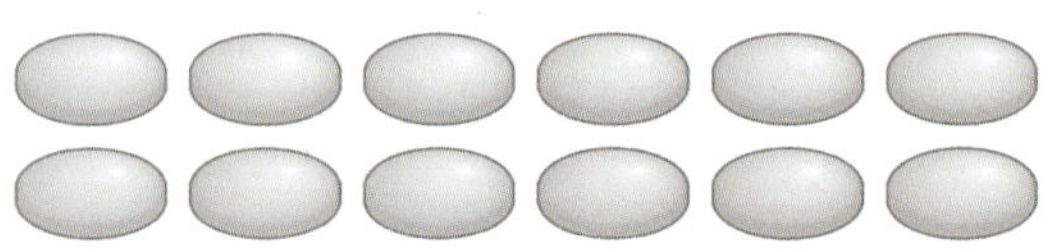

흰색 바둑돌 12개

게임판 받기

04_섬멸 게임/수라카르타.pdf

게임 규칙

수라카르타는 고리선을 따라 회전하면서 상대방의 말을 모두 잡는 사람이 승리하는 게임이다. 게임판에서 원형으로 회전하는 선을 고리선이라 한다. 따라서 게임판에는 총 8개의 고리선이 있다. 아래 그림처럼 각각 12개의 말을 게임판 위에 배치하고 다음 규칙에 따라 게임을 진행한다.

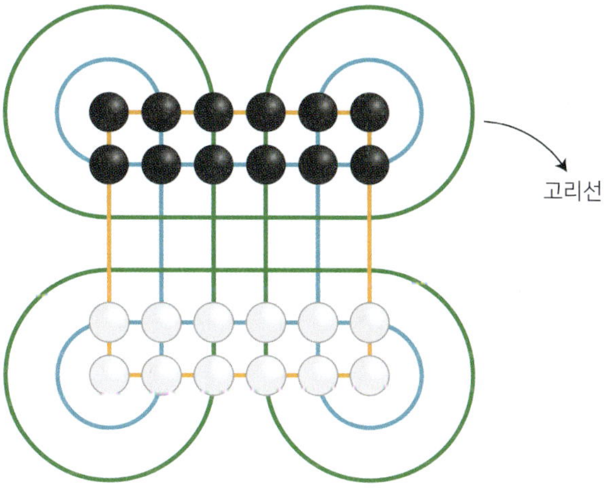

1) 두 사람은 교대로 게임을 진행하며 자신의 차례에 말을 이동하거나 고리선을 따라 회전하여 상대방의 말을 잡는다.
2) 말을 이동할 때는 오른쪽, 왼쪽, 앞, 뒤, 대각선 중 한 방향으로 한 칸 이동할 수 있고 이동할 칸에는 자신의 말이나 상대방 말이 없어야 한다. 또한 말을 이동할 때는 고리선을 따라 이동할 수 없다.

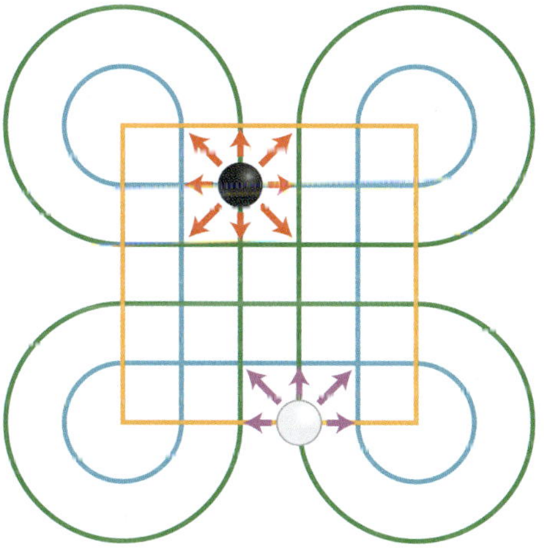

수라카르타에서의 말의 이동

3) 상대방 말을 잡을 때는 자신의 말과 상대방 말이 고리선으로 연결된 선 위에 있어야 하고 적어도 하나의 고리선을 따라 회전한 후 상대방 말을 잡을 수 있다. 한 번에 여러 고리선을 이동할 수 있고 고리선의 어떤 방향으로든 이동 가능하며 상대방 말을 잡은 후 잡힌 말이 놓여 있던 위치에서 멈춘다. 고리선을 따라 도는 중간에 자신의 말이 놓여 있다면 상대방 말을 잡을 수 없다.

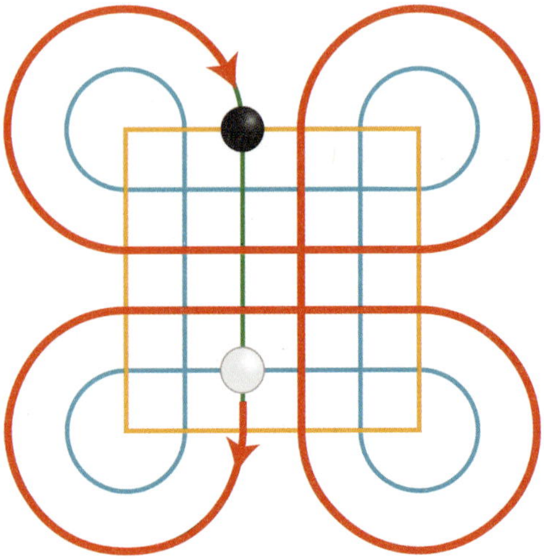

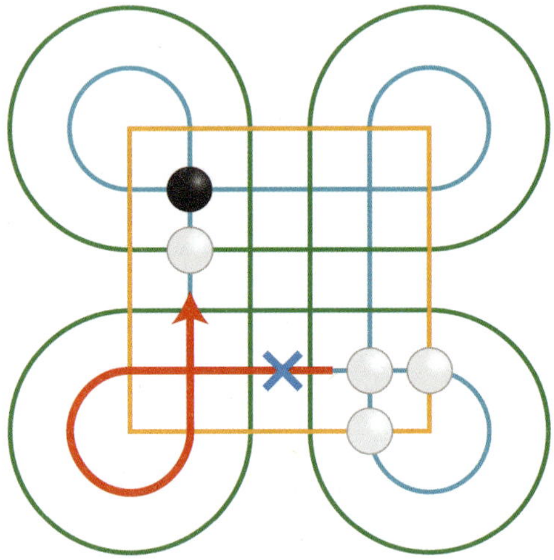

수라카르타에서 말 잡기 : 잡기가 가능한 경우(왼쪽)와 잡기가 불가능한 경우(오른쪽)

4) 상대방 말을 모두 잡은 사람이 승리한다. 만약 서로 말을 잡을 수 없다면 합의에 따라 게임을 종료할 수 있다. 이때 더 많은 말을 남긴 사람이 승리한다.

게임의 역사

수라카르타는 인도네시아에서 '게임'이라는 뜻을 가진 쁘르마이난(Permainan)이라고 불리며, 인도네시아 자바에서는 이 게임을 담 다만(Dam-Daman)이라고 부른다. 이 게임은 1970년대 프랑스에서 처음으로 수라카르타라는 이름으로 소개되었는데, 인도네시아에서 유래된 게임이기 때문에 인도네시아의 섬 자바에 있는 고대 도시 이름인 수라카르타의 이름을 그대로 사용하게 된 것으로 전해진다. 또한 상대방 말을 잡기 위해 고리선을 따라 회전하면서 이동하는 방법이 운전자들이 회전 교차로를 회전하는 모습과 비슷하다고 하여 1991년에 출판된 《클래식 보드게임 책(The Book of Classic Board Game)》에서는 수라카르타 게임을 회전 교차로 게임(Roundabout Game)이라고 불렀다. 초기에 인도네시아 사람들은 모래나 화산재 위에 게임판을 그리고 조개나 조약돌을 말로 사용하여 수라카르타 게임을 했던 것으로 전해진다. 현재는 인공지능 프로그램끼리 대결하는 컴퓨터 올림피아드(Computer Olympiad) 대회의 한 종목으로 선정되어 다양한 연구팀이 인공지능 프로그램을 개발하고 있다.

변형 게임

우리나라의 전통 놀이인 고누는 상대방의 말을 움직이지 못하게 하거나 상대방의 말을 잡는 방식으로 이루어지는 게임으로 오랜 옛날부터 서민들 사이에서 즐겨하던 민속놀이다. 우물고누, 호박고누, 줄고누 등 그 종류도 매우 다양한데, 알려진 놀이만 20가지가 넘는다. 그중 자전거고누는 수라카르타와 게임 방법이 매우 유사하다. 자전거고누는 가로선 4개, 세로선 4개가 그어진 게임판의 네 귀퉁이에 네 개의 고리선이 추가된 게임판을 사용한다. 고리선을 따라 회전할 수 있다는 규칙 때문에 바퀴고누, 자동차고누, 물레고누라고도 불린다.

자전거고누

자전거고누는 아래 그림과 같이 게임판 위에 각각 4개의 말을 배치한 후 다음 규칙에 따라 게임을 진행한다.

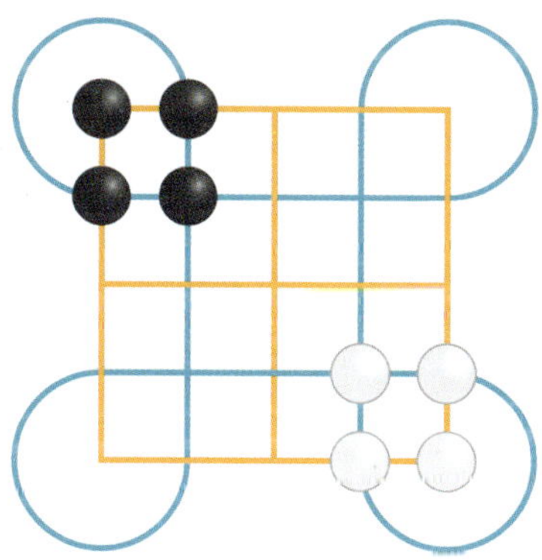

1) 두 사람은 교대로 게임을 진행하며 자신의 차례에 말을 이동하거나 고리선을 따라 회전하여 상대방의 말을 잡는다.

2) 말을 이동할 때는 아래 왼쪽 그림처럼 오른쪽, 왼쪽, 앞, 뒤로 이동할 수 있고 대각선으로는 이동할 수 없다.

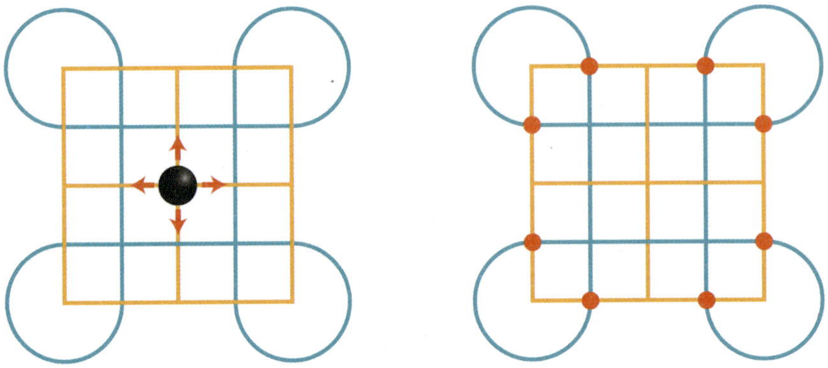

자전거고누에서 말의 이동(왼쪽)과 고리선을 따라 이동할 수 있는 위치(오른쪽)

3) 특별히 위의 오른쪽 그림과 같이 고리선이 가로선이나 세로선과 만나는 빨간색 점에서는 점과 연결된 고리선을 따라 이동하거나 상대방 말을 잡을 수 있다. 이동할 때는 원하는 위치에서 멈출 수 있고 이동 중 자신의 말을 만나면 더는 갈 수 없다. 상대방 말을 잡을 때는 적어도 하나의 고리선을 따라 회전한 후 잡을 수 있다. 한 번에 여러 고리선을 이동할 수 있고 상대방 말을 잡은 후 잡힌 말이 놓여 있던 위치에서 멈춘다.

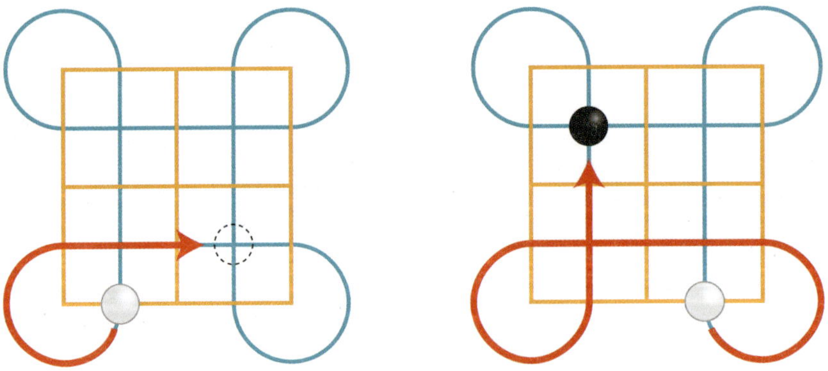

고리선을 따라 이동하는 경우(왼쪽)와 고리선을 따라 이동해 말을 잡은 경우(오른쪽)

4) 상대방 말을 모두 잡은 사람이 승리한다.

이처럼 자전거고누는 수라카르타와 게임판과 게임 방법이 매우 유사하지만 아래 표와 같은 부분에서 차이점이 있다.

	수라카르타	자전거고누
말의 이동 방향	앞, 뒤, 오른쪽, 왼쪽, 대각선, 고리선 방향(말을 잡을 경우에만 가능)	앞, 뒤, 오른쪽, 왼쪽, 고리선 방향
고리선의 개수	8개	4개
고리선을 따라 이동할 수 있는 경우	상대방 말을 잡을 때만 가능	상대방 말을 잡지 않아도 가능
고리선을 따라 이동할 수 있는 위치	고리선과 연결된 선 위에 있기만 하면 어디서든지 가능	고리선이 가로선이나 세로선과 만나는 점에서만 가능

인공지능과 수학 게임

세계적인 바둑 기전 중 하나인 응씨배 세계 바둑 선수권 대회를 창설한 잉창치(應昌期)는 2000년까지 컴퓨터 프로그램이 프로 바둑기사에게 승리할 수 있다면 개발자에게 100만 달러의 상금을 수여하겠다고 선언했다. 과거에는 바둑, 체스 등과 같은 수학게임에서 인공지능이 인간을 꺾고 승리하는 것은 생각소차 알 수 없는 일이었다. 그러나 인공지능이 인간에게 승리할 수 없다는 패러다임이 무너지게 되는 몇몇 사건들이 발생하였고, 인공지능의 수학게임 역량은 지금도 무섭도록 빠르게 성장하고 있다. 이제는 '인간이 수학게임에서 인공지능에게 승리할 수 있을까?'란 질문에 '네'라고 내납할 수 없는 시대가 되었다. 과거엔 종합적인 상황 판단과 장기적인 게임 상황까지 고려해야 하는 수학게임은 인공지능이 쉽게 정복할 수 없는 영역이라고 여겨졌다. 특히 바둑과 같이 경우의 수가 복잡한 경우엔 더욱 그랬지만, 이제는 인공지능이 수학게임을 정복하게 되었다. 인공지능은 어떻게 수학게임을 정복하게 된 것일까? 그 역사에 대해 알아보자.

수학게임을 하는 최초의 인공지능 프로그램 중 하나는 1956년 인공지능 분야의 개척자 중 한 명인 아서 사무엘(Arthur Samuel)이 IBM 최초의 상용 컴퓨터인 IBM 701을 이용해 만든 체커 프로그램이다. 체커에서 가능한 게임의 경우의 수는 5×10^{20} 정도로 경우의 수가 10^{47}인 체스나 10^{170}인 바둑에 비해 가능한 게임의 경우의 수가 적어 초기 인공지능 연구의 대상으로 하기에 적합하였다. 사무엘의 체커 프로그램은 다양한 학습 기술을 갖고 있었는데 자주 마주쳤던 말의 배치를 기억해 좀 더 깊이 있는 탐색을 했고, 평가 함수의 가중치를 조정하기 위해 강화 학습의 원리를 성공적으로 활용하였다.

사무엘은 이후에도 체커 프로그램을 계속 업그레이드하며 성능을 향상시켰다. 1962년 사무엘의 체커 프로그램은 체커 선수 중 한 명인 로버트 닐리(Robert Nealy)와 경기를 치뤄 승리하게 되는데 당시 언론의 반응은 우리가 알고 있는 알파고에 대한 열풍과 비슷했다.

비슷한 시기에 체스 인공지능 프로그램에 관한 연구도 꾸준히 진행되었다. 1968년 스코틀랜드 체스 챔피언 인터내셔널 마스터 데이비드 레비(David Levy)는 컴퓨터 공학자 존 매카시(John Mccarthy)의 체스 프로그램과 시합을 하게 된다. 결과는 레비의 승리로 끝났지만, 존 매카시는 10년 안에 레비에게 승리할 체스 프로그램이 등장할 거라 말했다. 그리고 정확히 10년 뒤인 1978년 레비는 노스웨스턴대학의 체스 프로그램과 시합을 하게 되었는데 4승 1무 1패로 레비가 승리했다. 비록 존 매카시의 예언이 맞지는 않았지만 중요한 것은 체스 프로그램이 체스 인터내셔널 마스터를 상대로 1승을 거뒀다는 점이다. 이것은 인터내셔널 마스터가 체스 프로그램에게 진 첫 패배였다.

이후에도 다양한 연구팀이 많은 체스 프로그램을 만들었다. 1989년 IBM이 개발한 인공지능 프로그램 딥 소트(Deep Thought)는 16년간 세계 체스 챔피언 자리에 있었던 전설적인 체스 그랜드마스터 게리 카스파로프(Garry Kasparov)와 역사적인 첫 대결을 펼쳤으나 참패를 당하게 된다. 이후 1996년 IBM은 성능을 더 향상한 딥 블루(Deep Blue)를 개발하여 게리 카스파로프와 다시 재대결하였으나 첫 번째 대결에서만 승리하고, 두 번의 무승부와 세 번의 패배를 기록하였다. 이에 굴하지 않고 IBM은 또다시 딥 블루의 약점을 보완하고 업그레이드시킨 후 디퍼 블루(Deeper Blue)라는 별명을 붙인 다음 1997년에 게리 카스파로프(Garry Kasparov)에게 다시 도전장을 던졌다. 대결한 결과, 딥 블루는 2승 1패 3무라는 성적으로 시간 제한이 있는 정식 대국에서 체스 마스터에게 승리한 최초의 인공지능 체스 프로그램이 되었다.

딥 블루는 약 $2m$ 높이에 1.4톤의 무게를 가졌고, 총 512개 프로세서를 장착하였으며, 초당 2억회 연산이 가능한 슈퍼컴퓨터로서, 지난 100년 동안 있었던 주요 체스 대국 기록을 기억해서 계산

딥 블루와 시합을 했던 게리 카스파로프(오른쪽)가 체스 경기를 하는 모습

에 이용하였다. 딥 블루는 엄청난 병렬처리 능력을 갖추고 있어 수많은 경우를 조사하여 다음 수를 결정했기 때문에 인간을 뛰어넘는 실력을 갖추게 되었다. 일반적으로 체스 프로 기사들은 10수 앞을 생각할 수 있는 반면에 딥 블루 시스템은 12수를 내다볼 수 있었다.

이렇게 체스의 경우 21세기가 되기 전에 체스 프로그램이 체스 챔피언에게 승리를 거뒀지만, 바둑의 경우는 좀 달랐다. 2006년 이전까지만 해도 바둑 프로그램의 수준은 아마추어에 불과했다. 하지만 2006년 무작위 샘플링을 기반으로 한 트리 검색 방법인 몬테카를로 트리 탐색(Monte Carlo Tree Search)기법이 개발되며 상황이 바뀌게 된다. 2008년 몬테카를로 트리 탐색을 최초로 사용한 모고(MOGO)가 나오게 되는데 9점 접바둑이긴 했지만 프로 기사인 김명완에게 승리하게 된다. 이런 뛰어난 성능으로 인해 이전까지 있었던 바둑 인공지능 프로그램이 몬테카를로 트리 탐색을 기반으로 제작하게 하는 데 모고는 큰 역할을 한다.

2015년 바둑 인공지능 프로그램은 다시 한번 크게 도약하게 된다. 구글의 딥마인드에서 개발한 인공지능 바둑 프로그램 알파고(AlphaGo)가 등장한 것이다. 인공지능 대 사람의 대결은 많이 있었지만 2016년 3월에 있었던 알파고 대 이세돌의 대결은 인류에게 큰 충격을 안겼다. 알파고와 이세돌의 대결은 유튜브를 통해 중계됐는데 8천만 명 이상이 시청하였다. 이세돌을 포함한 많은 일반

인들은 이세돌의 낙승을 예상했지만, 대회 결과는 4승 1패로 알파고의 승리였다. 대회 후에 이세돌은 다음과 같은 유명한 말을 남겼다.

"오늘의 패배는 이세돌이 패배한 거지, 인간이 패배한 것은 아니다."

하지만 결과적으로 이세돌은 알파고에게 승리한 유일한 인간이 되었다. 이세돌에게 1패를 한 후 알파고는 인간 기사 누구에게도 진 적이 없기 때문이다.

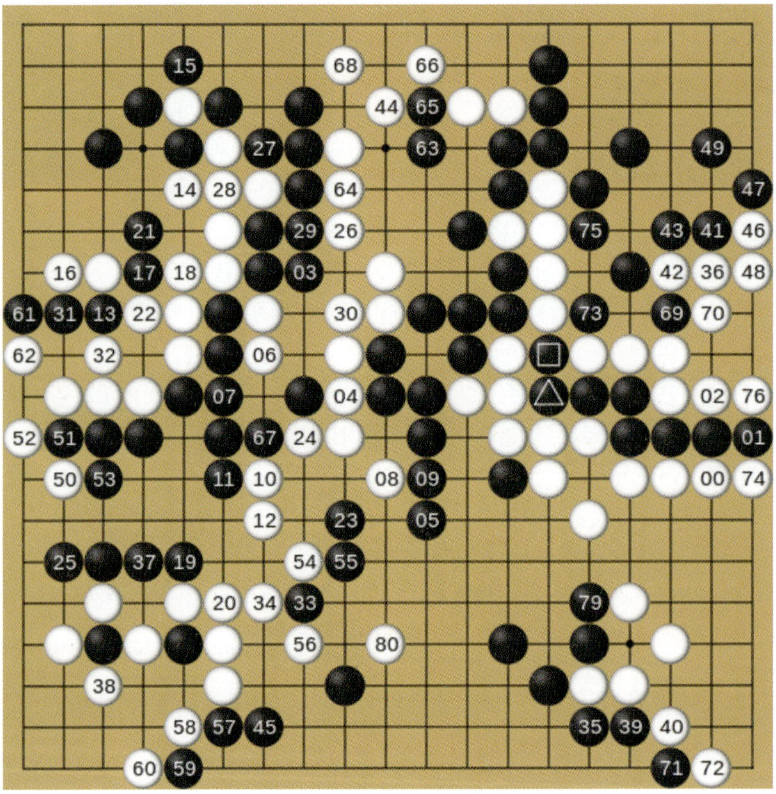

이세돌이 알파고에게 승리한 네 번째 경기

알파고는 몬테카를로 트리 탐색(Monte Carlo Tree Search) 기법과 정책망(Policy Network)과 가치망(Value Network)을 결합한 심층신경망(Deep Neural Network)을 사용하는 딥 러닝(Deep Learning)을 활용하여 무한에 가까운 경우의 수를 계산할 수 있을 만큼 줄여서 가장 유리한 선택을 할 수 있도록 개발되었다.

좀 더 자세히 설명하면 알파고는 몬테카를로 트리 탐색을 바탕으로 정책망을 통해 승리 가능성이 큰 다음 수를 예측하고 가치망을 통해서 바둑의 전체적인 형세를 파악하여 현재 승리할 확률을 추정하여 승률을 계산한다. 즉, 정책망이 알파고가 돌을 놓는 위치를 선택하게 하면 가치망을 통해서 누구에게 더 유리한지 판단하는 것이다. 이 두 가지를 활용하면 알파고가 처리해야 할 경우의 수를 크게 줄일 수 있게 된다. 지도학습으로 16만의 프로 바둑 기사들의 기보를 익히고, 딥 러닝 기술과 강화학습을 이용해 스스로 100만 번을 두면서 훈련하며 알파고는 바둑 기량을 증진하였다. 인간이 프로 수준으로 바둑을 익히고 배우는 데 걸리는 시간이 약 10년이라고 한다면 알파고가 바둑을 프로 수준으로 마스터하기까지는 단 35일이 걸렸다고 한다.

이세돌과의 대결에서 승리한 알파고는 마지스터(Magister)와 마스터(Master)라는 아이디로 60회의 온라인 대국에도 참여하였는데, 한국랭킹 1위인 박정환 9단, 중국랭킹 1위인 커제 9단, 일본랭킹 1위인 이야미 유타 등 한·중·일의 최정상 프로 바둑 기사들에게 60연승을 거두며 승리를 거두었다. 이처럼 알파고는 신경망, 정책망, 몬테카를로 트리 탐색, 강화학습 등을 활용해서 세계 최고의 프로 바둑 기사를 뛰어넘는 놀라운 능력을 보여주었다.

하지만 구글은 이에 그치지 않고 알파고를 뛰어넘는 알파제로(AlphaZero)까지 탄생시켰다. 알파고가 프로 바둑 기사들의 기보가 담긴 빅데이터를 기반으로 최적의 수를 찾아 바둑을 둔다면, 알파제로는 기보에 대한 학습 없이 스스로의 학습만을 통해 좋은 수를 찾아 바둑을 둔다. 알파고가 바둑에 특화된 인공지능이라면 알파제로는 바둑, 체스, 쇼기 등 다양한 종류의 수학게임에 능통한 인공지능이다. 실제로 알파제로는 2016년에 체스 인공지능 챔피언 스톡피시(Stockfish)에게 승리하였고 2017년 쇼기 대회 인공지능 챔피언 엘모(Elmo)를 제압하였으며, 알파고 역시 알파제로에게 참패하였다. 알파제로는 사람처럼 사고하는 것과 같은 양상을 보이며, 자신을 가상의 상대로 두어 경기를 여러 번 반복하여 쌓은 빅데이터를 활용한다. 따라서 점점 더 강한 자기 자신과 계속 대결하고 훈련하기 때문에 빠르게 실력을 향상할 수 있으며, 알파고와 마찬가지로 몬테카를로 트리 탐색을 사용하여 강화학습을 통해 성장한다.

이렇게 인공지능이 범접할 수 없다고 생각한 수학게임 영역에 인간보다 뛰어난 인공지능이 등장하였으며, 인간이 인공지능에게 바둑을 배워야 하는 상황이 일어나게 되었다. 실제 많은 바둑기사는 바둑 연구에 인공지능을 활용하고 있다. 지금도 다양한 수학게임에서 인공지능 연구가 계속되고 있다. 인공지능은 앞으로도 수학게임 영역에서 인간을 압도하는 놀라운 성장을 보여줄 것이다.

인공지능과 수라카르타

컴퓨터 올림피아드(Computer Olympiad)는 게임 인공지능을 개발하여 컴퓨터 프로그램끼리의 경쟁을 통해 우승자를 선발하는 올림피아드이다. 주로 체커(Checkers), 체스(Chess), 오셀로(Othello) 등 추상 전략 보드게임이 대회 종목으로 채택되지만 백개먼(Backgammon) 등 우연이 많은 영향을 미치는 게임이 채택되기도 한다. 컴퓨터 올림피아드는 영국의 국제 체스 마스터인 데이비드 레비(David Levy)에 의해서 1989년에 처음 시작되었으며, 1992년까지 매년 개최되었으나 주최자를 찾지 못해서 한때 중단되었다. 그러다 2000년부터 다시 대회가 열리기 시작하였고, 최근에는 국제 컴퓨터 게임협회(ICGA)에서 컴퓨터 올림피아드를 해마다 개최하고 있다.

수라카르타는 네덜란드 암스테르담에서 열린 제12회 컴퓨터 올림피아드 대회에서 처음 게임 종목으로 등장하였으며, 꾸준히 올림피아드 종목 중 하나로 채택되고 있다. 또한 컴퓨터 올림피아드 대회 말고도 TCGA 컴퓨터 토너먼트, 대학 컴퓨터 게임 챔피언십 등 수라카르타의 게임 인공지능을 개발하여 서로 경쟁하는 여러 대회가 진행되고 있다. 하지만 체스나 바둑 등의 게임과 비교하면 대중성이 높지 않음에도 가능한 게임의 경우의 수가 많기 때문에 알려진 컴퓨터 프로그램이 많지는 않다. 이 중에서 ICGA가 개최한 컴퓨터 올림피아드에서 우수한 성적을 거둔 두 팀의 수라카르타 프로그램을 알아보자.

국제 컴퓨터 게임 협회인 ICGA 사이트

첫 번째는 네덜란드 컴퓨터 과학자 마크 위난즈(Mark Winands)가 개발한 수라카르타 에이전트 SIA이다. SIA 프로그램은 제12, 13, 15, 17, 18회 ICGA 컴퓨터 올림피아드에서 다섯 번 금메달을 받았다.

SIA는 알파-베타 가지치기의 확장판인 깊이 우선 반복적 깊이증가 검색(Depth-First Iterative-Deepening Search)을 사용한다. 게임에서 진행 가능한 상황을 보통 게임 트리(Game Tree)라는 개념을 통해 나타낼 수 있다. 게임 트리에서 각 노드는 게임의 한 상태이고 하위에 있는 자식 노드는 한 수 뒤에 갈 수 있는 게임 상태이다. 알파-베타 가지치기(Alpha-Beta Pruning)는 체스나 바둑 같은 2인용 게임에서 많이 사용하는 알고리즘으로 게임 트리를 탐색할 때 더 탐색할 필요가 없는 무의미한 노드를 탐색에서 제외해 제한된 시간 안에 가장 좋은 전략을 찾을 수 있도록 해주는 알고리

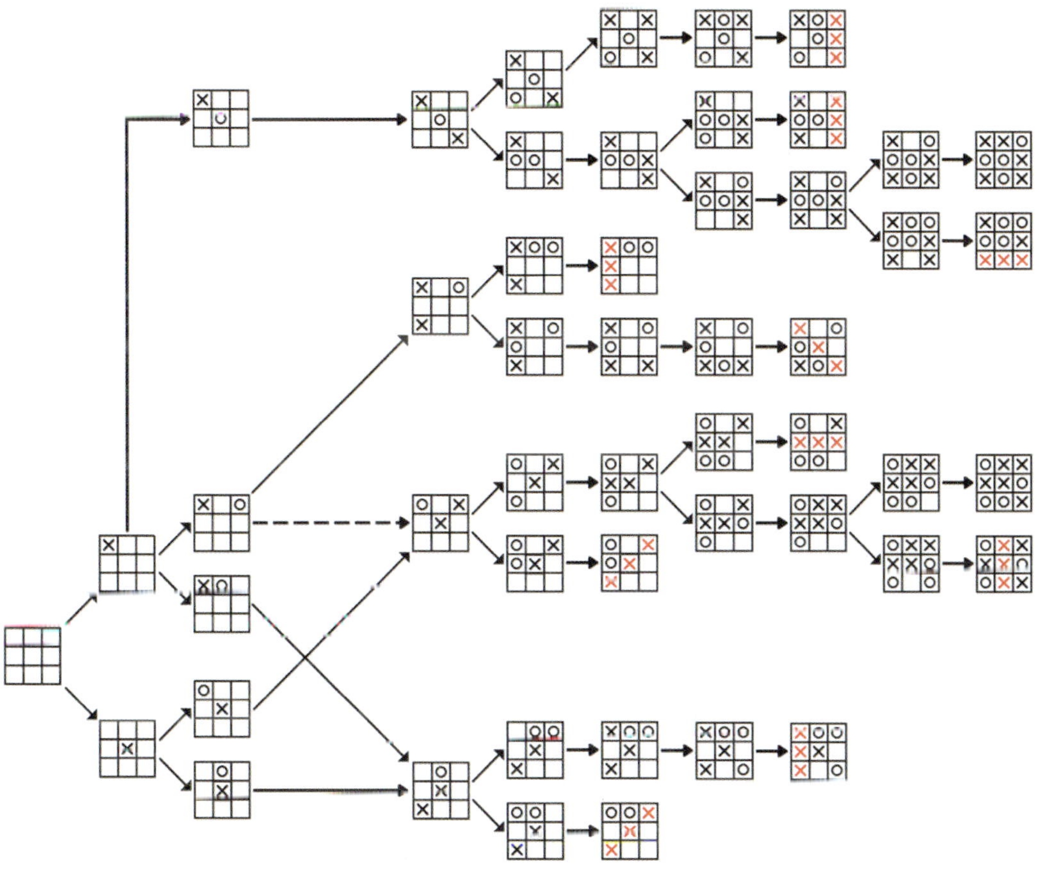

틱택토 게임의 게임 트리 예시

즘이다. 얼마나 깊이 탐색하느냐에 따라서 프로그램의 성능이 달라지기 때문에, 승리 가능성이 유력한 라인을 더 깊이 탐색하는 것이 핵심이다.

또한 SIA 수라카르타 프로그램은 정확한 평가를 얻기 위해서 정지 검색(Quiescence Search)을 사용한다. 게임 트리를 탐색할 때, 게임이 종료될 때까지 모든 상황을 다 탐색할 수는 없으므로 보통 어느 정도 깊이까지 탐색할지 결정하고 탐색을 하게 된다. 하지만 모든 경우에 항상 일정 깊이까지 탐색하면 그 너머에 있는 위협을 감지할 수 없으므로 프로그램의 성능은 떨어지기가 쉽다. 정지 검색은 특정 조건을 만족할 때는 좀 더 깊이 탐색하도록 하는 알고리즘이다. 즉, 필요에 따라 가변적으로 좀 더 깊이 탐색하기도 하고 덜 탐색하기도 하면서 사람처럼 유연하게 게임 상황을 대처하게 하는 것이다.

이 외에도 가지치기의 조건이 충족되지 않으면 더 깊게 탐색하고, 충족되면 더는 탐색하지 않는 멀티 컷(Multi-Cut) 방법을 활용하였다. 그리고 각 게임 상태로 이동할 확률을 계산해 확률에 큰 상태에 대해서는 좀 더 깊이 재탐색하는 실현 확률 검색(Realization Probability Search) 기술을 사용하여 프로그램의 성능을 높였다. 이런 다양한 기술을 적용해 SIA는 컴퓨터 올림피아드에서 우수한 성적을 거둘 수 있었다.

두 번째 소개할 수라카르타 프로그램은 국립타이완사범대학교(National Taiwan Normal University)의 옌치 첸(Yen-Chi Chen), 지아펑 예(Jia-Fong Yeh), 순시 린(Shun-Shii Lin)이 만든 퓨쿠(Fuchou)이다. 이 프로그램은 2017년 TCGA에서는 금메달을 받았고 2017년과 2018년에는 ICGA에서 은메달을 획득했다.

이 프로그램의 알고리즘의 핵심은 엔드게임 테이블베이스(Endgame TableBase)의 성능을 올리는 것이다. 엔드게임 테이블베이스란 게임 종료가 얼마 남지 않은 마지막 국면에서 가능한 움직임을 모두 분석해 최선의 수에 대한 데이터를 모아놓은 데이터베이스다. 테이블베이스를 통해 게임의 이론적 가치나 완벽하게 승리하기 위해서 얼마나 많은 움직임이 필요한지 등을 데이터로 분석해 놓았기 때문에 추가 계산 없이 게임에서 최적의 움직임을 빠르게 결정할 수 있다. 따라서 이 엔드게임 테이블베이스가 컴퓨터 게임의 승리에 핵심 역할을 하는 경우가 많다.

퓨쿠 프로그램에서는 수라카르타의 게임판의 위치를 엔드게임 테이블베이스와 연결하는 함수를 만들었고, 이 함수는 일대일 대응 함수로서 기존 방법보다 훨씬 빠르게 계산할 수 있어서 우수한 성능을 발휘한다. 또한 퓨쿠는 반복적 깊이증가 흡입 검색(Iterative-Deepening Aspiration Search)을 사용하여 먼저 얕은 검색을 적용하여 값을 얻은 후, 계산된 값이 적절하면 심층 검색을 하도록 하였다. 이를 통해 수라카르타 게임에서 계산을 더 효율적으로 할 수 있게 하였다.

수라카르타는 생각보다 다양한 전개가 가능해 아직 알려진 필승전략은 없다. 하지만 인공지능을 활용한 다양한 컴퓨터 대회의 정식 종목으로 채택되었고 다양한 게임 인공지능 프로그램이 개발되고 있으므로 제2의 알파고와 같이 수라카르타 천재 인공지능 프로그램이 탄생할 날도 머지않을 것이다.

알케르케 Alquerque

알케르케(Alquerque)는 고대 중동과 이집트에서 유행했던 게임으로 그 기원은 명확하지 않다. 10세기경 스페인에 게임이 전해지며 여러 나라에 퍼지게 되었고 많은 변형 게임이 만들어졌다. 중세 카스티야, 갈리시아, 레온 왕국(현 스페인)의 왕인 알폰소 10세[Alfonso Ⅹ(1221-1284)]의 지시에 따라 13세기에 제작된 책인 《게임북(Libro de los Juegos)》에서 소개되기도 했으며 체커의 기원으로도 알려져 있다.

게임에 필요한 도구

게임판, 검은색 바둑돌 12개, 흰색 바둑돌 12개

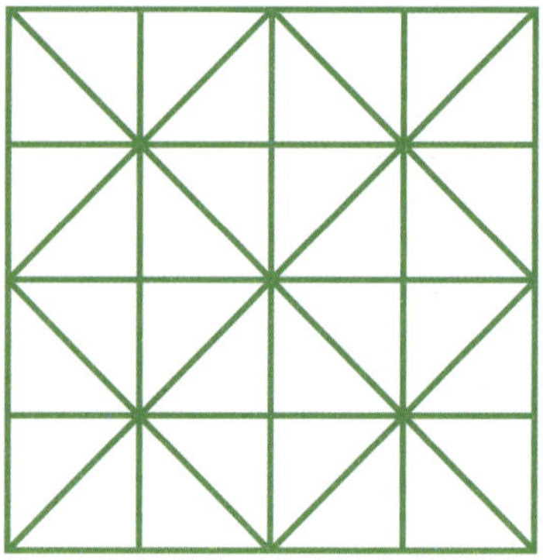

게임판

검은색 바둑돌 12개

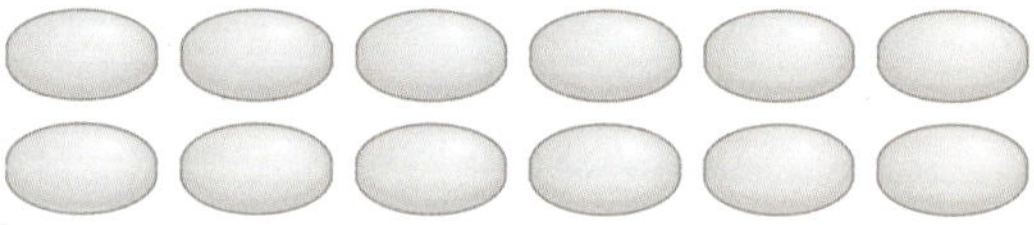

흰색 바둑돌 12개

게임판 받기

04_섬멸 게임/알케르케.pdf

게임 규칙

알케르케는 아래와 같이 게임판에 말을 배치하고 다음 규칙에 따라 게임을 진행한다.

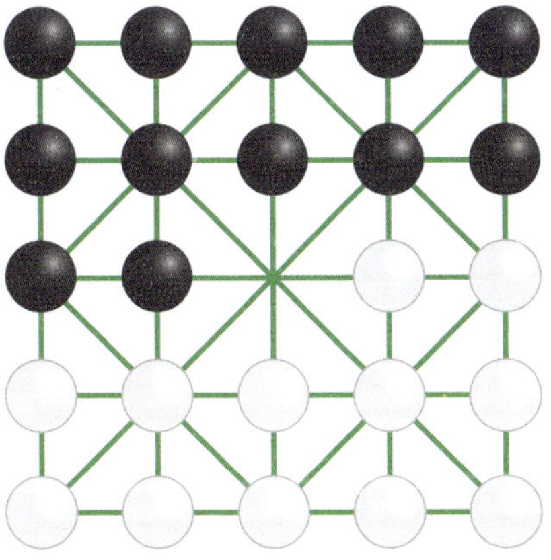

1) 두 사람은 교대로 자신의 말 하나를 이웃한 빈 곳으로 이동하거나 상대방 말을 넘어 잡을 수 있다.
2) 말을 이동할 때는 오른쪽, 왼쪽, 위, 아래, 대각선 중 비어 있는 곳 하나를 선택해 한 칸 이동할 수 있다.

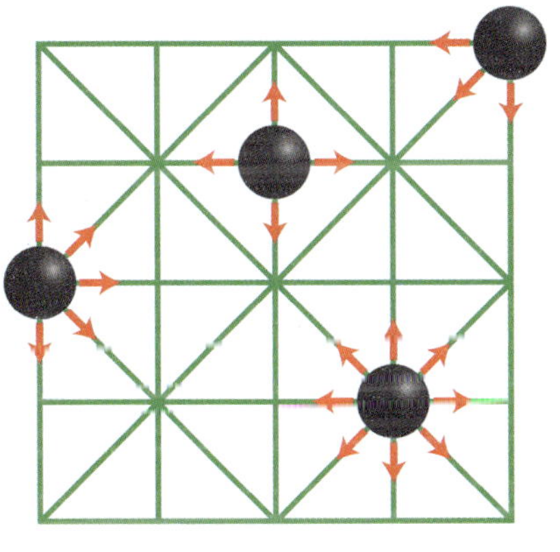

알케르케에서 말의 이동

3) 상대방 말을 뛰어넘어 잡을 때 게임판에 그려진 직선을 따라 넘어야 하며 여러 번 뛰어넘어 잡는 것이 가능하다면 반드시 그렇게 해야 한다.

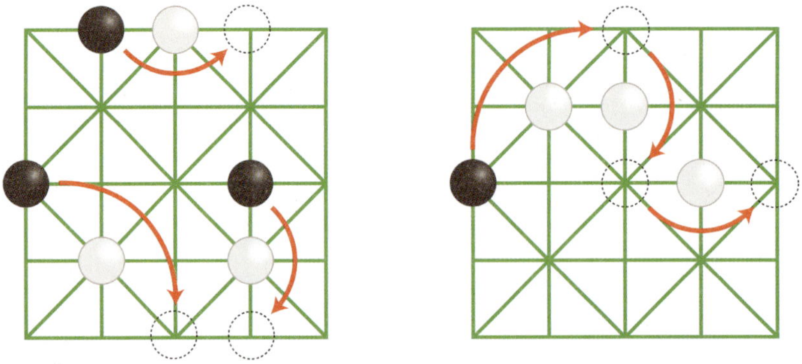

알케르케에서 상대 말을 잡는 경우(왼쪽)와 여러 말을 동시에 잡는 경우(오른쪽)

4) 상대방 말을 잡을 수 있으면 반드시 상대방 말을 잡아야 하며 상대방 말을 잡을 수 있는데도 잡지 않으면 자신의 말 하나를 제거해야 한다.
5) 상대방 말을 모두 잡거나 상대 말을 움직이지 못하게 하면 승리한다. 만약 서로 상대 말을 잡을 수 없다면 더 많은 말이 남은 사람이 승리한다.

알폰소 10세[Alfonso X(1221-1284)]의 지시에 따라 제작된 《게임북(Libro de los Juegos)》에서 소개된 알케르케

변형 게임

알케르케는 여러 변형 게임이 있다. 그중 몇 가지를 알아보자.

라우 카타 카티(Lau Kata Kati)

라우 카타 카티는 인도 게임으로 아래 그림과 같이 게임판 위에 각각 9개의 말을 배치한 후 게임을 시작하며 규칙은 알케르케와 같다. 즉, 이웃한 빈칸으로 이동하거나 상대방 말을 뛰어넘어 잡을 수 있으며 상대방 말을 잡을 수 있으면 반드시 잡아야 한다. 상대방 말을 모두 잡거나 움직이 못하게 하면 승리하며 서로 잡을 수 있는 말이 없을 때는 더 많은 말이 남은 사람이 승리한다.

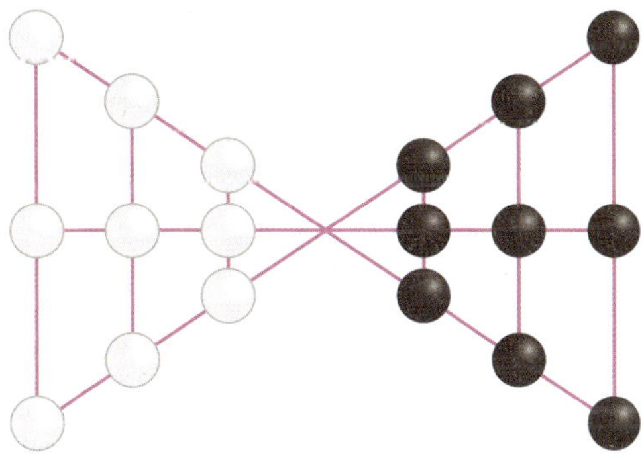

열여섯 명의 병사(Sixteen Soldiers)

열여섯 명의 병사는 아래 그림과 같이 게임판 위에 각각 16개의 말을 배치한 후 게임을 시작하며 규칙은 알케르케와 같다. 단, 상대 말을 잡는 것이 필수는 아니며 상대방의 말을 더 잡는 것이 가능해도 중간에 멈출 수 있다.

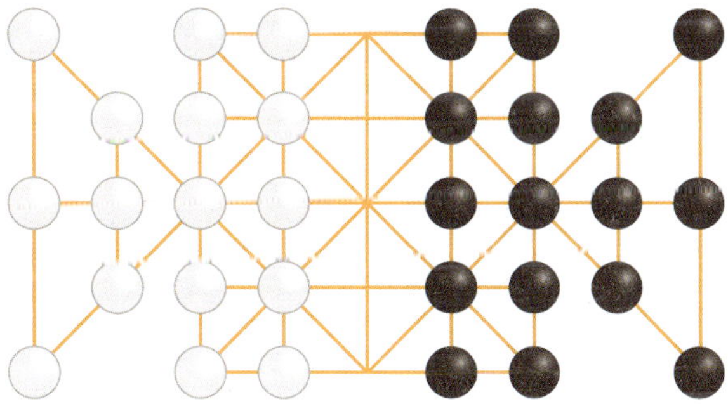

페랄리카투마(Peralikatuma)

페랄리카투마는 스리랑카 게임으로 아래 그림과 같이 게임판 위에 각각 23개의 말을 배치한 후 게임을 시작하며 규칙은 알케르케와 같다. 단, 상대 말을 잡는 것이 필수는 아니며 상대방의 말을 더 잡는 것이 가능해도 중간에 멈출 수 있다.

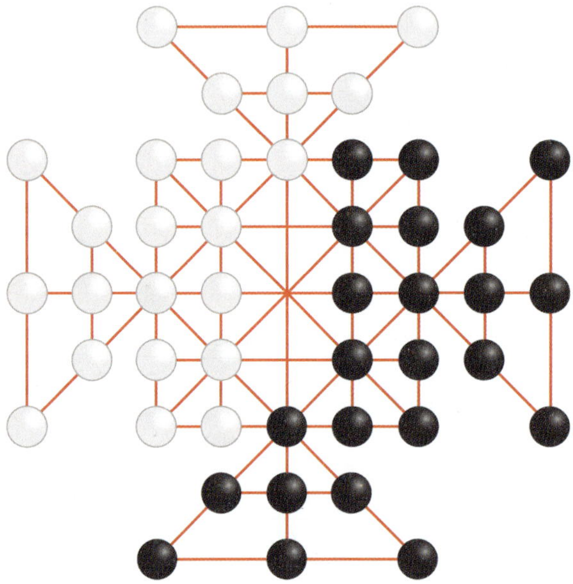

수학게임과 강화학습

사람들이 수학게임을 재밌어하는 이유는 무엇일까? 아마 다양한 경우의 수가 존재해 상대방의 전략에 따라 많은 대응 방법을 생각해 낼 수 있고, 여러 번 게임을 하더라도 상대방 수가 달라져 늘 같은 패턴으로 게임이 흘러가지 않기 때문일 것이다. 다양한 경우의 수가 존재한다는 것은 재미를 높일 수 있다는 점에서 수학게임의 큰 장점이다. 하지만 수학게임을 프로그램으로 구현한다고 했을 때 이는 큰 난점이 된다.

수학게임 프로그램에서 컴퓨터로 모든 경우의 수를 고려하여 다음 수를 결정한다면 시간이 오래 걸릴 뿐 아니라 결국엔 성능의 벽에 부딪히게 된다. 여러 연구자는 이를 극복하기 위해 많은 노력을 했고 그 대안으로 찾은 방법의 하나가 바로 강화학습이다.

강화학습은 기계학습의 한 영역으로 행동 심리학의 이론 중 하나인 조작적 조건화 이론에서 영감을 얻은 연구자들에 의해 시작되었다. 조작적 조건화 이론은 어떤 행동에 대해 선택적으로 보상함으로써 그 반응이 일어날 확률을 증가시키거나 감소시키는 방법을 말한다. 이런 조작적 조건화 이론과 관련된 실험 중에서 가장 유명한 실험은 스키너의 쥐 실험이다. 스키너는 굶주린 쥐를 상자에 넣고 쥐의 행동을 관찰했다. 스키너는 쥐가 여기저기 돌아다니다가 우연히 지렛대를 눌러 치즈가 나오는 것을 발견하면 자주 지렛대를 누른다는 것을 발견하였다. 이 과정을 반복하면, 쥐는 지렛대를 누르면 치즈가 나온다는 것을 학습하게 된다. 쥐가 시행착오를 겪으면서 지렛대를 누르면 치즈가 나온다는 것을 학습한 것처럼 컴퓨터 프로그램도 시행착오를 겪으면서 적절한 보상을 통해 최적의 행동을 하게 된다는 것이 강화학습의 기본 아이디어다.

강화학습에서는 **학습자**(Agent)가 주어진 **환경**(Environment) 안에서 **정책**(Policy)에 따라 순차적으로 **행동**(Action)을 하게 된다. 학습자의 행동에 따라 환경의 **상태**(State)가 바뀌게 되고 좋은 상태가 됐는지 나쁜 상태가 됐는지에 따라 학습자는 **보상**(Reward)을 받는다. 강화학습의 목적은 보상의 합이 최대가 되는 정책을 찾아 학습자가 최적의 행동을 하게 하는 데 있다. 이 과정은 아래 그림과 같이 표현할 수 있다.

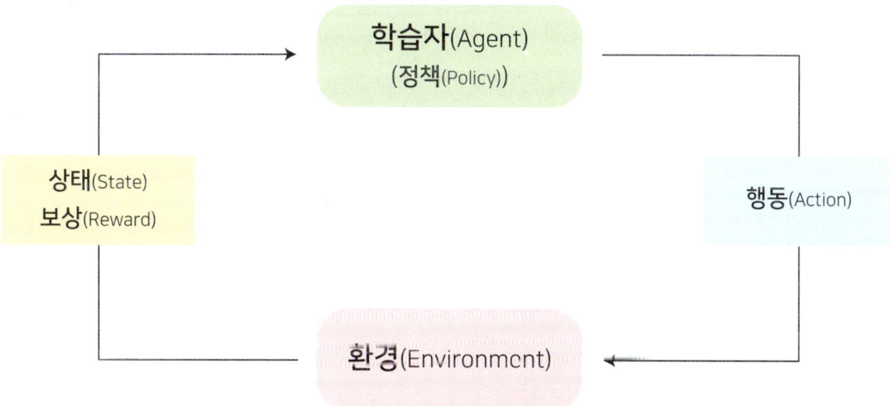

강화학습의 작동 과정

수학게임 알케르케를 통해 이를 자세히 살펴보자. 알케르케를 하는 프로그램을 만든다고 하면 알케르케를 하는 이 프로그램이 바로 학습자다. 보통 학습자는 분명한 목표를 갖는데 알케르케에서 목표는 당연하게도 게임에서 승리하는 것이다. 그리고 알케르케를 하는 상황이 바로 환경이다. 컴퓨터 프로그램인 이 학습자는 둘 수 있는 수를 탐색하며 정책에 따라 말을 이동하든가 상대방의 말을 잡는 등의 행동을 하게 된다. 이 행동의 결과 게임판의 상황이 바뀌게 되는데 이것이 환경의 상태가 바뀌는 것이다. 그리고 바뀐 상태에 따라 학습자는 적절한 보상을 받게 된다. 이후 학습자의 행동, 환경의 상태 변화, 보상이 반복된다. 이렇게 게임을 진행하다 승자가 결정되어 게임이 종료되면 하나의 **에피소드**(Episode)가 끝났다고 한다. 즉, 하나의 게임이 시작되고 종료되면 하나의 에피소드가 끝났다고 하는 것이다. 에피소드가 끝나면 게임 상태는 리셋되고 처음 상태에서 새로운 에피소드가 다시 시작된다.

에피소드가 반복되면 학습자는 누적된 경험을 갖게 된다. 여기서 누적된 경험이란 행동의 결과로 받은 보상을 말한다. 이후 학습자는 과거에 획득했던 보상을 바탕으로 정책을 더 정교하게 바꾼다. 정책을 정교하게 바꾼다는 것은 더 큰 보상을 받을 수 있는 방향으로 정책을 바꾼다는 것이다. 즉, 학습자는 보상을 획득하는 데 효과적인 행동을 선호하는 방식으로 게임을 하게 된다. 하지만 학습자가 선택 가능한 행동 중 항상 보상을 최대화하는 행동만 선택하는 것은 아니다.

강화학습에서 중요한 것 중 하나는 학습자가 이미 경험한 행동의 **활용**(Exploitation)과 미래에 더 좋은 행동을 선택하기 위한 **탐험**(Exploration)을 균형 있게 해야 한다는 것이다. 알케르케 게임에서 학습자가 보상을 최대로 받았던 행동만 선택한다고 하자. 특정 행동이 승리에 도움이 되어 보상을 받았다면 학습자는 이후 같은 상황에서 보상받았던 그 행동만을 선택할 것이다. 하지만 선택받지 못했던 행동 중 더 좋은 행동이 있을 수 있다. 따라서 좋은 보상을 받았던 행동이 있더라도 아직 선택하지 않은 행동에 대해 탐험을 해야 한다. 그래야 반복된 학습을 통해 최종적으로 가장 좋은 행동을 선택할 수 있기 때문이다. 따라서 경험한 행동을 활용하기만 해서도 안 되고 아직 하지 않은 행동을 탐험하기만 해서도 안 된다. 이 둘의 균형을 유지해야 한다.

학습자가 좋은 행동을 선택하기 위해 중요한 또 다른 요소는 적절한 보상 체계이다. 여기서 보상이란 것은 긍정적 보상일 수도 있고 부정적 보상일 수도 있다. 보상에는 몇 가지 특징이 있는데 그 중 한 가지는 희소성이다. 보통 학습자가 하는 행동의 수에 비해 보상을 받을 수 있는 상태는 적다. 알케르케에서 보상을 받을 수 있는 상황이라 하면 상대 말을 잡거나 상대방에게 말을 잡히는 상황, 게임에서 승리하거나 패배하는 상황이 있는데 전체 행동 수에 비해 적다고 할 수 있다. 보상을 받는 상태가 적을수록 보상 체계를 설계하기는 힘들다.

보상의 또 다른 특징은 **즉각보상**(Immediate Reward)과 **지연보상**(Delayed Reward)이 있다는 점이다. 즉각보상은 말 그대로 행동한 즉시 그 행동에 주어지는 보상이고 지연 보상은 그 행동을 한 후 어느 정도 시간이 흐른 뒤 그 행동에 대해 이루어지는 보상이다. 알케르케에서 즉각보상이라 하면 상대방의 말을 잡은 후 이루어지는 보상을 생각해 볼 수 있다. 그렇다면 지연보상은 언제 생기고 왜 필요할까? 알케르케에서 일련의 행동 후에 게임에 승리했다고 하자. 게임에 승리하는 데 영향을 미친 행동은 학습자가 마지막으로 한 행동만은 아닐 것이다. 승리하기까지 이루어진 행동 중 승리에 긍정적 영향을 준 행동도 있고 부정적 영향을 준 행동도 있을 것이다. 따라서 '승리'라는 게임 환경 상태의 변화가 생겼을 때 승리에 긍정적인 영향을 주었다고 판단되는 이전 행동에 보상이 주어지게 된다. 이런 보상은 행동을 기준으로 봤을 때 행동이 일어난 후 어느 정도 시간이 흐른 뒤 이루어진 보상이기 때문에 지연보상에 해당한다.

이렇게 강화학습은 학습자가 시행착오를 반복하며 여러 가지 행동을 하고 그에 대한 보상을 바탕으로 정책을 변경하며 보상의 합이 최대가 되는 행동을 찾아간다. 알케르케의 경우도 이런 인공지능 프로그램에 관한 몇몇 연구가 알려져 있다. 그중 하나는 2010년 스웨덴 왕립공과대학의 마티아스 크누손(Mattias Knutsson)과 세바스티안 렘네루드(Sebastian Remnerud)의 연구로 강화학습 알고리즘 중 하나인 Q-러닝을 이용해 알케르케 인공지능 프로그램을 구현하였다. 또 다른 연구는 2014년 경희대학교 컴퓨터공학과 연구팀의 연구로 최소-최대 알고리즘(Min-Max Algorithm)을 이용해 알케르케 인공지능 프로그램을 구현하였다.

마르코프 결정 과정

학습자의 행동과 그에 따른 보상 그리고 정책 변경은 시간의 흐름에 따라 순차적으로 이뤄진다. 이것을 순차적 의사결정이라 한다. 순차적 의사결정을 프로그램으로 구현하려면 이론적으로 잘 정의한 모형이 필요하고 그 대표적 모형이 **마르코프 결정 과정**(Markov Decision Process)이다. 마르코프 결정 과정은 강화학습의 여러 이론에 바탕이 된다. 이에 대해 알아보자. 본격적인 내용을 알아보기 위해서 먼저 알아야 할 개념이 있다.

확률 과정(Stochastic Process)

확률 과정이란 간단하게 이야기해서 시간 t에 확률변수 X_t가 대응되는 함수라고 할 수 있다. 이때 시간이 연속적이라면 연속 확률 과정이라 하고 이산적이면 이산 확률 과정이라고 한다. 예를 들어 살펴보자.

시간의 흐름에 따라 동전 던지기를 한다고 하고, 동전의 앞면이 나오면 1점, 뒷면이 나오면 -1점을 받는다고 할 때, t회 던졌을 때 받은 점수의 합을 확률변수 X_t라 할 수 있다. X_1은 동전을 한 번 던졌을 때이므로 1 또는 -1의 값을 갖는다. 반면 X_2는 $2, 0, -2$ 중 하나의 값을 갖는다. 일반적으로 X_t는 $t, t-2, t-4, \cdots, -t+2, -t$의 값을 갖는다. 이렇게 시간에 따라(던진 횟수에 따라) 그에 대응되는 확률변수를 갖게 되므로 이는 확률 과정이다. 또한 이산적인 시간에 따른 확률변수를 생각하므로 이산 확률 과정이라 할 수 있다. 이산 확률 과정은 다음과 같이 수열로 표현할 수 있다. (수열도 함수이다.)

$$\{X_t \mid t = 0, 1, 2, 3, \cdots\}$$

확률 과정은 우리 주변에서 많이 볼 수 있다. 예를 들어 시간에 따른 바이러스 개체 수의 변화, 주식 가격의 변화, 꽃가루 위치의 변화 등이 있다. 대표적인 확률 과정에는 베르누이 과정, 푸아송 과정, 마르코프 과정 등이 있는데 여기서 우리가 알아볼 것은 마르코프 과정이다.

마르코프 과정(Markov Process)

마르코프 과정은 마르코프 속성(Markov Property)을 만족하는 이산 확률 과정으로 마르코프 체인(Markov Chain)이라고도 한다. 정의는 다음과 같다.

마르코프 과정

아래 주어진 식을 만족하는 이산 확률 과정 $\{X_t \mid t = 0, 1, 2, 3, \cdots\}$을 마르코프 과정이라 한다.

$$P[X_{t+1} = i \mid X_0 = j, X_1 = k, \cdots, X_t = l] = P[X_{t+1} = i \mid X_t = l] \text{ (마르코프 속성)}$$

확률변수 X_t가 취할 수 있는 값의 집합을 상태 집합(Set of States) S라 하고 $P_{ij} = P[X_{t+1} = i \mid X_t = j]$를 상태 i에서 상태 j로의 추이확률(Transition Probability)이라 하며, $i, j \in S$에 대해 행렬 $P = (p_{ij})$를 추이행렬(Transition Matrix)이라 한다. 마르코프 과정은 상태집합 S와 추이행렬 P의 쌍 $< S, P >$으로 표현할 수 있다.

천천히 정의를 생각해 보자. 먼저 알아볼 것은 마르코프 속성이다. 마르코프 속성에서 주어진 식 $P[X_{t+1} = i \mid X_0 = j, X_1 = k, \cdots, X_t = l]$을 계산한다는 것은 조건부 확률을 계산하는 것으로 $X_0 = j, X_1 = k, \cdots, X_t = l$이라는 조건하에 $X_{t+1} = i$의 확률을 계산하는 것이다. 일반적으로 연속적인 사건의 열(혹은 확률 변수의 열)이 있다고 할 때, 뒤에 일어날 사건은 앞에서 일어난 사건의 영향을 받는다. 따라서 X_{t+1}의 값 역시 앞에서 일어났던 $X_0, X_1, \cdots, X_t$의 값의 영향을 받는다고 할 수 있으므로 X_{t+1}의 확률을 생각하려면 $X_0, X_1, \cdots, X_t$를 고려하여 확률을 계산해야 한다. 하지만 실제 이를 계산하려면 계산량이 너무 많아져 어려움이 생긴다.

마르코프 속성은 X_{t+1}의 확률을 계산하기 위해 앞에 일어났던 모든 상황 $X_0, X_1, \cdots, X_t$를 다 고려하지 않고 직전에 일어났던 상황 X_t만 고려하여 확률을 계산하는 방법이다. 다시 말하면 마르코프 속성은 X_{t+1}의 값이 직전에 일어났던 X_t의 값에만 영향을 받는다고 가정하고 확률을 계산하는 것이다. 따라서 정의에서 주어졌던 아래 식이 성립하는 것이다.

$$P[X_{t+1} = i \mid X_0 = j, X_1 = k, \cdots, X_t = l] = P[X_{t+1} = i \mid X_t = l]$$

일면 문제가 있어 보일 수 있지만, X_t의 값 역시 그 이전에 일어난 사건의 영향을 받은 것이므로 X_t의 값에는 이미 그 이전에 일어난 사건의 영향이 반영된 것이라 할 수 있다. 따라서 X_{t+1}의 확률을 계산할 때 X_t만 고려해도 그 이전에 일어난 사건의 영향이 반영된 것이라 할 수 있다. 또한 이렇게 계산하면 계산량이 적어져 여러 문제 상황에 적용하기가 편해진다.

마르코프 과정을 쉽게 이해하는 방법의 하나는 상태집합과 추이확률을 다이어그램으로 나타내는 것이다. 예를 들어 어떤 게임이 상태 s_0에서 시작해 s_4로 끝나며 그 사이에 s_1, s_2, s_3의 상태가 가능하다고 하자. 즉, 상태 집합이 $\{s_0, s_1, s_2, s_3, s_4\}$인 게임을 생각하는 것이다. 이때 상태 사이의 이동과 추이확률을 다음과 같은 다이어그램으로 나타낼 수 있다.

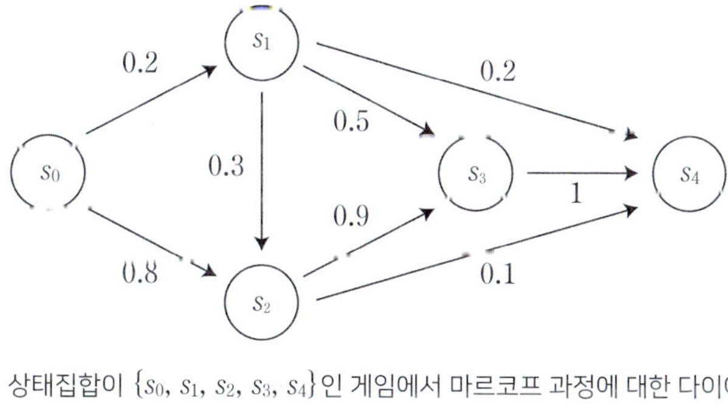

그림 1 상태집합이 $\{s_0, s_1, s_2, s_3, s_4\}$인 게임에서 마르코프 과정에 대한 다이어그램

그림1의 마르코프 과정에서 시간의 흐름에 따른 게임의 상태를 확률변수 X_t라 하자. 최대 세 번까지 게임이 진행되므로 X_0, X_1, X_2, X_3이 존재하고 이때 X_0은 게임을 시작할 때 상태이므로 s_0만 값으로 갖는다. 또한 X_1은 s_1, s_2를 값으로 가질 수 있고, X_2는 s_2, s_3, s_4를 값으로 가질 수 있으며, X_3는 s_3, s_4를 값으로 가질 수 있다. 다이어그램에서 화살표의 숫자가 각 상태에서 다른 상태로의 추이확률이므로 추이행렬은 다음과 같다.

$$\begin{array}{c} \\ s_0 \\ s_1 \\ s_2 \\ s_3 \\ s_4 \end{array} \begin{array}{c} \begin{array}{ccccc} s_0 & s_1 & s_2 & s_3 & s_4 \end{array} \\ \begin{bmatrix} 0 & 0.2 & 0.8 & 0 & 0 \\ 0 & 0 & 0.3 & 0.5 & 0.2 \\ 0 & 0 & 0 & 0.9 & 0.1 \\ 0 & 0 & 0 & 0 & 1 \\ 0 & 0 & 0 & 0 & 0 \end{bmatrix} \end{array}$$

예를 들어 $P[X_3 = s_4 \mid X_0 = s_0, X_1 = s_1, X_2 = s_3]$을 계산한다고 하면 마르코프 속성을 만족하므로 다음이 성립한다.

$$P[X_3 = s_4 \mid X_0 = s_0, X_1 = s_1, X_2 = s_3] = P[X_3 = s_4 \mid X_2 = s_3] = P_{s_3 s_4} = 1$$

게임의 상태가 s_0, s_1, s_2, s_4의 순으로 진행될 확률을 계산해 보자. 추이확률을 통해 마르코프 과정에서는 다음과 같이 간단히 계산할 수 있다.

$$P[X_0 = s_0, X_1 = s_1, X_2 = s_2, X_3 = s_4] = 0.2 \times 0.3 \times 0.1 = 0.006$$

마르코프 과정은 단순하지만 여러 확률 과정 문제에 쉽게 적용할 수 있는 강력한 방법이다.

마르코프 보상 과정(Markov Reward Process)

강화학습을 다시 생각해 보자. 강화학습은 시간의 흐름에 따라 학습자의 행동, 환경의 상태 변화, 행동에 대한 보상, 정책 변화가 이루어진다. 마르코프 과정은 이 중에서 환경의 상태 변화만을 이야기하며 다른 것에 대한 정보는 없다. 마르코프 보상 과정은 마르코프 과정에 보상이 추가된 개념으로 정의는 다음과 같다.

마르코프 보상 과정

마르코프 보상 과정은 마르코프 과정 $\{X_t \mid t = 0, 1, 2, 3, \cdots\}$에 보상함수 R과 감가율 γ를 추가한 개념으로 상태집합 S, 추이행렬 P, 보상함수 R, 감가율 γ의 4중쌍 $< S, P, R, \gamma >$으로 표현할 수 있다. 이때 다음을 만족한다.

1) 상태 집합(Set of States) S는 확률변수 X_t가 취할 수 있는 값의 집합이다.

2) $s, s' \in S$에 대해 행렬 $P = (p_{ss'})$는 추이행렬이다. 이때 $P_{ss'} = P[X_{t+1} = s' \mid X_t = s]$이다.

3) 각 상태에 하나의 보상값이 대응된다. r_t를 X_t에 대응하는 보상이라 하고 $X_t = s$일 때 R_s는 시간 t에서 받을 수 있는 보상의 기댓값이다. 따라서 $R_s = E[r_t \mid X_t = s]$이다.

4) 감가율 γ는 0 이상 1 이하의 실수이다. 즉, $\gamma \in [0, 1]$

마르코프 보상 과정의 정의가 상당히 어렵게 느껴지지만, 천천히 생각해 보도록 하자. 마르코프 과정에서는 상태 변화만 있다면 마르코프 보상 과정에서는 보상이 생기기 때문에 상태가 변화될 때마다 보상을 받게 된다. 따라서 하나의 에피소드가 상태 X_0에서 시작해 X_t에서 종료됐을 때 상태 변화와 보상이 교대로 나타나는 다음과 같은 열을 생각할 수 있다.

$$X_0, r_0, X_1, r_1, X_2, r_2, \cdots, X_t, r_t$$

강화학습에서 학습자의 목표는 에피소드에서 보상의 합이 최대가 되는 행동을 찾는 것이다. 따라서 하나의 에피소드가 진행되는 동안 보상의 합을 어떻게 구할지는 상당히 중요한 문제라고 할 수 있다. 보상의 합을 구하는 문제를 아래 예를 통해 생각해 보자.

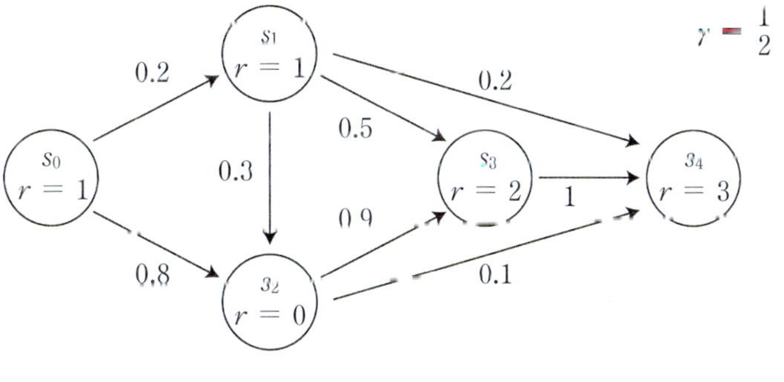

그림2 상태집합이 $\{s_0, s_1, s_2, s_3, s_4\}$인 게임에서 마르코프 보상 과정에 대한 다이어그램

한 번의 에피소드가 $X_0 = s_0, X_1 = s_1, X_2 = s_2, X_3 = s_4$의 순으로 진행됐다면 상태마다 받는 보상은 순서대로 $r_0 = 1, r_1 = 1, r_2 = 0, r_3 = 3$이고 이 합을 구하면 5이다. 다시 한 번 에피소드를 진행해 상태가 $X_0 = s_0, X_1 = s_2, X_2 = s_4$의 순으로 진행됐다면 상태마다 받는 보상은 순서대로 $r_0 = 1, r_1 = 0, r_2 = 3$이고 이 합을 구하면 4이다. 이 합이 최대가 되는 행동을 강화학습의 목표로 생각해 볼 수 있지만 이렇게 단순히 받은 보상을 그대로 더하면 문제가 생긴다. 어떤 경우에는 두 게임 상태가 무한히 반복될 수도 있는데 이런 경우 두 개의 보상값을 반복해서 무한히 더하게 되기 때문에 보상의 합은 무한으로 발산할 수 있다. 이런 문제를 해결하기 위해 **감가율**이라는 개념이 도입된다.

보상의 합을 구하고자 할 때 받은 보상을 그대로 더하는 것이 아니라 감가율을 점차 곱해서 더하면 무한으로 발산하는 문제를 해결할 수 있다. (무한등비급수를 생각해 보자.) 이러한 방법으로 보상의 합을 계산하는 것을 **리턴**(Return)이라 한다. 다시 말해 리턴 G_t란 시간 t에서 감가율이 반영된 보상의 총합으로 다음과 같다.

$$G_t = \sum_{k=0}^{\infty} \gamma^k r_{t+k}$$

여기서 한 가지 알아야 할 것은 감가율이 단순히 보상의 합이 발산하는 것을 막기 위해 도입된 것만은 아니다. 감가율에는 시작 상태에서 미래에 받을 보상의 가치를 어느 정도로 볼지에 대한 평가가 담겨있다. 감가율이 0에 가깝다면 미래에 받을 보상보다는 현재에 받을 보상을 더 가치 있게 본다는 것이다. 반대로 감가율이 1에 가깝다면 미래에 받을 보상을 현재에 받을 보상만큼 가치 있게 본다는 것이다.

앞서 강화학습의 목표가 에피소드에서 보상의 합이 최대가 되는 행동을 찾는 것이라 했지만 정확하게 말하면 강화학습의 목표는 에피소드에서 리턴이 최대가 되는 행동을 찾는 것이다. 그림2에서 감가율을 1/2로 설정했으므로 게임이 $X_0 = s_0, X_1 = s_1, X_2 = s_2, X_3 = s_4$의 순으로 진행됐다면 이때 리턴은 다음과 같다.

$$G_0 = r_0 + \gamma r_1 + \gamma^2 r_2 + \gamma^3 r_3 = 1 + \frac{1}{2} \times 1 + \left(\frac{1}{2}\right)^2 \times 0 + \left(\frac{1}{2}\right)^3 \times 3 = \frac{15}{8}$$

마찬가지로 $X_0 = s_0, X_1 = s_2, X_2 = s_4$의 순으로 진행됐다면 리턴을 다음과 같이 계산할 수 있다.

$$G_0 = r_0 + \gamma r_1 + \gamma^2 r_2 = 1 + \frac{1}{2} \times 0 + \left(\frac{1}{2}\right)^2 \times 3 = \frac{7}{4}$$

앞의 식에서 알 수 있듯이 에피소드가 어떻게 진행되는지에 따라 그 값이 달라진다. 여기서 우리는 자연스럽게 각 게임의 상태에서 리턴의 평균값을 생각해 볼 수 있고 이를 **상태 가치 함수**(State Value Function)라는 개념을 통해 정의한다. 상태 s에서 상태 가치 함수 $v(s)$는 다음과 같다.

$$v(s) = E[G_t \mid X_t = s]$$

상태 가치 함수는 상태 s가 보상의 측면에서 얼마나 좋은 상태인지 평가하기 위한 지표로 사용된다. 이렇게 마르코프 보상 과정은 상태 변화와 함께 보상이란 개념을 수학적으로 정의한 모형이다.

마르코프 결정 과정(Markov Decision Process)

마지막으로 알아볼 것은 마르코프 결정 과정이다. 또다시 강화학습을 생각해 보자. 강화학습은 시간의 흐름에 따라 학습자의 행동, 환경의 상태 변화, 행동에 대한 보상, 정책 변화가 이루어진다. 마르코프 보상 과정은 상태 변화와 보상에 대한 정보는 주지만 행동과 정책에 대한 정보는 없다. 마르코프 결정 과정은 마르코프 보상 과정에 행동과 정책이 추가된 개념으로 정의는 다음과 같다.

마르코프 결정 과정

마르코프 결정 과정은 마르코프 과정 $\{X_t \mid t = 0, 1, 2, 3, \cdots\}$에 보상함수 R과 감가율 γ, 행동 A를 추가한 개념으로 상태집합 S, 행동집합 A, 추이행렬 P, 보상함수 R, 감가율 γ의 5중쌍 $< S, A, P, R, \gamma >$으로 표현할 수 있다. 이때 다음을 만족한다.

1) 상태 집합(Set of States) S는 확률변수 X_t가 취할 수 있는 값의 집합이다.
2) 행동집합 A는 상태 $s \in S$에 대해 선택 가능한 행동의 집합이다.
3) $s, s' \in S$와 $a \in A$에 대해 행렬 $P = (p_{ss'}^a)$는 추이행렬이다. 각각의 $a \in A$에 따라 추이행렬이 다르다. 이때 $P_{ss'}^a = P[X_{t+1} = s' \mid X_t = s, A_t = a]$이다.
4) 각 상태에 하나의 보상값이 대응된다. r_t를 X_t에 대응하는 보상이라 하고 $X_t = s$, $A_t = a$일 때 R_s^a는 시간 t에서 받을 수 있는 보상의 기댓값이다. 따라서 $R_s^a = E[r_t \mid X_t = s, A_t = a]$이다.
5) 감가율 γ는 0 이상 1 이하의 실수이다. 즉, $\gamma \in [0, 1]$

마르코프 결정 과정의 정의를 마르코프 보상 과정과 비교해 보면 행동집합이 추가되고 추이행렬과 보상을 생각할 때도 상태와 행동을 함께 고려한다는 것을 알 수 있다. 이렇게 행동을 고려하는 이유는 추이확률의 영향을 받아 한 상태에서 다른 상태로 이동하는 마르코프 보상 과정과 달리 마르코프 결정 과정에서는 한 상태에서 정책에 따라 행동을 선택하고 추이확률의 영향을 받아 다른 상태로 이동하기 때문이다.

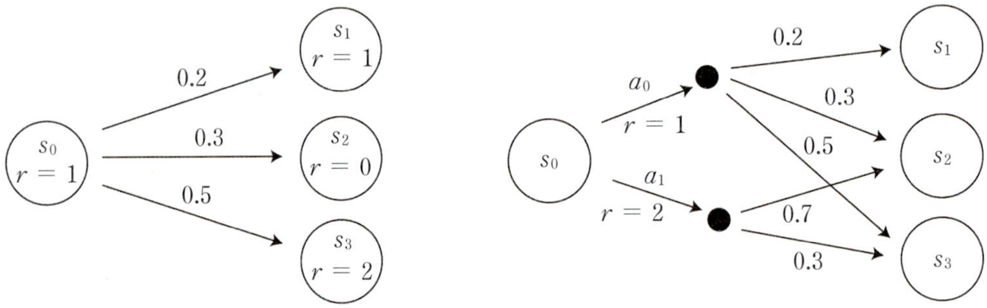

그림3 마르코프 보상 과정(왼쪽)과 마르코프 결정 과정(오른쪽) 비교

예를 들어 생각해 보자. 그림3은 상태 s_0에서 상태 s_1, s_2, s_3으로 이동 가능한 상황에 대한 마르코프 보상 과정과 마르코프 결정 과정을 비교한 것이다. 그림에서 알 수 있듯이 마르코프 보상 과정은 s_0에서 추이확률에 의해 각 상태로 이동하는 반면 마르코프 결정 과정에서는 한 상태에서 다른 상태로 갈 때, a_0, a_1과 같은 행동이 정해지고 행동에 따른 추이확률에 영향을 받아 다른 상태로 이동하게 된다. 마르코프 결정 과정에서 행동은 정책함수라 불리는 함수에 의해 결정된다. 즉, 상태의 이동이 정책을 통한 행동의 선택이라는 능동적인 과정을 통해 이루어진다.

앞서 마르코프 보상 과정에서 상태 가치 함수를 통해 상태가 보상 측면에서 좋은 상태인지 나쁜 상태인지 판단한 것처럼 마르코프 결정 과정에서도 거의 비슷한 계산을 통해 각 정책에 따른 상태가 보상 측면에서 좋은지 나쁜지를 판단할 수 있다. 또한 행동 가치 함수라는 것을 이용해 행동의 가치에 관해서도 판단한다.

이렇듯 마르코프 결정 과정은 시간의 흐름에 따른 학습자의 행동과 그에 따른 보상 그리고 정책 변경을 수학적으로 잘 정의한 모형으로 강화학습의 가장 기본이 되는 모델이다. 여기서 한 가지 알아야 할 것은 마르코프 결정 과정이 최적의 정책을 찾는 것을 목표로 하는 강화학습을 수학적으로 잘 표현한 모델일 뿐 최적의 정책을 찾는 방법은 아니라는 점이다.

예를 들어 수학에서 변수를 이용해 문제 상황을 방정식으로 표현하는 것처럼 마르코프 결정 과정은 최적의 정책을 찾는 강화학습의 문제 상황을 수학적으로 잘 표현한 것이다. 실제 최적의 정책을 찾기 위해서는 마르코프 결정 과정으로 표현된 문제에 적용할 알고리즘이 필요하다. 이차방정식을 풀기 위해 근의 공식을 사용하는 것처럼 말이다. 강화학습에서 이 문제를 해결하기 위해 주로 사용하는 알고리즘에는 다이내믹 프로그래밍, 몬테카를로 방법, Q-러닝 등이 있다. 그리고 여러 연구자는 강화학습에 적용할 새로운 알고리즘을 찾기 위해 연구를 계속하고 있다.

A. 참고자료

좀 더 깊이 있는 내용이 궁금하시다면 참고자료를 보시기 바랍니다. 찾아보기 쉽게 단원별로 정리했으며 한 자료를 여러 주제에 걸쳐 참고했을 경우에는 각 주제마다 표기했습니다. 여러 훌륭한 저서와 자료 덕분에 새로운 내용을 이해하고 알 수 있었습니다. 참고자료의 모든 저자 분께 감사의 인사를 드립니다.

Chapter 01. 일렬로 세우기 **한 줄 만들기 게임**

1. 틱택토 Tic-Tac-Toe

Claudia Zaslavsky. (1982). *Tic Tac Toe: And Other Three-In-A Row Games from Ancient Egypt to the Modern Computer*. Thomas Y. Crowell New York, pp. 5-22.

Kevin Crowley, Robert S. Siegler. (1993). Flexible Strategy Use in Young Children's Tic-Tac-Toe. *Cognitive Science. 17*(4), pp. 531-561.

Martin Gardner. (1988). *Hexaflexagons And OTther Mathematical Diversions*. The University of Chicago Press, pp. 37-46.

Ryan Aycock. (2002). *How to Win at Tic-Tac-Toe*. Technical Report.

틱택토[웹사이트]. (2022.04.01). https://en.wikipedia.org/wiki/Tic-tac-toe

틱택토에서가장좋은첫수[웹사이트].(2022.05.03).https://www.maxant.ch/2018/04/07/1523086680000/

2. 노탁토 Notakto

Thane E. Plambeck, Greg Whitehead. (2013). *The Secrets of Notakto: Winning at X-only Tic-Tac-Toe*. arXiv:1301.1672v1.

노탁토의 전략[웹사이트]. (2022.11.12). http://gmmentalgym.blogspot.com/2012/05/how-to-play-and-win-notakto.html

노탁토[웹사이트]. (2022.09.21). https://en.wikipedia.org/wiki/Notakto

3. 아홉 남자의 모리스 Nine Men's Morris

John Sami Mamoun. (1988). *Nine Men's Morris Book of Board Game Strategy: For the Game Known as Mills, Merels, M hle, Malom or Cowboy Checkers*. Independently published.

Merilyn Simonds Mohr, Roberta Cooke. (1997). *The New Games Treasury: More Than 500 Indoor and Outdoor Favorites With Strategies, Rules, and Traditions*. Houghton Mifflin School, pp. 30-32.

Ralph Gasser. (1996). Solving Nine Men's Morris. *Games of No Chance. 29*, pp. 101-113.

아홉 남자의 모리스[웹사이트]. (2022.07.15). https://en.wikipedia.org/wiki/Nine_men%27s_morris

아홉 남자의 모리스 전략[웹사이트]. (2022.08.1). https://smartboxdesign.com/ninemmstrategies.html

4. 피카리아 Picaria

Urban Larsson, Israel Rocha. (1996). ETERNAL PICARIA. *Recreational Mathematics Magazine 4*(7), pp. 119-133.

Merilyn Simonds Mohr, Roberta Cooke. (1997). *The New Games Treasury: More Than 500 Indoor and Outdoor Favorites With Strategies, Rules, and Traditions*. Houghton Mifflin School, pp. 28-29.

피카리아[웹사이트]. (2022.05.23). https://en.wikipedia.org/wiki/Picaria

5. 모르피온 솔리테어 Morpion Solitaire

Erik D. Demaine. (1998). Morpion Solitaire. *Theory of Computing Systems volume 39*, pp. 439-453.

Heikki Hyyrö, Timo Poranen. (2007). *New Heuristics for Morpion Solitaire*. Unpublished manuscript, University of Tampere.

모르피온 솔리테어[웹사이트]. (2022.12.01). http://www.morpionsolitaire.com/

크리스 로진의 사이트[웹사이트]. (2022.12.10). http://www.chrisrosin.com/

6. 심페이 Simpei

Tetsuro Tanaka. (2006). Complete analysis of a board game "SIMPEI" . *IPSJ SIG Notes(GI), Vol. 2006*, No. 23, pp. 65-72.

심페이 공식 사이트[웹사이트]. (2022.8.17). https://www.asovision.com/simpei/top.html

7. 티코 Teeko

John Scarne. (1995). *Scarne on Teeko*. Crown Publishers.

티코의 전략[웹사이트]. (2022.12.07). https://pcarrier.com/teeko/text/teeko.results.txt

8. 커넥트 포 Connect Four

James Dow Allen. (2010). *The Complete Book of CONNECT 4*. Storling Publishing Company.

L. V. Allis. (1988). A Knowledge-Based Approach of Connect-Four. J. Int. Comput. *Games Assoc., 11*(4), 165.

커넥트 포 전략[웹사이트]. (2023.01.21). https://tromp.github.io/c4/c4.html

커넥트 포[웹사이트]. (2023.01.17). https://en.wikipedia.org/wiki/Connect_Four

1. 헥스 Hex

Cameron Browne. (2020). *Hex Strategy: Making the Right Connections.* A K Peters/CRC Press.

Campbell, Garikai. (2004). On optimal play in the game of Hex. *INTEGERS: Electronic Journal of Combinatorial Number Theory, 4*(2), pp. 1-23.

John Nash. (1952). *Some Games and Machines for Playing Them.* Technical Report.

Ryan B. Hayward, Bjarne Toft. (2019). *Hex The Full Story.* CRC Press.

Thomas Maarup. (2005). *Everything You Always Wanted to Know About Hex But Were Afraid to Ask.* Technical Report.

헥스의 전략[웹사이트]. (2021.10.17). http://www.mseymour.ca/hex_book/

헥스위키[웹사이트]. (2021.10.27). https://www.hexwiki.net/index.php/Main_Page

2. 하반나 Havannah

Christian Freeling. (2003). Introducing Havannah, *Abstract Games Magazine 14*, pp 14.

Christian Freeling. (2003). Havannah Basic Tactics Part1, *Abstract Games Magazine 15*, pp 14-15.

Christian Freeling. (2003). Havannah Basic Tactics Part2, *Abstract Games Magazine 16*, pp 18-20.

Ewalds, Timo V. (2012). *Playing and Solving Havannah.* Technical Report.

컴퓨터 올림피아드[웹사이트]. (2022.08.04). https://en.wikipedia.org/wiki/Computer_Olympiad

하반나[웹사이트]. (2022.07.11). https://en.wikipedia.org/wiki/Havannah_(board_game)

3. 점과 상자 Dots and Boxes

Abel Romer. (2017). *Winning Dots-and-Boxes in Two and Three Dimensions.* Degree of Bachelor of Arts and Sciences Quest University Canada.

Daniel Allcock. (2021). Best play in Dots and Boxes endgames. *International Journal of Game Theory, 50*(3), pp. 671-693.

Elwyn R. Berlekamp, John H. Conway, and Richard K. Guy. (2003). *Winning Ways for your Mathematical Plays*, Volume 3. A K Peters Wellesley, Massachusetts, pp. 541-587.

Jessica Dickson, Rachel Perrier. (2022). Dots-and-Polygons. *Recreational Mathematics Magazine 9*(16). pp. 21-42.

Kevin Buchin et al. (2021). *Dots & Boxes is PSPACE-complete.* arXiv preprint arXiv:2105.02837.

점과 상자[웹사이트]. (2022.05.05). https://en.wikipedia.org/wiki/Dots_and_boxes

4. 섀넌 스위칭 게임 Shannon Switching Game

Alfred Lehman. (1964). A solution of the Shannon Switching Game. *Journal of the Society for Industrial and applied Mathematics. 12* (4), pp. 687–725.

Kimberly Wood. (2012). *Switching the Shannon Switching Game.* Technical Report.

Martin Gardner. (1961). *The Second Scientific American Book of Mathematical Puzzles and Diversions.* Simon and Schuster. pp. 86–87.

Richard A. Brualdi. (2017). *Introductory Combinatirics.* Pearson, pp. 426-449.

Richard Mansfield. (1996). Strategies for the Shannon Switching Game. *The American mathematical monthly, 103*(3). pp. 250-252.

Sandy Dean. (2008). *The Game of Bridg-It.* Technical Report.

윤영진. (2003). 새로운 조합수학. 교우사.

섀넌 스위칭 게임[웹사이트]. (2022.06.17). https://en.wikipedia.org/wiki/Shannon_switching_game

5. 브리지잇 Bridg-It

Alfred Lehman. (1964). A solution of the Shannon Switching Game. *Journal of the Society for Industrial and applied Mathematics. 12* (4), pp. 687–725.

Martin Gardner. (1995). New Mathematical Diversions. *Mathematical Association of America*, pp. 210–218.

Sandy Dean. (2008). *The Game of Bridg-It.* Technical Report.

트윅스트[웹사이트]. (2022.07.04). https://en.wikipedia.org/wiki/TwixT

6. 오닉스 Onyx

Larry Back. (2000). Onyx An Original Connection Game, *Abstract Games Magazine 4*, pp 9-12.

Larry Back. (2001). Onyx An Strategy and Tactics, *Abstract Games Magazine 6*, pp 22-27.

Chapter 03 우연과 확률을 이용하는 **주사위 게임**

1. 백개먼 Backgammon

Chris Bray. (2009). *Backgammon For Dummies.* Wiley Publishing Company.

백개먼의 모든 것[웹사이트]. (2023.01.30). https://bkgm.com

백개먼[웹사이트]. (2023.01.27). https://en.wikipedia.org/wiki/Backgammon

백개먼 하는 방법[웹사이트]. (2023.01.24). https://www.wikihow.com/Win-at-Backgammon

2. 피그 Pig

Todd W. Neller, Clifton G.M. Presser. (2004). Optimal Play of the Dice Game Pig. *The UMAP Journal 25*(1), pp. 25–47.

피그[웹사이트]. (2022.08.01). http://cs.gettysburg.edu/projects/pig/

3. 야찌 Yahtzee

Olaf Vancura. (2010). *Advantage Yahtzee*. Sterling Publishing Company.

Phil Woodward. (2003). Yahtzee : The Solution. *Chance 16*(1). pp. 18-22.

Richard A. Epstein. (2009). *The Theory of Gambling and Statistical Logic*. Elsevier, pp. 193-410.

Tom Verhoeff. (2000). *Optimal Solitaire Yahtzee Strategies*. Technical Report.

야찌[웹사이트]. (2022.09.25).https://en.wikipedia.org/wiki/Yahtzee

요트[웹사이트]. (2022.09.27). https://en.wikipedia.org/wiki/Yacht_(dice_game)

얏지[웹사이트]. (2022.10.02). https://en.wikipedia.org/wiki/Yatzy

4. 거짓말쟁이의 주사위 Liar's Dice

David G. Taylor. (2021). *Games, Gambling, and Probability: An Introduction to Mathematics*. CRC Press, pp. 63-72.

거짓말쟁이의 주사위[웹사이트]. (2022.10.22). https://en.wikipedia.org/wiki/Liar%27s_dice

5. 파클 Farkle

Matthew Busche, Todd W. Neller. (2017). Optimal Play of the Farkle Dice Game. *Advances in Computer Games*: 15th International Conferences, ACG 2017, Leiden, The Netherlands, July 3–5, 2017, Revised Selected Papers 15. Springer International Publishing.

파클[웹사이트]. (2023.02.11). https://en.wikipedia.org/wiki/Farkle

6. 왕관과 닻 Crown and Anchor

Jack Botermans. (2008). *The Book of Games: Strategy, Tactics & History*. Sterling Publishing Company.

왕관과 닻[웹사이트]. (2022.10.22). https://en.wikipedia.org/wiki/Crown_and_Anchor

7. 자정 Midnight

자정[웹사이트]. (2022.11.05). https://en.wikipedia.org/wiki/Midnight_(game)

Chapter 04. 누가 먼저 상대를 잡을 것인가 **섬멸 게임**

1. 고누

노병갑, 황경선, 김혜린 외. (2020). *재밌고 오래된 세계의 보드게임: 고누부터 바이킹 게임까지*. 예술놀이터.

손이현, 모연우, 조이황, 장인호. (2022). *자전거고누의 필승 전략에 대한 연구*. 인천과학예술영재학교 SA활동.

조민희. (2020). 전통놀이 더함1. *고누 길잡이 책*. 전통놀이 연구단.

고누, 한국민족문화대백과사전[웹사이트]. (2022.12.20). https://encykorea.aks.ac.kr/Article/E0003367

고누, 전통문화포털[웹사이트]. (2022.12.20). https://kculture.or.kr/brd/board/682/L/menu/704?brdType=R&thisPage=1&bbIdx=13483&searchField=&searchText=&recordCnt=10

2. 페그 솔리테어 Peg Solitaire

Arie Bialostocki. (1998). An Application of Elementary Group Theory to Central Solitaire. *The College Mathematics Journal 29*(3). pp. 208-212.

Elwyn R. Berlekamp, John H. Conway, and Richard K. Guy. (2004). *Winning Ways for your Mathematical Plays, Volume 4*. A K Peters Wellesley, Massachusetts, pp. 803-841.

John D. Beasley. (1985). The Ins and Outs of Peg Solitaire (*Recreations in Mathematics, 2*). Oxford University Press.

페그 솔리테어[웹사이트]. (2022.12.29). https://en.wikipedia.org/wiki/Peg_solitaire

3. 수라카르타 Surakarta

Chen, Yen-Chi, Jia-Fong Yeh, and Shun-Shii Lin. (2018). Design and implementation aspects of a Surakarta program. *ICGA Journal 40*(4). pp. 438-449.

Klutz Press, Sid Sackson. (1990). *The Book of Classic Board Games*. Klutz.

HM Winands. (2016). The Surakarta bot revealed. *Computer Games*: Fourth Workshop on Computer Games, CGW 2015, and the Fourth Workshop on General Intelliqence in Game-Playing Agents, GIGA 2015, Held in Conjunction with the 24th International Conference on Artificial Intelligence, IJCAI 2015, Buenos Aires, Argentina, July 26-27, 2015, Revised Selected Papers. Cham: Springer International Publishing.

Hong-kun QIU, et al. (2013). Research on search engine techniques of Surakarta game. *The Journal of China Universities of Posts and Telecommunications 20*. pp. 117-120.

Shuqin Li, et al. (2013). The design and implementation of a surakarta game system. *2013 25th Chinese Control and Decision Conference (CCDC)*. IEEE.

노병갑, 황경선, 김혜린 외. (2020). *재밌고 오래된 세계의 보드게임: 고누부터 바이킹 게임까지*. 예술놀이터.

조민희. (2020). 전통놀이 더함1. *고누 길잡이 책*. 전통놀이 연구단.

게임 인공지능의 역사[웹사이트]. (2022.10.01). https://www.andreykurenkov.com/writing/ai/a-brief-history-of-game-ai/

게임 인공지능의 역사2[웹사이트]. (2022.10.01). https://www.andreykurenkov.com/writing/ai/a-brief-history-of-game-ai-part-2/

게임 인공지능의 역사3[웹사이트]. (2022.10.03). https://www.andreykurenkov.com/writing/ai/a-brief-history-of-game-ai-part-3/

딥블루[웹사이트]. (2022.10.11). https://en.wikipedia.org/wiki/Deep_Blue_(chess_computer)

수라카르타[웹사이트]. (2022.09.02). https://en.wikipedia.org/wiki/Surakarta_(game)

알파고[웹사이트]. (2022.09.8). https://ko.wikipedia.org/wiki/알파고

응씨배 세계 바둑 선수권 대회. (2022.09.17). https://ko.wikipedia.org/wiki/응씨배_세계_바둑_선수권_대회

체스 프로그래밍[웹사이트]. (2022.10.23). https://www.chessprogramming.org/Main_Page

컴퓨터 올림피아드[웹사이트]. (2022.09.20). https://en.wikipedia.org/wiki/Computer_Olympiad

4. 알케르케 Alquerque

Ishtiaq Ahmed, et al. (2014). Minimax Self Playing Game Alquerque. *Future Information Technology: FutureTech 2013*. Springer Berlin Heidelberg.

Mattias Knutsson, Sebastian Remnerud. (2011). Self-learning Alquerque Player. Technical Report.

김승현, 김태우, 이정원, 이주행. (2019). *강화학습 입문 (파이썬 예제와 함께하는)*. 홍릉과학출판사.

노승은. (2021). *바닥부터 배우는 강화학습*. 영진닷컴.

리처드 서튼. (2020). *단단한 강화학습*. 제이펍.

멀티코어, 김남준, 윤철희. (2021). *프로그래머를 위한 강화학습*. 프리렉.

오렐리앙 제릉. (2020). *핸즈온 머신러닝*. 한빛 미디어, pp. 737-739.

오일석. (2017). *기계학습 Machine Learning*. 한빛아카데미, pp. 463-488.

조규남, 맹윤호, 임지순. (2021). *GPT-2부터 자동 신경망 구성까지 강화 학습 입문*. 이지스퍼블리싱.

퀀티랩. (2022). *파이썬을 이용한 딥러닝/강화학습 주식투자*. 위키북스, pp. 49-55.

라우 카타 카티[웹사이트]. (2022.09.20). https://en.wikipedia.org/wiki/Lau_kata_kati

알케르케[웹사이트]. (2022.09.20). https://en.wikipedia.org/wiki/Alquerque

열여섯 명의 병사[웹사이트]. (2022.09.20). https://en.wikipedia.org/wiki/Sixteen_Soldiers

페랄리카투마[웹사이트]. (2022.09.20). https://en.wikipedia.org/wiki/Peralikatuma

B. 그림 저작권

이미지 사용한 허락해 주신 분들의 자료 덕분에 책이 더 풍성해질 수 있습니다. 책에 사용된 이미지를 제작한 모든 분께 감사의 인사를 드립니다.

1권

60페이지 이미지 출처 / Wolfgang Sauber / CC BY-SA 4.0 https://commons.wikimedia.org/wiki/File:AMGR_-_Spiel_1_M%C3%BChle.jpg

124페이지 이미지 출처 / Andr Savik / CC BY-SA 3.0 https://commons.wikimedia.org/wiki/File:Piet_Hein_and_H.C._Andersen_(cropped).jpg

280페이지 이미지 출처 / Merkel / CC BY-SA 4.0 https://commons.wikimedia.org/wiki/File:Alquerque_game_board_with_algebraic_notation.jpg

292페이지 이미지 출처 / 본 저작물은 '국립중앙박물관'에서 작성하여 공공누리 제1유형으로 개방한 '도시풍경'을 이용하였으며, 해당 저작물은 '국립중앙박물관, https://www.museum.go.kr/site/main/relic/search/view?relicId=1349'에서 무료로 다운받으실 수 있습니다.

2권

37페이지 이미지 출처 / Matthew Scroggs / CC BY-SA 4.0 https://commons.wikimedia.org/wiki/File:Mscroggs-MENACE-cropped.jpg

78페이지 이미지 출처 / Chuck SMITH / CC BY-SA 3.0 https://commons.wikimedia.org/wiki/File:Nimrod_in_Computerspielemuseum.jpg

88페이지 이미지 출처 / Thane Plambeck / CC BY-SA 2.0 https://commons.wikimedia.org/wiki/File:John_H_Conway_2005_(cropped).jpg

112페이지 이미지 출처 / Bundesarchiv, Bild 102-00457 / CC BY-SA 3.0 https://commons.wikimedia.org/wiki/File:Bundesarchiv_Bild_102-00457,_Emanuel_Lasker.jpg

229페이지 이미지 출처 / Ethan Doyle White / CC BY-SA 4.0 https://commons.wikimedia.org/wiki/File:Mancala_Board_in_the_National_Ethnographic_Museum,_Warsaw.jpg

50가지 게임으로 수학을 즐기는

다함께 수학게임 1

지은이 이동화 · 김세희 · 김용민 · 박미희 · 박은진
박희영 · 엄민정 · 오은영 · 정유재
펴낸이 조경희
펴낸곳 경문사
펴낸날 2023년 8월 7일 1판 1쇄
2023년 10월 31일 1판 2쇄
등 록 1979년 11월 9일 제1979-000023호
주 소 04057, 서울특별시 마포구 와우산로 174
전 화 (02)332-2004 팩스 (02)336-5193
이메일 kyungmoon@kyungmoon.com

값 24,000원

ISBN 979-11-6073-645-8
ISBN 979-11-6073-644-1(세트)

다함께 수학게임 저자가 추천하는

수학게임 관련 도서

다함께 수학게임에서는 여러 수학게임의 전략을 다루고 있지만, 다루지 않은 게임도 많습니다. 또한 게임의 전략을 소개할 때도 깊이 있는 이론을 다룬다기보다는 어렵지 않은 수준의 기본 이론을 다루고 있습니다. 그래서 좀 더 깊이 있는 이론을 원하시는 분께는 충분하게 느껴지지 않을 수 있습니다.

다행히 그런 부족한 부분을 채워줄 우수한 서적이 여럿 있습니다. 어떤 책은 높은 수준에서 여러 게임의 필승 전략을 소개하고 있고, 어떤 책은 한 가지 게임에 대해 깊이 있게 분석하고 있습니다. 그중 대표적인 책 몇 권을 소개합니다. 관심 있는 분께 도움이 되길 바랍니다.

On Numbers and Games

John Conway (2000)

조합게임이론의 기념비적인 책인 《숫자와 게임에 대하여(On Numbers and Games)》는 존 콘웨이(John Conway)가 1976년 처음 집필했고, 2000년에는 2판이 출판되었다.

이 책은 두 개의 부분으로 나뉘어 있으며 전반부는 수학게임의 필승전략 분석에 필요한 초현실수에 대해 다루고 있고, 후반부는 님, 히켄부시 등 여러 게임의 필승전략에 대해 다루고 있다.

초현실수는 콘웨이가 수학게임의 필승전략을 위해 도입한 새로운 수 개념으로 '가장 큰 순서체(Ordered Field)'이며 모든 실수와 순서수(Ordinal Number)를 포함한다. 게임 상태를 수로 표현함으로써 필승 전략을 분석한다는 아이디어를 제시한 콘웨이의 천재성이 잘 보이는 책이다.

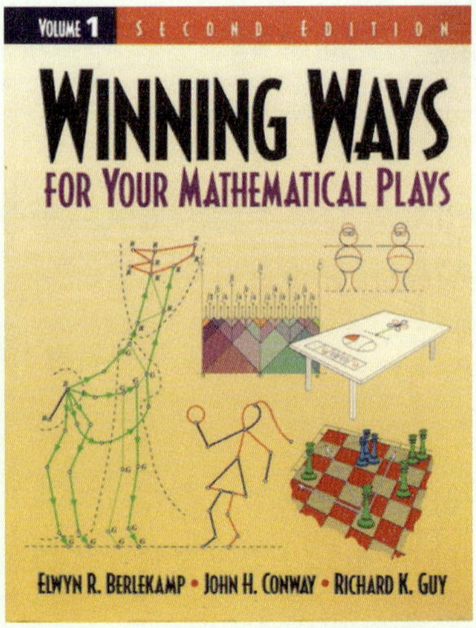

Winning Ways for Your Mathematical Plays: Volume 1-4

Elwyn R. Berlekamp , John H. Conway, et al. (2001-)

1982년에 처음 출판된《수학 놀이를 위한 승리 방법(Winning Ways for Your Mathematical Plays)》는 조합 게임 이론의 바이블이라 할 수 있는 책으로 총 4권으로 이루어져 있다. 가장 대표적인 수학게임 이론 책이며 게임의 필승전략을 진지하게 탐구하고 싶은 사람이라면 꼭 봐야 하는 책이다.

이 책에서는 님, 점과 상자, 도미니어링, 두꺼비와 개구리 등 공정 게임과 당파 게임에 해당하는 수많은 게임을 분석하고 있다.

Lessons in Play: An Introduction to Combinatorial Game Theory

Michael H. Albert, Richard J. Nowakowski, et al. (2019)

《놀이 수업 : 조합 게임 이론 입문(Lessons in Play: An Introduction to Combinatorial Game Theory)》는 조합 게임 이론을 체계적으로 소개하고 다루는 최초의 교과서 형태의 입문서이다.

풍부한 예제와 문제를 바탕으로 친절하게 조합 게임 이론을 소개하고 있기 때문에 초보자와 전문가 모두에게 유용한 책이라 할 수 있다. 서술 방식 또한 수학적으로 엄격하고 엄밀하기 때문에 수학 전공자는 특히 만족스럽게 이론을 탐구할 수 있다.

Games of No Chance

Richard J. Nowakowski (1998)

《우연이 없는 게임(Games of No Chance)》은 조합 게임 이론의 대표 논문을 소개하는 책으로 총 4권으로 되어 있다. 아홉 남자의 모리스, 클로버 등 다양한 게임에 대한 논문이 소개되어 있는데 하나하나가 흥미롭고 아름다운 이론으로 가득하다. 몇몇 논문에서는 관련 이론뿐 아니라 미해결 문제도 소개하고 있어서 더 재미있게 볼 수 있다.

논문을 소개하는 책이므로 어느 정도 수학적 지식이 바탕이 되어야 하나 이 분야가 비교적 최신 분야라서 어렵지 않게 볼 수 있는 논문도 여럿 있다. 조합 게임 이론을 연구하는 사람에게는 필독서인 책이다.

Abstract Games magazine

Connie & Kerry Handscomb (2000 -)

《추상 게임 잡지(Abstract Games magazine)》는 다양한 추상 전략 게임을 소개하는 잡지이다. 2000 년부터 2003 년까지 발행하다가 발행이 중단되었고, 2019 년부터 다시 발행되고 있다.

이 잡지의 좋은 점은 과월호를 사이트를 통해 무료로 다운받아 볼 수 있다는 점이다. 아래 사이트에 접속해 보자.

https://www.abstractgames.org/

잘 알려진 게임부터 잘 알려지지 않은 게임까지 다양한 게임을 소개하고 있다.

Hex: The Full Story

Ryan B. Hayward, Bjarne Toft (2019)

《헥스 : 모든 이야기(Hex : The Full Story)》는 책 제목처럼 헥스에 관한 모든 이야기를 담은 헥스의 완전판 같은 책이라 할 수 있다.

헥스의 발명부터 이후의 역사, 헥스 문제, 헥스 이론, 헥스의 변형 게임 등 많은 이론을 소개하고 있기 때문에 헥스에 대한 궁금증을 이 한 권으로 해결할 수 있다. 헥스에 대해 관심이 있는 사람이라면 꼭 봐야 하는 책으로 그야말로 헥스의 바이블이라고 할 수 있다. 헥스의 초보자나 전문가 모두를 만족시킬 수 있는 책이다.